"十四五"职业教育国家规划教材　职业教育食品类专业教材

# 食品加工技术概论

SHIPIN
JIAGONG JISHU
GAILUN

顾金兰　主编

中国轻工业出版社

## 图书在版编目（CIP）数据

食品加工技术概论/顾金兰主编．—北京：中国轻工业出版社，2024.8

ISBN 978-7-5184-2289-0

Ⅰ.①食⋯　Ⅱ.①顾⋯　Ⅲ.①食品加工—职业教育—教材　Ⅳ.①TS205

中国版本图书馆 CIP 数据核字（2020）第 066559 号

责任编辑：张　靓　　责任终审：白　洁　　整体设计：锋尚设计
文字编辑：刘逸飞　　责任校对：晋　洁　　责任监印：张京华

出版发行：中国轻工业出版社（北京鲁谷东街 5 号，邮编：100040）
印　　刷：三河市国英印务有限公司
经　　销：各地新华书店
版　　次：2024 年 8 月第 1 版第 5 次印刷
开　　本：787×1092　1/16　印张：20.75
字　　数：460 千字
书　　号：ISBN 978-7-5184-2289-0　定价：54.00 元
邮购电话：010-85119873
发行电话：010-85119832　　010-85119912
网　　址：http://www.chlip.com.cn
Email：club@chlip.com.cn

# 前言

  本书在编写过程中遵循教育规律，力求相关理论知识的系统性和科学性，以学生必需的基础文化知识与食品专业知识为基础，突出职业教育特色，强调理论联系实际，注重知识的实际应用。本书以从营养学角度分类的五大类食物为主线，以各大类食物的典型食品加工为载体，给读者新鲜的呈现视角。同时，帮助学生树立大食物观，融入"创新创业"意识，提高学生创业就业能力。

  本书进行了理论知识的提炼和压缩，争取以浅显易懂的文字将紧跟科技发展的专业知识传授给学生。本书共分六个模块，包括绪论、谷类及薯类食品加工技术、蔬菜水果类食品加工技术、动物性食品加工技术、大豆及坚果类食品加工技术和纯热能食品加工技术。每个模块中各个项目均有"必需够用"的必备知识；知识拓展内容有助学生拓展知识面，了解知识的实际应用；每个项目均设课后习题，以备课上课下学生自查之用。教材力求内容翔实，并避免与食品专业相关教材知识交叉重复，使食品专业的各门教材内容分类有序、有条不紊。其中，绪论、模块一、模块二、模块三项目三、模块四项目二、模块五项目二，由顾金兰老师负责编写；模块三项目一、模块五项目三，由沈宝光老师负责编写；模块四项目一、模块五项目四，由宋超先老师负责编写；模块三项目二、模块五项目一，由王硕老师负责编写；模块三项目四，由尹园老师负责编写。

  本书可作为职业院校食品加工技术、食品营养与检测、食品质量与安全、食品生物工艺及相关专业的教材，也可供食品企业相关从业人员参考。

  由于编者水平和经验有限，书中难免出现疏漏，恳请专家和读者批评指正。

编者

# 目 录

绪　论

《中华人民共和国食品安全法》第一百五十条对"食品"的定义如下：食品，指各种供人食用或者饮用的成品和原料以及按照传统既是食品又是中药材的物品，但是不包括以治疗为目的的物品。《食品工业基本术语》对食品的定义为：可供人类食用或饮用的物质，包括加工食品、半成品和未加工食品，不包括烟草或只作药品用的物质。

《中华人民共和国
食品安全法》

一、　食品的分类

1. 按照营养特点分类

（1）谷类及薯类　谷类包括米、面、杂粮等，薯类包括马铃薯、甘薯、木薯等，主要提供碳水化合物、蛋白质、膳食纤维及 B 族维生素。

（2）动物性食物　包括肉、禽、鱼、奶、蛋等，主要提供蛋白质、脂肪、矿物质、维生素 A、B 族维生素和维生素 D。

（3）大豆及坚果类　包括大豆、其他干豆类及花生、核桃、杏仁等坚果类，主要提供蛋白质、脂肪、膳食纤维、矿物质、B 族维生素和维生素 E。

（4）蔬菜水果类　主要提供膳食纤维、矿物质、维生素 C、胡萝卜素、维生素 K 及有益健康的植物化学物质。

（5）纯能量食物　包括动植物油、淀粉、食用糖和酒类，主要提供能量，动植物油，还可提供维生素 E 和必需脂肪酸。

2. 按照保藏方法分类

按照保藏方法分类，可分为罐藏食品、脱水干制食品、冷冻食品或冷制食品、腌渍食品、烟熏食品、辐照保藏食品等。

3. 按照原料种类分类

按照原料种类分类，可分为粮食制品、果蔬制品、肉禽制品、水产制品、乳制品、蛋制品等。

**4. 按照食品加工方法分类**

按照食品加工方法分类，可分为生鲜食品（农产品、畜产品、水产品等）和加工食品（焙烤食品、膨化食品、油炸食品等）。

**5. 按照食用人群分类**

按照食用人群分类，可分为婴幼儿食品、中小学生食品、孕妇哺乳期妇女以及恢复产后生理功能等食品、适用于特殊人群需要的特殊营养食品（运动员、宇航员、高温高寒等条件下工作人群等食品）。

**6. 按照食品质量安全市场准入制度分类**

按照食品质量安全市场准入制度分类，食品可分为 28 大类，包括：粮食加工品、食用油脂及其制品、调味品、肉制品、乳制品、饮料、方便食品、饼干、罐头、冷冻饮品、速冻食品、薯类和膨化食品、糖果制品、茶叶及相关制品、酒类、蔬菜制品、水果制品、炒货食品及坚果制品、蛋制品、可可及焙烤咖啡产品、食糖、水产制品、淀粉及淀粉制品、糕点、豆制品、蜂产品、特殊膳食食品和其他食品。

## 二、 食品的功能

食品对人体的作用主要有两大方面，即营养功能和感官功能，有的食品还具有调节作用。

**1. 食品的营养功能**

食品是满足人类身体营养需求的最重要的营养源，它提供了人体活动的化学能和生长所需的化学成分。保持人类的生存，是食品的第一功能，也是最基本、最主要的功能。食品的营养价值通常是指在食品中的营养素种类及其质和量的关系。

**2. 食品的感官功能**

食品的感官功能是指食品能满足人们不同的嗜好要求，即对食物色、香、味、形和质地的要求。良好的感官性状能够刺激味觉和嗅觉，兴奋味蕾，刺激消化酶和消化液的分泌，因而有增进食欲和稳定情绪的作用。在当今生活中，食品的这一功能显得更加突出。而包装设计恰恰可以起到美化、提升这方面功能的作用。

**3. 食品的调节功能**

长期以来的医学研究证明，饮食与健康存在着密切的关系，如对于某些消费者长期食用高糖、高脂肪、高胆固醇的食品，由于摄入的能量过剩或营养不当，会引起高血脂、肥胖，造成高血压、冠心病，易引发糖尿病及癌症等；另一方面，有些消费者由于缺乏营养素（如维生素或矿物质），引起疾病。研究发现，食品可对人体产生良好的调节作用，如调节人体生理节律，提高机体的免疫力，降血压、降血脂、降血糖等。凡是具调节功能的食品称为功能性食品或保健食品。

### 三、 食品加工的目的与作用

食品加工实质上是一个确保食品安全、延长食品货架期的转化过程，同时，最大限度保留食品的营养与功能性，赋予食品安全性、方便性、经济性。具体来说，通过食品加工，起到了杀菌消毒、提高消化吸收率、改善感官性状等作用，最终达到促进食欲、健康饮食的效果。

但如果加工方式不合理，不仅不能达到预期目的，反而会对食品本身造成浪费，导致营养的流失，甚至会危害我们的生命健康。因此，要求食品加工的全过程，既要认真选料又要适当地初步加工、合理地搭配，并选用正确的加工处理方法，将食物营养素的流失降低到最低程度，提高营养的吸收效果，同时增加食品多样性和提高附加值。

本书以营养学角度分类的五大类食品为主线，以各大类食品中典型食品加工为载体，介绍典型食品加工技术和方法。

### 四、 食品加工高新技术及发展新趋势

党的二十大报告中指出要 "加快实施创新驱动发展战略，加快实现高水平科技自立自强"。近年来我国食品工业有了很大发展，其中高新技术的开发应用，已成为食品工业发展的一个重要方向。技术化的食品加工产业，一方面会节约成本，提高效率；另一方面会提升食品的口感和质量，加快新产品的研究速度。借助高新技术去研制开发出高端食品不仅是全球食品专家的任务和使命，也是未来食品加工行业势不可挡的潮流。

#### （一） 食品加工高新技术

##### 1. 微波技术

微波技术本质上是一种特殊的加工工艺，也是一种高技术的应用体现，主要被用作食品加热、干燥、灭菌、膨化、保鲜、萃取等操作。磁场效应和热效应的优势在微波技术中都得到了充分体现，利用微波技术进行干燥操作，在保证水分丧失的同时，还可以最大可能地保存物质的营养元素。其主要应用于淀粉、蛋白质及瓜果等食品的膨化加工。杀菌速度快、波及范围广都是微波灭菌的主要优点，可以有效杀灭肉蛋制品、水果蔬菜、谷豆类食品的多种细菌。同时，也会导致酵母、霉菌、霉菌孢子失去活性。微波技术凭借其自身的特点在食品加工中的应用会越来越广泛，也会大大促进食品工业技术的发展，具有良好的发展前景。

##### 2. 微胶囊技术

微胶囊技术也称微胶囊造粒技术，通过膜材料技术将相关的固体、液体、

气体等物质包裹起来，进而形成一种直径小到十几微米大到上千微米的容器，在食品加工开发产品、改善工艺、提升质量等方面发挥重要的作用。微胶囊本质上就是一个保护罩，可以保证膜中的物质不会受到外界灰尘杂质的影响，减少物质中有毒元素的增加，实现延长存储期的目的。同时，还具有变化物质形态、压缩体积便于运输和携带、改变物质成分、加速降解等优势。

微胶囊技术可以改变被包裹食品的性质，如溶解性、反应性、耐热性和储藏性等；还可以有效减少物料与外界不良因素的接触，最大限度地保持其原有的营养物质、色香味和生物活性，且有缓释功能；可以使不易加工储存的气体或液体转化成稳定的固体形式，防止或延缓产品劣变发生。微胶囊技术可用于果味奶粉、可乐奶粉、姜汁奶粉、啤酒奶粉、补血奶粉等的生产，促进干酪早熟，保护免疫球蛋白等方面。

### 3. 真空冷冻干燥技术

真空冷冻干燥技术是将含水物料冷冻成固体，在低温、低压条件下利用水的升华性能，使物料低温脱水而实现干燥的新型干燥手段。由于真空冷冻干燥技术在低温、低氧环境下进行，大多数生物反应停滞，且处理过程无液态水存在，水分以固体状态直接升华，使物料原有结构和形状得到最大程度保护，最终获得外观和内在品质兼备的优质干燥制品。

冻干食品本身具有质量轻、复水快、色香味俱佳等特点，与罐装食品、冷冻食品相较，冻干食品更便于运输和储存，涉及的保管支出相对较少，具有低成本的优势，但是其技术难度较大，前期需要投入大量资金。

### 4. 膜分离技术

膜分离技术是一项新型高效、精密分离技术，是材料科学与介质分离技术的交叉结合，具有高效分离、设备简单、节能、常温操作、无污染等优点，广泛应用于各个工业领域。膜分离技术首先应用于乳品加工和啤酒无菌过滤，目前，膜分离技术主要应用于有效成分的分离、浓缩、精制和除菌等；也应用于果汁、饮料、酒类、动植物蛋白、天然色素、食品添加剂的分离和浓缩、海水浓缩制食盐和食物中脱盐等方面。

### 5. 超临界流体萃取技术

超临界流体萃取技术就是以超临界状态（压力和温度均在临界值以上）的流体为溶媒，对萃取物中的目标组分进行提取分离的过程。超临界流体萃取一般采用 $CO_2$ 气体作为萃取剂，具有温度低、选择性好、提取效率高、无溶剂残留、安全和节约能源等特点。在食品工业中主要应用于以下三个方面：一是提取风味物质，如香辛料、呈味物质等；二是食品中某些特定成分提取或脱除，如从可可豆、咖啡豆和向日葵中提取油脂，从鱼油中提取高营养和药用价值的不饱和脂肪酸，从乳脂中脱除胆固醇等；三是提取色素，脱除异味，如提取辣椒色素，从猪油中脱除某些致臭成分。

6. 挤压膨化技术

挤压膨化技术是一种多功能、高产量、高质量的食品加工技术，它可将粉碎、混合、熟化、杀菌、调味、成型、干燥等谷物食品加工的多道工序，通过一台挤压机完成，因此大大地简化了工艺，降低了能耗，且无废水、废气排出，减少了食品生产过程中的污染源。挤压膨化技术在细化粗粮、改善杂粮口感、钝化不良因子、提高蛋白消化率等方面具有重要作用。挤压膨化后的产品种类多，营养成分保存率和消化率高，食用方便。应用于食品加工可以分为两类：一类以红薯、大米等薯类及谷物作为主料，经过膨化形成疏松多孔状产品、再经脱水和油炸后，在表面添加各种美味的调味料，制成老少皆宜的膨化休闲小食品，如玉米果、膨化虾条等；另一类为夹心膨化小吃食品，在膨化物挤出的同时将巧克力、奶酪、糖等馅料注入之前由相应模具形成的管状物中，从而制成膨化夹心食品。另外，膳食谷物早餐、婴幼儿食品、调味剂等食品中也应用到了挤压膨化技术。食醋、酱油、黄酒、啤酒等发酵工业中已经成功应用挤压膨化技术，采用经过挤压膨化后的谷物类原料，对发酵过程非常有利，经济效益显著增加。

7. 超高压灭菌技术

超高压灭菌技术是指利用 100MPa 以上的压力，在常温或较低温度条件下，使食品中的酶、蛋白质及淀粉等生物大分子改变活性、变性或糊化，同时杀死细菌等微生物的一种食品处理方法。

超高压灭菌技术是对食品进行非热加工的处理技术，相对于热加工食品而言，可避免营养成分和重量的损失，对食品的风味物质、色素等各种小分子物质的天然结构及水解物质均无影响，具有工艺简单、操作简便、节约能源等优点。超高压技术除了应用在食品杀菌外，还应用在减少过敏成分、减少加工肉制品中盐的添加量、提高食品中功能成分的生物活性和生物利用率、改善食品质构特性、减少食品污染物的形成、高价值食品化合物的复原等方面。

8. 超微粉碎技术

超微粉碎技术是利用特殊的粉碎设备，对物料进行冲击、碰撞、研磨、分散等加工，将粒径 3mm 以上的物料粉碎至粒径为 $10\sim25\mu m$ 以下的微细颗粒，是一种食品精细加工过程，有利于增加物料的吸收利用率，可延长食品的保鲜期，提高资源的利用率，节约资源，扩大食用资源的利用范围。超微粉碎技术已用于茶粉、植物蛋白饮料及乳制品等软饮料的生产，利用超微粉碎技术制备茶粉，可显著提高茶叶营养成分的溶出率，最大程度的发挥茶叶的功效，将茶粉添加到食品中，还可制得多种新型茶制品。果蔬加工过程中产生的残渣，大多被丢弃，造成了资源流失，利用超微粉碎技术可将其制成超微粉，不仅保留了果蔬的营养，改善了口感，还使其更易于消化吸收，充分利用了资源，简化了果蔬的储藏与运输。此外，将果蔬超微粉当作配料加入烘焙制品、冷制品、饮料及乳制品等，可开发出多种营养丰富的新型食品。经超微粉碎处理的粮油制品，其口感、色泽和消化吸收率都有很大提升。此外，粮油加工过程中会产生麸皮、豆渣、米糠等副产物，这些副产物含有多种营养物质，利用超微粉碎技术可将其制成超微粉，提高营养物质的溶出率，辅助加强机体的吸收能力，使资源最大化利用。

9. 其他高新技术

应用于食品行业的高新技术还有很多，如：高压水切割技术、分子蒸馏技术、纳米技术、真空包装技术、真空油炸技术、辐照技术等，这些技术也都有着十分广阔的应用前景。

(二) 食品加工高新技术的发展趋势

现代食品工业为满足人们的营养和消费需求，正向着追求安全、营养、美味、快捷、方便、多样化的趋势发展。

党的二十大报告中指出要"推动绿色发展，促进人与自然和谐共生"。未来的食品加工会不断提升技术水平和能力，在尽最大可能保留食品营养成分和品质的前提下，减少废弃物的排放，提升工作效率和经济效益。依靠科学采用高新技术最大限度保持食品营养成分和固有品质，且生产能耗低、效率高、效益好将是食品工业发展的必然方向。

除了食品工业中新技术的应用，更多跨界技术开始在食品行业中出现，而食品工业发展进入高质量发展的环境，也促使更多的新技术进入到食品工业当中来。未来，期待食品工业能够插上"互联网+""智能+""信息技术+"这样的翅膀，能够为高质量创新发展、满足消费者需求，提供更多解决方案。

■■ 知识拓展 ■■

一、 创新技术将颠覆你对未来食品的想象

随着人口的不断增长、环境的日益破坏，以及消费习惯的改变等诸多因素的共同作用，我们反思：在未来，应该吃什么？ 应该怎么吃？

可以肯定的是：在未来，食品的生产与供应方式将与我们当前的认知截然不同。 这也将是一个3D打印、机器人、人造肉、人工智能、区块链、垂直农场、个性化营养和细胞农业等技术大行其道的时代，甚至会对现行的传统农业和畜牧业产生消亡式的替代。 不管怎样，未来的食品技术一定不会是现在的面貌。

1. 3D打印将改变食物加工方式

随着3D打印技术的快速发展，食品3D打印成为一些初创公司和科研机构的研发方向。　尽管我们已经可以 3D 打印饼干、巧克力、比萨等食品，但 3D 打印食品还处于早期发展阶段，设备价格、打印原材料、打印速度、食品种类等因素都制约着 3D 打印食品技术的发展。　一旦 3D 打印技术得到完善，该技术将为食品在未来的形状、质地、成分以及最终的口味上提供无限的可能性，我们也将可以根据自己的具体需求和口味定制菜肴。　此外，3D 打印将大大减少"传统"烹饪产生的时间和食材浪费，并可用于推广健康的高科技食品，并彻底重新定义我们如何制作"食谱"。

**2. HPP 技术可将食品保质期延长 10 倍**

如何延长保质期而不影响食品的口味和质量是食品生产商关心的主要问题之一。　熏制、风干、腌制（盐、糖）、发酵等技术是我们自古以来延续至今还在使用的食物保存的方法。　19 世纪后，化学和微生物技术的发展为食品储存提供了新的方法，并彻底改变了食品加工、包装和运输的方式。

超高压处理技术（High-Pressure Processing，HPP）是当前一种非常有潜力的冷灭菌技术，由于不需要热处理、辐射和化学防腐剂，HPP 技术的高压和低温环境能够保持食品原有的口感和营养特性，并在整个保质期内保持最初的新鲜度。　在不久的将来，HPP 技术可以将食品的保质期延长 10 倍，这将极大地减少食品浪费。

**3. 区块链推动农业供应链变革**

作为一个分布式的公共账本系统，区块链有可能使农业供应链中的每一笔交易都具有透明度、可追溯性、可验证性，并且无需第三方监督。

在过去，因为食品供应链问题导致的麻烦太多太多，如果采用区块链系统记录和追踪整个食品供应链中的交易情况，问题就可以轻松解决。

区块链的可追溯性，可以在食品问题大规模爆发之前迅速解决，特别是对于主要污染源的排查，就像排查单一供应商一样简单。　据福布斯报道，使用区块链系统可以在 2s 内追踪特定食品的准确农场供应商，而使用传统的方法通常需要 6d 才能完成。

**4. 基于基因研究的个性化营养**

个性化营养是指根据个人基因构成，确定人体对不同食物产生的反应，来定制个性化饮食的概念。　这一概念并不新鲜，有些公司已经开始为用户提供个性化饮食服务。　但对于普通大众来说，营养基因组学还处在起步阶段，大规模普及还是件很遥远的事情。　一旦该领域的研究和技术有所突破，那么人类将从当前食品供应"一刀切"的状态，向真正的个人量身打造的饮食方向转变。

**二、食品安全 AI 化**

近日印发的《中共中央国务院关于深化改革加强食品安全工作的意见》（以下简称《意见》）中提出，推进"互联网＋食品"监管。　建立基于大数据分析的食品安全信息平台，推进大数据、云计算、物联网、人工智能、区块链等技术在食品安全监管领域的应用，实施智慧监管，逐步实现食品安全违法犯罪线索网上排查汇聚和案件网上移送、网上受理、网上监督，提升监管工作信息化水平。《意见》同时也提出加大科技支撑力度。将食品安全纳入国家科技计划，加强食品安全领域的科技创新，引导食品企业加大科研投入，完善科技成果转化应用机制。完善食品安全事件预警监测、组织指挥、应急保障、信息报告制度和工作体系，提升应急响应、现场处置、医疗救治能力。加强舆情监测，建立重大舆情收集、分析研判和快速响应机制。

食品安全与科技之间的关系也因此变得更加紧密。人工智能技术的加入可提升从食品源头延伸至成品的安全保障，不仅可以帮助政府提高监管效率，同时也能帮助企业落实食品安全主体责任。

—— 课后习题 ——

一、 单选题

1. 食品经干燥后就可以长期存放，干燥的主要目的是（　　）。

A. 杀菌　　　　B. 灭酶　　　　C. 降低水分活度　　　　D. 护色

2. 下面哪种食品加工方法能最大限度地保持食品的天然特性（　　）。

A. 腌制　　　　B. 糖渍　　　　C. 冻藏　　　　　　　　D. 发酵

3. 下列哪种杀菌方法对食品中微生物的作用最强（　　）。

A. 常压杀菌　　B. 高压杀菌　　C. 巴氏杀菌　　　　　　D. 紫外线杀菌

4. 辐照技术主要运用于食品加工的哪些方面（　　）。

A. 杀菌与保鲜　　　　　　　　B. 护色

C. 抗氧化　　　　　　　　　　D. 营养强化

5. 超微粉碎成品颗粒粒度约（　　）。

A. 5 ~10mm　　　　　　　　　B. 0.1mm 以下

C. 0.025mm 以下　　　　　　　D. 0.0025mm 以下

二、 填空题

1. 食品对人体的作用主要有（　　）、（　　）、（　　）。

2. 食品按照营养特点分为（　　）、（　　）、（　　）、（　　）、（　　）五大类。

3. 现代食品工业正向着追求（　　）、（　　）、（　　）、（　　）、（　　）、（　　）的趋势发展。

4. 挤压膨化技术在（　　）、（　　）等方面具有重要作用。

5. 膜分离技术在食品工业中首先应用于（　　）和（　　）。

三、判断题

1. 用热能提高产品温度的加工能减少微生物的数量、钝化酶的催化能力，对食品成分没有影响，因此是应用最广泛的食品加工技术。 （  ）

2. 食品工艺决定了食品的质量，食品质量的高低取决于工艺的合理性和每一工序所采用的加工技术。 （  ）

3. 食品辐照采用的剂量越高，保藏效果越好。 （  ）

4. 经超微粉碎处理的粮油制品，其口感、色泽和消化吸收率都有很大提升。 （  ）

5. 挤压膨化后的产品种类多，营养成分保存率和消化率高，食用方便。 （  ）

四、简答题

1. 简述食品加工高新技术及其特点。

2. 简述食品加工高新技术的发展趋势。

模块一　　谷类及薯类食品加工技术

## 项目一　焙烤食品加工技术

焙烤食品是以小麦等谷物粉料为基本原料，通过发面、高温焙烤过程而熟化的一大类食品，又称烘烤食品。焙烤食品范围广泛，品种繁多，形态不一，风味各异，主要包括面包、饼干、蛋糕等三大类产品。

烘焙食品是人们生活所必需的，它具有较高的营养价值，且不说多数烘焙食品都适合添加各种富有营养的食物原料，仅就其主原料小麦粉而言，就有着其他谷物望尘莫及的营养优势。除传统的普通焙烤食品外，近些年又出现了强化营养、注重保健功能的焙烤制品。例如：荞麦保健蛋糕、螺旋藻面包、高纤维面包、全麦面包、钙质面包、全营养面包等，既可以在饭前或饭后作为茶点品味，又能作为主食吃饱，满足多种消费者的不同需要。

## 任务一　面包加工技术

**学习目标**

1. 了解面包的分类、主要原辅料及其作用；
2. 掌握面包加工基本工艺流程及操作要点，并能熟练操作；
3. 了解面包品质鉴定的质量标准。

**必备知识**

面包是以小麦粉、酵母、水等为主要原料，添加或不添加其他原料，经搅拌、发酵、整形、醒发、熟制等工艺制成的食品，以及熟制前或熟制后在产品表面或内部添加奶油、蛋白、可可、果酱等的食品。面包通常含有蛋白质、脂肪、碳水化合物、维生素、氨基酸、膳食纤维以及钙、钾、镁、锌等矿物质，营养成分非常全面，面包的营养价值高于其他面食类达20%。面包的种类有很多，不同的面包不仅口感不同，所具有的营养价值也不相同。

## 一、 面包的主要分类

### 1. 按面包的柔软度分类

（1）硬式面包　表皮硬脆、有裂纹，内部组织柔软的面包，如法国长棍面包、荷兰面包、维也纳面包、我国哈尔滨的大列巴等面包。此类面包的配方中使用面粉、酵母、盐、水为基本原料，糖和油脂的用量均少于4%，少油、少糖、低热量。

（2）软式面包　组织松软，结构细腻的面包，如汉堡包、热狗面包等，我国生产的大多数面包属于软式面包。此类面包的配方中使用较多的糖、油脂、鸡蛋、水为基本原料，糖和油脂的用量在4%以上，营养价值也有所提高。

### 2. 按面包的材料分类

（1）主食面包　即当作主食来消费的。主食面包的配方特征是油和糖的比例较其他的产品低一些。根据国际上主食面包的惯例，以面粉量作基数计算，糖用量一般不超过10%，油脂低于6%。其主要根据是主食面包通常是与其他副食品一起食用，所以本身不必要添加过多的辅料。主食面包主要包括平顶或弧顶枕形吐司面包、大圆形面包、法式面包。

（2）花色面包　花色面包的品种甚多，包括夹馅面包、表面喷涂面包、油炸面包圈及因形状而异的品种等几个大类。它的配方优于主食面包，其辅料配比属于中等水平。以面粉量作基数计算，糖用量12%~15%，油脂用量7%~10%，还有鸡蛋、牛奶等其他辅料。与主食面包相比，其结构更为松软，体积大，风味优良，除面包本身的滋味外，尚有其他原料的风味。

（3）调理面包　属于二次加工的面包，烤熟后的面包再一次加工制成，主要品种有：三明治、汉堡包、热狗等三种。实际上这是从主食面包派生出来的产品。

（4）丹麦酥油面包　配方中使用较多的油脂，又在面团中包入大量的固体脂肪，属于面包中档次较高的产品。该产品酥软爽口、风味奇特、香气浓郁，既保持面包特色，又近于馅饼及千层酥等西点类食品，但因为饱和脂肪和热量多，而且可能含有对心血管健康不利的"反式脂肪酸"，不宜多食。

## 二、 面包加工常用的主要原辅料及其作用

面粉、水、酵母、食盐是面包加工的四种基本材料，是必不可少的。油、糖、蛋、奶和其他材料，对于改善面包的质量有显著作用。

### 1. 面粉

不同地区、不同季节生长的小麦加工面粉，蛋白质含量不同，面粉湿面筋含量也各不相同。面粉根据湿面筋含量分为高筋面粉（蛋白质含量在12.5%以上）、中筋面粉（蛋白质含量在9%~12%）和低筋面粉（蛋白质含量在7%~9%）3类。面包应选择高筋面粉，面粉的主要作用是形成面包的组织结构，提供酵母发酵所需要的能量，面粉内含有较多的蛋白质、糖类等，为人体提供营养，促进身体生长及组织重建。

### 2. 水

一般用水量为面粉的55%~60%，用量仅次于面粉。水的主要作用是调节面团的胀润度，调节淀粉的糊化程度，促进酵母的生长繁殖，促进原辅料的溶解等。

### 3. 酵母

酵母可以增加面包的营养价值，使面包松软可口，是不可缺少的原料。在面包制作过程中，如果条件合适，酵母即可吸收面团中的养分生长繁殖，产生二氧化碳气体，使面团发酵，体积增大。烘烤后，面团中的气体加热膨胀，从而在内部形成蜂窝结构体，并具有弹性。同时酵母本身包含许多蛋白质和一定量的维生素，从而提高面包的营养价值。

生产上使用的酵母种类主要有鲜酵母、活性干酵母和即发性干酵母。鲜酵母活性不稳定，需冷藏。活性干酵母具有活性稳定、易保存、使用方便等优点，使用较多。即发性干酵母活性远远高于鲜酵母和活性干酵母，使用量低，活性特别稳定，成本较高，使用时不需活化。

鲜酵母为面粉量的3%左右，干酵母为面粉量的1%~2%。一般使用一次发酵法时，酵母用量为1.5%~2%，二次发酵可降为0.8%~1%，快速发酵法则需增加至2.5%~3%。活性干酵母使用时应复水和活化，复水温度一般为40℃。

### 4. 食盐

食盐可以增加面包风味，增强面团的弹性和韧性，使面团可以包含更多的气体，延长产品的柔软度时间，同时也调节酵母的发酵速度。适当的盐有利于酵母的生长，过多的盐会抑制酵母菌的生长，因此，要将适量的盐和面粉混合，再与酵母和其他材料混合。一般用量约为面粉的0.6%~3%，甜面包用量在2%以下，咸面包不超过3%。

### 5. 油脂

面包中加入油，可以使产品有平整光滑的外表，内心软、细的纤维组织，减少面包屑，保持面包的柔软度。油脂的添加量一般为1%~6%。在面团中添加更多的油脂会抑制面筋的形成和面团发酵，含油量高的面包，应采用两次发酵，大部分的脂肪是在第二次发酵时加入。

**6. 糖**

在面包中加入适量的糖，除了改善面包的味道，使表面产生悦目的金黄色外，还可以提高面包的弹性，在一定的时间内保持面包的柔软度。对于含糖量高的面包，往往采用两次发酵的酵母厂特制的耐高糖酵母和提高酵母用量。主食面包糖用量一般为面粉量的4%～6%，甜面包可以达到15%。

**7. 蛋及蛋制品**

蛋及蛋制品含有易被人体吸收的蛋白质、脂肪和多种维生素，同时可以使面包疏松多孔有弹性，形式完整，质地柔软。如果面包的表面上涂覆鸡蛋液，可以展现美丽的红褐色。鲜蛋用量为面粉量的5%左右。

**8. 乳及乳制品**

乳及乳制品是面包中常用的材料，牛奶可以增加面包的营养价值和改善口味，让面包具有吸引力的奶黄色，风味独特，质地柔软，同时，也能加强面筋筋力，保持面包为一个完整的形状，使面包表面光滑、有光泽。一般用量为面粉量的4%～6%。

此外，面包加工中，还用到面包改良剂。面包改良剂一般是由乳化剂、氧化剂、酶制剂、无机盐和填充剂等组成的复配型食品添加剂，用于面包制作，可促进面包柔软和增加面包烘烤弹性，并有效延缓面包老化等作用。

### 三、 面包加工基本工艺流程及操作要点

面包的生产加工方法很多，其中以一次发酵法（直接发酵法）、二次发酵法（中种法）为最基本的生产加工方法。

**（一）工艺流程**

**1. 一次发酵工艺**

配料→ 搅拌 → 发酵 → 切块 → 搓圆 → 整形 → 醒发 → 装饰 → 烘烤 → 冷却 → 包装 →成品

优点：周期短、风味好、食感优；缺点：瓤膜厚、易硬化。

**2. 二次发酵工艺**

部分配料→ 第一次搅拌 → 第一次发酵 → 第二次搅拌 ←全部余料

醒发 ← 整形 ← 搓圆 ← 切块 ← 撖粉 ← 第二次发酵

蛋液→ 饰面 → 烘烤 → 冷却 → 包装 →成品

优点：瓤膜薄、制品软，老化慢；缺点：周期长、易发酵。

吐司面包的制作

（二）操作要点

1. 原料处理

面包制作一般选用高筋面粉，使用前需要过筛，起到了清除杂质、打散面块、调节粉温、混入空气等作用，其他粉质原辅料也需过筛后使用。一般采用即发性活性干酵母直接使用。生产用水一般采用中等硬度最为适宜。糖、盐使用前都要用水溶解过滤后使用，其他液体原辅料也需过滤后使用。

2. 面团调制

一次发酵法基本方法是将所有的面包原料，一次混合调制成面团，再进行发酵制作程序的方法，即将全部粉质原辅料投入和面机内，再将白砂糖、食盐的水溶液加入和面机，进行面团调制；二次发酵法，是分两次投料，先将部分面粉（30%~70%）、部分水和全部酵母调成面团，在 28~30℃下发酵 3~5h，然后与剩下的原辅料混合，调制成成熟面团后再发酵。

3. 发酵

一般酵母用量占面粉的 0.8%~2%，发酵温度为 25~28℃，相对湿度 75%~85%，发酵过程使面包蓬松有弹性，并赋予产品特有的色香味形。

4. 分割成型

面团的全部分割应控制在 20min 内完成。手工搓圆方法：掌心向下，五指握住面块，在案面上向一个方向旋转，将面块搓成圆球形。注意不要撒粉太多，防止面团分离。

5. 面团松弛、静置

盖膜醒发，10min 左右，目的是让面团恢复弹性。

6. 整形

整形包括压片及成型两部分，压片可用擀面杖或用手压排气，成型是把压片后的面团薄块做成产品所需的形状，外观一致，式样整齐。包括圆形、方形、蛋圆形、长方形、三角形、椭圆形等。还有仿各类造型的，如香蕉面包、环状豆沙包、菠萝面包、佛手面包等。

7. 醒发

一般醒发温度为 35~38℃、相对湿度：75%~85%，醒发 50~60min，随时观察，根据经验时间可调（一般要膨胀到原体积的 2~3 倍）。

8. 烘烤

面包烘烤是面包制作的最后一个关键工序，"三分做，七分烤"。烘烤过程中发生了一系列的生物化学变化和结构变化，受炉内高温作用，生的面团从不能食用变成了色香味俱佳的面包。电烤箱，上下火 180℃，45min 左右。

9. 冷却

面包出炉以后温度很高，表皮干脆，瓤心很软，缺乏弹性，经不起压力，必须经过冷却工序使面包内部冷透，冷却到室温为宜。

10. 包装

面包冷却到 28~38℃ 包装为宜。包装环境温度在 22~25℃，相对湿度为 75%~80%，最好设有空调。对包装材料要求符合食品卫生要求、密封性好、价格适宜。

### 四、面包的质量标准

面包质量标准应符合 GB 7099—2015《食品安全国家标准 糕点、面包》，评判面包的质量主要指标有感官指标、理化指标、微生物指标、污染物限量、食品添加剂和食品营养强化剂等。

GB 7099—2015
《食品安全国家标准
糕点、面包》

1. 感官指标

面包的感官指标见表 1-1。

表 1-1 面包感官指标

| 项目 | 要求 | 检验方法 |
|---|---|---|
| 色泽 | 具有产品应有的正常色泽 | 将样品置于白瓷盘中，在自然光下观察色泽和状态，检查有无异物。闻其气味、用温开水漱口后品其滋味 |
| 滋味、气味 | 无异嗅、无异味 | |
| 状态 | 无霉变、无生虫及其他正常视力可见的外来异物 | |

2. 理化指标

面包的理化指标见表 1-2。

表 1-2 面包理化指标

| 项目 | | 指标 | 检验方法 |
|---|---|---|---|
| 酸价（以脂肪计）（KOH）/（mg/g） | ≤ | 5 | GB 5009.229—2016 |
| 过氧化值（以脂肪计）/（g/100g） | ≤ | 0.25 | GB 5009.227—2016 |

注：酸价和过氧化值指标仅适用于配料中添加油脂的产品。

3. 微生物指标

（1）面包中致病菌限量应符合 GB 29921—2013 中熟制粮食制品（含焙烤类）的规定。

（2）面包微生物限量还应符合表 1-3 的规定。

表1-3 面包微生物指标

| 项目 | 采样方案[1]及限量 | | | | 检验方法 |
|------|------|------|------|------|------|
| | $n$ | $c$ | $m$ | $M$ | |
| 菌落总数[2]/（CFU/g） | 5 | 2 | $10^4$ | $10^5$ | GB 4789.2—2016 |
| 大肠菌群[2]/（CFU/g） | 5 | 2 | 10 | $10^2$ | GB 4789.3—2016 平板计数法 |
| 霉菌[3]/（CFU/g）≤ | 150 | | | | GB 4789.15—2016 |

注： ①样品的采集及处理按 GB 4789.1—2016 执行。

②菌落总数和大肠菌群的要求不适用于现制现售的产品， 以及含有未熟制的
发酵配料活新鲜果蔬菜的产品。

③不适用于添加了霉菌成熟干酪的产品。

4. 污染物限量

面包中污染物限量应符合 GB 2762—2017 的规定。

5. 食品添加剂和食品营养强化剂

面包中食品添加剂的使用应符合 GB 2760—2014 的规定；食品营养强化剂
的使用应符合 GB 14880—2012 的规定。

**五、 面包加工注意事项**

（1）面团制作过程中搅拌不要过度，一般凭感官确定。搅拌适度的面团，
能用双手拉展成一张像玻璃纸那样的薄膜，整个薄膜分布均匀而光滑，用手触
摸感觉到有黏性，但离开面团不会粘手，面团表面手指痕迹会很快消失。

（2）从醒发室取出焙烤盘时，要轻拿轻放，不得振动和冲撞，防止面团
跑气坍塌。

（3）烤制面包时要注意小体积面包要高温短时，大面包要低温长时。

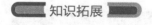 知识拓展

1. **面包业创新创业点**

党的二十大报告中指出要"培育创新文化，营造创新氛围"。 作为 21 世
纪的黄金产业，面包业有着广阔的发展前景和巨大发展空间，如：产品研发理
念创新、产品取材创新、产品种类创新、宣传方式创新、销售模式创新、DIY
创意创新、店铺设计创新、品牌 logo 创新等。

2. **面包的营养分析**

面包含有蛋白质、脂肪、碳水化合物、少量维生素及钙、钾、镁、锌等矿
物质，口味多样，易于消化、吸收，食用方便，在日常生活中颇受人们喜爱。

现在比较受欢迎的主要是谷物面包和全麦面包。 谷物面包大量采用谷

物、果仁作为原料，含有丰富的膳食纤维、不饱和脂肪酸和矿物质，有助提高新陈代谢，有益身体健康。 全麦面包拥有丰富的膳食纤维，让人比较快就产生饱腹感，间接减少摄取量。 同样是面包，吃全麦面包比吃白面包更有助减肥。 面包松软，易于消化，不会对胃肠造成损害。

面包中，淀粉糖约占 60%，植物蛋白质超过 10%，另外还含有矿物质和 B 族维生素。 早餐时，不妨选择谷物面包和全麦面包，再搭配一杯牛奶，有条件再加点蔬菜水果，营养摄入更全面。

3. 选购面包注意事项

（1）健康价值细细看 从热量来说，以表皮干脆的脆皮面包热量最低，因为这类面包不甜，含糖、盐和油脂都很少，烘焙后表皮脆硬，趁热吃非常可口。 法式主食面包和俄式大列巴都属于这一类，营养价值和馒头大体类似。 硬质面包和软质面包加入鸡蛋、糖、牛奶、油脂等材料，只是加入的水分不同。 孩子们喜欢的吐司面包、奶油面包和大部分花色点心面包都属于软质面包。 软质甜面包含糖约 15%，油脂约 10%，吐司面包含量更多一些。 但因为加入了鸡蛋和奶粉，营养价值也有所增高，适合给儿童食用。

（2）选购注意新鲜度 面包包装上都会注明保质期："二、三季度（春夏）2～3d，一、四季度（秋冬）4～5d"。 选购时一定要选择尽可能新鲜的面包。 如果在快过期的时候购买，就要马上食用，不要让面包在家里过期长霉了。 如果商场正在促销打折，更要睁大眼睛，看看是否已经临近过期。

4. 买面包回家如何保存

新鲜的面包买回家后放在冰箱更容易变干、变硬、掉渣儿，不如常温下储存营养和口感更好。 这是因为，低温使面粉中的淀粉发生了老化。 在较低温度下保存时，面包的硬化速度快；反之，超过 30℃，则会影响面包的颜色、营养及口感。 18～25℃是最适合面包的保存温度，而冰箱的冷藏室温度大约为 2～6℃，会加速面包的老化。 但需要注意，添加大量糖和油脂的奶油、带馅面包，最好放在冰箱里保存，否则容易变质。

—— 课后习题 ——

一、选择题

1. 面团经过发酵之后，其 pH 比未发酵面团（ ）。

A. 增加　　　B. 降低　　　C. 相同　　　D. 依发酵室温而定

2. 生产面包时，下面哪类改良剂可增强面筋筋力、提高面团弹性（ ）。

A. 氧化剂　　　B. 还原剂　　　C. 乳化剂　　　D. 酶制剂

3. 一般最适合面包制作的水是（　　　）。

A. 软水　　　　B. 蒸馏水　　　C. 碱水　　　　D. 中硬度水

4. 调整甜面包配方时，若增加蛋的使用量，得酌量减少原配方的（　　　）。

A. 水　　　　　B. 糖　　　　　C. 面粉　　　　D. 油

5. 面粉中蛋白质含量每增加1%时，则面粉的吸水量约可提高（　　　）。

A. 1%　　　　　B. 1.5%　　　　C. 2%　　　　　D. 2.5%

二、填空题

1. 最适合面包保存的温度是（　　　）℃。

2. 面包加工的四种基本材料是（　　　）、（　　　）、（　　　）、（　　　）。

3. 面粉需要过筛主要起到（　　　）作用。

4. 面包焙烤时如果体积较大，焙烤温度应（　　　），焙烤时间应（　　　）。

5. 生产面包的面粉要求面筋含量（　　　）。

三、判断题

1. 食盐在面包加工生产中可以起到强化面筋的作用。　　　　　　（　　　）

2. 焙烤食品加工中俗语"三分做、七分烤"，说明了烘烤的重要性。

（　　　）

3. 为延长烘焙食品的保存期限，最好的方法是添加大量防腐剂。

（　　　）

4. 一般最适合面包制作的水是蒸馏水。　　　　　　　　　　　　（　　　）

5. 面包发酵时间越长，外表颜色越深。　　　　　　　　　　　　（　　　）

四、简答题

1. 为什么说面团发酵是面包生产的主要环节？

2. 面包在焙烤过程中有哪些方面的变化？

# 任务二　饼干加工技术

**学习目标**

1. 了解饼干加工的分类、主要原辅料及其作用；

2. 掌握饼干加工基本工艺流程及操作要点，并能熟练操作；

3. 了解饼干品质鉴定的质量标准。

── **必备知识** ──────────────────────

饼干是以谷类粉（和/或豆类、薯类粉）等为主要原料，添加或不添加糖、油脂及其他原料，经调粉（或调浆）、成型、烘烤（或煎烤）等工艺制成的食品，以及熟制前或熟制后在产品之间（或表面，或内部）添加奶油、蛋白、可可、巧克力等的食品。饼干的主要营养成分是碳水化合物，还有蛋白质、脂肪、钙、钾、铁等，整体营养不够均衡。

### 一、饼干的主要分类

#### 1. 酥性饼干

酥性饼干是以小麦粉、糖、油脂为主要原料，加入膨松剂和其他辅料，经冷粉工艺调粉、辊压或不辊压、成型、烘烤制成的表面花纹多为凸花，断面结构呈多孔状组织，口感酥松或松脆的饼干。常见的品种有甜饼干、挤花饼干、小甜饼、酥饼等。酥性配方中脂肪和糖的数量相对较高。

#### 2. 韧性饼干

韧性饼干是以小麦粉、糖（或无糖）、油脂为主要原料，加入膨松剂、改良剂及其他辅料，经热粉工艺调粉、辊压、成型、烘烤制成的表面花纹多为凹花，外观光滑，表面平整，一般有针眼，断面有层次，口感松脆的饼干。

#### 3. 发酵饼干

发酵饼干是以小麦粉、油脂为主要原料，酵母为膨松剂，加入各种辅料，经调粉、发酵、辊压、叠层、成型、烘烤制成的酥松或松脆，具有发酵制品特有香味的饼干。

#### 4. 压缩饼干

压缩饼干是以小麦粉、糖、油脂、乳制品为主要原料，加入其他辅料，经冷粉工艺调粉、辊印、烘烤成饼坯后，再经粉碎、添加油脂、糖、营养强化剂或再加入其他干果、肉松、乳制品等，拌和、压缩制成的饼干。

#### 5. 曲奇饼干

曲奇饼干是以小麦粉、糖、糖浆、油脂、乳制品为主要原料，加入膨松剂及其他辅料，经冷粉工艺调粉、采用挤注或挤条、钢丝切割或辊印方法中的一种形式成型、烘烤制成的具有立体花纹或表面有规则波纹的饼干。

#### 6. 夹心（或注心）饼干

夹心（或注心）饼干是在饼干单片之间（或饼干空心部分）添加糖、油脂、乳制品、巧克力酱、各种复合调味酱或果酱等夹心料而制成的饼干。

#### 7. 威化饼干

威化饼干是以小麦粉（或糯米粉）、淀粉为主要原料，加入乳化剂、膨松剂等辅料，经调浆、浇注、烘烤制成多孔状片子，通常在片子之间添加糖、油脂等夹心料的两层或多层的饼干。

### 8. 蛋圆饼干

蛋圆饼干是以小麦粉、糖、鸡蛋为主要原料，加入膨松剂、香精等辅料，经搅打、调浆、挤注、烘烤制成的饼干。

### 9. 蛋卷

蛋卷是以小麦粉、糖、鸡蛋为主要原料，添加或不添加油脂，加入膨松剂、改良剂及其他辅料，经调浆、浇注或挂浆、烘烤卷制而成的蛋卷。

### 10. 煎饼

煎饼是以小麦粉（可添加糯米粉、淀粉等）、糖、鸡蛋为主要原料，添加或不添加油脂，加入膨松剂、改良剂及其他辅料，经调浆或调粉、浇注或挂浆、煎烤制成的饼干。

### 11. 装饰饼干

装饰饼干是在饼干表面涂布巧克力酱、果酱等辅料或喷撒调味料或裱粘糖花而制成的表面有涂料、线条或图案的饼干。

### 12. 水泡饼干

水泡饼干是以小麦粉、糖、鸡蛋为主要原料，加入膨松剂，经调粉、多次辊压、成型、热水烫漂、冷水浸泡、烘烤制成的具有浓郁蛋香味的疏松、轻质的饼干。

## 二、 饼干加工常用的主要原辅料及其作用

### 1. 面粉

制作韧性饼干的面粉，选用面筋弹性中等、延伸性好、面筋含量较低的面粉，湿面筋含量在21%～28%为宜。制作酥性饼干的面粉应选用延伸性大、弹性小，面筋含量较低的面粉，一般以湿面筋含量在21%～26%为宜。制作发酵饼干的面粉，要求湿面筋含量高或中等面筋，弹性强或适中，一般以湿面筋含量在28%～35%为宜。

### 2. 糖

在饼干的配方中，除了面粉以外，糖是使用量最多的一种配料。韧性饼干糖用量约24%～26%，酥性饼干糖用量约为30%～38%，发酵饼干糖用量约2%。常用的糖为白砂糖、饴糖、淀粉糖浆等。主要起到增加甜味、上色、光泽和帮助发酵、阻止面筋形成等作用。

### 3. 油脂

韧性饼干用油脂以面粉总量的20%以下为宜。酥性饼干用油脂一般为面粉总量的14%～30%，甜酥性曲奇常用量为40%～60%。发酵饼干用油脂一般选用植物油和猪油混合使用。主要起到阻止面筋形成、降低面团弹性等作用。

4. 乳品与蛋品

蛋制品能提高饼干的营养价值，增加饼干的酥松度，改善饼干的色香味。乳制品能赋予饼干优良的风味，提高饼干的营养价值，改善饼干的色泽。

5. 食盐

食盐既是调味料，又是面团改良剂。

6. 疏松剂

化学疏松剂主要用于韧性饼干和酥性饼干，生物疏松剂用于发酵饼干。

### 三、饼干加工基本工艺流程及操作要点

（一）工艺流程

原辅材料的预处理 → 面团调制 → 面团辊轧 → 成型 → 烘烤 → 冷却 → 包装

曲奇饼干的制作

（二）操作要点

1. 原料预处理

饼干制作一般选用低筋面粉，使用前需要过筛，其他粉质原辅料也需过筛后使用。一般使用糖粉代替砂糖。

2. 面团调制

韧性面团调制时一般先将油、糖、乳、蛋等辅料加热水或热糖浆在和面机内搅匀，再加入面粉进行面团调制；酥性面团调制时是先将糖、油、乳、蛋、膨松剂等辅料与适量水（加水量不宜过多）倒入和面机内搅匀，再将面粉倒入和面机内进行面团调制。

3. 面团辊轧

饼干类型不同，辊轧的目的和要求也不相同，韧性面团辊轧次数一般需要9~13次，辊轧时多次折叠并旋转90°角；酥性面团一般以3~7次单向往复辊轧即可，也可不经辊轧。

4. 成型

主要有冲印成型、辊印成型、辊切成型等成型方法。

5. 烘烤

烘烤过程完成胀发、定形、脱水、上色四个阶段的变化，烘烤温度和时间因品种不同而各不相同，如酥性饼干一般为240~260℃，5min 左右。

6. 冷却包装

一般采用自然冷却法，冷却到38~40℃左右后再进行包装。如果冷却速度过快，水分蒸发过快，易产生破裂现象。

### 四、饼干的质量标准

饼干质量标准应符合 GB 7100—2015《食品安全国家标准　饼干》，评判

GB 7100—2015
《食品安全国家
标准　饼干》

饼干的质量除微生物指标略有不同外（霉菌限量为≤50CFU/g），其他指标同任务一面包中各项指标。

### 五、 饼干加工注意事项

（1）材料提前恢复室温，最常见的是黄油，操作之前提前0.5h或1h将其取出，放在室温环境下，让其恢复室温。

（2）少量多次加蛋液油水不分离，材料分次加入才能使成品的口感更加细致美味。

（3）排放有间隔不粘连，大小均一，外观口感都绝佳。

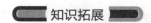 知识拓展

### 健康吃饼干

党的二十大报告中指出要"深入开展健康中国行动，倡导健康生活"。以下是健康吃饼干的注意事项。

（1）首先，选饼干一定看包装上的配料说明和营养成分。 选购饼干时尽量选择低脂、低糖和低热量的饼干。 购买时要留意包装上的营养标签，不要选择脂肪高、糖分高和热量高的品种就可以了。 制作饼干的面粉一般是精白粉，营养价值较低。 如果配料中添加了牛奶、坚果、粗粮或豆类，则可以提高饼干的营养价值。

（2）吃饼干时要多喝开水。 一般饼干都很干，水分可以使饼干中的淀粉质膨大，容易吃饱，这样就可以控制分量。

（3）不同的饼干种类在某些营养素上有一定差别。 比如注重低糖的饼干，会把含糖量标注在碳水化合物的下面，而含有麸皮成分的饼干则注重的是膳食纤维的含量，往往也会标注膳食纤维。 苏打饼干是碱性食品，它能中和胃内过多的胃酸，胃病患者可以选用。 因此，人们可以根据自己的需要来选择合适的饼干。

（4）要分辨饼干中使用的油脂。 普通植物油相对较好，牛油、猪油、黄油等动物油脂饱和脂肪酸较高，营养价值略低。 而含有反式脂肪酸的起酥油、植物奶油、氢化植物油则是最不利健康的。 面巾纸可以测油脂多少。 想知道脂肪含量并不难，用面巾纸包住饼干，用重物压上，过20min看看纸上有多少油脂。 纸上的油脂越多，脂肪含量就越高。 如果饼干脆而且不油腻，但渗到纸巾上的油却很多，说明其中饱和脂肪酸含量很高，不利健康。

—— 课后习题 ————————————————————

**一、选择题**

1. 饼干用面粉，若酸度偏高时，配方中应提高（　　）的用量。

A. 小苏打　　　　B. 水　　　　C. 氧化剂　　　　D. 油脂

2. 冲印成型是我国各饼干企业使用广泛的一种成型方法，它能适应大多数产品的生产，不包括（　　）。

A. 韧性饼干　　　B. 酥性饼干　　C. 苏打饼干　　　D. 蛋圆饼干

3. （　　）是我生产油脂含量高的酥性饼干的主要成型方法之一。

A. 冲印成型　　　B. 辊印成型　　C. 辊切成型　　　D. 挤出成型

4. 面粉在使用前应进行过筛处理，目的不包括（　　）。

A. 除去混入的杂质　　　　　　B. 除去吸潮而结块的面块

C. 混入一定的空气　　　　　　D. 提升产品口感

5. 酥性面团调制好后，应适当静置，目的不包括（　　）。

A. 使蛋白质水化作用继续进行　　B. 增加黏度

C. 增加弹性　　　　　　　　　　D. 方便辊轧

**二、填空题**

1. 饼干表面上色主要是（　　）反应；面包上色主要是（　　）反应。

2. 饼干主要的成型方法有（　　）、（　　）、（　　）。

3. 饼干烘烤时一般经历（　　）、（　　）、（　　）、（　　）四个阶段。

4. 饼干制作一般选用（　　）面粉，一般使用（　　）代替砂糖。

5. 化学疏松剂主要用于（　　）和（　　）生产，生物疏松剂用于（　　）生产。

**三、判断题**

1. 饼干生产时一般都将砂糖磨成糖粉或溶为糖浆。　　　　（　　）

2. 不同类型的饼干，由于主要原料配比不同，投料顺序、操作方法以及配套设备均有差异。　　　　（　　）

3. 韧性面团因其温度接近或低于常温，故称为冷粉。　　　（　　）

4. 在饼干的外观方面，最重要的首推花纹的深浅、清晰度及是否美观大方。　　　　（　　）

5. 饼干完成烘烤后进行冷却，使形态固定下来，待饼干温度达到 30～40℃时，即可整理包装。　　　　（　　）

**四、简答题**

1. 简述饼干生产中面团辊轧的作用。

2. 饼干出炉后冷却和包装的目的分别是什么？

# 任务三 蛋糕加工技术

**学习目标**

1. 了解蛋糕的主要分类、 主要原辅料及其作用；
2. 掌握蛋糕加工基本工艺流程及操作要点， 并能熟练操作；
3. 了解蛋糕品质鉴定的质量标准。

## 必备知识

蛋糕是以面粉、鸡蛋、糖、油脂等为主要原料，经搅打充气，辅以疏松剂，通过烘烤而使组织松发的一种疏松绵软、适口性好的方便食品。蛋糕含有碳水化合物、蛋白质、脂肪、维生素及钙、钾、磷、钠、镁、硒等矿物质。

### 一、 蛋糕的主要分类

蛋糕的种类很多，按照使用原料、搅拌方法及面糊性质和膨发途径，一般分为以下三类。

#### 1. 面糊类蛋糕

面糊类蛋糕主要原料依次为糖、油脂、面粉，其中油脂的用量较多。面糊类蛋糕的主要膨发途径是通过油脂在搅拌过程中结合拌入的空气，而使蛋糕在炉内膨胀。

#### 2. 乳沫类蛋糕

乳沫类蛋糕主要原料依次为蛋、糖、面粉，另有少量液体油，且当蛋用量少时要增加化学疏松剂以帮助面糊起发。乳沫类蛋糕的主要膨发途径是依靠蛋在搅拌过程中与空气融合，进而在炉内产生蒸汽压力而使蛋糕体积膨胀。乳沫类蛋糕分为海绵蛋糕和天使蛋糕。

#### 3. 戚风类蛋糕

戚风类蛋糕是混合上述两类蛋糕的制作方法而成。即蛋白与糖及酸性材料按乳沫类打发，其余干性原料、流质原料与蛋黄则按面糊类方法搅拌，最后把两者混合起来。生日蛋糕底坯既可用海绵蛋糕配方也可用戚风蛋糕配方。

### 二、 蛋糕加工常用的主要原辅料及其作用

#### 1. 蛋及蛋制品

鸡蛋是蛋糕制作过程中不可缺少的原料，能增加蛋糕的风味、色泽，改善组织结构、膨松、营养等多种特性。蛋糕加工中所用的蛋品主要是新鲜鸡蛋及其制品。

2. 面粉

蛋糕制作要求面粉面筋含量和面筋的筋力都比较低。面粉的面筋构成蛋糕的骨架。选择蛋糕专用粉，产品品质更好。

3. 糖

糖可增加蛋糕制品的甜度、产生颜色及风味，增加柔软性。一般选用细白砂糖。

4. 油脂

油脂能拌和空气，膨大蛋糕润滑面筋，柔软蛋糕改善组织与口感。一般常用色拉油和黄油。

5. 食盐

食盐的主要作用是降低甜度，增加内部洁白，加强面筋的结构。

6. 乳与乳制品

在奶油蛋糕类制品中，常用乳与乳制品来代替加水量。如果是乳粉需要提前加水溶解防止与面粉结块影响蛋糕品质。

7. 乳化剂

常用的乳化剂有泡打粉、蛋糕油（海绵蛋糕中使用）、塔塔粉（戚风蛋糕中使用）等，对蛋糕的质地结构、感官性能和食用质量有重要作用。

三、　蛋糕加工基本工艺流程及操作要点

（一）　工艺流程

原料预处理 → 面糊调制 → 入模 → 烘烤 → 冷却 → 包装 → 成品

（二）　操作要点

1. 原料预处理

鲜鸡蛋使用前先洗干净有助于延长蛋糕保质期，鸡蛋温度最好在 17～22℃；加入油脂时忌一次性快速倾倒，会造成浆料下沉和下陷，应缓慢加入；粉质原辅料需过筛处理。

戚风蛋糕的制作

2. 面糊调制

（1）面糊类　主要调制的是油脂面糊，包括糖油拌和法和粉油拌和法。糖油法，油类先打软后加糖或糖粉搅拌至松软绒毛状，再加蛋拌匀，最后加入粉类材料拌和。粉油法，油类先打软加面粉打至膨松后加糖再打发呈绒毛状，加蛋搅拌至光滑，适用于油量 60% 以上的配方。

（2）乳沫类　主要调制方法有分开搅打法（蛋白、蛋黄分开搅打，再混匀即可）、全蛋搅打法（一边水浴加热一边打发）和乳化法（加入乳化剂，工业化生产常用）。

（3）戚风类　主要依靠蛋白的打发来调制面糊，主要有冷加糖蛋白、热加糖蛋白和煮沸加糖蛋白三种方法。冷加糖蛋白方法最常用，是在蛋白中先加入少量的砂糖，将蛋白慢慢搅打开，开始起泡后立即快速搅打，然后分次加入剩余的糖继续搅打，制成坚实的加糖蛋白糊。再将蛋白和蛋黄部分混匀即可。

3. 入模

面糊调制完毕后应立即入模，戚风类及乳沫类的蛋白类入模前不可涂油或垫纸，否则会使产品烤后热胀冷缩而下陷；面糊类及乳沫类中的海绵类蛋糕入模前涂油或垫上烤模纸，便于烤后脱模。

4. 烘烤

蛋糕坯的厚薄大小，烘烤温度和时间有所不同，一般来说，厚坯的炉温为上火180℃、下火150℃；薄坯的炉温应为上火200℃、下火为170℃，烘烤时间以35~45min为宜。判断烤熟的方法主要有眼试法、触摸法和探针法。其中，探针法是初学者的最佳判断法，即取一竹签刺入蛋糕中心部位，拔出时，竹签无生面糊粘住即可出炉。

### 四、 蛋糕的质量标准

蛋糕的质量标准应符合GB 7099—2015《食品安全国家标准　糕点、面包》，具体指标见任务一中面包的质量标准。

### 五、 蛋糕加工注意事项

（1）为了避免海绵蛋糕表皮太厚，配方中糖的使用量要适当，注意炉温，避免进炉时上火太大，炉温不要太低，避免烤制时间太长。

（2）为了避免蛋糕表面出现斑点，搅拌之前一定要将糖等材料完全搅拌溶解，糖尽量不要用太粗的，一定要提前溶化。

（3）注意加油时候不要一下倒入，缓慢加入。

（4）蛋糕进炉后的前12min不要开炉门或受震动。

（5）海绵蛋糕不要烤的时间太长，否则会导致蛋糕口感发干。

◤ 知识拓展 ◢

#### 一、反式脂肪酸

反式脂肪酸是对植物油进行氢化改性产生的一种不饱和脂肪酸（改性后的油称为氢化油）。这种加工可防止油脂变质，改变风味。世界卫生组织建议，人们平均每天摄入的反式脂肪应为总能量的1%或更低；换言之，每日摄取不超过2g的反式脂肪。过多摄入反式脂肪酸可使血液胆固醇增高，从而增加心血管疾病发生的危险。

食物包装上一般食物标签列出成分如称为"代可可脂""植物黄油(人造黄油、麦淇淋)""氢化植物油""部分氢化植物油""氢化脂肪""精炼植物油""氢化菜油""氢化棕榈油""固体菜油""酥油""人造酥油""雪白奶油"或"起酥油"，即含有反式脂肪。

## 二、蛋糕油

蛋糕油又称蛋糕乳化剂或蛋糕起泡剂，它在海绵蛋糕的制作中起着重要的作用，一般最大使用量为 6g/kg。 在 20 世纪 80 年代初，国内制作海绵蛋糕时还未有蛋糕油的添加，在打发的时间上非常慢，出品率低，成品的组织也粗糙，还会有严重的蛋腥味。 后来添加了蛋糕油，制作海绵蛋糕时打发的全过程只需 8 ~10min，出品率也大大地提高，成本也降低了，且烤出的成品组织均匀细腻，口感松软。 蛋糕油的添加量一般是鸡蛋的 3% ~5%。 当蛋糕的配方中鸡蛋增加或减少时，蛋糕油也须按比例加大或减少。 蛋糕油一定要在面糊的快速搅拌之前加入，这样才能充分地搅拌溶解，也就能达到最佳的效果。

## 三、塔塔粉

塔塔粉的学名称为酒石酸氢钾，是一种酸性的白色粉末，属于食品添加剂类，主要用途是帮助蛋白打发以及中和蛋白的碱性，因为蛋白的碱性很强。而且蛋储存得越久，蛋白的碱性就越强，而用大量蛋白做制作的食物都有碱味且色带黄，加了塔塔粉不但可中和碱味，颜色也会较雪白。 如果没有塔塔粉，也可以用一些酸性原料代替，一般说来，一茶匙塔塔粉可用一大匙柠檬汁或白醋代替，但要减少约 10g 蛋白用量。 使用白醋不需担心醋味，和蛋白的碱性中和及在烘焙后是感觉不太明显的。 塔塔粉在家庭制作中较少使用。

—— 课后习题 ——

### 一、选择题

1. 戚风类蛋糕其膨大的最主要因素是（　　　）。

A. 蛋白中搅拌入空气　　　　B. 塔塔粉

C. 蛋黄面糊部分的搅拌　　　D. 水

2. 蛋白不易打发的原因很多，下列哪项并非其因素（　　　）。

A. 高速搅拌　　　B. 蛋温太低　　　C. 使用陈旧蛋　　　D. 容器沾油

3. 用来判断烤熟的方法不包括（　　　）。

A. 眼试法　　　B. 触摸法　　　C. 探针法　　　D. 品尝法

4. 食盐在蛋糕加工中的作用不包括（　　　）。

A. 降低甜度　　　　　　　　B. 增加咸味

C. 增加内部洁白　　　　　　D. 加强面筋结构

5. 戚风蛋糕是指蛋清和蛋黄分开搅打好后，再予以（　　　）的蛋糕制作方法。

A. 分层　　　　　　B. 分开　　　　　　C. 搅打　　　　　　D. 混合

二、填空题

1. 蛋糕是以（　　　）为主要原料，辅以（　　　）、（　　　）、（　　　）等，经（　　　）、（　　　）、（　　　）等工序精制而成的高蛋白食品。

2. 塔塔粉化学名称为（　　　），是制作（　　　）必不可少的原材料之一。

3. 蛋糕用于膨松充气的原料主要是（　　　）和（　　　）。

4. 蛋白搅拌的程度，因搅拌速度与时间长短可分为（　　　）、（　　　）、（　　　）和（　　　）四个阶段。

5. 蛋糕油是一种膏状搅打起泡剂，具有发泡和乳化的双重作用，其中以（　　　）作用最为明显。

三、判断题

1. 加入乳化剂使油水互溶的作用，称为乳化作用。　　　　　　　　　　（　　　）

2. 烘烤中的蛋糕，若用手按表面，有弹性感，即表示已烤熟，可出炉。

（　　　）

3. 在糕点中加入油脂主要是使面粉的吸水性能增强，增加面筋形成量。

（　　　）

4. 打发蛋白时添加的塔塔粉是一种碱性盐。　　　　　　　　　　　　（　　　）

5. 蛋糕烘烤后趁热包装有利于蛋糕保藏。　　　　　　　　　　　　　（　　　）

四、简答题

1. 简述蛋糕膨松的原理。

2. 简述戚风蛋糕中添加塔塔粉的主要作用。

# 项目二　方便面加工技术

学习目标

1. 了解方便面的分类、主要原辅料及其作用；

2. 掌握方便面加工基本工艺流程及操作要点，并能熟练操作；

3. 了解方便面品质鉴定的质量标准。

必备知识

方便面是以小麦粉和/或其他谷物粉、淀粉等为主要原料，添加或不添加辅料，经加工制成的面饼，添加或不添加方便调料的面条类预包装方便食品，包括油炸方便面和非油炸方便面。方便面的主要成分是小麦面粉、棕榈油、调味酱和脱水蔬菜叶等，都是补充人体营养所必需的成分，但在享用方便面带来的便利之余，消费者应该适时搭配蔬菜、水果，补足其他常量与微量营养素的需要，同时多喝水，使膳食结构更为合理健康。

### 一、 方便面的主要分类

方便面的花色品种很多，可按如下方式分类。

#### 1. 按生产工艺分类

按生产工艺分类，方便面可分为油炸方便面、非油炸方便面两大类。油炸方便面采用油炸工艺干燥，包括泡面、干吃面和煮面，油炸方便面的含油率为18%~20%。非油炸方便面是采用除油炸以外的其他工艺（如微波、真空和热风等）干燥的方便面，也包括泡面、干吃面和煮面。

#### 2. 按食用风味分类

按食用风味分类，方便面可分为中华传统风味面、日本传统风味面、欧洲传统风味面等。

#### 3. 按包装形式分类

按包装形式分类，方便面可分为杯装面、碗装面和袋装面。袋装成本低，易于贮存和运输，食用时需另有餐具，因而其方便性不如碗装、杯装的产品，杯装和碗装一般都有两包以上汤料，营养丰富，但其包装容器成本较高，而且包装材料回收率低，会给环境造成污染。

### 二、 方便面加工常用的主要原辅料及其作用

#### 1. 面粉

方便面生产中面粉的选择通常是由产品的品质要求而定的。使用高筋粉可制得弹力强的面条，制品复水时膨胀良好而不易折断或软化，有如刚煮出来的面条，但淀粉糊化时间长，成本较高。在实际生产中，通常在高筋粉中掺以一定量的中筋粉，这样制品复水形态好，油炸时吸油率小而且均匀，面粉表里一致，油炸时间短，唯一的缺点是复水时面质较软。

#### 2. 水

水的用量仅次于面粉，占面粉量的30%左右，方便面生产需要软水，硬水会使面筋的弹性降低，使产品在保藏中变色。

#### 3. 食盐

一般在和面时加入面粉质量的1%~3%的食盐，可以增强面粉的黏弹性。

**4. 食碱**

通常面粉中碱的添加量为 0.15%～0.3%，使面条呈现良好的微黄色，且使面条不糊汤，但过量会产生褐变。

**5. 油脂**

油炸方便面一般选用棕榈油，棕榈油是一种性能非常稳定的理想煎炸油，无异味，不易被氧化，货架期长。

**6. 抗氧化剂**

为防止油脂氧化酸败，通常要在油炸油中添加抗氧化剂，常用的为丁基羟基茴香醚（BHA）和二丁基羟基甲苯（BHT）。

**7. 复合磷酸盐**

方便面用的磷酸盐主要是磷酸二氢钠、偏磷酸钠、聚磷酸钠、焦磷酸钠，其主要作用是增加面条黏弹性、提高面条的光洁度。

**8. 鸡蛋**

一般生产高档方便面时会加入鸡蛋，不但可以增加方便面的营养价值，还可以延迟老化、改善颜色。

### 三、 方便面加工基本工艺流程及操作要点

**（一）工艺流程**

原辅料预处理 → 和面 → 熟化 → 复合压延 → 切条折花 → 蒸面 → 定量切断 → 干燥 → 冷却包装 → 成品

**（二）操作要点**

**1. 原辅料预处理**

投料顺序是先加碱，再把不易溶解的原料（色素、改良剂等）与盐拌匀添加，保证配水原料能够彻底溶解。

**2. 和面**

一般加水量 30% 左右，加盐量 1%～3%，加碱量 0.15%～0.3%。和面温度一般控制在 20～25℃，并控制好搅拌时间，一般面粉及添加物放入和面机中预混 1min，快速均匀加水，同时快速搅拌，约 13min，再慢速搅拌 3～4min，即形成具有加工性能的面团。

**3. 熟化**

熟化的作用是为了改善面团的黏性、弹性和柔软性。一般熟化时间为 10～20min，熟化的理想温度是 25℃ 左右。

**4. 复合压延**

复合压延简称复压，将熟化后的面团通过复合压延设备中两道平行的压辊

压成两个面片，两个面片平行重叠，再通过一道压辊，即被复压成一条厚度均匀、坚实的面带。保证面片厚薄均匀，平整光滑，无破边、孔洞、色泽均匀，并具有一定的韧性和强度。

**5. 切条折花**

该工序的目的不仅是使方便面形态美观，更主要的是加大条与条之间的空隙，防止直线形面条蒸煮时黏结，有利于蒸煮糊化和油炸干燥脱水，食用时复水时间短。要求面条光滑，无并条、粗条，波纹整齐，行行之间不粘连。

**6. 蒸面**

一般分为高压蒸煮和常压蒸煮，将切丝成型的面条加热蒸熟，利用蒸汽的作用使淀粉糊化、蛋白质变性，一般糊化度应达到80%以上。

**7. 定量切断**

按一定长度切断，一般在切断前用鼓风机冷却保证面条表面迅速硬结，避免面条粘连。

**8. 干燥**

（1）油炸干燥 是我国方便面生产中普遍采用的一种快速干燥方法，一般油炸温度130～150℃、时间70～90s，油炸锅的油位高出油炸盒30mm左右。

（2）热风干燥 是生产非油炸方便面的主要干燥方法，一般温度保持在70～90℃，热空气的相对湿度低于70%，干燥时间一般为30～60min，干燥后的方便面要求水分含量<12.0%。

**9. 冷却包装**

冷却后的面块温度接近室温或高于室温5℃左右，从冷却机出来的面块由自动检测器进行金属和重量等检测后配上合适的调味料包进行包装。

**四、 方便面的质量标准**

方便面质量标准应符合 GB 17400—2015《食品安全国家标准 方便面》，评判方便面质量的主要指标有感官指标、理化指标、微生物指标、污染物限量、食品添加剂和食品营养强化剂等。

**1. 感官指标**

方便面的感官指标见表1-4。

GB 17400—2015
《食品安全国家
标准 方便面》

表1-4　方便面感官指标

| 项目 | 要求 | 检验方法 |
|---|---|---|
| 色泽 | 具有该产品应有的色泽 | 按食用方法取适量被测样品置500mL无色透明烧杯中，在自然光下观察色泽、形态，闻其气味，用温开水漱口后品其滋味 |
| 滋味、气味 | 无异味、无异嗅 | |
| 状态 | 外形整齐或一致、无正常视力可见外来异物 | |

2. 理化指标

方便面的理化指标见表1-5。

表1-5　方便面理化指标

| 项目 | 指标 | 检验方法 |
|---|---|---|
| 水分/（g/100g） | | |
| 　油炸面饼 | ≤　10.0 | |
| 　非油炸面饼 | ≤　14.0 | GB 5009.3—2016 |
| 酸价（以脂肪计）（KOH）/（mg/g油炸面饼） | ≤　1.8 | GB 5009.229—2016 |
| 过氧化值（以脂肪计）/（g/100g油炸面饼） | ≤　0.25 | GB 5009.227—2016 |

3. 微生物指标

（1）方便面中致病菌限量应符合 GB 29921—2013 中方便面米制品的规定。

（2）方便面中微生物限量还应符合表1-6的规定。

表1-6　方便面微生物指标

| 项目 | 采样方案[1]及限量 | | | | 检验方法 |
|---|---|---|---|---|---|
| | $n$ | $c$ | $m$ | $M$ | |
| 菌落总数[2]/（CFU/g） | 5 | 2 | $10^4$ | $10^5$ | GB 4789.2—2016 |
| 大肠菌群[2]/（CFU/g） | 5 | 2 | 10 | $10^2$ | GB 4789.3—2016 平板计数法 |

注：①样品的采集及处理按 GB 4789.1—2016 执行。

　　②仅适用于面饼和调料的混合检验。

4. 污染物限量

方便面中污染物限量应符合 GB 2762—2017 中带馅（料）面米制品的规定。

5. 食品添加剂和食品营养强化剂

方便面中食品添加剂的使用应符合 GB 2760—2014 的规定，食品营养强化剂的使用应符合 GB 14880—2012 的规定。

### 五、方便面加工注意事项

（1）在加工过程中，控制油炸品质，防止棕榈油劣变，通常通过添加抗氧化剂来减缓油脂的氧化速度。

（2）面块在包装前用测温仪对其表面进行测量，来控制面块温度，温度过高不能立即包装。

（3）应采用清洁、无毒无味、无脱色、高阻湿性的符合有关标准的精装纸包装成品，包装气密性要好。

**知识拓展**

### 一、方便面的营养价值

从食物的性价比考量，一款优质的方便面产品明显高于汉堡、速冻水饺等同类快速食品；从食物的营养均衡比考量，方便面也优于馒头、米饭等传统主食；从食品安全的角度考量，具有品牌信誉的方便面也比各类摊点餐食或外卖盒饭更有安全的保障。在方便面的面块和调料包中，人体必需的营养素——水、蛋白质、脂肪、碳水化合物、矿物质、维生素基本都包括了，因此营养比较全面。调料包中的脱水蔬菜基本保存了原有蔬菜的营养，只不过因为量小而稍显不足，但膳食平衡是建立在食物合理搭配前提下的，只要在吃方便面的时候，多搭配些蔬菜、水果等含维生素丰富的食物就行了。国内外都在开发新的营养型方便面，比如加碘或铁的营养强化型方便面、减肥型方便面、适合糖尿病人食用的方便面等，将来可满足不同人群的营养需要。

### 二、白象，一个民族企业的担当

白象成立后，出于社会责任感，招募了很多残疾员工。白象对他们也一视同仁，每年拿出上百万改造生产线，让残疾员工能够更方便地工作。每次国家有难，白象都会挺身而出，几乎捐出自己所有。今年"3·15"晚会土坑酸菜被曝光后，白象官方微博发布："没合作，放心吃，身正不怕影子斜"。如此坦荡引起大量关注，人们终于开始重新审视这个国产品牌。在残奥会期间，白象雇佣大量残疾员工的事情也被大家知道，很多人冲着白象的这份担当，成为了白象的"铁粉"。白象不仅是中国企业的骄傲，更是一个民族自信不屈的代表。

—— 课后习题 ——

**一、选择题**

1. 生产方便面时，食盐的添加量一般是面粉的（ 　　）。

A. 0.3%～0.4%　　　　B. 0.1%～0.3%　　　　C. 1%～3%　　　　D. 3%～4%

2. 调制好的方便面面团静置熟化的理想温度是（ 　　）。

A. 30℃左右　　　　　B. 40℃左右　　　　　C. 25℃左右　　　　D. 10℃左右

3. 方便面蒸煮时面条的糊化度应达到（ 　　）以上。

A. 50%　　　　　　　B. 60%　　　　　　　C. 70%　　　　　　D. 80%

4. 方便面的面团调制阶段可分为四个阶段，以下不属于这四个阶段的是（ 　　）。

A. 松散混合阶段　　　　　　　　　B. 发酵阶段

C. 成熟阶段　　　　　　　　　　　D. 塑性增强阶段

5. 方便面保质期长久的主要原因是（ 　　）。

A. 面饼水分含量很低　　　　　　　B. 含较多防腐剂

C. 制作工艺特殊　　　　　　　　　D. 面饼含油量高

**二、填空题**

1. 油炸方便面的含油率是（ 　　）。

2. 碗装方便面所用的材质一般是（ 　　）。

3. 一般高档方便面生产中加入鸡蛋，作用有（ 　　）、（ 　　）、（ 　　）等。

4. 方便面生产过程中，蒸面工艺是将切丝成型的面条加热蒸熟，利用蒸汽的作用使（ 　　）、（ 　　）。

**三、判断题**

1. 方便面没有一点营养价值。　　　　　　　　　　　　　　　　　　（ 　　）

2. 方便面加工中，和面时间越长越好，有利于面筋形成。　　　　　　（ 　　）

3. 方便面实际生产中，要求面条完全蒸熟。　　　　　　　　　　　　（ 　　）

4. 热风干燥方便面的温度为70～90℃，干燥时间一般为30～60min。
　　　　　　　　　　　　　　　　　　　　　　　　　　　　　　（ 　　）

5. 冷却后的面块温度接近室温或高于室温5℃左右才可进行包装。
　　　　　　　　　　　　　　　　　　　　　　　　　　　　　　（ 　　）

**四、简答题**

1. 简述油炸方便面的加工操作要点。

2. 简述方便面的发展趋势。

## 项目三　膨化食品加工技术

学习目标

1. 了解膨化食品的分类及特点；
2. 掌握膨化食品加工基本工艺流程及操作要点；
3. 了解膨化食品品质鉴定的质量标准。

必备知识

　　膨化食品是以谷类、薯类、果蔬类或坚果籽类等为主要原料，采用膨化（原料受热或压差变化后使体积或组织疏松的过程）工艺制成的组织疏松或松脆的食品。膨化食品是一种多样化的休闲食品，虽不能代替主食，但如果产品中的蛋白质、碳水化合物、脂肪、钠等营养素配比合理，也能对主食膳食营养起到补充作用。

### 一、膨化食品的主要分类

1. 根据原料不同分类

（1）淀粉类膨化食品　如玉米、大米、小米等原料生产的膨化食品；

（2）蛋白质类膨化食品　如大豆及其制品等原料生产的膨化食品；

（3）混合原料膨化食品　虾片、鱼片等原料生产的膨化食品。

2. 根据是否含油分为两类

（1）含油型膨化食品　用食用油脂煎炸或在产品中添加、喷洒食用油脂的膨化食品。

（2）非含油型膨化食品　产品中不添加或不喷洒食用油脂的膨化食品。

3. 按膨化加工的工艺过程分类

（1）直接膨化法　是指把原料放入加工设备（目前主要是膨化设备）中，通过加热、加压再降温减压而使原料膨胀化。

（2）间接膨化法　就是先用一定的工艺方法制成半熟的食品毛坯，再把这种坯料通过微波、焙烤、油炸、炒制等方法进行第二次加工，得到酥脆的膨化食品。

4. 按膨化加工的工艺条件分类

（1）高温膨化　是一种现代化的机械挤压成型技术与比较古老的油炸膨化、沙炒膨化等处理工艺结合起来从而生产膨化食品的一种技术。如油炸膨化、热空气膨化、微波膨化等。

（2）挤压膨化　利用温度和压力的共同作用，如挤压膨化、低温真空油炸膨化等。

5. 按生产的食品形状分类

（1）小吃及休闲食品类　可直接食用的膨化食品。

（2）快餐汤料类　需加水后食用的膨化食品。

6. 按产品的风味、形状分类

（1）风味上可分为甜味、咸味、辣味、怪味、海鲜味、咖喱味、鸡味、牛肉味等膨化食品。

（2）形状上可分为条形、圆形、饼形、环形、不规则形等膨化食品。

## 二、膨化食品的特点

### 1. 营养成分的保存率和消化率高

谷物原料中的淀粉在膨化过程中很快被糊化，使其中蛋白质和碳水化合物的水化率显著提高，糊化后的淀粉经长时间放置也不会老化（回生）。富含蛋白质的植物原料经高温短时间的挤压膨化，蛋白质彻底变性，组织结构变成多孔状，有利于同人体消化酶的接触，从而使蛋白质的利用率和可消化率提高。

### 2. 赋予制品较好的营养价值和功能特性

采用挤压技术加工以谷物为原料的食品时，加入的氨基酸、蛋白质、维生素、矿物质、食用色素和香味料等添加剂可均匀地分配在挤压物中，并不可逆地与挤压物相结合，可达到强化食品的目的。由于挤压膨化是在高温瞬时进行操作的，故营养物质的损失小。

### 3. 改善食用品质，易于贮存

采用膨化技术可使原本粗硬的组织结构变得膨松柔软，在膨化过程中产生的美拉德反应又增加了食品的色、香、味。因此，膨化技术有利于粗粮细作，改善食品品质，使食品具有体轻、松脆、香味浓的独特风味。

### 4. 食用方便，品种繁多

在谷物、豆类、薯类或蔬菜等原料中，添加不同的辅料，然后进行挤压膨化加工，可制出品种繁多、营养丰富的膨化食品。

### 5. 生产设备简单、占地面积小、耗能低、生产效率高

用于加工膨化食品的设备简单，结构设计独特，可以较简便和快速地组合或更换零部件而成为一个多用途的系统，加工单位重量产品的设备所需占地面积很小。

### 6. 工艺简单，成本低

谷物食品加工过程一般需经过混合、成型、烘烤或油炸、杀菌、干燥或粉

碎等工序，并配置相应的各种设备；而采用挤压方式加工谷物食品，由于在挤压加工过程中同时完成混炼、破碎、杀菌、压缩成型、脱水等工序而制成膨化产品或有膨化及组织化产品，使生产工序显著缩短，制作成本降低。同时可节省能源 20% 以上。

**7. 原料的利用率高**

用淀粉酿酒、制饴糖时，原料经膨化后，其利用率达 98% 以上，出酒率提高 20%，出糖率提高 12%；用膨化后的高粱制醋时，产醋率提高 40% 左右；利用大豆制酱油时，蛋白质利用率一般为 15%，采用膨化技术后，蛋白质利用率提高了 25%。

### 三、膨化食品加工基本工艺流程及操作要点

#### （一）工艺流程

**1. 焙烤型膨化食品生产流程**

制粉 → 蒸炼 → 成型 → 一次干燥 → 熟成 → 二次干燥 → 焙烤 → 调味 → 包装 → 成品

**2. 油炸型膨化食品生产流程**

制粉 → 蒸炼 → 成型 → 干燥 → 油炸 → 调味 → 包装 → 成品

**3. 直接挤压型膨化食品生产流程**

制粉 → 混料 → 挤压膨化 → 整形 → 烘焙 → 调味 → 包装 → 成品

**4. 花色型膨化食品生产流程**

参照其坯子生产工艺流程（可分为焙烤型、油炸型或挤压型三种），最后加一道上色工序。

#### （二）操作要点（以挤压膨化食品为例）

**1. 混料**

挤压前要经过加水或蒸汽处理，一般混合后的物料含水量在 28%~35%，由混料机完成。

**2. 挤压膨化**

挤压膨化是膨化食品结构形成、营养成分形成的重要阶段。

（1）淀粉变化　挤压食品的原料主要是淀粉，挤压过程中淀粉主要发生糊化和降解。

（2）蛋白质变化　挤压后其消化率和利用率得到提高。

（3）脂肪变化　挤压过程中脂肪与淀粉和蛋白质形成复合物，对脂肪起保护作用，减少脂肪氧化程度，延长了食品货架期。

（4）矿物质和维生素变化　挤压过程属于高温短时操作，矿物质和维生

素的损失较少。

（5）风味物质和色素变化　挤压过程中风味物质损失最多，所以一般在产品表面喷涂风味物质和色素进行调节。

**3. 烘焙或油炸**

使水分降低至3%以下，便于贮存并获得较好的风味质构。

**4. 包装**

膨化食品多采用塑料复合枕式袋，多采用充入惰性气体包装的方法，防止油脂氧化、酸败。

GB 17401—2014
《食品安全国家
标准　膨化食品》

**四、膨化食品的质量标准**

膨化食品质量标准应符合 GB 17401—2014《食品安全国家标准　膨化食品》，评判膨化食品的质量主要指标有感官指标、理化指标、微生物指标、污染物限量、真菌毒素限量、食品添加剂和营养强化剂等。

**1. 感官指标**

膨化食品的感官指标见表1-7。

表1-7　膨化食品感官指标

| 项目 | 要求 | 检验方法 |
|---|---|---|
| 色泽 | 具有产品应有的色泽 | 取适量试样置于白色瓷盘中，在自然光下观察色泽和状态；闻其气味，用温开水漱口，品尝滋味 |
| 滋味、气味 | 具有产品应有的滋味、气味，无异味 | |
| 状态 | 无霉变，无正常视力可见的外来异物 | |

**2. 理化指标**

膨化食品的理化指标见表1-8。

表1-8　膨化食品理化指标

| 项目 | | 指标 | | 检验方法 |
|---|---|---|---|---|
| | | 含油性 | 非含油性 | |
| 水分/（g/100g） | ≤ | | 7 | GB 5009.3—2016 |
| 酸价（以脂肪计）（KOH）/（mg/g） | ≤ | 5 | — | GB/T 5009.56—2003 |
| 过氧化值（以脂肪计）/（g/100g） | ≤ | 0.25 | — | GB/T 5009.56—2003 |

**3. 微生物指标**

（1）膨化食品中致病菌限量应符合 GB 29921—2013 中熟制粮食制品类的规定。

（2）膨化食品中微生物限量应符合表 1-9 的规定。

表 1-9　膨化食品微生物指标

| 项目 | 采样方案* 及限量 | | | | 检验方法 |
|---|---|---|---|---|---|
| | $n$ | $c$ | $m$ | $M$ | |
| 菌落总数/（CFU/g） | 5 | 2 | $10^4$ | $10^5$ | GB 4789.2—2016 |
| 大肠菌群/（CFU/g） | 5 | 2 | 10 | $10^2$ | GB 4789.3—2016 平板计数法 |

注：　* 样品的采集及处理按 GB 4789.1—2016 执行。

4. 污染物限量和真菌毒素限量

膨化食品中污染物限量应符合 GB 2762—2017 的规定，真菌毒素限量应符合 GB 2761—2017 的规定。

5. 食品添加剂和营养强化剂

膨化食品中食品添加剂的使用应符合 GB 2760—2014 的规定，营养强化剂的使用应符合 GB 14880—2012 的规定。

五、　膨化食品加工注意事项

（1）如果坯料水分过高，膨化食品成品膨化效果较差，口感欠松脆。

（2）如果焙烤、油炸的温度过高、时间过长，则会导致产品表面出现碳焦现象。

（3）产品内包装车间环境控制不好，容易造成产品微生物污染。

知识拓展

**选购膨化食品的时候要谨慎**

1. 选购标识说明完整详细的产品

特别要注意是否有生产日期和保质期，并购买近期的产品。 食品标签是联系消费者与产品之间的桥梁，认真看清标签的内容，标识标注齐全的产品使产品质量安全有基本的保障。

2. 选择可靠的商家和品牌

好的商家对商品的进货质量把关较严，所销售的商品质量较有保证。 其产品无论是包装、口味还是内在质量都是上乘的，质量安全有良好的保障。

3. 查看产品外包装

为了防止膨化食品被挤压、破碎，防止产品油脂氧化、酸败，不少膨化食品包装袋内要充入气体来保障膨化食品长期不变色、不变味。 在购买膨化食品时，若发现包装漏气，消费者则不宜选购。

此外，专家还表示，有时候食用休闲小食品虽能给人们带来轻松和愉悦，但小食品只宜作为休闲食品偶尔食用。膨化食品的主要成分是脂肪、碳水化合物、蛋白质，人体若摄入过多，会造成多余脂肪在体内蓄积，所以应适时适量地食用休闲小食品。

—— 课后习题 ——

一、选择题

1. 玉米经过气流膨化后组织状态呈现（　　　）状态。

A. 海绵状　　　　B. 粉末状　　　　C. 颗粒状　　　　D. 片状

2. 膳食纤维经挤压膨化后（　　　）。

A. 溶解性降低　　　　　　　　B. 溶解性提高

C. 水溶性物质减少　　　　　　D. 非水溶性物质增加

3. 采用挤压技术加工的食品有（　　　）。

A. 锅巴类　　　　B. 馒头　　　　C. 饼干　　　　D. 蛋糕

4. 国家标准规定膨化食品中铝的残留量应该小于（　　　）。

A. 100mg/kg　　B. 500mg/kg　　C. 1g/kg　　　　D. 0.5g/kg

5. 与挤压机相配套的膨化食品加工设备不包括（　　　）。

A. 混合搅拌机　　B. 成型机　　　C. 烤炉　　　　D. 发酵罐

二、填空题

1. 从膨化原理上看，膨化食品有（　　　）和（　　　）两大类。

2. 挤压膨化过程中，淀粉主要发生（　　　）和（　　　）。

3. 挤压膨化过程中，（　　　）损失最多。

4. （　　　）是挤压食品中主要的营养成分之一，但是它的量也不能过高，否则物料黏度过大，导致膨化率低，不利于产品的生产。

5. 目前，膨化食品包装一般采用（　　　）方法。

三、判断题

1. 高温膨化技术所制得的膨化食品具有独特的质构风味特征，目前广泛应用。（　　　）

2. 食品经过膨化以后，营养价值明显降低。（　　　）

3. 膨化食品比其生产原料更易于贮存。（　　　）

4. 挤压膨化食品加工过程中矿物质和维生素损失较多。（　　　）

5. 挤压过程是一个高温高压过程。（　　　）

四、简答题

1. 简述影响膨化食品质量的主要因素。

2. 简述膨化食品的发展趋势。

## 项目四 薯类食品加工技术

薯类食品是指以薯类为主要原料，经过一定的加工工艺制作而成的食品。薯类食品按加工工艺主要分为干制薯类、冷冻薯类、薯泥（酱）类、薯粉类、其他薯类。常见的薯类有甘薯（又称红薯、白薯、山芋、地瓜等）、马铃薯（又称土豆、洋芋）、木薯（又称树薯、木番薯）。研究表明薯类含有丰富的碳水化合物和维生素 C，维生素 $B_1$、维生素 $B_2$ 等多种维生素以及钙、磷、镁、钾等矿物质，薯类中丰富的碳水化合物以多糖为主，容易被人体消化吸收，可以作为人体所需要能量的主要来源。薯类中含有大量的膳食纤维对人体健康也有重要作用。但由于薯类蛋白质含量偏低，若儿童长期过多食用，对其生长发育不利。

## 任务一 干制薯类加工技术

学习目标

1. 掌握干制薯类加工基本工艺流程及操作要点；
2. 了解干制薯类品质鉴定的质量标准。

—— 必备知识 ——

### 一、 干制薯类概述

干制薯类是以薯类为原料，经去皮（或不去皮）、切分成型，添加或不添加辅料，经蒸煮或烘烤、成型、干制而成的薯类制品。比如，切片型马铃薯片是马铃薯经清洗、去皮、油炸或烘烤、添加调味料制成的马铃薯片；复合马铃薯片是以脱水马铃薯为主要原料，添加食用淀粉、谷粉、食品添加剂等辅料，经混合、蒸煮、成型、油炸或烘烤、调味制成的马铃薯片。

### 二、 干制薯类加工基本工艺流程及操作要点

（一）工艺流程

1. 甘薯干、 甘薯片生产流程

（1）鲜薯验收→清洗去皮（或不去皮）→切分成型→蒸煮→干制→包装

（如：甘薯干、甘薯片）。

（2）鲜薯验收→清洗去皮（或不去皮）→蒸煮→捣烂→混合→成型→干制→包装（如：小甘薯、甘薯枣）。

（3）鲜薯验收→清洗去皮→切分成型→漂烫→冷却→油炸或焙烤→调味（或不调味）→包装（如：切片型马铃薯片）。

（4）薯类全粉、淀粉等原料验收→拌料→成型→油炸或焙烤→调味（或不调味）→包装（如：复合型马铃薯片）。

（二）操作要点（以复合型马铃薯片为例）

（1）拌料　必须保证每次配料的相同性和准确性，干混配料和液态配料是经过预先配制后再进行二次混合配制。干混合配料必须保证不均匀成分在2%以下，液态配料除需均匀混合外，还需进行糊化处理。

（2）成型　马铃薯片压制时最好一次压成，达到质量均匀、质地松软、黏弹性稳定、尺寸精度不超差等要求。压片在装有模切刀的成型辊上被切成薯片坯和边角料。

（3）油炸　油炸网带分上下两层，各自独立同步进行，两层网带合并时形成一个拱形模腔，保证坯片在油炸时获得典型的拱形薯片形状，而且能控制薯片在油炸箱中相对炸油液面高度，一般油炸温度控制在170～185℃，时间为15~20s。

（4）调味　调味料一般都是经过预先调配好的粉末状物料，常用有味精、花椒粉、辣椒粉、葱粉或鲜葱末等，要求薯片处于一定温度时均匀涂覆到薯片的外表面。

### 三、干制薯类的质量标准（以马铃薯片为例）

QB/T 2686—2005
《马铃薯片》

马铃薯片质量标准应符合 QB/T 2686—2005《马铃薯片》，评判主要指标有感官指标、理化指标和微生物指标。

1. 感官指标

马铃薯片的感官指标见表1-10。

表1-10　马铃薯片感官指标

| 项目 | 要求 |
| --- | --- |
| 形态 | 片形较完整，可以有部分碎片 |
| 色泽 | 色泽基本均匀，无油炸过焦的颜色 |
| 滋味和气味 | 具有马铃薯经加工后应有的香味，无焦苦味、哈喇味或其他异味 |
| 口感 | 具有油炸或焙烤马铃薯片特有的薄脆的口感 |
| 杂质 | 无正常视力可见的外来杂质 |

2. 理化指标

马铃薯片的理化指标见表1-11。

表1-11 马铃薯片理化指标

| 项目 | | 指标 | | 检验方法 |
|---|---|---|---|---|
| | | 切片型 | 复合型 | |
| 绿马铃薯片/% | ≤ | 15.0 | — | QB/T 2686—2005 |
| 杂色片/% | ≤ | 40.0 | 5.0 | QB/T 2686—2005 |
| 脂肪/% | ≤ | 50.0 | | GB 5009.6—2016 |
| 水分/% | ≤ | 5.0 | | GB 5009.3—2016 |
| 氯化钠/% | ≤ | 3.5 | | GB 5009.44—2016 |
| 酸价（以脂肪计）（KOH）/（mg/g） | ≤ | 3.0 | | GB 5009.229—2016 |
| 过氧化值（以脂肪计）/（g/100g） | ≤ | 0.25 | | GB 5009.227—2016 |
| 羰基价（以脂肪计）/（meq/kg） | ≤ | 20.0 | | GB 5009.230—2016 |
| 总砷（以As计）/（mg/kg） | ≤ | 0.5 | | GB 5009.11—2014 |
| 铅（以Pb计）/（mg/kg） | ≤ | 0.5 | | GB 5009.12—2017 |
| 食品添加剂 | | 应符合 GB 2760—2014 的规定 | | |

3. 微生物指标

马铃薯片的微生物指标见表1-12。

表1-12 马铃薯片微生物指标

| 项目 | | 指标 | 检验方法 |
|---|---|---|---|
| 菌落总数/（CFU/g） | ≤ | 10000 | GB 4789.2—2016 |
| 大肠菌群（MPN/100g） | ≤ | 90 | GB 4789.3—2016 |
| 致病菌（沙门氏菌、志贺氏菌、金黄色葡萄球菌） | | 不得检出 | GB 29921—2013 |

四、 干制薯类加工注意事项

（1）油炸温度对油炸马铃薯片品质有较大的影响，特别是薯片色泽和丙烯酰胺含量，温度越低丙烯酰胺含量和色泽变化越低。

（2）利用抗氧化剂可防止油脂的酸败，常采用的抗氧化剂有去甲二氢愈创木酚（NDGA）、丙基糖酸盐、丁基羟基茴香醚（BHA）、二丁基羟基甲苯（BHT），其中BHA是最常用的。如果能同其他抗氧化物结合，同时添加些柠檬酸之类的协合剂效果最好。

（3）马铃薯片在油炸前用生马铃薯的水解蛋白溶液浸泡一下，亦可改进其风味。

（4）马铃薯片经油炸、调味后，就在皮带输送机上冷却、过磅、包装。包装材料可根据保存时间来选择，可采用涂蜡玻璃纸、金属复合塑料薄膜袋等进行包装，亦可采用充氮包装。

### 知识拓展

**一、每天应该吃多少薯类食物？**

薯类好处这么多，是不是就可以无限量的吃呢？《中国居民膳食指南（2022）》中对不同人群薯类的建议摄入量，2~6 岁幼儿"适量"，7~14 岁的儿童青少年"每天 25~50g"，14~18 岁、成人"每天 50~100g"，65 岁以上的人群"每天 50~75g"。

**二、薯类食物怎么吃更健康？**

既然薯类食物有如此多的营养，我们的确应该在日常饮食中增加摄入，但是注意"吃法"健康很重要。

（1）薯类主食化　马铃薯和红薯经蒸、煮或烤后可直接作为主食食用，也可以切块放入大米中经烹煮后同食。

（2）薯类做菜肴　我国居民家常菜中有多种土豆菜肴，炒土豆丝是烹制薯类常用的方法。薯类还可与蔬菜或肉类搭配烹调，如土豆炖牛肉、山药炖排骨、山药炒三鲜、芋头蒸排骨等。

（3）薯类作零食　生或熟的红薯干及其他非油炸的薯类零食制品，但还是要强调：不宜多吃油炸薯条和薯片。

### 课后习题

**一、选择题**

1. 增加薯类摄入的方法不包括（　　）。

A. 薯类主食化　　B. 薯类作菜肴　　C. 薯类作零食　　D. 薯类代餐

2.《中国居民膳食指南（2022）》中指出，成人每天推荐摄入薯类（　　）g。

A. 适量　　　　B. 20 ~50　　　　C. 50 ~75　　　　D. 50 ~100

3. 谷类、薯类是我国膳食能量的主要来源，但其主要的缺陷是缺乏（　　）。

A. 脂肪　　　　B. 优质蛋白质　　C. 维生素　　　D. 矿物质

4. 马铃薯中的（　　），有利于控制体重增长、预防高血压、高胆固醇及糖尿病等。

A. 膳食纤维　　B. 脂肪　　　　C. 蛋白质　　　D. 淀粉

5. 复合型马铃薯片加工关键操作要点不包括（　　　）。

A. 拌料　　　　　　　B. 油炸或焙烤　　　C. 成型　　　　　　　D. 蒸煮

二、填空题

1. 薯类食品按加工工艺主要分为（　　　）、（　　　）、（　　　）、（　　　）等。

2. 薯类含有丰富的（　　　）和（　　　）、（　　　）、（　　　）等营养素，但（　　　）含量偏低，若儿童长期过多食用，对其生长发育不利。

3. 复合型马铃薯片一般油炸温度控制在（　　　），时间为（　　　）。

4. 油炸温度对油炸马铃薯片品质有较大的影响，特别是（　　　）和（　　　），温度越低丙烯酰胺含量和色泽变化越低。

5. 马铃薯片包装材料可根据保存时间来选择，可采用（　　　）、（　　　）等进行包装，亦可采用（　　　）包装。

三、判断题

1. 薯类好处很多，可以无限量的吃。　　　　　　　　　　　　　（　　　）

2. 复合型马铃薯片液态配料除需均匀混合外，还需进行糊化处理。

（　　　）

3. 复合型马铃薯片压制时最好一次压成。　　　　　　　　　　　（　　　）

4. 利用抗氧化剂可防止油脂的酸败，常采用抗氧化剂同时添加些柠檬酸。

（　　　）

5. 不宜多吃油炸薯条和薯片。　　　　　　　　　　　　　　　　（　　　）

四、简答题

1. 简述切片型马铃薯片的生产流程及操作要点。

2. 简述干制薯类的种类及其发展趋势。

# 任务二　薯粉类加工技术

学习目标

1. 了解薯粉类制品的主要分类；

2. 掌握薯粉类加工基本工艺流程及操作要点；

3. 了解薯粉类品质鉴定的质量标准；

4. 掌握马铃薯全粉的应用。

——— 必备知识 ———

### 一、薯粉类制品的主要分类

根据原料不同，薯粉类主要包括甘薯粉、马铃薯全粉、魔芋粉等产品。甘薯粉是以新鲜甘薯为原料，经挑选清洗、去皮、切片、护色、热烫、冷却、烘干和粉碎等工艺过程，得到的包含除薯皮外全部干物质的粉末状产品。马铃薯全粉是以新鲜马铃薯为原料，经清洗、去皮、挑选、切片、漂洗、预煮、冷却、蒸煮、捣泥等工艺过程，经脱水干燥而得的细颗粒状、片屑状或粉末状产品。魔芋粉是用魔芋干（包括片、条、角）经物理干燥法以及鲜魔芋采用粉碎后快速脱水或经食用酒精湿法加工初步去掉淀粉等杂质制成的产品。

薯粉类产品保留了薯类原有的营养、色泽、风味，包含了新鲜薯类中除薯皮以外的全部干物质，如淀粉、蛋白质、糖、脂肪、纤维、维生素、矿物质等，保健功能成分损失率极低。

### 二、薯粉类加工基本工艺流程及操作要点

#### （一）工艺流程

原料验收 → 清洗去皮（或不去皮）→ 蒸煮 → 冷却 → 干燥 → 粉碎 → 包装（如：甘薯粉、马铃薯全粉、魔芋粉）

#### （二）操作要点

由于脱水干燥工艺不同，马铃薯全粉的名称、性质、使用有很大差异，分为三种。以热气流干燥工艺生产的，成品主要以马铃薯细胞单体颗粒或数个细胞的聚合体形态存在的粉末状马铃薯全粉称为马铃薯颗粒全粉，简称"颗粒粉"；以滚筒干燥工艺生产的，厚度为 0.1～0.25mm、片径 3～10mm 大小不规则片屑状马铃薯全粉，因其外观形如雪花，称为马铃薯雪花全粉，简称"雪花粉"；采用脱水马铃薯制品经粉碎而得到的粉末状马铃薯全粉称为马铃薯细粉，简称"细粉"。马铃薯颗粒全粉和马铃薯雪花全粉是两种主要的产品，应用最为广泛。以马铃薯雪花全粉为例介绍。

马铃薯雪花全粉是马铃薯经去皮、切片、蒸煮等工序后，采用挤出机制泥，然后被输送到滚筒干燥机将挤成糊状的物料干燥，最后再破碎、分装，得到的薄片状产品。

##### 1. 原料选择

原料的优劣对制备成品的质量有直接影响。不同品种的马铃薯，其干物质含量、薯内色泽、芽眼深浅、还原糖含量以及龙葵素的含量和多酚氧化酶含量都有明显差异。生产马铃薯全粉须选用芽眼浅、薯形好、薯肉色白、还原糖含

量低和龙葵素含量少的品种。将选好的原料送入料斗中，经过带式输送机，对原料进行称量，同时进行挑选，除去带霉斑薯块和腐块。

2. 清洗去皮

马铃薯经干式除杂机除去沙土和杂质，随后被送至滚筒式清洗机中清洗干净。清洗后的马铃薯按批量装入蒸汽去皮机，在 5～6MPa 压力下加温 20s，使马铃薯表面生出水泡，然后用流水冲洗外皮。蒸汽去皮对原料没有形状的严格要求，蒸汽可均匀作用于整个马铃薯表面，大约能除去 0.5～1mm 厚的皮层。去皮过程中要注意防止由多酚氧化酶引起的酶促褐变，可添加褐变抑制剂（如亚硫酸盐），再用清水冲洗。

3. 切片

去皮后的马铃薯被切片机切成 8～10mm 的片（薯片过薄会使成品风味受到影响，干物质损耗也会增加），并注意防止切片过程中的酶促褐变。

4. 漂烫

漂烫的目的是破坏马铃薯中的过氧化氢酶和过氧化酶，防止薯片的褐变，而且有利于淀粉凝胶化，同时使蒸煮后的马铃薯细胞之间更易分离。薯片在热水中预煮，一般控制在温度 71～75℃，时间 20min 左右。

5. 冷却

用冷水清洗蒸煮后的薯片，目的是使膨胀的淀粉缓慢收缩，适当增加马铃薯细胞壁的弹性，使淀粉老化，降低马铃薯泥的黏度，冷却后的薯片温度在 20℃ 左右，冷却时间取决于冷却水的温度，一般为 20min 左右。

6. 蒸煮与制泥

蒸煮的目的是使马铃薯熟化，以固定淀粉链。一般控制在温度 100℃ 左右，时间 15min 左右。将蒸煮后熟化的薯片送入制泥机中捣制成薯泥，捣碎时转速要慢，防止细胞破裂，同时加入亚硫酸钠、乳化剂、抗氧化剂和一些螯合剂，以防止非酶褐变。

7. 干燥、粉碎筛分

经调整后的马铃薯泵入滚筒干燥烘干，温度为 150～300℃，水分控制在 10% 以下；干燥后的马铃薯薄片经粉碎筛选机筛分后，粉碎成 2～8mm 的雪花粉。将成品送到成品间中贮存，不符合粒度要求的物料，需重复加工。

8. 包装

成品间中的马铃薯全粉经自动包装机包装后，将成品送至成品库存放待销或做成系列产品。

以全粉为原料，添加相应营养成分，可制成全营养、多品种、多风味的方便食品，如雪花片类早餐粥、肉卷、饼干、牛奶土豆粉、肉饼、丸子、饺子、酥脆魔术片等，也可以全粉为"添加剂"制成冷饮食品、方便食品、膨化食品及特殊人群（高脂血症、糖尿病人，老年、妇女、儿童等）食用的多种营养食品、休闲食品等。

SB/T 10752—2012
《马铃薯雪花全粉》

### 三、 薯粉类的质量标准（以马铃薯雪花全粉为例）

马铃薯全粉质量标准应符合 SB/T 10752—2012《马铃薯雪花全粉》，主要指标有感官指标、理化指标和卫生指标。

#### 1. 感官指标

马铃薯雪花全粉的感官指标见表 1-13。

表 1-13　马铃薯雪花全粉感官指标

| 项目 | 要求 |
|------|------|
| 色泽 | 色泽均匀 |
| 气味 | 具有该产品的气味 |
| 组织状态 | 呈干燥、疏松的雪花片状或粉末状，无结块，无霉变 |
| 杂质 | 无肉眼可见的外来杂质 |

#### 2. 理化指标

马铃薯雪花全粉的理化指标见表 1-14。

表 1-14　马铃薯雪花全粉理化指标

| 项目 | | 指标 | 检验方法 |
|------|---|------|----------|
| 水分/% | ≤ | 9.0 | GB 5009.3—2016 |
| 灰分（以干基计）/% | ≤ | 4.0 | GB 5009.4—2016 |
| 还原糖/% | ≤ | 3.0 | GB 5009.7—2016 |
| 斑点/（个/40 目筛上物 100g） | ≤ | 50 | SB/T 10752—2012 |
| 蓝值（样品为 80 目筛上物） | ≤ | 500 | SB/T 10752—2012 |

GB/T 8884—2017
《食用马铃薯淀粉》

#### 3. 卫生要求

（1）马铃薯全粉中总砷、铅含量应符合 GB 2713—2015 的规定。

（2）马铃薯全粉中二氧化硫残留量应符合 GB 2760—2014 的规定。

（3）马铃薯全粉中菌落总数、大肠菌群、霉菌和致病菌（沙门菌、金黄色葡萄球菌、志贺菌）应符合 GB/T 8884—2017 一级品的规定。

（4）马铃薯全粉中农药残留应符合 GB 2763—2019 的规定。

### 四、 马铃薯全粉的应用

马铃薯全粉脂肪含量很低，营养丰富、全面，而且搭配合理，符合"低脂肪、高纤维"的消费时尚。马铃薯全粉是食品深加工的基础，主要用于两方面：

（1）作为添加剂使用，如焙烤面食中添加，可改善产品的品质，在某些食品中添加马铃薯全粉可增加黏度等。

（2）马铃薯全粉水分含量低，能够较长时间保存，且保持了新鲜马铃薯的营养和风味，是一种优质的食品原料，可作冲调马铃薯泥、马铃薯脆片等各种风味和强化食品的原料。如各色风味的方便土豆泥、油炸马铃薯条、复合薯皮、鱼饵配料、休闲食品等。

### 知识拓展

**一、马铃薯全粉加工关键技术**

马铃薯全粉加工过程中还存在一些问题，如新鲜马铃薯带有毒性，多酚氧化酶和还原糖含量较高，容易褐变且在加工过程中薯肉细胞易破碎，淀粉游离率较高等，还需要在脱毒技术、护色技术、减少细胞破损率技术、干燥技术上进一步优化。

**1. 脱毒技术**

龙葵素是马铃薯原料中存在的一种有苦味的毒性甾类生物碱，大约有40%以 α-茄碱的形式存在，有60%以毒性更强的 α-卡茄碱的形式存在。

通过将新鲜马铃薯加工成全粉能有效减少马铃薯中的有毒物质，更有利于食品安全。经去皮、烫漂、干燥等工序加工出的全粉中茄碱和卡茄碱的含量都显著减少，且去皮后烫漂比带皮烫漂更有效，干燥后的马铃薯全粉糖苷生物碱含量仅有新鲜马铃薯的14%，亚硝酸的含量也降低了48%。另外，还可通过溶剂提取法来去除龙葵素，但该方法对龙葵素提取率较低。利用微波辐射技术，采用乙醇-乙酸双溶剂提取龙葵素，发现微波辅助对提取效率有明显影响，在一定范围内，微波功率越高，提取效率越好。

**2. 护色技术**

马铃薯全粉在加工过程中的褐变是影响全粉品质的重要因素，分为酶促褐变和非酶促褐变两种。酶促褐变的马铃薯呈现灰暗色，非酶褐变的马铃薯呈黄褐色，在生产中，可通过高温蒸制和常温添加护色剂来防止褐变，考虑到经济性，一般采用护色剂处理。常用的护色剂有维生素C、柠檬酸、植酸等。用浓度为0.8%的维生素C浸泡处理就可达到良好的护色效果。采用复合护色剂的效果多优于单一护色剂，且能减少护色剂用量，在实际生产中，可通过多种护色剂的复合使用来抑制马铃薯褐变，降低生产成本。

**3. 减少细胞破损率技术**

马铃薯全粉加工过程中，如何减少细胞的破损率是生产的关键技术，过高强度的热处理或机械剪切力会导致细胞壁降解,使薯肉中的淀粉和其他营养物质游离出来,物理特性难以保全,分散性和复水性不佳,不具有新鲜马铃薯的特点。利用果胶酶处理雪花全粉,发现细胞形态发生改变,回生淀粉颗粒被薄壁细胞包裹,限制了淀粉分子的流出,减少淀粉流出率,该方法通过改变形态学结构增强细胞抗破损能力,是一种无毒、无害、对环境友好的方法。

### 4. 干燥技术

常用的干燥方法有热风干燥、滚筒干燥、微波干燥等。目前,对于全粉类产品较为先进的干燥技术除了有微波辅助真空干燥之外,还有微波冷冻干燥和微波喷动干燥,不同的干燥方式对物料的质地和花青素含量有较大的影响。其中微波喷动联合干燥既通过热风喷动去除自由水和表面附近的水,也通过微波能特有的"泵送"作用去除内部水分,因此所需要的时间最短,但对紫色马铃薯中花青素的破坏比较大,而微波冷冻干燥对花青素的保存较好,但能耗大且干燥后的物料易碎。

### 二、马铃薯全粉与马铃薯淀粉的区别

马铃薯全粉是新鲜马铃薯的脱水制品,它包含了马铃薯除薯皮以外的全部干物质。由于加工过程中最大限度地保持了马铃薯细胞颗粒的完好性,因此复水后的马铃薯全粉具有新鲜马铃薯蒸熟后的营养、风味和口感。而马铃薯淀粉仅是马铃薯众多成分中的一种,因此马铃薯淀粉不具有马铃薯的营养、风味和口感。

马铃薯全粉是一种低脂肪、低糖分、低热量、高蛋白的食品原料,并在很大程度上保存了马铃薯中高含量维生素 $B_1$、维生素 $B_2$、维生素 C 和矿物质钙、钾、铁等营养成分,可制成从婴儿到老年各个不同年龄阶段的最佳营养食品,因此被国内外营养学家誉为"十全十美的食物",人体需要的各种营养素几乎都具备了。具有产品复原效果好、口味纯正等特点。

马铃薯淀粉的生产量和商品量仅次于玉米淀粉,在所有植物淀粉中居第二位。马铃薯淀粉具有区别于其他淀粉的优良的糊化特性。因其具有很高的膨胀度、吸水能力很强,在肉制品加工加热过程中,肉类蛋白质受热变性,形成网状结构,由于网眼中尚存一部分结合不够紧密的水分,被淀粉颗粒吸收固定,使淀粉颗粒变得柔软而有弹性,起到黏着和保水的双重作用。所以成为肉制品加工的首选。同时也广泛应用于造纸业、纺织业、食品加工业、胶黏剂生产及其他领域。

―― 课后习题 ――

### 一、选择题

1. 马铃薯雪花全粉采用(　　　)工艺生产。

A. 滚筒干燥　　B. 热气流　　C. 微波冷冻干燥　　D. 微波喷雾干燥

2. 马铃薯全粉在加工过程中的褐酶促褐变的马铃薯呈现（　　）颜色。

A. 灰暗色　　　　B. 黄褐色　　　C. 黑色　　　　　　D. 红色

3. 去皮后的马铃薯被切片机切成的片（　　）。

A. 8～10mm　　　B. 6～8mm　　　C. 4～6mm　　　　D. 2～4mm

4. 甘薯粉的产品形状不包括（　　）。

A. 细颗粒状　　　B. 片屑状　　　C. 粉末状产品　　　D. 雪花状

5. 马铃薯雪花全粉的生产工艺是（　　）。

A. 热气流干燥工艺　　　　　　　B. 微波干燥工艺

C. 滚筒干燥工艺　　　　　　　　D. 真空干燥工艺

二、填空题

1. 薯粉类主要包括（　　）、（　　）、（　　）等产品。

2. 马铃薯全粉按照脱水干燥工艺不同分为（　　）、（　　）、（　　）。

3. 生产马铃薯全粉须选用（　　）、（　　）、（　　）、（　　）和（　　）的品种。

4. 马铃薯去皮过程中要注意防止由多酚氧化酶引起的（　　），可添加（　　），再用清水冲洗。

5. 马铃薯全粉加工过程中还需要在（　　）、（　　）、（　　）、（　　）上进一步优化。

三、判断题

1. 薯粉类产品保健功能成分损失率极低。　　　　　　　　　　（　　）

2. 蒸汽去皮对马铃薯原料有形状的严格要求。　　　　　　　　（　　）

3. 薯片过薄会使成品风味受到影响，干物质损耗也会增加。　　（　　）

4. 通过将新鲜马铃薯加工成全粉能有效减少马铃薯中的有毒物质，更有利于食品安全。　　　　　　　　　　　　　　　　　　　　　　（　　）

5. 马铃薯全粉脂肪含量很低，营养丰富、全面，而且搭配较为合理。

（　　）

四、简答题

1. 简述马铃薯薯粉类制品主食化应用的研究进展。

2. 简述马铃薯全粉的应用范围。

模块二　　蔬菜水果类食品加工技术

项目一　典型蔬菜类食品加工技术

任务一　蔬菜干制品加工技术

学习目标

1. 了解蔬菜干制品的分类、特点及蔬菜干制原料；
2. 掌握蔬菜干制品加工基本工艺流程及操作要点；
3. 了解蔬菜干制品品质鉴定的质量标准。

— 必备知识 —

蔬菜干制又称脱水或干燥，是指利用一定的手段，减少蔬菜中的水分，将其可溶性固形物的浓度提高到微生物不能利用的程度，同时蔬菜的所含酶的活性也受到抑制，使产品得以长期保存。一般蔬菜干制成为脱水菜或干菜。蔬菜经干制后，其原有色泽、营养和风味基本得到了保留，也能有效保留膳食纤维，与普通蔬菜一样能促进肠道蠕动、改善便秘。但部分水溶性营养成分如 B 族维生素、维生素 C 可能会在脱水过程中流失，因此并不推荐长期食用脱水蔬菜来替代传统蔬菜。

一、蔬菜干制品的分类、特点及蔬菜干制原料

蔬菜干制品是指以蔬菜为主要原料进行选剔、清洗、粉碎、调理等预处理，采用了自然风干、晒干、热风干燥、低温冷冻干燥、油炸脱水等工艺除去其所含大部分水分，添加或不添加辅料制成的产品或以蔬菜干制品为原料经过混合、粉碎、调理等工序制成的产品。包括自然干制蔬菜、热风干燥蔬菜、冷冻干燥蔬菜、蔬菜脆片、蔬菜粉及制品等五个小类。

蔬菜干制品的优点包括：干制设备可简可繁，技术易于掌握，生产成本低；制品易于保存，可周年供应，调节淡旺季；体积小，质量轻，便于运输，携带方便，可用于各行各业。

蔬菜干制原料首先应考虑的是其经济价值，包括产品特色、保藏价值、市场消费容量等；其次应选择适宜干制的蔬菜品种，其对原料的要求是干物质含量高、风味好，菜心及粗叶等废弃部分少、皮薄肉厚、组织致密、粗纤维少、色泽诱人、风味独特等；三是选择成熟度适宜、新鲜、无腐烂的原料，以八成成熟度为宜。一般来说，大部分具有丰富肉质的蔬菜品种均可干制。大多数根菜类蔬菜都可以用来制作干蔬菜，其中最常用的有白萝卜、胡萝卜、洋葱、马铃薯和莲藕等；菌类也是做干蔬菜的理想类型，制成干货的菌类，香气会有明显提升，常用的种类有香菇、金针菇、平菇和杏鲍菇等；番茄、茄子以及各种瓜类，是果实类中最常用来制作干蔬菜的品种；只有芹菜、白菜和卷心菜等部分叶类蔬菜适合风干。其中生菜、豆芽等质地脆弱、容易变质的蔬菜要尽量避开。

## 二、 蔬菜干制品的基本生产工艺流程及操作要点

### （一） 工艺流程

**1. 自然干燥流程**

原料选剔分级 → 清洗 → 修整 → 烫漂 → 晾晒 → 包装 → 成品

**2. 热风干燥流程**

原料选剔分级 → 清洗 → 修整 → 烫漂 → 热风干燥 → 回软 → 压块 → 包装 → 成品

**3. 冷冻干燥流程**

原料选剔分级 → 清洗 → 修整 → 烫漂 → 沥干 → 速冻 → 升华干燥 → 包装 → 成品

**4. 蔬菜脆片生产流程**

原料选剔分级 → 清洗 → 修整 → 烫漂 → 速冻 → （真空）油炸 → 脱油 → 冷却 → 包装 → 成品

**5. 蔬菜粉及制品**

（1） 蔬菜粉制品

原料选剔分级 → 清洗 → 粉碎 → 过滤 → 沉淀 → 干燥 → 成型 → 冷却 → 包装 → 成品

（2） 蔬菜粉

原料选剔分级 → 清洗 → 修整 → 烫漂 → 干燥 → 粉碎 → 包装 → 成品

（二）操作要点

1. 原料选剔分级

用于干制的原料，应是充实饱满、色泽良好、组织致密、肉质厚、干物质含量高、纤维素含量低的新鲜蔬菜。要求：

（1）叶菜类蔬菜 菜心小，将老叶、黄叶、根部和混杂物剔除；

（2）根类蔬菜 应选取根部充实饱满、色泽良好、未烂根的新鲜蔬菜，将叶部、茎部和混杂物剔除；

（3）茎类蔬菜 应选取茎部充实饱满、色泽良好、未腐烂的新鲜蔬菜，将叶部、根部和混杂物剔除。

将选剔后的蔬菜按照大小、长短、饱满度和色泽进行分级。

2. 清洗

将选剔分级后的蔬菜浸泡在水中，将蔬菜表面附着的尘土、泥沙、残留农药、包装衬垫物和微生物松软后再放入清水中用手进行搓动，将附着物清洗干净。洗涤时候可将原料放入 0.1%高锰酸钾溶液或 0.5%~1.5%盐酸溶液或 600mg/kg 漂白粉的溶液中在常温下浸泡 5~6min，再用清水洗涤，可以除去残留的农药。

3. 修整

将清洗干净的原料进行修整，不要部分应予以摘除或切除，根菜或应去除外皮的茎菜应去除外皮，以去净为原则，不能过厚，以免增加原料损耗。然后根据原料的特点、干制的要求和商品规格，将体积较大的蔬菜切成条、块、丝等形状，以利于后续工序的进行。

4. 烫漂

烫漂又称热烫、预煮杀青等，是一种短时的热处理及迅速冷却过程，是最常用的控制酶促褐变的方法。烫漂过程中保持水温稳定是关键，常用的烫漂方法有沸水热烫和蒸汽热烫两种，温度为 95~100℃。为了加强护色效果，沸水热烫时还可根据不同蔬菜加入 0.1%~0.3%碳酸钠或碳酸氢钠、0.1%~0.5%柠檬酸、0.1%氯化钙或氯化钠等食品添加剂。烫漂时间一般为 2~8min。烫漂主要是破坏蔬菜的氧化酶系统，防止因酶的氧化而产生褐变以及维生素 C 的进一步氧化，同时能促使细胞组织内的水分蒸发、加快干燥速度。

5. 干燥

最佳干燥方法有冷冻干燥、真空干燥及微波干燥。但综合考虑成本、经济效益等因素，目前蔬菜干燥使用最多的是热风干燥设备。热风干燥是指将修整好的蔬菜平铺均匀放置烤盘上，放置于热风循环烘箱内进行干燥。干燥时烘箱的温度应维持在 55~60℃的恒温方式，烤至五六成干时，应对蔬菜进行翻动、整理及调整。经过干制后的蔬菜含水量通常低于 6%。

（1）自然干燥 在自然条件下，利用太阳辐射能、热风等使蔬菜干燥。

可分为晒干和阴干两种方法。自然脱水设备简单、管理粗放、成本低。目前，广大农村和山区还是普遍采用自然干制方法生产辣椒、笋干、金针菜、香菇、蘑菇和木耳等。

（2）热风干燥　通常采用隧道式热风干制机进行脱水干燥。烘房温度通常控制在60℃左右，一般不超过65℃，6~8h即可完成。

（3）真空冷冻干燥　先将产品中的水分低温冻结，然后抽真空使冰结晶直接转化为气态升华致使产品脱水，可以最大限度地保持食品原有的色香味、营养物质及生物活性。

（4）微波干燥　利用微波加热的方法使物料中水分得以干燥。干燥速度快，加热均匀，能保持原有的美好状态及营养物质，反应灵敏。

6.（蔬菜脆片）速冻、油炸、脱油

速冻目的是提高脆片的膨化度，增加制品酥脆感，减少果蔬片的变形，且有利于真空油炸时水分逸出，工艺参数为-18℃、12h。在放入原料前煎炸油须先预热至110℃，然后将蔬菜片放入油锅内，立即密封抽真空。原料油炸时间的长短也是不同的，如胡萝卜低温油炸时间控制在40~50min，香菇则需低温油炸30min即可，需要按照规定的时间进行炸制。脱油的目的是降低油炸制品的含油量。脱油的方法可在常压下用离心机脱油，条件为1000~1500r/min、10min，也可在真空状态下甩干，条件为120~130r/min、1~2min，比常压下高速旋转、长时间脱油效果好。

7. 后处理

蔬菜原料完成干燥后，有些可以在冷却后直接包装，有些则需要经过回软、压块等处理才能包装。

（1）回软　将干燥后制品剔去过湿、过大、过小和结块的制品与碎屑，待其冷却后堆集起来或放于容器中，仔细盖好，使制品的含水量均匀一致，呈适宜的柔软状态，以便产品处理和包装运输。不同蔬菜的干制品，回软所需时间不同，少则1~3d，多则2~3周。

（2）压块　蔬菜干制后，呈膨松状，体积大，不利于包装和运输，需经过的压缩处理过程。压缩条件一般温度为60~65℃，适当控制湿度，压力采用0.2~0.8MPa，一般在蔬菜干燥刚结束时趁热压块。

脱水蔬菜的复水方法是把干菜浸泡在12~16倍重量的冷水里经30min，再迅速煮沸，并保持沸腾5~7min，复水后，按常法烹饪。

三、蔬菜干制品品质鉴定的质量标准（脱水蔬菜）

蔬菜干制品质量标准应符合NY/T 1045—2014《绿色食品　脱水蔬菜》，评判主要指标有感官指标、理化指标、污染物、农药残留、食品添加剂、真菌毒素限量和微生物限量等。

NY/T 1045—2014
《绿色食品
脱水蔬菜》

1. 感官指标

脱水蔬菜的感官指标见表2-1。

表2-1 脱水蔬菜感官指标

| 项目 | 特性 | 检验方法 |
|---|---|---|
| 色泽 | 具有该产品固有的色泽 | 色泽、形态、杂质、霉变以及复水性用目测法，气味和滋味用嗅的方法 |
| 气味和滋味 | 具有原蔬菜的气味和滋味 | |
| 形态 | 片状干制品要求片形完整，片厚基本均匀；块状干制品大小均匀，形状规则；粉状产品粉体细腻，粒度均匀，不黏结 | |
| 复水性 | 95℃热水浸泡2min，基本恢复脱水前的状态（粉状产品除外） | |
| 杂质 | 无毛发、金属物等杂志 | |
| 霉变 | 无 | |

2. 理化指标

脱水蔬菜的理化指标见表2-2。

表2-2 脱水蔬菜理化指标

| 项目 | 指标 | 检验方法 |
|---|---|---|
| 水分含量/% ≤ | | |
| 干制蔬菜 | 15.0 | |
| 冷冻干燥脱水蔬菜 | 6.0 | GB 5009.3—2016 |
| 热风干燥及其他工艺脱水蔬菜 | 8.0 | |

其他理化指标应符合相关产品国家标准的规定。

3. 污染物、农药残留、食品添加剂和真菌毒素限量

脱水蔬菜污染物和农药残留限量见表2-3。

表2-3 脱水蔬菜污染物和农药残留限量

| 项目 | 指标 | 检验方法 |
|---|---|---|
| 镉（以Cd计）/（mg/kg） ≤ | 0.3（脱水大蒜除外）<br>0.1（脱水大蒜） | GB/T 5009.15—2014 |
| 总砷（以As计）/（mg/kg） ≤ | 3.5（脱水大蒜、脱水薯类蔬菜除外）<br>1.4（脱水大蒜、脱水薯类蔬菜） | GB/T 5009.17—2014 |

续表

| 项目 | | 指标 | 检验方法 |
|---|---|---|---|
| 汞（以 Hg 计）/（mg/kg） | ≤ | 0.07（脱水大蒜、脱水薯类蔬菜除外）<br>0.03（脱水大蒜、脱水薯类蔬菜） | GB/T 5009.11—2014 |
| 铬（以 Cr 计） | ≤ | 3.5（脱水大蒜、脱水薯类蔬菜除外）<br>1.4（脱水大蒜、脱水薯类蔬菜） | GB/T 5009.123—2014 |
| 氯氰菊酯/（mg/kg） | ≤ | 1.4（脱水大蒜、脱水薯类蔬菜除外）<br>0.6（脱水大蒜、脱水薯类蔬菜） | NY/T 761—2008 |
| 三唑酮/（mg/kg） | ≤ | 0.3（脱水薯类蔬菜除外）<br>0.1（脱水薯类蔬菜） | NY/T 761—2008 |
| 多菌灵/（mg/kg） | ≤ | 0.7（脱水大蒜、脱水薯类蔬菜除外）<br>0.3（脱水大蒜、脱水薯类蔬菜） | NY/T 1680—2009 |
| 腐霉利/（mg/kg） | ≤ | 0.6 | NY/T 761—2008 |
| 氯氟氰菊酯/（mg/kg） | ≤ | 0.6 | NY/T 761—2008 |
| 蚍虫林/（mg/kg） | ≤ | 0.7 | NY/T 1275—2007 |

　　如食品安全国家标准及相关国家规定中上述指标有调整，且严于本标准规定，按最新标准及规定执行。

　　4. 微生物限量

　　脱水蔬菜的微生物限量见表 2-4。

表 2-4　脱水蔬菜微生物限量

| 项目 | | 指标 | 检验方法 |
|---|---|---|---|
| 菌落总数/（CFU/g） | ≤ | 100000 | GB 4789.2—2016 |
| 大肠菌群/（MPN/g） | ≤ | 3 | GB 4789.3—2016 |
| 霉菌和酵母菌/（CFU/g） | ≤ | 500 | GB 4789.15—2016 |

#### 四、 蔬菜干制品加工注意事项

（1）生产加工中，不能大量带菌，并且要求含水量低，外表干软。否则，存放期稍长，微生物就会在其中生长繁殖，产气、产酸，分泌各种毒素，引起食物中毒。如水分控制不好，也易引起蔬菜本身化学反应加速，严重时，导致蔬菜腐败变质，不能食用。

（2）严格避免超限量、超范围使用食品添加剂。

（3）干燥时烘箱的温度应维持在 55~60℃ 的恒温方式，一般不超过 65℃。

（4）贮藏蔬菜干制品要掌握好温度、湿度、光线和卫生等情况。一般情况下，蔬菜干制品含水量要保持在 6% 以下，贮藏期的变色和维生素损失都可大为减少。贮藏温度一般以 0~2℃ 为宜，最高不超过 10℃，能够有效抑制蔬菜干制品的褐变速度。贮藏库要求清洁卫生，避免光线照射，通风良好且能密闭。

### 知识拓展

#### 一、蔬菜脱水告别"洗剪吹"时代

新鲜蔬菜经过洗涤、烘干等程序后脱去大部分水分，仍能保留原有的色泽和营养成分，食用时浸泡在水中又可恢复蔬菜的原来样貌。 基于这种营养便捷、利于贮存运输的特性，脱水蔬菜越来越多地走进现代人的生活。

目前，我国脱水蔬菜在农产品出口贸易中占有重要地位。 干姜、干蒜、干香菇、辣椒干、辣椒粉等都已经成为我国在国际市场上受欢迎的脱水蔬菜制品。 但和发达国家相比，我国在脱水蔬菜的干燥能耗、干燥效率、制品品质等关键指标上还有很大差距，技术突破有着巨大空间。 蔬菜脱水加工技术还很传统，杀青钝酶都是采取传统的蒸汽或者热水漂烫技术，耗水量大，水溶性营养成分流失，操作环境也很不卫生。

目前，在江苏大学食品学院实验室中，一台投资 100 多万元、9m 长、处于国际领先水平的大型电热干蒸汽杀菌设备投入应用。 在该基地中，用自主研制的多模式超声波清洗技术装备取代传统洗菜设备；用自主研制的催化式红外杀青干燥技术装备取代传统的热水漂烫、离心甩水、热风干燥装备；引进国际上先进的机器智能色选取代人工挑选；建造出智能仓储取代简陋仓储；利用电热干蒸汽、脉冲强光、红外线等物理杀菌取代钴-60 辐照。 仅在杀青环节，以天然气为热源的红外干法杀青技术节能优势就非常明显，能耗是传统电红外的一半，可以节能 50%。

#### 二、果蔬脆片可能含油不少

香蕉片、秋葵片、香菇片、苹果片……原料多样、色彩鲜艳、口感酥脆的

果蔬脆片备受追捧。很多人认为这些果蔬脆片浓缩了果蔬的营养，是健康零食。然而，事实真是这样吗？

绝大多数果蔬脆片的配料表可以用这个格式来概括：植物油+蔬菜或水果+糖（麦芽糖浆、麦芽糊精）+盐。而且，其中的植物油大都排在配料表的第一位。阅读营养成分表可发现，这类产品的脂肪含量一般为27%～40%，跟薯片不相上下，这也是果蔬脆片"香且脆"的秘诀所在。

其实，大部分果蔬本身的脂肪含量很低。比如苹果本身的脂肪含量仅有0.2%左右，但做成苹果脆片后，脂肪含量却高达34%，翻了170倍。中国营养学会建议，烹调油的摄入量每人每天为25～30g。然而，吃100g苹果脆片，不知不觉就会吃进去34g油，超过了相关推荐摄入量。还值得注意的是，果蔬脆片在油炸过程中，脂肪会过度氧化，还可能产生反式脂肪酸和致癌物，对健康不利。

果蔬脆片不仅油含量高，为了改善口感，糖和盐含量也不少。蔬菜几乎没有糖，所以市售很多蔬菜脆片中还会添加包括麦芽糖浆、麦芽糊精在内的很多精制糖，让以"无糖"为优势的蔬菜营养大打折扣。

不过，并非所有果蔬脆片都含有大量油，比如"非油炸"的相关产品脂肪含量就相对较低。它们是以果蔬为原料，经过适度的切片（条、块）后，采用非油炸脱水工艺制成的果蔬干制品。按照相关标准，这种果蔬脆片的脂肪含量不能超过5%。从营养来看，非油炸果蔬脆片的营养更接近原料，如果是真空冷冻干燥工艺制得的产品，营养保留更好，但吃起来就没有那么"香而酥"了。并且，这类产品只要开包就会很快吸潮，逐渐失去脆感。

—— 课后习题 ——

一、选择题

1. 下列哪种营养成分在果蔬干制过程中最容易损失。（　　　）

A. 维生素 C　　　　B. 蛋白质　　　　C. 矿物质　　　　D. 胡萝卜素

2. 下列工序不属于果蔬干制品的加工前处理的是（　　　）。

A. 洗涤　　　　B. 切分　　　　C. 烫漂　　　　D. 压榨

3. 一般，在果蔬干制过程中干燥时烘箱的温度应维持在（　　　）的恒温方式。

A. 55～60℃　　　B. 65～70℃　　　C. 75～80℃　　　D. 90～100℃

4. 目前，综合考虑成本、经济效益等因素，蔬菜干燥使用最多的方法是（　　　）。

A. 真空冷冻干燥法　　　　　　B. 微波干燥法

C. 自然干燥法　　　　　　　　D. 热风干燥法

5. 脱水蔬菜的复水方法是把干菜浸泡在 12 ~16 倍重量的冷水里经 30min，再迅速煮沸并保持沸腾进行复水，煮沸的时间为（    ）。

A. 1～3min        B. 5～7min        C. 8～10min        D. 10～30min

二、填空题

1. 果蔬干制品护色主要采用（    ）和硫处理处理。

2. 果蔬干制品的（    ）性是干制品质量的一个重要指标。

3. 果蔬干制品加工中烫漂的主要作用是（    ）。

4. （    ）通常称为均湿或水分的平衡，其目的是使干制品变软，使水分均匀一致。

5. 果蔬干制品加工对原料总的要求是（    ）、（    ）、（    ）。

三、判断题

1. 达到生理成熟度的果实除了做果汁和果酱外，一般不适宜加工其他制品。                                                （    ）

2. 果蔬干制的原理是通过降低物料中的水分含量来抑制微生物的活动，以达到长期保存食品的目的。                                （    ）

3. 长期食用脱水蔬菜来替代传统蔬菜。                            （    ）

4. 漂烫是一种最常用的控制酶促褐变的方法。                      （    ）

5. 一般，经过干制后的蔬菜含水量通常低于 6%。                    （    ）

四、简答题

1. 简述热风干燥蔬菜的基本工艺流程和操作要点。

2. 简述蔬菜脆片生产流程和操作要点。

# 任务二　酱腌菜制品加工技术

学习目标

1. 了解酱腌菜制品的分类；

2. 掌握酱腌菜制品加工基本工艺流程及操作要点，并能熟练操作；

3. 了解酱腌菜制品品质鉴定的质量标准。

必备知识

蔬菜腌制是利用食盐（及其他添加物质）渗入到蔬菜组织内，提高渗透压，抑制腐败菌的生长，从而防止蔬菜败坏的保藏方法。其制品称为蔬菜腌制品，又称酱腌菜或腌菜。

酱腌菜是以新鲜蔬菜为主要原料，经腌渍或酱渍加工而成的各种蔬菜制品，如酱渍菜、盐渍菜、酱油渍菜、糖渍菜、醋渍菜、糖醋渍菜、虾油渍菜、发酵酸菜和糟渍菜等。在蔬菜腌制及制品后熟过程中，所含的蛋白质受微生物和蔬菜本身所含的蛋白质水解酶的作用逐渐被分解为氨基酸。这一变化是腌制品具有一定光泽、香气和风味的主要原因。同时，酱油、食醋、红糖等在增加制品风味的同时，也能改善制品的色泽。酱腌菜是我国各族人民喜欢的调味副食品之一。由于酱腌菜具有鲜甜脆嫩或咸鲜辛辣等独特香味，具有一定的营养价值，深得群众青睐，成为人们日常生活中不可缺少的调味副食品。目前，低盐、增酸、适甜是腌制菜的发展方向，并且正在朝营养化、疗效化、低盐化、多样化、天然化发展。

### 一、酱腌菜的分类

#### 1. 按是否发酵分类

（1）发酵性蔬菜腌制品　腌渍时食盐用量较低，在腌渍过程中有显著的乳酸发酵现象，利用发酵所产生的乳酸、添加的食盐和香辛料等的综合防腐作用，来保藏蔬菜并增进其风味。这类产品一般都具有较明显的酸味。如泡菜、酸白菜等。

（2）非发酵性蔬菜腌制品　腌制时食盐用量较高，使乳酸发酵完全受到抑制或只能轻微地进行，其间加入香辛料，主要利用较高浓度的食盐、食糖及其他调味品的综合防腐作用，来保藏和增进其风味。依其所含配料、水分多少和风味不同可分为盐渍类、酱渍类、糖醋渍类、糟渍类等。

#### 2. 按加工方法不同分类

（1）酱渍菜是以蔬菜咸坯，经脱盐、脱水后，用酱渍加工而成的蔬菜制品。

（2）盐渍菜是以蔬菜为原料，用食盐盐渍加工而成的蔬菜制品。

（3）酱油渍菜是以蔬菜咸坯，经脱盐、脱水后，用酱油浸渍加工而成的蔬菜制品。

（4）糖渍菜是以蔬菜咸坯，经脱盐、脱水后，用糖渍加工而成的蔬菜制品。

（5）糖醋渍菜是以蔬菜咸坯、经脱盐、脱水后，用糖醋渍加工而成的蔬菜制品。

（6）虾油渍菜是以蔬菜为主要原料，用食盐盐渍后再经虾油渍制加工而成的蔬菜制品。

（7）糟渍菜是以蔬菜咸坯为原料，用酒糟或醪精糟渍加工而成的蔬菜制品。

### 二、工艺流程及操作要点

#### （一）发酵性蔬菜腌制品（以四川泡菜为例）

泡菜的主要原料是各种蔬菜，营养丰富，水分、碳水化合物、维生素、钙、铁、磷等物质含量丰富，能满足人体需要。泡菜还含有乳酸，咸酸适度，味美而嫩脆，能增进食欲，帮助消化。泡菜是一种既有营养又卫生的蔬菜加工品。

1. 工艺流程

原料选择→原料预处理（整理、清洗）→盐渍→脱盐→入坛泡制（泡菜盐水提前配制）→发酵成熟→成品

2. 操作要点

（1）原料选择　选择组织紧密、质地脆嫩、肉质肥厚且在腌制过程中不易软化的新鲜蔬菜作为泡菜原料，例如：萝卜、甘蓝、嫩黄瓜、大头菜等。

（2）原料预处理　新鲜原料洗净后，将不宜食用的部分剔除，根据体积大小决定是否切分，块形大且质地致密的蔬菜应适当切分。清洗、切分的原料沥干表面水分后即可入坛泡制。

（3）盐渍　为了保证工业化生产泡菜的原料，须将新鲜蔬菜用食盐保藏起来，即先制成咸坯，以随时需要随时生产。将整形好的蔬菜放入配制好的高盐水池中，盐水必须浸泡没过蔬菜，再压实密封以保证其品质良好。盐渍完成后盐水含盐量为15%左右。

（4）脱盐　盐渍一段时间后（大约15d），将蔬菜捞出投入清水池中浸泡1~2d后再次捞出。脱盐后盐水含量为4%左右。

（5）泡菜盐水配制　泡菜用水要求符合饮用水标准。盐水的含盐量为6%~8%，为了增进泡菜品质，可在盐水中加入2%的红糖、3%的红辣椒以及其他香辛料（香辛料应用纱布包盛装后置于盐水中），将水和各种配料一起放入锅内煮沸，冷却备用。冷盐水中也可加入2.5%的白酒和2.5%的黄酒。

（6）入坛泡制　将脱盐捞出的蔬菜投入制作好盐水的泡菜坛中泡制（泡制成熟时间根据各类蔬菜的不同特点而定）。

（7）乳酸发酵　由于蔬菜中自带和坛中盐水中的乳酸菌作用，随着时间的推移发酵自然形成，发酵完成后蔬菜盐水含盐量为5%左右。

（二）非发酵性蔬菜腌制品（以糖醋渍类为例）

糖醋渍菜又分为糖渍菜、醋渍菜和糖醋渍菜三个类型。糖渍菜主要以食糖、蜂蜜为辅料，添加少量桂花、食盐等调味品制作而成，其产品特点以甜为主，或甜而微酸、稍咸。例如白糖大蒜、甜酸乳瓜、桂花糖熟芥等品种。醋渍菜是指用食醋浸渍而成的蔬菜制品，其风味以酸为主，略带咸味。例如甜酸藠头、酸笋等品种。糖醋渍菜则为使用食糖、食醋混合浸渍而成的品种，其风味甜中带酸，甜而不腻，酸甜适口。

1. 工艺流程

原料选择 → 原料预处理（整理、清洗） → 盐腌 → 脱盐 → 沥干 →

配制糖醋香液 → 入坛浸渍 → 杀菌包装 → 成品

2. 操作要点

（1）盐腌 将清洗、整理好的原料用8%左右食盐腌制至原料呈半透明为止，主要是排除原料中不良风味，如苦涩味等，增强原料组织细胞膜的渗透性，使其呈半透明状，以利于糖醋液渗透。如果以半成品保存原料，则需补加食盐至15%～20%以上，并注意隔绝空气，防止原料露空，这样可大量处理新鲜原料。

（2）脱盐 将腌制好的原料浸泡在清水中脱盐，至稍有咸味捞起，并沥去水分备用。

（3）糖醋液配制 糖醋液要求甜酸适中，含糖30%～40%，选用白砂糖，含酸2%左右，可用醋酸或与柠檬酸混合使用。为增加风味，可适当加一些调味品，如加入0.5%白酒、0.3%的辣椒、0.05%～0.1%的香料或香精。香料要先用水熬煮过滤后备用。砂糖加热溶解过滤后煮沸，依次加入其他配料，待温度降至80℃时，加入醋酸、白酒和香精，另加入0.05%的氯化钙保脆。

（4）入坛浸渍 按脱盐沥干后的菜坯与糖醋香液等比例装罐或装缸，密封保存。

（5）杀菌包装 若要长期保存，需进行罐藏。包装容器可用玻璃瓶、塑料瓶或复合薄膜袋，进行热装罐包装或抽真空包装，如密封温度≥75℃，不再进行杀菌也可以长期保存。也可包装后进行杀菌处理，在70～80℃热水中杀菌10min。热罐装密封后或杀菌后都要迅速冷却，否则制品容易软化。

三、酱腌菜制品品质鉴定的质量标准

酱腌菜制品质量标准应符合GB 2714—2015《食品安全国家标准 酱腌菜》，评判酱腌菜制品的质量主要指标有感官指标、污染物限量、微生物限量和食品添加剂等。

1. 感官指标

酱腌菜制品的感官指标见表2-5。

表2-5 酱腌菜制品感官指标

| 项目 | 要求 | 检验方法 |
|---|---|---|
| 滋味、气味 | 无异味、无异嗅 | 取适量试样置于白色瓷盘中，在自然光下观察色泽和状态。闻其气味，用温开水漱口后品其滋味 |
| 状态 | 无霉变，无霉斑白膜，无正常视力可见的外来异物 | |

2. 污染物限量

酱腌菜制品污染物限量应符合GB 2762—2017中腌渍蔬菜的规定。

GB 2714—2015《食品安全国家标准 酱腌菜》

3. 微生物限量

（1）酱腌菜制品致病菌限量应符合 GB 29921—2013 中即食果蔬制品（含酱腌菜类）的规定。

（2）酱腌菜制品微生物限量还应符合表 2-6 的规定。

表 2-6　酱腌菜制品微生物限量

| 项目 | 采样方案[1] 及限量 | | | | 检验方法 |
|---|---|---|---|---|---|
| | $n$ | $c$ | $m$ | $M$ | |
| 大肠菌群[2]/（CFU/g） | 5 | 2 | 10 | $10^3$ | GB 4789.3—2016 平板计数法 |

注：　①样品的采样和处理按 GB 4789.1—2016 执行。

②不适用于非灭菌发酵型产品。

4. 食品添加剂

酱腌菜制品食品添加剂的使用应符合 GB 2760—2014 中腌渍蔬菜或发酵蔬菜制品的规定。

四、酱腌菜制品加工注意事项

（1）采用机械切菜时，应保持刀片的锋利，否则会使菜坯表面粗糙，光泽度较差，同时产生碎末，造成浪费。

（2）在腌制过程中，腌菜的容器要装满、压紧，盐水要淹没菜体，并要密封，尽量减少空气，这样不但有利于乳酸发酵，防止败坏，还有利于维生素的保存。

（3）腌制咸菜要注意使用合适的工具，特别是容器的选择尤为重要，它关系到腌菜的质量，一般用陶瓷器皿为好，切忌使用金属制品。

知识拓展

一、世界三大名腌菜

你知道世界上最有名的腌菜有哪些吗？有一样腌菜，它来自中国，传承百年，带着浓郁的地方特色，与法国酸黄瓜、德国甜酸甘蓝并称为"世界三大名腌菜"，它就是产自重庆的——涪陵榨菜。中华优秀传统文化源远流长、博大精深，是中华文明的智慧结晶。

榨菜，可以说是中国人最为熟悉的小菜之一。它爽脆可口，咸淡适宜，不论是配粥、下饭或作为零嘴小食，都让人口齿留香、回味无穷。涪陵榨菜是选用重庆市涪陵区特殊土壤和气候条件种植的青菜头，经独特的加工工艺制成的鲜嫩香脆的风味产品。"涪陵榨菜制作技艺"已被列入第二批国家级非物质文化遗产名录。

榨菜的成分主要是蛋白质、胡萝卜素、膳食纤维、矿物质等。榨菜中含有谷氨酸、天冬氨酸、丙氨酸等 17 种游离氨基酸，很多营养成分都是人体所必需的；现代营养学认为，榨菜能健脾开胃、补气添精、增食助神；但是食用榨菜不可过量，因榨菜含盐量高，过多食用可使人罹患高血压，加重心脏负担，引发心力衰竭，出现全身浮肿及腹水。

二、酱腌菜含亚硝酸盐？ 食用时间有讲究

自制酱腌菜，腌制过程除了要注意卫生外，还有一点要特别注意，就是在制作酱腌菜的过程中易产生亚硝酸盐，开始腌渍后两三天至两周之间亚硝酸盐含量偏高，随后含量下降，因此，建议大家最好不要食用腌制时间少于 10 天的酱腌菜。 市售酱腌菜中，无需担心亚硝酸盐问题，因为它们腌制时间很长，一般都有几个月，亚硝酸盐早已被分解或利用而消失。 但是酱腌菜都是高盐食品，虽然如今的腌菜为了迎合消费者的需求，含盐量都已经明显降低，而用少量的糖和防腐剂来帮助保存，但含盐量也有 3%～8%，所以不适合大量食用，更不能因为吃了腌菜就不吃新鲜蔬菜。

—— 课后习题 ——

一、选择题

1. 酱腌菜在腌制过程中，一般在（    ）后亚硝酸盐基本消失。

A. 4 ~8d          B. 9d          C. 20d          D. 15d

2. 制作泡菜、酸菜是利用（    ）。

A. 乳酸发酵          B. 醋酸发酵          C. 蛋白质分解          D. 酒精发酵

3. 使腌制品具有光泽、香气和风味的主要原因是（    ）。

A. 乳酸发酵          B. 醋酸发酵          C. 蛋白质分解          D. 酒精发酵

4. 下列属于发酵性蔬菜腌制品的是（    ）。

A. 酸白菜          B. 酸笋          C. 白糖大蒜          D. 甜酸乳瓜

5. 发酵性腌制品其含盐量在（    ）以下，主要进行乳酸发酵。

A. 1.5%～3.0%                    B. 7.0%～8.0%

C. 3.0%～4.0%                    D. 5.0%～6.0%

二、填空题

1. 蔬菜腌制品的发展方向是（    ）、（    ）、（    ）。

2. 非发酵腌制品分为四种，即（    ）、（    ）、（    ）、（    ）。

3. 蔬菜腌渍时，（    ）、（    ）、（    ）在增加制品风味的同时，也能改善制品的色泽。

4. 为了缩短制作泡菜时间，有人会在冷却后的盐水中加入少量陈泡菜液，加入陈泡菜液的目的是增加（    ）的含量。

5. 腌渍蔬菜的过程中，一般采用（　　　）作为保脆剂，其用量以菜重的（　　　）为宜。

### 三、判断题

1. 酱腌菜在腌制的第 4~8d，亚硝酸盐含量较低。　　　　　　　　（　　　）
2. 蔬菜腌制品鲜味主要来源是由谷氨酸和食盐作用生成谷氨酸钠。

（　　　）

3. 低盐饮食应忌用一切腌制品。　　　　　　　　　　　　　　　　（　　　）
4. 酱腌菜可以代替蔬菜食用。　　　　　　　　　　　　　　　　　（　　　）
5. 因为榨菜是世界三大名腌菜，所以可以多食用一些。　　　　　　（　　　）

### 四、简答题

1. 任举一例简述非发酵性蔬菜腌制品的基本工艺流程和操作要点。
2. 任举一例简述发酵性蔬菜腌制品的基本工艺流程和操作要点。

## 任务三　食用菌制品加工技术

> **学习目标**
>
> 1. 了解食用菌加工形式及食用菌制品分类；
> 2. 掌握食用菌制品加工基本工艺流程及操作要点；
> 3. 了解食用菌制品品质鉴定的质量标准。

—— 必备知识 ——

食用菌是指可食用的大型真菌。多数为担子菌，如双孢蘑菇、香菇、草菇、牛肝菌等。少数为子囊菌，如羊肚菌、块菌等。食用菌制品是以食用菌为主要原料，经相关工艺加工制成的食品。食用菌是一种蛋白质含量丰富、人体必需氨基酸齐全、不饱和脂肪酸含量高、多糖类功能性强、维生素和矿物质及纤维素含量丰富的大型可食用真菌，具有调节机体免疫、抗癌、预防心血管疾病、消炎等保健功效。

### 一、食用菌加工形式及食用菌制品分类

1. 食用菌加工主要形式

（1）脱水干制　脱水干制是食用菌干燥的主要加工方法。传统干制方法多为晒干，而现在主要采取机械脱水烘干和冻干两种，适用于香菇、银耳、黑木耳、竹荪、草菇、金针菇、大球盖菇等几十种产品。

（2）罐头生产 食用菌罐头制品是我国具有传统特色的出口商品之一。食用菌罐头加工，绝大部分为清水罐头，近年来研发了即食罐头，如银耳莲枣罐头、香菇肉酱罐头等。

（3）保鲜储藏 分为低温冷藏保鲜、气调保鲜、真空保鲜、辐射保鲜、物理化学保鲜等不同方法，目的是保持鲜品生命，延长商品货架期。

（4）精制酿造 食品类有菇酒类、饮料、酱油、菌油、菇类味精、菇味火锅料、菇类蜜饯、膨化食品、菇类肉松、菇类面条等；日用品类有菇类护肤霜、美容膏等；医疗保健品类有从菇类分离提纯的有效药物成分，制成注射针剂、保健胶囊、片剂、粉剂、口服液等。

（5）调料渍制 包括盐渍、糖渍、酱渍、糟渍、醋渍等食用菌加工。主要是利用渍水的高渗透压来抑制微生物活动，避免食用菌在储藏期因为微生物活动而腐败。其中，盐渍加工是食用菌加工中广泛采用的方法。

2. 食用菌制品主要种类

目前，食用菌制品主要包括干制食用菌制品、腌制食用菌制品、即食食用菌制品三类。

（1）干制食用菌制品 是食用菌鲜品经自然干燥或人工干燥的工艺制成的产品，使新鲜食用菌水分蒸发，含水量减少到13%以下，使食用菌中可溶性物质浓度提高到微生物难以利用的程度，尽量保存食用菌原有营养成分及风味。

（2）腌制食用菌制品 是以食用菌为主要原料，经预处理、腌渍等工艺制成的食用菌制品。利用食盐产生的高渗透压使食用菌久藏不腐，几乎所有的食用菌都可以盐渍加工。

（3）即食食用菌制品 是以食用菌为主要原料，经相关工艺加工制成可直接食用的食用菌制品。

二、 食用菌制品加工基本工艺流程及操作要点

（一）食用菌干制品

优点是干制设备可繁可简，生产技术容易掌握，可就地取材，当地加工；干制品耐贮藏，不易腐败变质；对某些食用菌（如香菇），经过干制可增加风味；可调节食用菌生产的淡旺季，有利于解决周年供应问题等。

1. 工艺流程

原料选剔 → 原料预处理 → 干燥 → 包装 → 成品

2. 操作要点

（1）自然干制（日晒法） 自然干制是以太阳光为热源，自然风为辅助

进行干燥的方法，此法简单、古老、投入少。加工时将鲜菇、木耳不重叠地放于草席或竹帘上直接在阳光下暴晒。晒前，草菇纵切成相连的两半，切口朝上摊开，香菇菌褶朝上，金针菇切除菇脚蒸10min。翻晒时要轻，以防破损，一般3d左右即可晒干，晒干时间越短，子实体干制的质量越好，此法适于小规模加工厂，也可白天晒，晚上烘，烘晒结合。

（2）机械干制　机械干制是用烘箱、烘笼或炭火热风、电热以及红外线等热源烘烤而使菌体脱水干燥的方法。适用于多种食用菌（以香菇为例）。

①原料选剔：要在八成熟、未开伞时采摘，这时孢子还未散开，干制后香味浓郁、质量好。采前禁止喷水，采后放入竹篮内。

②原料预处理：鲜菇采购后及时摊放在通风干燥场地的竹帘上，以加快菇体表层水分的蒸发，摊晾后，按市场要求，一般按菇柄不剪、菇柄剪半、菇柄全剪3种方式分别进行处理，同时清除木屑等杂物及碎菇。将鲜菇按大小、厚薄、朵形等整理分级。

③干燥：要求当日采收，当日烘烤干燥，为防止在烘烤过程中香菇细胞新陈代谢加剧，造成菇盖伸展开伞、色泽变白，在鲜菇烘烤前，可先将烘烤室（机）温度调到38~40℃，再排菇上架。质量好的菇柄朝上均匀排放于上层烘架，质量稍差的下层排放。采后鲜菇含水量高达90%，不可高温急烘，在升温同时，启动排风扇，使热源均匀输入烘房，待温度升到35~38℃时，将摆好鲜菇的烘帘分层放入烘房，烘房温度控制：1~4h，保持温度38~40℃；4~8h，保持温度40~45℃；8~12h，保持温度45~50℃；12~16h，保持温度50~53℃；17h，保持温度55℃；18h至烘干，保持温度60℃。随着菇体内水分蒸发，烘房内通风不畅会造成湿度升高，导致色泽灰褐，品质下降。操作要求：1~8h打开全部排湿窗，8~12h通风量保持约50%，12~15h通风量保持30%，16h后，菇体已基本干燥，可关闭排湿窗。用指甲顶压菇盖感觉坚硬且稍有指甲痕迹、翻动时"哗哗"有声，表明香菇已干，可出房、冷却、包装。

（二）腌制食用菌制品

1. 工艺流程

原料选剔 → 原料预处理 → 护色处理 → 烫漂 → 冷却 → 腌渍 → 包装 → 成品

2. 操作要点

（1）原料选剔　选取原料菇时，要求无老化、无霉变、菇形圆整、肉质厚、含水分少、组织紧密、洁白、无病虫害。

（2）原料预处理　腌渍前需要对原料做适当预处理，如蘑菇削去菇脚基部，平菇应把成丛的子实体逐步掰开，猴头菇和滑菇要求切去老化菌柄等。

（3）护色处理　防止鲜菇氧化、褐变和腐烂，处理方法是：先用0.6%的盐水（过浓会使菇体发红）洗去菇体表面泥屑杂质，接着用 0.05mol/L 柠檬酸溶液（pH 为 4.5）漂洗、护色。

（4）漂烫　食用菌经护色处理后，放入 10% 的稀盐水中煮沸，加入菇的量为每 100kg 加菇 30kg，每锅盐水可连续使用 5~6 次，但在用过 2~3 次后，每次应适量补充食盐，并做到沸水下锅。煮沸时间为 6~10min，以剖开菇没有白心，内外均呈淡黄色为度。

（5）冷却　将漂烫后的食用菌立即倒入流动的冷水中冷却，冷却的时间要尽量短，而且要冷却彻底。

（6）腌渍　主要有两种方法：

①干盐腌制：将冷却好的菇体，按照 50kg 菇加 12.5~15kg 食盐的比例，先在缸底放一层盐，然后加一层菇，再放盐，逐层摆放至缸满为止。然后向缸内倒入煮沸后冷却的饱和食盐水，同时加入已配好的调整液（偏磷酸 55%、柠檬酸 40%、明矾 5%），使饱和食盐水的 pH 为 3.5 左右。最后在菇体上加盖、加压，使菇体全部浸入盐水中，大约 15d 左右即可包装。

②食盐水浸渍：配制 18°Bé 的食盐溶液 150kg，放入冷却后的菇体 250kg，然后上面加精盐封面并加盖、加压。每天测定盐水的波美度，上下翻动，使盐水的浓度稳定在 18°Bé 不变，腌渍一周后即可包装。

将腌渍好的菇放入包装容器内，加卤水（18°Bé 的食盐溶液）浸没菇体，调整 pH 为 3.5 左右。

### 三、食用菌制品品质鉴定的质量标准

食用菌制品质量标准应符合 GB 7096—2014《食品安全国家标准　食用菌及其制品》，评判食用菌制品的质量主要指标有感官指标、理化指标、污染物限量、农药残留限量、微生物限量和食品添加剂等。

GB 7096—2014
《食品安全国家标准
食用菌及其制品》

1. 感官指标

食用菌制品的感官指标见表 2-7。

表 2-7　食用菌制品感官指标

| 项目 | 要求 | 检验方法 |
| --- | --- | --- |
| 色泽 | 具有产品应有的色泽 | 取适量试样置于白色瓷盘中，在自然光下观察色泽和状态。闻其气味，用温开水漱口，品其滋味 |
| 滋味、气味 | 具有产品应有的滋味和气味 | |
| 状态 | 具有产品应有的状态，无正常视力可见的外来异物，无霉变，无虫蛀 | |

2. 理化指标

食用菌制品的理化指标见表 2-8。

表 2-8　食用菌制品理化指标

| 项目 | 指标 | 检验方法 |
|---|---|---|
| 水分/（g/100g） | | |
| 　香菇干制品 ≤ | 13 | GB 5009.3—2016 |
| 　银耳干制品 ≤ | 15 | |
| 　其他食用菌干制品 ≤ | 12 | |
| 米酵酸菌/（mg/kg） | | |
| 　银耳及其制品 ≤ | 0.25 | GB/T 5009.189—2016 |

3. 污染物限量

食用菌制品污染物限量应符合 GB 2762—2017 的规定。

4. 农药残留限量

食用菌制品农药残留限量应符合 GB 2763—2019 的规定。

5. 微生物限量

即食食用菌制品致病菌限量应符合 GB 29921—2013 中即食果蔬制品类的规定。

6. 食品添加剂

食用菌制品食品添加剂的使用应符合 GB 2760—2014 的规定。

四、 食用菌制品加工注意事项

（1） 食用菌干制时，特别是初期，一般不宜采用过高的温度，否则因骤然升温，有损产品外观和风味，初期的高温、低湿易造成解壳现象，影响水分扩散。

（2） 食用菌种类不同，所含化学成分及组织结构也不同，所以干燥速度也不同。同时，原料切分的大小和干燥速度也有直接关系，切分小，蒸发面积大，干燥速度就越快。

（3） 脱水食用菌贮藏温度最好为 0~2℃，不可超过 10~14℃。

（4） 各种食用菌子实体都具有自身的颜色，在盐渍水煮过程中，要防止菇体失去自身的特性，保持原有的颜色。

（5） 各种食用菌在烫漂的过程中，一定要煮熟，忌夹生菇或熟得过度，防止夹生菇在长期储存时烂心，失去商品价值，也防止熟得过度，使菇体发软、破碎。

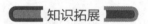 知识拓展

一、最具有开发前景的十大珍稀名贵菌类

1. 冬虫夏草

冬虫夏草是一种珍稀名贵的中药，野生于海拔 4000~4200m 的青藏高原，

是特殊的昆虫与专一的真菌结合生长而成，由于数量极少，市场售价每千克已高达 12~18 万元，并且还在逐渐上涨。

2. 羊肚菌

羊肚菌是世界上最稀有的名贵菌中之王。羊肚菌是子囊菌中最著名的美味食菌，其菌盖部分含有异亮氨酸、亮氨酸、赖氨酸、甲硫氨酸、苯丙氨酸、苏氨酸和缬氨酸 7 种人体必需的氨基酸，营养丰富，香味独特，食用具有补肾壮阳、防癌抗癌等作用。

3. 松茸

松茸是一种珍稀名贵的食用菌类，松茸含蛋白质，有 18 种氨基酸，14 种人体必需微量元素、49 种活性营养物质、5 种不饱和脂肪酸，核酸衍生物，肽类物质等稀有元素。另含有 3 种珍贵的活性物质，分别是双链松茸多糖、松茸多肽和全世界独一无二的抗癌物质——松茸醇，是世界上最珍贵的天然药用菌类。食用具有强身、抗癌的功效。

4. 牛肚菌

牛肚菌是一种可以食用、药用价值的食用菌类。牛肝菌的营养丰富，内含丰富的多糖、生物碱、甾醇类化合物，还有常见的维生素、碳水化合物、氨基酸等，是一种著名的美味食用菌，营养丰富，食用具有保护心血管健康、防癌抗癌的作用。

5. 鸡枞菌

鸡枞菌别名鸡肉菌、伞塔菇，是一种药食兼用的食用真菌，鸡肉菌的营养特别的丰富，比如有大量的氨基酸、蛋白质、矿物质元素，还有丰富的多糖成分，入药具有益胃、清神、止血治痔等功效，味道特别鲜美，可以新鲜食用，也可以腌制食用。

6. 虎掌菌

虎掌菌别名黑虎掌、老鹰菌，一种珍稀名贵的野生食用菌，味道鲜美，肉质细嫩，香味独特，营养丰富，又能增强人体免疫力。

7. 黄绿蜜环菌

黄绿蜜环菌别名黄蘑菇、金蘑菇、草原口蘑、石渠白菌，鲜味独特，口感极佳，因其水分少、肉质厚而细嫩，口感鲜嫩，味香色美，被誉为"草原仙菇"。食用野生黄菇不但能增加营养，经常食用可以促进新陈代谢及神经传导、降低胆固醇、增强抗癌功能，增强免疫力，是食疗保健的珍品。

8. 鸡油菌

鸡油菌别名杏菌、杏黄菌、黄丝菌等，营养丰富，其中包括丰富的胡萝卜素、维生素 C、蛋白质、钙、磷、铁等。性味甘、寒。具有清目、利肺、益肠胃的功效。常食此菌可预防视力下降、眼炎、皮肤干燥等病。

### 9. 鹅蛋菌

鹅蛋菌富含蛋白质、酶、维生素、氨基酸和多种矿物质及脂肪酸，经常食用可以提高身体的免疫力，还可以提高防寒抗病毒的能力，还有利肝脏、益肠胃、抗癌、用于肝病及肠胃疾病的预防和治疗。

### 10. 绣球菌

绣球菌别名绣球菇，被称为"万菇之王"，是世界非常珍稀名贵药食两用菌菇。绣球菌内含大量的 β 葡聚糖，抗氧化物质，维生素 C、维生素 E，作为美容产品的有效成分，对祛除黑色素沉淀等肌肤问题具有良好的功效。

## 二、这几种食用菌类，常吃点益处多

食用菌美味且种类多样、营养价值高，大部分食用菌中含有丰富的蛋白质、维生素和膳食纤维，可以高效补充营养，降低血液中的胆固醇含量，减慢人体对碳水化合物的吸收。特别是以下几种常见的食用菌类。

### 1. 木耳

木耳中铁的含量极为丰富，故贫血的人可以经常食用。木耳中的胶质可把残留在人体消化系统内的灰尘、杂质吸附集中起来排出体外，从而起到清胃涤肠的作用。需要注意的是，干木耳的泡发时间不宜超过 8h，否则容易引发食物中毒。

### 2. 口蘑

口蘑中含有大量的维生素 D。研究发现口蘑是唯一一种能提供维生素 D 的蔬菜，而维生素 D 是一种人群中极易缺乏却又非常重要的维生素。口蘑中还含有硒、钙、镁、锌等十几种矿物元素，特别是硒的含量非常高，是一般食物无法匹敌的。

### 3. 香菇

香菇又称冬菇、花菇、香菌、香蕈等，因其含有一种独特的菇香，故称"香菇"。香菇因其诸多优点，被民间称为"植物皇后""山珍之王"。在日常烹饪中，香菇由于氨基酸含量高，调味提鲜的作用也非常显著，是理想的配菜。

### 4. 竹荪

竹荪为竹林腐生真菌，以分解死亡的竹根、竹竿和竹叶等为营养源，也叫竹笙、竹菌、竹参，网纱菇，又称"真菌之花""植物鸡"等。竹荪这种食材味甘，略苦，性质寒凉，补气养阴和润肺止咳和清热利湿是它的主要功效。

—— 课后习题 ——

### 一、选择题

1. 下列说法中，正确的是（　　　）。

A. 食用菌就是蘑菇

B. 食用菌是可供食用的大型真菌的总称

C. 食用菌是能供食用的微生物

D. 食用菌是可供食用的大型伞菌的总称

2. 国家标准规定，一般食用菌干制品的水分含量不高于为（　　）。

A. 12%　　　　　B. 20%　　　　　C. 30%　　　　　D. 40%

3. 食用菌腌制过程中，一般需要调整 pH 为（　　）左右。

A. 2.5　　　　　B. 3.5　　　　　C. 4.5　　　　　D. 5.5

4. 漂烫工序中，煮沸时间一般为（　　）min，以剖开菇没有白心，内外均呈淡黄色为度。

A. 3~5　　　　　B. 4~6　　　　　C. 5~8　　　　　D. 6~10

5. 研究发现，（　　）是唯一一种能提供维生素 D 的蔬菜。

A. 口蘑　　　　　B. 香菇　　　　　C. 木耳　　　　　D. 金针菇

二、填空题

1. 食用菌的加工方法中最常用的是（　　）和（　　）。

2. 食用菌干制品的主要干制方法为（　　）和（　　）。

3. 腌制食用菌制品加工过程中盐渍主要有（　　）和（　　）两种方法。

4. 食用菌腌制过程中，可以加入（　　）来调整饱和食盐水的 pH。

5. 一般情况下，干木耳的泡发时间不宜超过（　　）小时，否则容易引发食物中毒。

三、判断题

1. 食用菌干制时，特别是初期，一般不宜采用过高的温度。　　（　　）

2. 食用菌干制时，脱水食用菌贮藏温度最好为室温条件。　　（　　）

3. 食用菌鲜品营养价值丰富，含水量高，极易遭微生物入侵而腐败变质，失去食用价值。　　（　　）

4. 干燥过程中，随着菇体内水分蒸发，烘房内通风不畅会造成湿度升高，导致色泽灰褐，品质下降。　　（　　）

5. 一般情况下虽然食用菌种类不同，但干燥速度都相同。　　（　　）

四、简答题

1. 简述食用菌干制品的基本工艺流程和操作要点。

2. 简述食用菌腌制品的基本工艺流程和操作要点。

## 项目二　典型水果类食品加工技术

### 任务一　蜜饯加工技术

学习目标

1. 了解蜜饯产品分类及主要原辅料；
2. 掌握蜜饯加工基本工艺流程及操作要点，并能熟练操作；
3. 了解蜜饯品质鉴定的质量标准。

必备知识

蜜饯是以果蔬等为原料，添加（或不添加）食品添加剂和其他辅料，经糖或蜂蜜或食盐腌制（或不腌制）等工艺制成的制品。蜜饯的主要营养在于其中含有大量的葡萄糖、果糖，这类物质在进入人体后，可以快速地消化为身体补充能量。另外，蜜饯里面还含有一些果酸、矿物质、维生素 C 等营养物质，虽然含量并不是很多，但是对人体也是可以起到一定的保健作用。但是绝对不可以代替新鲜水果，蜜饯的营养成分不及新鲜水果，如果长期食用的话，会导致身体营养缺乏，影响身体健康。

一、　蜜饯产品分类及主要原辅料

蜜饯原意是以果蔬等为原料，经用糖或蜂蜜腌制的加工方法，现已演变成为我国的传统产品名称。

1. 蜜饯产品分类

蜜饯产品主要包括蜜饯类（糖渍类和糖霜类）、果脯类、凉果类、话化类、果糕类等几大类。具体包括：

（1）糖渍类　原料经糖（蜂蜜）熬煮或浸渍、干燥（或不干燥）等工艺制成的带有湿润糖液面或浸渍在浓糖液中的制品，如糖青梅、蜜樱桃、蜜金橘、红绿瓜、糖桂花、糖玫瑰、炒红果等。

（2）糖霜类　原料经加糖熬煮、干燥等工艺制成的表面附有白色糖霜的制品，如糖冬瓜条、糖橘饼、红绿丝、金橘饼、姜片等。

（3）果脯类　原料经糖渍、干燥等工艺制成的略有透明感，表面无糖霜析出的制品，如杏脯、桃脯、苹果脯、梨脯、枣脯、海棠脯、地瓜脯、番茄脯等。

（4）凉果类 原料经盐渍、糖渍、干燥等工艺制成的半干态制品，如加应子、西梅、黄梅、雪花梅、陈皮梅、八珍梅、丁香榄、福果、丁香李等。

（5）话化类 原料经盐渍、糖渍（或不糖渍）、干燥等工艺制成的制品，分为不加糖和加糖两类，如话梅、话李、话杏、九制陈皮、甘草榄、甘草金橘、相思梅、杨梅干、芒果干、陈丹皮、盐津葡萄等。

（6）果糕类 原料加工成酱状，经成型、干燥（或不干燥）等工艺制成的制品，分为糕类、条类和片类，如山楂糕、山楂条、果丹皮、山楂片、陈皮糕、酸枣糕等。

2. 主要原辅料

原料为各种水果和蔬菜；糖、食盐、甘草等调味料；防腐剂（如苯甲酸、山梨酸等）、甜味剂、着色剂（如胭脂红、柠檬黄、日落黄、亮蓝等）、酸味剂等食品添加剂。

二、 蜜饯加工基本工艺流程及操作要点

（一）工艺流程

原料选择 → 原料预处理 → 硬化与保脆 → 盐腌 → 护色 → 烫漂 → 糖制 →
各类蜜饯制作上的特有工序 → 整理与包装 → 成品

（二）操作要点

1. 原料选择

制作蜜饯类产品需保持一定块形，应选用正品果，原料的成熟度一般以七至八成熟的硬熟果为宜。

2. 原料预处理

（1）选别、分级 根据制品对原料的要求，及时剔除病果、烂果、成熟度过低或过高的不合格果，表面污物及残留农药必须清洗干净。同时，对原料进行分级，以便在同一工艺条件下加工，使产品质量一致。

（2）皮层处理 根据果蔬种类及制品质量要求，皮层处理有针刺、擦皮、去皮等方法。针刺是为了在糖制时有利于盐分或糖分的渗入，对皮层组织紧密或有蜡质的小果；擦皮有两种方法：一是只要把外皮擦伤，盐或粗砂相混摩擦；二是把皮层擦去一薄层；去皮要求去净果皮，但不损及果肉为度。如过度去皮，则只会增加原料的损耗，并不能提高产品质量。

（3）切分、去心、去核 根据产品质量要求，常切成片状、块状、条状、丝状或划缝等形态。切分要大小均匀，充分利用原料。原料的去心核也是糖制前必不可少的一道工序（除小果外）。

**3. 硬化与保脆**

使原料在糖煮过程保持一定块形，常用的硬化剂有石灰、明矾、亚硫酸氢钙、氯化钙等。一般含果酸物质较多的原料用 0.1%～0.5% 石灰溶液浸渍；含纤维素较多的原料用 0.5% 左右亚硫酸氢钙溶液浸渍为宜。浸泡时间应视原料种类、切分程度而定。通常为 10～16h，以原料的中心部位浸透为止，浸泡后立即用清水漂净。

**4. 盐腌**

用高浓度糖液处理新鲜原料，把原料中部分水分脱除，使果肉组织更致密；改变果肉组织的渗透性，以利糖分渗入。用盐量为 10%～24%，腌渍时间 7～20d，腌好后，再行晒干保存，以延长加工期。

**5. 护色**

目前被广泛使用的护色方法有两种，分别是硫处理护色和热处理护色，硫处理护色是将整理好的原料，浸入 0.1%～0.2% 的亚硫酸或亚硫酸盐中数小时。热处理护色是用沸水或蒸汽处理原料，钝化氧化酶和过氧化酶的活性，防止氧化，需要注意的是经过热处理护色的原料需要用冷水迅速冷却，以免高温损伤原料组织的脆性。

**6. 烫漂**

烫漂也称预煮，经硬化、硫处理后的原料在糖制前都需进行烫漂，除去残留的二氧化硫、硬化剂等，同时还可以软化组织，便于渗糖、钝化或破坏酶活性，防止氧化。漂烫时间依原料而定。

**7. 糖制**

（1）糖煮　也称加热煮制法，糖煮法加工迅速，但其色、香、味及营养物质有所损失。此法适用于果肉组织较致密，比较耐煮的原料。

（2）糖渍　也称冷浸法糖制，由于不进行糖煮，制品能较好地保持原有的色、香、味、形态和质地，维生素 C 的损失也较少。适用于果肉组织比较疏松而不耐煮的原料，如青梅、杨梅、樱桃、桂花等均采用此法。

**8. 各类蜜饯制作上的特有工序**

（1）干燥　经糖煮制后，沥去多余糖液，然后铺于竹屉上送入烘房。烘烤温度掌握在 50～60℃ 范围内，也可采用晒干的方法，要求外表不皱缩、不结晶，质地紧密而不粗糙。

（2）上糖衣　如制作糖衣蜜饯，还需在干燥后再上糖衣。所谓糖衣，就是用过饱和糖液处理干态蜜饯，使其表面形成一层透明状的糖质薄膜，糖衣蜜饯外观美，保藏性强，可减少贮存期间的吸湿、黏结和返砂等不良现象。上糖衣用的过饱和糖液，常以 3 份蔗糖、1 份淀粉浆和 2 份水混合，煮沸到 114℃，冷却至 93℃。然后将干燥的蜜饯浸入上述糖液中约 1min，立即取出，于 50℃

下晾干即成。另外，也可将干燥的蜜饯浸于1.5%的食用明胶和5%蔗糖溶液中，温度保持90℃，并在35℃下干燥，也能形成一层透明的胶质薄膜。此外，还可将80kg蔗糖和20kg水煮沸至118~120℃，趁热浇淋到干态蜜饯中，迅速翻拌，冷却后能在蜜饯表面形成一层致密的白色糖层。有的蜜饯也可直接撒拌糖粉而成。

（3）加辅料  凉果类制品在糖渍过程中，还需加用甜、酸、咸、香等各种风味的调味料。除糖和少量食盐外，还用甘草、桂花、陈皮、厚朴、玫瑰、丁香、豆蔻、肉桂、茴香等进行适当调配，形成各种特殊风味的凉果，最后干燥，除去部分水分即为成品。

9. 整理与包装

整理包括分级、整形和搓去过多糖分等操作，使产品外观整齐一致。分级时按大小、完整度、色泽深浅等分成若干级别；整形时要根据产品要求，如橘饼、苹果脯等要压成饼状；对糖分过多的制品，可在摊晾时，边翻边用铲子搓，使制品表层的糖衣厚度均匀。蜜饯的包装方法，应根据制品种类，采用不同方法。如糖渍蜜饯，往往装入罐装容器中，装罐后于90℃下杀菌20~40min，如糖度超过65%，则制品不用杀菌也可，成品用纸箱包装。

### 三、蜜饯品质鉴定的质量标准

蜜饯质量标准应符合 GB 14884—2016《食品安全国家标准  蜜饯》、GB/T 10782—2006《蜜饯通则》，评判蜜饯质量的主要指标有感官指标、理化指标、污染物限量、农药残留限量、微生物限量和食品添加剂等。

GB 14884—2016
《食品安全国家
标准  蜜饯》

1. 感官指标

蜜饯的感官指标见表2-9。

表2-9  蜜饯感官指标

| 项目 | 要求 | 检验方法 |
|---|---|---|
| 色泽 | 具有产品应有的色泽 | 取适量试样置于洁净白的白色盘（瓷盘或同类容器）中，在自然光下观察色泽和状态，检查有无异物，闻其气味，用温开水漱口，品尝滋味 |
| 滋味、气味 | 具有产品应有的滋味、气味，无异味 | |
| 状态 | 具有产品应有的状态，无霉变，无正常视力可见的外来异物 | |

GB/T 10782—2006
《蜜饯通则》

2. 理化指标

蜜饯的理化指标见表2-10。

表 2-10　蜜饯理化指标

| 项目 | 蜜饯 | | | | | | | | | 检验方法 |
|---|---|---|---|---|---|---|---|---|---|---|
| | 糖渍类 | 糖霜类 | 果脯类 | 凉果类 | 话化类 | | 果糕类 | | | |
| | | | | | 不加糖类 | 加糖类 | 糕类 | 条类 | 片类 | |
| 水分/% ≤ | 35 | 20 | 35 | 35 | 30 | 35 | 55 | 30 | 20 | GB 5009.3—2016 |
| 总糖（以葡萄糖计）/% ≤ | 70 | 85 | 85 | 70 | 6 | 60 | 75 | 70 | 80 | GB 5009.8—2016 |
| 氯化钠/% ≤ | 4 | — | — | 8 | 35 | 15 | — | — | — | GB 5009.44—2016 |

**3. 污染物限量和真菌毒素限量**

（1）蜜饯中污染物限量应符合 GB 2762—2017 的规定。

（2）蜜饯中真菌毒素限量应符合 GB 2761—2017 的规定。

**4. 微生物限量**

（1）蜜饯中致病菌限量应符合 GB 29921—2013 中即食果蔬制品类的规定。

（2）蜜饯中微生物限量还应符合表 2-11 的规定。

表 2-11　蜜饯微生物限量

| 项目 | 采样方案* 及限量 | | | | 检验方法 |
|---|---|---|---|---|---|
| | $n$ | $c$ | $m$ | $M$ | |
| 菌落总数/（CFU/g） | 5 | 2 | $10^3$ | $10^4$ | GB 4789.2—2016 |
| 大肠菌群/（CFU/g） | 5 | 2 | 10 | $10^2$ | GB 4789.3—2016 |
| 霉菌/（CFU/g）　≤ | 50 | | | | GB 4789.15—2016 |

注：　* 样品的分析及处理按 GB 4789.1—2016 和 GB/T 4789.24—2003 执行。

**5. 食品添加剂**

蜜饯中食品添加剂的使用应符合 GB 2760—2014 的规定。

**6. 农药残留限量**

蜜饯中农药残留限量应符合 GB 2763—2019 的规定。

**四、蜜饯加工注意事项**

（1）蜜饯加工中使用的食品添加剂种类很多，必须严格贯彻执行有关部门对添加剂的规定和应用方法，以保证蜜饯生产的安全性。

（2）经硫化处理过的原料，为防止成品中二氧化硫超标，检验时必须对成品中二氧化硫残留量进行检验，以确保成品符合标准要求。

（3）防止皱缩现象，在糖制过程中应采用分次加糖，使糖液浓度逐渐升高，延长浸渍时间的方法。防止煮烂现象，应采用成熟度适当的果实为原料，采摘后应先放入煮沸的清水或1%的食盐溶液中热烫几分钟,再按工艺煮制,另外在煮制前用氯化钙溶液浸泡果实,对防止煮烂也有一定作用。

（4）返砂是指当蜜饯中液态部分的糖在某一温度下其浓度达到饱和时,即呈现结晶的现象。流汤是返砂的逆现象,是指蜜饯产品中转化糖含量过高时,在高温和潮湿环境中容易发生吸潮,造成的流汤现象。加工过程中控制制品中蔗糖与转化糖的比例,避免返砂和流汤现象的发生。

 知识拓展

### 蜜饯的选购技巧

1. 食品生产许可证

应选择获得食品生产许可证的企业产品,在产品包装上应有企业食品生产许可证的编号。

2. 标识标注

注意产品外包装标识标注是否齐全。包装上必须标明:产品名称、配料表、净含量、产品标准号、生产日期、保质期或保存期、制造者或经销者的名称和地址、食品产地。

3. 辨外观

产品不得有异味,不允许有外来杂质,如砂粒、发丝等。观察产品形状、大小、长短、厚薄、表面干湿程度、肉质细腻程度、糖分分布渗透均匀程度、颗粒饱满程度是否基本一致;不要购买色泽特别鲜艳、有刺激气味、皱缩残损、破裂和腐烂霉变的产品。

4. 区分消费群体

蜜饯通常含糖量较高,可高达70%。糖尿病患者等不宜过多摄入糖的人群,最好选择那些以功能性甜味剂代替蔗糖的低糖产品。另外,有的产品含有较高盐分,有的产品含有大量甜味剂、防腐剂和色素等添加剂,儿童食用这些产品时要注意有所选择,建议适量食用。

5. 选品牌

应首选正规销售渠道销售的知名企业生产的产品。

—— 课后习题 ————————————————

一、选择题

1. 下列操作容易导致果脯蜜饯出现皱缩现象的是（　　　）。

A. 煮制过程中一次性加入所有的糖

B. 延长浸渍时间

C. 真空渗透糖液

D. 煮制前用氯化钙溶液浸泡

2. （　　　）多用于蔬菜和某些水果冷冻、干燥或罐藏前的一种前处理工序。

　　A. 烹饪　　　　　B. 热烫　　　　C. 热挤压　　　　D. 杀菌

3. 在蜜饯加工中，由于划皮太深，划纹相互交错，成熟度太高等，煮制后易产生（　　　）现象。

　　A. 返砂　　　　B. 流汤　　　　C. 煮烂　　　　D. 皱缩

4. 在蜜饯加工中，蔗糖含量过高而转化糖不足，会引起（　　　）现象。

　　A. 返砂　　　　B. 流汤　　　　C. 煮烂　　　　D. 皱缩

5. 果脯蜜饯属于（　　　）。

　　A. 发酵性盐渍制品　　　　　　　B. 酸渍制品

　　C. 非发酵性盐渍制品　　　　　　D. 糖渍制品

二、填空题

1. 蜜饯加工过程中广泛使用的护色方法有（　　　）和（　　　）两种。

2. 蜜饯加工中常用的防腐剂是（　　　）和（　　　）。

3. 糖制是蜜饯产品的主要生产工艺，它可分为（　　　）和（　　　）两种方法。

4. 腌制是指用（　　　）、（　　　）等腌制材料处理食品原料，使其渗入食品组织内，以提高其渗透压，降低其水分活度，并有选择性地抑制微生物的活动，促进有益微生物的活动，从而防止食品的腐败，改善食品食用品质的加工方法。

5. 防止糖制品返砂或返潮最有效的办法是（　　　）。

三、判断题

1. 食品防腐剂可以超范围和超量使用。　　　　　　　　　　　　　（　　　）

2. 烫漂后的果蔬原料要迅速用流动的冷水或冷风冷却，以防余热持续造成果蔬组织软烂和其他不良变化。　　　　　　　　　　　　　　　　　（　　　）

3. 高浓度的糖液具有杀菌作用，故可作为防腐剂防止果脯变质。

　　　　　　　　　　　　　　　　　　　　　　　　　　　　（　　　）

4. 原料的硫化处理是为了提高果肉的硬度，增加耐煮性，防止软烂。

　　　　　　　　　　　　　　　　　　　　　　　　　　　　（　　　）

5. 果蔬糖制中常见的质量问题包括：返砂、流汤、皱缩、褐变等。

　　　　　　　　　　　　　　　　　　　　　　　　　　　　（　　　）

四、简答题

1. 简述蜜饯加工基本工艺流程及操作要点。

2. 简述蜜饯加工过程中常见的质量问题及原因。

# 任务二　水果干制品加工技术

学习目标

1. 了解水果干制品分类及特点；
2. 掌握水果干制品加工基本工艺流程及操作要点，并能熟练操作；
3. 了解水果干制品品质鉴定的质量标准。

必备知识

　　水果干制品是以草莓、蔓越莓、金橘、圣女果、青梅、西梅、桂圆、荔枝、葡萄、菠萝、哈密瓜、芒果、木瓜、柠檬、甜橙、猕猴桃、香蕉、橘子、樱桃等新鲜水果为原料，经选料、清洗、整理、添加或不添加白砂糖等食品辅料，再干燥［自然干燥或人工干燥（热风干燥、真空冷冻干燥、真空油炸等）］、拼配（或不拼配）、包装加工制成的水果干制品（片、块、粒、粉等）。

　　水果干制品主要有各种果干、水果脆片、水果粉等，如葡萄干、水果脆片、香蕉粉。其中果干有葡萄干、杏干、槟榔干果、食用椰干、苹果干、李干、梨干、荔枝干等。一般未成熟的果实单宁含量高于同品种的成熟果实，果品干制应该选择单宁少而且成熟度高的原料。

## 一、水果干制品基本工艺流程和操作要点

### （一）果干（以葡萄干为例）

1. 工艺流程

原料选择 → 整理（浸碱处理、清洗）→ 干制 → 成品处理

2. 操作要点

（1）原料选择　干制的葡萄鲜果，宜选择固形物含量高，风味色泽好，酶褐变不严重，成熟度适宜，果粒皮薄，肉质软，含糖量在20%以上的无核品种，制干的无核葡萄必须充分成熟，其标志是穗梗发白，用手指挤果粒，果汁即徐徐流出，并有较强的黏着力，品尝时各浆果甜味一致。一般在8月中旬到9月中旬采收。

（2）整理（浸碱处理、清洗）　一般用1.5%~4.0%的氢氧化钠溶液洗涤，洗除果皮上所附着的蜡质、有害微生物，同时又可消毒，并使果皮出现细小裂缝，以利水分蒸发，促进干燥。

（3）干制

①自然干制：剔除果穗中的枯叶干枝，并用疏果剪除去霉烂或变色的不合格果粒。晾挂葡萄果穗用的嵌有硬细木的木椽子，一端用麻绳或铁丝垂直系于晾房屋顶，晾房四壁均留有足够的通气孔。晾晒果穗谷称"挂刺"。挂一排，系一排，从最下端开始逐层上挂，重重叠叠，犹如宝塔，直挂到屋顶。3~4d，有部分果穗果粒脱落，应及时清扫。以后每隔2~3d清扫一次，直到不脱落为止。脱落的果穗和果粒置于阳光下暴晒，制成次等葡萄干。

制干晾房内平均温度约27℃，平均相对湿度约35%，平均风速1.5~2.6m/s。将处理洗净的原料，装入晒盘晒3~5d，然后翻转，继续晒2~3d，然后将晒盘置通风室叠置阴干，经约30d阴干，即可完全下刺，一般每4kg鲜葡萄可制成1kg葡萄干。干品颜色鲜绿，品质优良。然后贮藏回软3周以上，脱粒去梗，包装。自然干燥的优点是设备简单，成本降低，但受气候的限制，干燥时间过长，易降低产品质量。

②人工干制：必须具有良好的加热保温、通风散水设备，同时还要有良好的卫生条件，这样可大大缩短干燥时间，保证产量质量。但成本较高，操作技术较复杂。目前国内外许多葡萄制干单位，逐渐向人工制干的方向发展。

浸渍液及其乳化：用0.6g氢氧化钾和6mL 95%乙醇混合后，加入3.7mL油酸乙酯，摇匀，再兑入1000mL 3%碳酸钾水溶液，边倒边搅拌，获得醇溶油碱乳液。

热泵烘干：初温45~50℃，终温70~75℃；干燥时间42~60h。系统除湿量要大，脱水率已达70%。全干后仍保持绿色。干燥适度的葡萄干，肉质柔软，用手紧压无汁液渗出。含水量为15%~17%，干燥率为3:1~4:1。

（4）成品处理　摇动挂刺，使葡萄干脱落。稍加揉搓，借风车、筛子或自然风力去掉果柄、干叶和瘪粒等杂质。然后按色泽饱满度及酸甜度进行人工分级、包装、贮藏、出售。

（二）水果脆片（以香蕉脆片为例）

水果脆片是以新鲜水果为原料，采用真空低温油炸技术或微波膨化技术和速冻干燥技术等加工而成的水果干制品。

1. 工艺流程

原料选择 → 清洗 → 整理（去皮、切片）→ 油炸 → 脱油 → 着味 → 包装 → 成品

2. 操作要点

（1）原料选择　要求香蕉新鲜、组织致密，最好八成熟，无病虫、无腐烂及虫斑。

（2）清洗　除去香蕉表面的尘土、泥沙等，一般可采用清水直接清洗。

（3）整理　洗净后去皮，去皮的方法一般有机械去皮、碱液去皮、热力去皮和手工去皮等方法。用切片机切成 2~4mm 的片，切片厚度要均匀一致。

（4）油炸　将切好的香蕉片放入真空油炸锅中，密封。将已预热至 100~120℃的精炼植物油放入油炸锅中与原料接触，蒸发水分，温度保持在 75~85℃，温度过高会形成过多泡沫，使香蕉片破裂、变形；温度过低，油炸脱水时间长，而且不能完全钝化氧化酶，成品贮藏时易发生褐变。油炸时间一般控制在 15~20min，当观察到原料片上的泡沫大多已消失，就可结束油炸。定期对油进行检测，不符合标准的应及时更换。

（5）脱油　油炸后的香蕉脆片含油 80%左右，需要脱除多余的油。一般采用离心脱油法，将油炸好的香蕉片放入离心机中，以 1000~1500r/min 的速度脱油 10min。转速太高会造成香蕉片粘连变形；转速太低会影响脱油效果。

（6）着味　香蕉片一般调成咸甜味，一般是在搅拌机内让香蕉片与配制好的菇体调味料相互拌和，或者直接向产品表面喷涂调味料。

（7）包装　油炸香蕉脆片含水量很低，极易吸收水分，所以着味后的产品应尽快包装，多采用不透光、气，并有一定强度的铝箔复合袋保护，以防止产品在运输和销售过程中破碎、吸湿以及使其所含的油脂发生酸败，影响产品质量。

## 二、　水果干制品品质鉴定的质量标准（以果干为例）

水果干制品参照 GB 16325—2005《干果食品卫生标准》[本标准适用于以新鲜水果（如桂圆、荔枝、葡萄、柿子等）为原料，经晾晒、干燥等脱水工艺加工制成的干果食品]，评判主要指标有感官指标、理化指标、污染物限量、农药残留限量、微生物限量和食品添加剂等。

GB 16325—2005
《干果食品卫生标准》

1. 感官指标

果干的感官指标见表 2-12。

表 2-12　果干感官指标

| 项目 | 要求 | 检验方法 |
|---|---|---|
| 色泽 | 具有干果食品应有的色泽 | 取适量试样置于洁净白的白瓷盘中，在自然光下观察色泽和状态，检查有无异物，闻其气味，用温开水漱口，品尝滋味 |
| 滋味、气味 | 具有干果食品应有的滋味、气味，无异味 | |
| 组织状态 | 具有干果食品应有的组织形态，无虫蛀，无霉变 | |

2. 理化指标

果干的理化指标见表 2-13。

表 2-13 果干理化指标

| 项目 | 指标 | | | | | 检验方法 |
| --- | --- | --- | --- | --- | --- | --- |
| | 桂圆 | 荔枝 | 葡萄干 | 柿饼 | 其他水果干制品 | |
| 水分/% ≤ | 25 | 25 | 20 | 35 | 35 | GB/T 5009.3—2016 |
| 总酸/% ≤ | 1.5 | 1.5 | 2.5 | 6 | 6 | GB/T 12456—2008 |

3. 污染物限量和真菌毒素限量

（1）果干中污染物限量应符合 GB 2762—2017 的规定，其中铅（以 Pb 计）≤0.9mg/kg。

（2）果干中真菌毒素限量应符合 GB 2761—2017 的规定。

4. 微生物限量

果干中致病菌限量应符合 GB 29921—2013 中的规定。

5. 食品添加剂

果干中食品添加剂的使用应符合 GB 2760—2014 的规定。

6. 农药残留限量

果干中农药残留限量应符合 GB 2763—2019 的规定。

三、 水果干制品加工注意事项

（1）辐射处理可以使葡萄干在贮藏、销售期间免遭虫害和变色。

（2）由于水果干制品水分含量较低，在贮藏过程中易吸潮而使口感欠佳，使产品质量下降，因此水果干制品的耐贮性受包装影响很大。为避免其质量败坏，包装应具有防潮性、高阻隔性、防虫性等特点，必要时包装袋内还可放干燥剂、吸氧剂等。

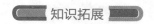 知识拓展

**水果干是不是健康零食？**

很多人喜欢吃水果干，因为水果干携带方便，并且保存时间比新鲜水果长很多，吃起来也很方便，不用削皮，可以直接食用。 和新鲜的水果相比，水果干由于失去了水分，导致糖分，矿物质，膳食纤维等营养物质都浓缩了，所以相同重量下，水果干的某些营养成分是比新鲜水果来得高，但是水果干在脱水的过程中也损失了部分维生素。

水果干是一种相对健康的零食，这里的水果干指的是真正的水果干，是水果干燥脱水之后，没有额外添加食盐、食用油、糖等物质，制作过程一般是风干、烘干、冷冻干燥、晒干等，例如柿饼、桂圆干、红枣、葡萄干等。 但是

有些"水果干"虽然口味好，但是却不宜多吃，对健康无益。

如香脆的水果脆片，有些香脆的水果脆片并不是经过上述的几种加工方式加工而成的，而是经过高温油炸制成，这样的加工方式制成的水果脆片损失了大量的维生素，增加了大量的油脂，吃了对人体没有益处反而有害，例如红薯片，香蕉片等。所以在购买水果干的时候要挑选没有额外添加，制作过程也不是高温油炸等会破坏营养物质的方式，选择健康的水果干来食用。

──课后习题──

**一、选择题**

1. 干果是新鲜水果经过加工晒干制成，如葡萄干、杏干、蜜枣和柿饼等，由于加工的影响，维生素损失较多，尤其是（　　　）。

A. 维生素 A 　　　B. B 族维生素 　　　C. 维生素 C 　　　D. 维生素 D

2. 桂圆干是用鲜（　　　）干制而成的果干。

A. 荔枝 　　　B. 樱桃 　　　C. 鲜枣 　　　D. 龙眼

3. 柿饼属于（　　　）类果品制品。

A. 蜜饯 　　　B. 果脯 　　　C. 果干 　　　D. 果酱

4. 香蕉脆片加工过程中，油炸工艺要求温度保持在（　　　）。

A. 65 ~75℃ 　　　B. 75 ~85℃ 　　　C. 85 ~ 95℃ 　　　D. 95 ~100℃

5. 葡萄干主要是通过（　　　）制成的。

A. 晒干 　　　B. 风干 　　　C. 火焙 　　　D. 压缩

**二、填空题**

1. 一般未成熟的果实单宁含量高于同品种的成熟果实，果品干制应该选择（　　　）的原料。

2. 果蔬脆片是近年来研究开发的一种果蔬风味食品，它以新鲜果蔬为原料，采用（　　　）、（　　　）、（　　　）等加工而成。

3. 水果原料去皮的方法有（　　　）、（　　　）、（　　　）、（　　　）等方法。

4. 水果干制品主要有（　　　）、（　　　）、（　　　）。

5. 辐射处理可以使葡萄干在贮藏、销售期间免遭（　　　）和（　　　）。

**三、判断题**

1. 果品类原料在面点中的应用，主要是果干占的比例大。（　　　）

2. 水果干制品的营养价值比新鲜水果要高很多，所以平时可以多吃水果干代替新鲜水果。（　　　）

3. 水果干制品的耐贮性受包装影响很大。（　　　）

4. 油炸香蕉脆片含水量很低，极易吸收水分，着味后应尽快包装。

（　　　）

5. 水果脆片脱油工艺中一般采用离心脱油法。 （　　　）

四、 简答题

1. 简述水果脆片的工艺流程及操作要点。

2. 简述任意果干制品的工艺流程及操作要点。

# 任务三　果酱加工技术

---
学习目标

1. 了解果酱制品分类及特点；

2. 掌握果酱加工基本工艺流程及操作要点， 并能熟练操作；

3. 了解果酱品质鉴定的质量标准。

---

---
必备知识
---

果酱是以水果、果汁或果浆和糖等为主要原料，经预处理、煮制、打浆（或破碎）、配料、浓缩、包装等工序制成的酱状产品。果味酱是加入或不加入水果、果汁或果浆，使用增稠剂、香精、着色剂等食品添加剂，加糖（或不加糖），经配料、煮制、浓缩、包装等工序加工制成的酱状产品。

果酱含有天然果酸，能促进消化液分泌，有增强食欲、帮助消化之功效。果酱还能增加色素，对缺铁性贫血有辅助疗效。果酱含丰富的钾、锌元素，能消除疲劳，增强记忆力。婴幼儿吃果酱可补充钙、磷、预防佝偻病。

## 一、 果酱制品分类及特点

### 1. 按原料分类

（1）果酱　配方中水果、果汁或果浆用量大于或等于 25%（水果、果汁或果浆用量按新果计）。

（2）果味酱　配方中水果、果汁或果浆用量小于 25%。

### 2. 按加工工艺分类

（1）果酱罐头　按罐头工艺生产的果酱产品。

（2）其他果酱　非罐头工艺生产的果酱产品。

### 3. 按产品用途分类

（1）原料类果酱　供应食品生产企业，作为生产其他食品的原辅料的果酱。

①酸乳类用果酱：加入酸乳并在其中能够保持稳定状态的果酱。

②冷冻饮品类用果酱：加入冰淇淋及其他冷冻甜品中的果酱。

③烘焙类用果酱：加入烘焙类产品的果酱。

④其他果酱：除上述 3 类，作为生产其他食品原料的果酱。

（2）佐餐类果酱　直接向消费者提供的，佐以其他食品一同食用的果酱。

## 二、 果酱加工基本工艺流程和操作要点

### （一）工艺流程

原料选择 → 清洗、整理 → 软化 → 打浆、过滤 → 配料 → 浓缩 → 灌装 →

杀菌 → 冷却 →成品

### （二）操作要点

1. 原料选择

要求原料成熟度适宜，且含果胶、酸较多，含量均为 1% 左右，不足时需添加柠檬酸调整，果胶可用琼脂、海藻酸钠等增稠剂取代。

2. 清洗、 整理

将选择后的原料清洗干净并去核、去皮、去蒂柄及去伤残部分。

3. 软化

多数产品需先行预煮软化，使果胶和酸充分溶出，肉质紧密的需加原料重 1~3 倍的水预煮，汁液丰富的，预煮时可不加水。

4. 打浆、 过滤

经过软化的原料，可以用打浆机进行打浆，过筛，除去果皮、种子和果心等不可食部分，以使果肉成为泥状的细腻酱体并利于渗糖。对于果肉疏松容易煮软的原料，如杏、桃、草莓和某些苹果等，经过软化，可不经打浆，直接浓缩成带有果块的块状果酱。

5. 配料

一般要求糖的用量与果浆（汁）的比例为 1：1。所用配料如砂糖、柠檬酸、果胶或琼脂等，均应事先溶解配制成浓溶液备用。砂糖热溶解过滤，配成 70%~75% 的浓糖液。柠檬酸用冷水溶解过滤，配成 50% 的溶液。果胶粉或琼脂等按粉重的 2~4 倍加砂糖，充分拌匀溶解过滤。先投入果浆加热 10~20min 蒸发掉一部分水分，然后分批加入浓糖液，继续浓缩至接近终点时，按次加入果胶液或琼脂液，最后加柠檬酸液。

6. 浓缩

浓缩的目的是蒸发排除原料中部分水分，使糖、酸和果胶等均匀地渗透到原料中，改善组织形态和风味，提高固形物含量，同时能破坏酶的活性，杀死有害微生物，缩小体积，有利于制品的保存和运输。目前生产上常用的浓缩方

法有常压浓缩和真空浓缩。

（1）常压浓缩　将处理好的原料添加适量的糖，置于不锈钢夹层锅中，在常压下敞锅进行加热煮制浓缩，在浓缩过程中要不断搅拌，以防焦化，出现大量气泡时，可洒入少量冷水，防止汁液外溢损失。

（2）真空浓缩　将调整配好的原辅料，置于真空浓缩锅中，在真空条件下减压进行蒸发浓缩，由于真空浓缩的温度较低（50~60℃），所以比常压浓缩有利于制品色素、芳香物质和维生素 C 等的保存。

果酱经煮制浓缩到一定程度才能制成质地良好的制品。浓缩终点的判断方法有以下三种方法：第一，用折光仪测定可溶性固形物的含量，达到 65%~68% 时则为浓缩终点。第二，测量酱体温度，当酱体温度达到 103~105℃ 时则为浓缩终点。第三，经验法，即用木板从锅中挑起少许果酱后，将其横置，待冷却的果酱成片状下落时，则达到浓缩终点。

7. 灌装

经浓缩的果酱达到终点时，即可出锅，并趁热装罐密封，封罐时酱体温度应保持 80~90℃，封罐后应立即杀菌冷却。

8. 杀菌、冷却

封罐后在 90℃ 温度下杀菌 30min，或 100℃ 下杀菌 10~15min。杀菌后立即冷却至 38~42℃，玻璃瓶要分段冷却，每段温差不要超过 20℃。

GB/T 22474—2008
《果酱》

三、果酱品质鉴定的质量标准

果酱质量标准应符合 GB/T 22474—2008《果酱》，评判果酱质量的主要指标有感官指标要求、理化指标、污染物限量、农药残留限量、微生物限量和食品添加剂等。

1. 感官指标

果酱的感官指标见表 2-14。

表 2-14　果酱感官指标

| 项目 | 要求 | 检验方法 |
| --- | --- | --- |
| 色泽 | 具有该品种应有的色泽 | 用不锈钢匙取样品约 20g，置于白瓷盘中。观察其色泽、组织形态、有无杂质，鼻嗅和口尝滋味和气味，做出评价 |
| 滋味与口感 | 无异味，酸甜适中，口味纯正，具有该产品应有的风味 | |
| 组织状态 | 均匀，无明显分层和析水，无结晶 | |
| 杂质 | 正常视力无可见的杂质，无霉变 | |

2. 理化指标

果酱的理化指标见表 2-15。

表2-15 果酱理化指标

| 项目 | | 果酱指标 | 果味酱指标 | 检验方法 |
|---|---|---|---|---|
| 可溶性固形物（以20℃折光计） | ≥ | 25 | —① | GB/T 10786—2006 |
| 总糖/（g/100g） | ≤ | — | 65 | GB/T 5009.8—2016 |
| 总砷（以As计）/（mg/kg） | ≤ | 0.5 | | GB/T 5009.11—2014 |
| 铅（Pb）/（mg/kg） | ≤ | 1.0 | | GB/T 5009.12—2017 |
| 锡（Sn）/（mg/kg） | ≤ | 250② | | GB/T 5009.16—2014 |

注： ①"—" 表示不作要求；
②仅限马口铁罐。

3. 污染物指标

（1）果酱罐头 污染物应符合 GB 7098—2015 商业无菌的规定。

（2）原料类果酱

①酸乳类用果酱：大肠菌群、霉菌、致病菌应符合 GB 19302—2010 的规定；菌落总数应符合 GB 7099—2015 中的"冷加工"的规定。

②冷冻饮料类用果酱：菌落总数、大肠菌群、致病菌应符合 GB 2759—2015 的规定；霉菌应符合 GB 7099—2015 中"冷加工"的规定。

③烘焙类用果酱、其他果酱：菌落总数、大肠菌群、致病菌、霉菌应符合 GB 7099—2015 中"冷加工"的规定。

（3）佐餐类果酱 菌落总数、大肠菌群、致病菌、霉菌应符合 GB 7099—2015 中"冷加工"的规定。

4. 食品添加剂

果酱中食品添加剂的使用应符合 GB 2760—2014 的规定，营养强化剂应符合 GB 14880—2012 的规定。

GB 19302—2010
《食品安全国家
标准 发酵乳》

 知识拓展

### 关于果酱的小知识

1. 胀盖的瓶装果酱不能食用

罐装果酱一般用玻璃瓶作为包装容器，由于果酱是高酸、高糖产品，密封良好的情况下不易腐败变质。 但若发现罐盖有向外凸出现象，则表明果酱中污染的微生物已大量生长，不要再食用。

2. 果酱析水不是变质

果酱在制作过程中，水果本身富含的果胶或外加果胶在高糖含量和高酸度下能形成具有弹性的凝胶。 水果中果胶含量的高低、添加的果胶量、果酱加

热的时间、温度、贮藏条件都会对果酱的凝胶强度有影响。 若在一定条件下放置一段时间后，果胶的凝胶强度降低，则会出现"析水"现象。 析水并不意味着果酱发生了腐败，仍是可以安全食用的。

3. 果酱颜色越鲜艳越好？

对于果酱，颜色不仅取决于水果的品种、成熟度、还取决于加工工艺、着色剂的添加等。 水果颜色丰富多彩，是因为其本身含有的天然色素，但天然色素往往不稳定，很多水果经加热或长时间贮藏后颜色会发生褐变，比如草莓、苹果、菠萝等，这是水果本身特性决定的。 果酱不是颜色越鲜艳越好，有时过于鲜艳的颜色可能源于着色剂的过量使用。

4. 果酱 ≠ 水果，果味酱 ≠ 果酱

新鲜水果携带不便，糖制保藏是果蔬储藏的一种方法，果酱是典型的水果加工制品，经加糖、加热后，水果中的营养成分如维生素C、膳食纤维等有一定量的损失，糖的含量增加，因此果酱不能代替新鲜水果。

果味酱不等于果酱。 GB/T 22474—2008《果酱》中规定，果酱配方中水果、果汁或果浆的用量必须大于或等于25%（按鲜果计），而果味酱中的以上成分含量一般小于25%。

5. 家庭自制果酱要充分杀菌

由于家庭自制果酱的整个过程难以实现无菌控制，可能存在微生物污染的风险。 做好的果酱要趁热装瓶，尽量装满并充分加热杀菌，立即封盖。 储存果酱以玻璃瓶最好，要彻底清洗并烘干。 自制果酱应放冰箱冷藏，尽快食用。 一次制作不宜量大，最好现制现吃，避免长时间储藏。

---

### 课后习题

一、选择题

1. 果酱加工的最重要工艺是（    ）。

A. 浓缩      B. 预煮      C. 过滤      D. 打浆

2. 果酱类熬制终点的测定若用温度计测定，当溶液温度达（    ）熬制结束。

A. 100℃      B. 80℃      C. 103 ~105℃      D. 110℃

3. 果酱类熬制终点的测定若用折光仪测定，当可溶性固型物达（    ）可出锅。

A. 70%      B. 65%~68%      C. 50%      D. 80%

4. 在果酱的加工过程中，发现其黏稠度不够，应该加入（    ）。

A. 增色剂      B. 增稠剂      C. 防腐剂      D. 酸味剂

5. 果酱在加工过程中，由于糖的溶解、（    ）和果胶质的作用，形成具有一定凝固性的制品。

A. 酶的分解　　B. 水分的蒸发　C. 糖的结晶　　D. 淀粉的稠结

二、填空题

1. 果酱类制品加工工艺与果脯蜜饯类有一个重要的差异在于，果脯蜜饯加工需要（　　），尽量保持形态完好。而果酱加工则需要（　　）果肉组织，以便于打浆，促使果肉组织中果胶溶出，有利于凝胶的形成。

2. 果酱类制品浓缩的方法有（　　）和（　　）。

3. 果酱熬制终点的判定法：（　　）、（　　）和（　　）。

4. 原料清洗的目的在于洗去果蔬表面附着的（　　）、（　　）、（　　）和（　　）。

5. 真空浓缩比常压浓缩有利于制品（　　）、（　　）和（　　）等的保存。

三、判断题

1. 果酱颜色越鲜艳越好。　　　　　　　　　　　　　　　　　　　　（　　）

2. 果味酱就是我们常说的果酱。　　　　　　　　　　　　　　　　　（　　）

3. 一般情况下，果酱"析水"并不意味着果酱发生了腐败，仍可安全食用。

（　　）

4. 经浓缩的果出锅后应趁热装罐密封，封罐时酱体温度应不低于80℃。

（　　）

5. 所有水果在加工制成果酱的时候都要经过软化工艺。　　　　　　（　　）

四、简答题

1. 简述一种果酱制品加工基本工艺流程和操作要点。

2. 简述果酱类制品的浓缩过程及终点判断方法。

模块三　　动物性食品加工技术

项目一　畜禽肉制品加工技术

任务一　腌腊肉制品加工技术

学习目标

1. 了解肉制品加工中原辅料的基础知识;
2. 了解腌腊肉制品的分类及特点;
3. 掌握典型腌腊肉制品基本工艺流程及操作要点，并能熟练操作;
4. 了解腌腊肉制品品质鉴定的质量标准。

—— 必备知识 ——

　　腌腊肉制品是我国传统的肉制品之一，所谓"腌腊"，是指将畜禽肉类通过加盐（或盐卤）和香料进行腌制，经过一个寒冬腊月，使其在较低的气温下自然风干成熟。目前已失去其时间含义，且也不都采用干腌法。也就是说，腌制是用食盐或以食盐为主，并添加（亚）硝酸钠（或钾）、蔗糖和香料等的腌制材料处理肉类的过程。腌腊制品是以鲜、冻肉为主要原料，经过选料、修整，再配以各种调味品，经过腌制、酱制、晾晒或烘焙、保藏成熟加工而成的一类肉制品，不能直接入口，须经烹饪熟制之后才能食用。腌腊肉制品种类很多，但其加工原理基本相同。具有腌制方便易行、肉质紧密坚实、色泽红白分明、滋味咸鲜可口、风味独特、便于携运和耐贮藏等特点。

一、腌腊肉制品的分类、特点及肉制品加工原辅料

1. 腌腊肉制品分类

腌腊肉制品是以鲜（冻）畜、禽肉或其可食副产品为原料，添加或不添

加辅料，经腌制、烘干（或晒干、风干）等工艺加工而成的非即食肉制品。包括火腿、腊肉、咸肉、香（腊）肠等典型产品。

（1）火腿　是以鲜（冻）猪后腿为主要原料，配以其他辅料，经修整、腌制、洗刷脱盐、风干发酵等工艺加工而成的非即食肉制品。

（2）腊肉　是以鲜（冻）畜肉为主要原料，配以其他辅料，经腌制、烘干（或晒干、风干）、烟熏（或不烟熏）等工艺加工而成的非即食肉制品。腊肉类的主要特点是成品呈金黄色或红棕色，产品整齐美观，不带碎骨，具有腊香味。川式腊肉、广东腊肉和湖南腊肉为其主要代表，四川的元宝鸡、缠丝兔、板鸭等也属于腌腊肉，原料不同，加工方法与腊猪肉相似。

（3）咸肉　是以鲜（冻）畜肉为主要原料，配以其他辅料，经腌制等工艺加工而成的非即食肉制品。其主要特点是成品肥肉呈白色，瘦肉呈玫瑰红色或红色，具有独特的腌制风味，味稍咸。常见的咸肉品种有咸猪肉、咸牛肉、咸鸡、咸羊肉、咸水鸭等。

（4）香（腊）肠　是以鲜（冻）畜禽肉味主要原料，配以其他辅料，经腌制、充填（或成型）、烘干（或晒干、风干）、烟熏（或不烟熏）等工艺加工而成的非即食肉制品。

2. 腌腊肉制品特点

腌腊肉制品是典型的半干水分食品，这类产品一般可贮性较佳，在非制冷条件下可较长时间贮存。腌腊制品的显著特点如下：

（1）在较为简单的条件下也可制作，易于加工生产。

（2）不同产品具有消费者喜爱的传统腌腊味和独特风味。

（3）在其加工中一般都经干燥脱水，因此重量轻，易于运输。

（4）可贮性佳，即使在非制冷条件下也能较长期贮存，有的产品货架寿命可长达6~8个月。

现如今的肉制品加工行业，均在致力于对传统产品进行研究，并应用现代化加工设备和工艺技术对传统配方和加工方法进行优化和改进，使之在保持其原有风味特色和可贮性的基础上，改善产品感官和营养特性，提高传统产品档次，或推出改进型产品，以便进一步满足消费者对饮食文化的需求。

3. 肉制品加工原辅料

（1）原料肉　从广义上讲，畜禽胴体就是肉。胴体是指畜禽屠宰后除去毛、皮、头、蹄、内脏（猪保留板油和肾脏，牛、羊等毛皮动物还要除去皮）后的部分。因带骨又称其为带骨肉或白条肉。从狭义上讲，原料肉是指胴体中的可食部分，即除去骨的胴体，又称其为净肉。

在肉制品工业生产中，把刚屠宰后不久体温还没有完全散失的肉称热鲜肉；经过一段时间的冷处理，保持低温（0~4℃）而不冻结状态的肉称为冷鲜肉；而经低温冻结后（−23 ~ −15℃）的肉称为冷冻肉。肉按照不同部位分割包装称为分割肉，如经剔骨处理则称剔骨肉。由肉经过进一步的加工处理生产出来的产品称肉制品。

PSE 猪肉：肉色苍白、肉质软，无致密性，肉汁容易流出。

DFD 猪肉：暗红色，肉质较紧，发干，肉眼可做判定。这种肉 pH 较高，由于保水性高，表面无肉汁析出，肉质较为僵硬，因此有干燥感，适合做加热杀菌制品的原料。

动物胴体主要由肌肉组织、脂肪组织、结缔组织和骨组织四大部分构成。这些组织的构造、性质直接影响肉制品的质量、加工用途及其商品价值，它依动物的种类、品种、年龄、性别、营养状况及各种加工条件而异。在四种组织中，肌肉组织和脂肪组织是肉的营养价值所在，这两部分占全肉的比例越大，肉的食用价值和商品价值越高，质量越好。结缔组织和骨组织难于被食用吸收，占比例越大，肉质量越低。

原料肉主要由水、蛋白质、脂肪、浸出物、维生素、矿物质和少量碳水化合物组成。肉的组织不同，其水分含量也有所不同（肌肉、皮肤、骨骼的含水量分别为 72%~80%、70%~60% 和 12%~15%）。肉品中的水分含量和持水性直接关系到肉及肉制品的组织状态、品质，甚至风味。肌肉中蛋白质约占 20%，分为：肌原纤维蛋白（40%~60%）、肌浆蛋白（40%~60%）、间质蛋白（10%）。肌肉内脂肪的多少直接影响肉的多汁性和嫩度，脂肪酸的组成则在一定程度上决定了肉的风味。家畜的脂肪组织 90% 为中性脂肪，7%~8% 为水分，蛋白质占 3%~4%，还有少量的磷脂和固醇脂。除蛋白质、盐类、维生素外能溶于水的浸出性物质，包括含氮浸出物和无氮浸出物。肉中主要有 B 族维生素，动物器官中含有大量的维生素，尤其是脂溶性维生素。肌肉中含有大量的矿物质，尤以钾、磷最多。碳水化合物主要以糖原形式存在。

（2）辅料　辅料是指能够改善肉制品质量，提高风味，改善加工工艺条件，延长肉制品保存期而加入的辅助性物料。肉制品的品种很多，所采用的辅料也非常多。

①调味料：食盐、食糖、食醋、鲜味剂、料酒、酱及酱油等；

②香辛料：辣椒、姜、大蒜、香葱、胡椒、花椒、肉桂、混合香辛料等；

③食品添加剂：发色剂、发色助剂、品质改良剂、防腐剂、抗氧化、营养强化剂等。

二、腌腊肉制品加工基本工艺流程和操作要点

（一）火腿（以金华火腿为例）

火腿是我国著名的传统腌腊制品，因产地、加工方法和调料不同而分为金

华火腿（浙江）、宣威火腿（云南）和如皋火腿（江苏）等，火腿是用猪的前后腿肉经腌制、发酵等工序加工而成的一种腌腊制品，以金华火腿最负盛名。《本草纲目拾遗》云："兰熏，俗名火腿，出金华者佳。金华六属皆有，惟出东阳浦江者更佳。其腌腿有冬腿、春腿之分，前腿、后腿之别。"

1. 工艺流程

原料选择 → 修整 → 腌制 → 洗晒和整形 → 成熟 → 修整 → 保藏

2. 工艺要点

（1）原料选择　选择金华"两头乌"猪的鲜后腿。皮薄爪细、腿心饱满，瘦肉多，肥膘少，以腿坯质量 5.0~7.0kg 为好。

（2）修整　取鲜腿，去毛，洗净血污，剔除残留的小脚壳，将腿边修成弧形。用手挤出大动脉的淤血，最后修整成竹叶形。

（3）腌制　腌制是加工火腿的主要工艺环节，也是决定火腿加工质量的重要过程。根据不同气温，恰当地控制腌制时间、加盐数量、翻倒次数，是加工火腿的技术关键。腌制火腿的最适宜温度应是腿温不低于 0℃，室温不高于 8℃。在正常气温条件下，金华火腿在腌制过程中共上盐与翻倒 7 次。上盐主要是前 3 次，用盐量大约为总用盐量的 90%；其余 4 次是根据火腿大小、气温差异和不同部位而控制盐量。总用盐量占腿质量的 9%~10%。质量在 6~10kg 的大火腿需要腌制 40d 左右。

（4）洗晒和整形　腌好的火腿要经过浸泡、洗刷、挂晒、印商标、整形等过程。将腌好的火腿放入清水中浸泡，浸泡后即进行洗刷；再根据火腿的肌肉颜色来确定再次浸泡的时间，如发暗，浸泡时间要短；如发白且肌肉结实，浸泡时间要长。浸泡洗刷后的火腿要进行吊挂晾晒，待表面无水而微干后进行打印商标，再晾晒 3~4h 即可开始整形。整形是在晾晒过程中将火腿逐渐整理成一定形状。整形之后继续晾晒，气温在 10℃ 左右时晾晒 3~4d，晒至皮紧而红亮并开始出油为度。

（5）成熟（发酵）　成熟就是将火腿储藏一定时间，形成火腿特有的颜色和芳香气味。火腿吊挂成熟 2~3 个月至肉面上逐渐长出绿、白、黑、黄色霉菌时（这是火腿的正常发酵现象）即可完成发酵。如毛霉生长较少，则表示时间不够。发酵过程中，这些霉菌分泌的酶使腿中蛋白质、脂肪发生酵解，从而使火腿逐渐产生香味和鲜味。

（6）修整　发酵完成后，腿部肌肉干燥而收缩，腿骨外露。为使腿形美观，要进一步修整。割去露出的耻骨、股关节，整平坐骨，并从腿脚向上割去腿皮，除去表面高低不平的肉和表皮，达到腿正直，两旁对称均匀，腿身呈竹叶形的要求。

（7）保藏　经发酵修整好的火腿可落架，用火腿滴下的原油涂抹腿面，使腿表面滋润油亮，即成新腿，然后将腿肉向上，腿皮向下堆叠，1 周左右调换 1 次。如堆叠过夏的火腿就称为陈腿，风味更佳，此时火腿质量约为鲜腿质量的 70%。火腿可用真空包装，于 20℃下可保存 3~6 个月。

（二）腊肉

1. 工艺流程

原料选择 → 修整 → 配料 → 腌制 → 烘干 → 检验 → 包装 → 成品入库

2. 操作要点

（1）原料选择及修整　本品选用经畜牧兽医检验合格三元猪的中方为原料，去掉杂质、血污；原料修整好，要去掉肋骨、横膈膜。

（2）腌制　原料肉修整完毕后进行腌制，腌制间温度控制在 4℃左右。在冬天天气特别干燥时腌制间要增加湿度，具体做法是保持地面湿润。

①腌制前准备腌制料：按配方表标明的量和比例取食盐、亚硝酸钠，混合均匀；另外准备花椒少量。

②第一次上盐：原料肉表面涂上盐，要均匀、充分，待原料出水流失后，一般 24h 后加第二次上盐。（注意再上盐时应先把水倒掉）

③第二次上盐：在全部肉面上涂满盐，一般腌 2~3d。

（3）烘干　原料肉腌制完成后除去表面的一些残留盐分和腌制配料，然后放入烘烤箱烘干，烘到肉表面呈金黄色。

（4）检验、包装　对烘干好的肉进行检验，符合产品要求的进行包装；包装采用内袋真空包装，然后检验是否漏气、封口不规整，或者封口时由于温度太高导致变形，符合要求的进行外包装，外包装封口也进行如上检验。

（5）成品入库　包装完成后进行检验，符合标准的成品装箱入库。

（三）咸肉加工工艺流程和操作要点

咸肉在我国各地都有生产，品种繁多，式样各异，浙江生产的咸肉，称为南肉，苏北生产的咸肉称为北肉。

1. 工艺流程

原料修整 → 开刀门 → 撒小盐 → 上缸复腌 → 贮存保管

2. 操作要点

（1）原料整修　选择检验合格的新鲜肉或冻肉。若原料为新鲜肉时，必须摊开凉透。若是冻肉，也要摊开散发冷气，微软后分割处理。连片、段头肉应做到"五净"（即修净血槽、护心油、腹腔碎油、腰窝碎油和衣膜）。猪头应先从后脑骨用刀劈开，将猪脑取出，但不能影响猪头的完整。然后在左右额骨各斩一刀，使盐汁容易浸入。

（2）开刀门　为保证产品质量，使盐汁迅速渗透到肉的深层，缩短加工期，可在肉上割出刀口，俗称"开刀门"。刀口的大小深浅和多少取决于腌制时的气温和肌肉的厚薄。一般气温在 10~15℃时，应开刀门，10℃以下时，少开或不开刀门。但猪身过大者，需看当时气温酌量而定，一般采用开大刀门方式。

（3）撒小盐

①原料修整后，将肉片（或腿、头等）放上盐台撒盐，必须将手伸进刀门的肉缝间进行擦盐或塞盐，但不宜塞得过紧。如盐仅塞放刀门口，而未塞到刀门里面肉缝处，这样很容易变质。

②脚蹄上及脚爪开蹄筋的缝内都必须用盐擦到。

③天气热时腌制咸肉，需将肉皮外面全部擦盐，免得起腻。天气冷时，皮面不需擦盐。

④前夹心龙骨（背脊骨）以及后腿部分的用盐量应该较多，肋条用盐较少，胸膛可以略微撒一点盐。

⑤用盐量要根据猪身大小和气候冷暖程度来决定，同时施工的技术也有高低，因此要按具体情况酌情考虑。上小盐主要是排除肉内血污和水分，故用盐量要适当，不宜过多，在一般情况下，原料每 50kg 用小盐约 2kg。

（4）上缸复盐　在撒小盐的次日，必须上缸复盐，操作如下：

①将腌肉放上盐台擦皮复盐。注意盐要擦匀和塞到刀门内各处，在夹心、腿部、龙骨等地方，必须敷足盐。短肋、软肋和奶脯等处亦应撒些盐。

②堆缸时应两人携一片，排成梯形，整齐地堆叠起来，同时要注意摊放和盐的分布，堆叠要皮面朝下，胸膛向上；前身稍低，后身较高地一批压一批，奶脯处稍微向上，好似袋形，以便盐汁集中在胸部。

③堆缸时要仔细操作，不要把夹心、后腿和龙骨上面的盐撒落。如发现脱盐时，必须及时补敷，不能疏忽大意。

④复盐的时间不受限制，主要应以气候和肉色来决定。热水货（在 15℃以上气温，开刀门腌制的咸肉称作热水货）一般在缸后 7~8d 就能复盐（咸猪头、爪只要 4d）。在气候暴冷或暴热时，就要临时进行翻堆，上、下互换，同时每片肉都应加盐，以防变质。

⑤盐的用量，鲜肉每 50kg 用盐约 9kg。如果在冬季腌制咸肉并及时出售者，鲜肉每 50kg 用盐约 7kg。

⑥硝酸钠的用量：撒小盐时不加硝酸钠，在堆缸复盐时，需将硝酸钠掺拌盐中，鲜肉每 50kg 用硝酸钠 25g。冬季用硝量可少些，按上述量的 80% 加入。

⑦腌制时间（指白肉自腌制至成品的时间）：连片、段头、咸腿在冬季及春初季节腌制，约需 1 个月时间。

⑧复盐时间：气温在 0~15℃正常气候时，上小盐后次日必须上大盐堆缸，

经过 3~8d 后，进行第二次复盐，再经过 10~12d 第三次复盐，第三次复盐后 10d 左右，就可以进行检验分级。

（5）贮存保管　保管咸肉的仓库要阴凉而干燥，仓库温度需经常在 15℃ 以下，防鼠啮虫叮。保管期为 3~6 个月。并需定期翻垛，使肉堆内外温度均匀。成品味美可口，又可长期保存。

### （四）香（腊）肠

香（腊）肠是指以肉类为主要原料，经切、绞成丁，配以辅料，灌入动物肠衣，再晾晒或烘焙而成的肉制品。香（腊）肠是我国肉类制品中品种最多的一大类产品。我国较有名的腊肠有广东腊肠、武汉香肠等。

1. 工艺流程

原料肉选择与修整 → 切丁 → 拌馅、腌制 → 灌制 → 漂洗 → 晾晒或烘烤 →成品

2. 工艺要点

（1）原料肉选择与修整　原料肉以猪肉为主，要求新鲜。瘦肉以腿臀肉为最好，肥膘以背部硬膘为好。加工其他肉制品切割下来的碎肉亦可做原料。原料要去掉筋腱、骨头和皮。

（2）切丁　瘦肉用绞肉机以 0.4~1.0cm 的筛板绞碎，肥肉切成 0.6~1.0cm³ 大小的肉丁。肥肉丁切好后用温水清洗 1 次，以除去浮油及杂质，沥干水分待用，肥瘦肉要分别存放。

（3）拌馅与腌制　按选择的配料标准，把肉和辅料混合均匀。搅拌时也可逐渐加入配料以混合均匀。肉馅滑润、致密，在清洁室内放置 1~2h。当瘦肉变为内外一致的鲜红色、用手触摸有坚实感、手摸有滑腻感时，即完成腌制，此时加入白酒拌匀，即可灌制。

（4）天然肠衣准备　用干或盐渍肠衣，在清水中浸泡柔软，洗去盐分后备用。每 100kg 肉馅约需 300m 猪小肠衣。

（5）灌制　将肠衣套在灌肠机漏斗上，使肉馅均匀地灌入肠衣中。填充程度不能过紧或过松。灌制过程中注意用排气针扎刺湿肠，排出内部空气。按品种、规格要求每隔 10~20cm 用线绳结扎一道。生产枣肠时，每隔 2.5cm 用线绳捆扎分节，挤出多余的肉馅，使成枣形。

（6）漂洗　将湿肠用 35℃ 左右的清水漂洗一次，除去表面污物，然后依次分别挂在竹竿上以便晾晒、烘烤。

（7）晾晒或烘烤　将悬挂好的湿肠放在日光下曝晒 2~3d。在日晒过程中，有胀气处应排气。晚间送入烘烤房内烘烤，温度保持在 40~60℃。温度过高脂肪易熔化，同时瘦肉也会烤熟，这不仅降低了成品率，而且色泽变暗；温度过低又难以干燥，易引起发霉变质，因此应注意温度的控制。一般经过 3 昼

夜的烘晒即完成，然后再晾挂到通风良好的场所风干 10~15d 即为成品。

### 三、腌腊肉制品品质鉴定的质量标准

腌腊肉制品质量标准应符合 GB 2730—2015《食品安全国家标准　腌腊肉制品》，评判腌腊肉质量的主要指标有感官指标、理化指标、污染物限量和食品添加剂等。

GB 2730—2015
《食品安全国家
标准　腌腊肉制品》

1. 感官指标

腌腊肉制品的感官指标见表 3-1。

表 3-1　腌腊肉制品感官指标

| 项目 | 要求 | 检验方法 |
|---|---|---|
| 色泽 | 具有产品应有的色泽、无黏液、无霉点 | 取适量试样置于白瓷盘中，在自然光下观察色泽和状态，闻其气味 |
| 滋味与口感 | 具有产品应有的气味，无异味，无酸败味 | |
| 状态 | 具有产品应有的组织性状，无正常视力可见外来异物 | |

2. 理化指标

腌腊肉制品的理化指标见表 3-2。

表 3-2　腌腊肉制品理化指标

| 项目 | 指标 | 检验方法 |
|---|---|---|
| 过氧化值（以脂肪计）/（g/100g） | | |
| 火腿、腊肉、咸肉、香（腊）肠　≤ | 0.5 | GB 5009.227—2016 |
| 腌腊禽制品　　　　　　　　　　≤ | 1.5 | |
| 三甲胺氮/（mg/100g） | | |
| 火腿　　　　　　　　　　　　　≤ | 2.5 | GB 5009.179—2016 |

3. 污染物指标

腌腊肉制品中污染物限量应符合 GB 2762—2017 的规定。

4. 食品添加剂

腌腊肉制品中食品添加剂的使用应符合 GB 2760—2014 的规定。

### 四、腌腊肉制品加工注意事项

1. 肉块腌透、腌好

一般说来，腌制液完全渗透到肉内的腌透标志，目前尚无仪器能测量，全靠眼睛观察肉的色泽变化来判定。方法是用刀切开最厚肌肉，若整个断面呈玫

瑰红色，指压弹性均相等，无粘手感，说明已达到腌透的要求；若中心部位颜色仍呈暗红色则表明未腌透。

2. 腌液浓度及温度

肉中盐的扩散速度与盐液浓度和温度密切相关。盐液与肉组织的盐浓度差距越大，扩散速度越快。温度越高，速度越快，但在温度高的情况下，细菌繁殖也越迅速，肉容易变质。腌制时最适宜的温度为 2~4℃。

3. 腌液处理

由于冷库温度偏高或肉质不新鲜等原因，腌制液往往酸败变质，致使肉变坏。变质的腌制液特征是水面浮有一层泡沫或小气泡上升，这在反复利用腌制液时更易出现。因此，在重复使用腌液时需先撇去浮在上面的泡沫，滤去杂质，再将滤液经 80℃、0.5h 杀菌，充分冷却后使用。

4. 腌制时间

影响腌制成熟的因素是多方面的，如季节、库温、湿度、盐液浓度、用硝量等。只有勤检查，按色泽变化情况，逐步探索出本地区各个季节、各个品种的最佳腌制时间。

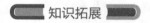

### 知识拓展

**一、腌腊制品的腌制方法**

肉在腌制时采用的方法主要有四种，即干腌法、湿腌法、混合腌制法和注射腌制法，不同腌腊制品对腌制方法有不同的要求，有的产品采用一种腌制法即可，有的产品则需要采用两种甚至两种以上的腌制法。

1. 干腌法

干腌是利用食盐或混合盐，涂擦在肉的表面，然后层堆在腌制架上或层装在腌制容器内，依靠外渗汁液形成盐液进行腌制的方法。干腌法简单，在小规模肉制品厂和农村多采用此法。腌制时由于渗透和扩散作用，由肉的内部分泌出一部分水分和可溶性蛋白质与矿物质等形成盐水，逐渐完成其腌制过程，因而腌制需要的时间较长，是一种缓慢的腌制方法，但腌制品风味较好。干腌时产品总是失水的，失去水分的程度取决于腌制的时间和用盐量。腌制周期越长，用盐量越高，原料肉越瘦，腌制温度越高，产品失水越严重。干腌法的优点是操作简便，制品干爽，蛋白质损失少，水分含量低，耐贮藏。缺点是腌制不均匀，失重大，色泽较差，盐不能重复利用，工人劳动强度大。干腌法生产的产品有独特的风味和质地，我国名产火腿、咸肉、烟熏肋肉以及鱼类常采用此法腌制；国外采用干腌法生产的比例很少，主要是一些带骨火腿，如乡村火腿。

## 2. 湿腌法

湿腌法即盐水腌制法。就是在容器内将肉品浸没在预先配制好的食盐溶液内，通过扩散和水分转移，让腌制剂渗入肉品内部，并获得比较均匀地分布，直至它的浓度最后和盐液浓度相同的腌制方法。湿腌法的优点：腌制后肉的盐分均匀，盐水可重复使用，腌制时降低工人的劳动强度，肉质较为柔软。其不足之处：蛋白质流失严重，所需腌制时间长，风味不及干腌法，含水量高，不易贮藏；另外，卤水容易变质，保存较难。

## 3. 注射腌制法

为加速腌制液渗入肉内部，在用盐水腌制肉时先用盐水注射，然后再放入盐水中腌制。盐水注射法分动脉注射腌制法和肌肉注射腌制法。肌肉注射法的优点是可以降低操作时间，提高生产效率，降低生产成本，但其成品质量不及干腌制品，风味稍差，煮熟后肌肉收缩的程度比较大。

## 4. 混合腌制法

混合腌制法是干腌法和湿腌法相结合的一种方法。可先进行干腌，再放入盐水中腌制，干腌和湿腌相结合可减少营养成分流失，增加贮藏时的稳定性，防止产品过度脱水，咸度适中；不足之处是操作较为复杂。用注射腌制法与干腌或湿腌结合进行，也是混合腌制法。即盐液注射入鲜肉后，再按层擦盐，然后堆叠起来；或注射盐液后装入容器内进行湿腌，但盐水浓度应低于注射用的盐水浓度，以便肉类吸收水分。

## 5. 新型快速腌制

（1）预按摩法　腌制前采用 $60\sim100\text{kPa/cm}^2$ 的压力预按摩，可使肌肉中肌原纤维彼此分离，并增加肌原纤维间的距离使肉变松软，加快腌制材料的吸收和扩散，缩短总滚揉时间。

（2）无针头盐水注射　不用传统的肌肉注射，采用高压液体发生器，将盐液直接注入原料肉中。

（3）高压处理　高压处理由于使分子间距离增大和极性区域暴露，提高肉的持水性，改善肉的出品率和嫩度。

## 二、腌制成熟的标志

在肉制品加工过程中，腌制工序对腌制效果有很大的影响，品种不同腌制方法也不同，无论怎样选择都要求将原料肉腌制成熟。腌制液完全渗透到原料肉内即为腌制成熟的标志。

## 1. 色泽变化

肉类经过腌制后，色泽会发生变化。猪肉腌制后变硬，断面变得致密，外表色泽变深，为暗褐色，中心断面变为鲜红色。牛肉腌制后，外表变为紫红色或深红色，肉质变硬，中心断面色泽为深红色。经注射法腌制后的肉类，中心断面的色泽为玫瑰红色，牛肉比猪肉色泽深，一般为深红色。脂肪腌制成熟后，断面呈青白色，切成薄片时略透明。

### 2. 弹性变化

肉类经腌制后，质地变硬，组织紧密。猪肉断面用指压手感稍硬，有弹性；牛肉断面用指压手感硬，有弹性。采用注射法腌制肉类，可起到嫩化、乳化的作用，由于肉浆、水及盐等相互作用，注射法腌制不像干腌或湿腌那样肉质发硬，而是使肉变得柔软、表面有黏性，指压凹陷处能很快恢复，有弹性。

### 3. 黏性变化

采用干腌或湿腌法腌制肉类后，肉块表面湿润、无黏性。采用注射法腌制肉类后，肉块表面有一层肉浆状物，有黏性。

—— 课后习题 ——

### 一、选择题

1. 广式腊肠加工中需要将选好的猪肉分别按瘦、肥切成约（　　　）的小方丁。

A．0.5cm　　　　B．1.0cm　　　　C．1.5cm　　　　D．2.0cm

2. 金华火腿制作品，腌制火腿的最适宜温度应是腿温不低于（　　　）℃，室温不高于（　　　）℃。

A．4，25　　　　B．4，8　　　　C．0，8　　　　D．0，25

3. 制作金华火腿选择原料时，要求原料肉要达到皮薄爪细，腿心饱满，瘦肉多，肥膘少，以腿坯质量（　　　）为好。

A．5.0~6.0kg　　B．5.0~7.0kg　　C．5.0~8.0kg　　D．5.0~9.0kg

4. 冷鲜肉的温度为（　　　）℃。

A．−23~−15　　B．−15~0　　　　C．0~4　　　　D．0~25

5. 我国规定亚硝酸盐的加入量为（　　　），残留量为0.03~0.07g/kg，低于国际上的规定的残留量。

A．0.05g/kg　　　B．0.10g/kg　　　C．0.15g/kg　　　D．0.20g/kg

### 二、填空题

1. 动物胴体主要由肌肉组织、（　　　）、结缔组织和（　　　）四大部分构成。

2. 肌肉的保水性即持水性、系水性，是指肉在压榨、加热、切碎搅拌时（　　　）的能力，或向其中添加水分时的（　　　）。

3. 调味料是指为了改善（　　　），能赋予食品（　　　），使食品

（　　　）、引人食欲而添加入食品中的天然或人工合成的物质。

4. 所谓"腌腊"，是指将畜禽肉类通过（　　　）或盐卤和（　　　）进行腌制，经过一个寒冬腊月，使其在较低的气温下自然风干成熟的过程。

5、腌腊制品是以（　　　）为主要原料，经过选料、（　　　），再配以各种调味品，经过（　　　）酱制、晾晒或烘焙、保藏成熟加工而成的一类肉制品。

三、判断题

1. 肉的嫩度指肉在咀嚼或切割时所需的剪切力，表明肉在被咀嚼时柔软、多汁和容易嚼烂的程度。　　　　　　　　　　　　　　（　　　）

2. 腌制液完全渗透到肉内的腌透标志，可以用仪器精确测量。（　　　）

3. 酱油主要在西式肉制品中使用，具有增鲜增色，改良风味的作用，在腊肠等制品中，还有促进其发酵成熟的作用。　　　　　　　（　　　）

4. 原料肉在腌制过程中，腌制温度越高，腌制速度就越慢。（　　　）

5. 腊肠生产工艺流程是：原料肉选择与修整→切丁→ 拌馅、腌制→灌制→漂洗→晾晒或烘烤→成品。　　　　　　　　　　　（　　　）

四、简答题

1. 简述腌腊肉制品中腊肉类的特点。

2. 简述金华火腿腌制操作的技术要点。

# 任务二　酱卤肉制品加工技术

## 学习目标

1. 了解酱卤肉制品的分类及特点；

2. 掌握典型酱卤肉制品基本工艺流程及操作要点， 并能熟练操作；

3. 了解酱卤肉制品品质鉴定的质量标准。

## 必备知识

酱卤肉制品简称酱卤制品，是以鲜（冻）畜禽肉和可食副产品放在加有食盐、酱油（或不加）、香辛料的水中，经预煮、浸泡、烧煮、酱制（卤制）等工艺加工而成的酱卤系列肉制品。近几年来，随着对酱卤制品的传统加工技术的研究以及先进工艺设备的应用，一些酱卤制品的传统工艺得以改进，如用新工艺加工的酱牛肉、烧鸡等产品深受消费者欢迎。特别是随着包装与加工技术的发展，酱卤制品小包装方便食品应运而生，目前已基本上解决了酱卤制品防腐保鲜的问题，酱卤制品系统方便肉制品进入商品市场，走向千家万户。

## 一、酱卤肉制品的分类及特点

由于各地消费习惯和加工过程中所用的配料、操作技术不同，形成了许多具有地方特色的肉制品。

1. 根据加工工艺分

根据加工工艺不同分为白煮肉类、酱卤肉类、糟肉类。

（1）白煮肉类　白煮肉类是将原料肉经（或未经）腌制后，在水（盐水）中煮制而成的熟肉类制品。其主要特点是最大限度地保持了原料固有的色泽和风味，一般在食用时才调味。其代表品种有白斩鸡、盐水鸭、白切肉、白切猪肚等。

（2）酱卤肉类　在水中加上食盐或酱油等调味料和香辛料一起煮制而成的熟肉制品。有的酱卤肉类的原料在加工时，先用清水预煮，一般预煮 15 ~ 25min，然后用酱汁或卤汁煮制成熟，某些产品在酱制或卤制后，需再经烟熏等工序。酱卤肉类的主要特点是色泽鲜艳、味美、肉嫩，具有独特的风味。产品的色泽和风味主要取决于调味料和香辛料。其代表品种有道口烧鸡、德州扒鸡、苏州酱汁肉、糖醋排骨、蜜汁蹄髈等。

（3）糟肉类　糟肉类是将原料经白煮后，再用"香糟"糟制的冷食熟肉类制品。其主要特点是保持了原料肉固有的色泽和曲酒香气。糟肉类有糟肉、糟鸡及糟鹅等。

2. 根据调味料的种类分

根据加入调味料的种类数量不同，通常有五香或红烧制品、蜜汁制品、糖醋制品、糟制品、卤制品、白烧制品等。

（1）五香或红烧制品　是酱制品中最广泛的一大类，这类产品的特点是在加工中用较多量的酱油，所以有的叫红烧；另外在产品中加入八角、桂皮、丁香、花椒、小茴香等五种香料（或更多香料），故又叫五香制品。如烧鸡、酱牛肉等。

（2）蜜汁制品　在红烧的基础上使用红曲米作着色剂，产品为樱桃红色，颜色鲜艳，且在辅料中加入多量的糖分或添加适量的蜂蜜，产品色浓味甜。如苏州酱汁肉、蜜汁小排骨等。

（3）糖醋制品　在加工中添加糖醋的量较多，使产品具有酸甜的滋味。如糖醋排骨、糖醋里脊等。

## 二、酱卤肉制品加工基本工艺流程及操作要点

（一）白煮肉类（以南京盐水鸭制作为例）

盐水鸭是南京地区的特产，久负盛名，至今已有两千五百多年的历史。鸭

皮白肉嫩、肥而不腻、香鲜味美，具有香、酥、嫩的特点。而以中秋前后，桂花盛开季节制作的盐水鸭色味最佳，因此又名桂花鸭。盐水鸭能体现鸭子的本味，腌制周期短，鸭皮洁白，食之肥而不腻，清淡且有咸味，做法返璞归真，具有滤油腻、驱腥臊、留鲜美、驻肥嫩的特点。

1. 工艺流程

原料选择 → 宰杀 → 整理 → 干腌 → 抠卤 → 复卤 → 烘坯 → 上通 → 煮制 → 成品

2. 操作要点

（1）原料选择　盐水鸭的制作以秋季制作的最为有名。因为，经过稻场催肥的当年仔鸭，长得膘肥肉壮，用这种仔鸭做成的盐水鸭，皮白肉嫩，口味鲜美，桂花鸭都是选用当年的仔鸭制作，饲养期一般在 1 个月左右。这种仔鸭制作的盐水鸭，最为肥美，鲜嫩。

（2）宰杀　选用当年生肥鸭，宰杀放血拔毛后，切去两节翅膀和脚爪，在右翅下开口取出内脏，用清水把鸭体洗净。

（3）整理　将宰杀后的鸭入清水中浸泡 2h 左右，以利浸出肉中残留的血液，使皮肤洁白，提高产品质量。浸泡时，注意鸭体腔内灌满水，并浸没在水面下，浸泡后将鸭取出，用手指插入肛门再拔出，以便排出体腔内的水分，再反鸭挂起来沥水红 1h 左右，取晾干的鸭放在案子上，用力向下压，将肋骨和三叉骨压脱位，将胸部压扁。这时鸭呈扁而长的形状，外观显得肥大而美观，并能在腌制时节省空间。

（4）干腌　干腌要用炒盐。将食盐与茴香按 100∶6 的比例在锅中炒制，炒干并出现大茴香之香味时即成炒盐。炒盐要保存好，防止回潮。

将炒制好的盐按 6%~6.5% 的盐量腌制，其中的 3/4 从右翅开口处放入腹腔，然后把鸭体反复翻转，使盐均匀布满整个腔体；1/4 用于鸭体表腌制，重点擦抹在大腿、胸部、颈部开口处，擦盐后叠入缸中，叠放时使鸭腹向上背向下，头向缸中心，尾向周边，逐层盘叠。气温高低决定干腌时间，一般为 2h 左右。

（5）抠卤　干腌后的鸭子，鸭体中有血水渗出，此时提起鸭子，用手指插入鸭子的肛门，使血卤水排出。随后把鸭叠入另一缸中，待 2h 后再一次扣卤，接着进行复卤。

（6）复卤　复卤的盐卤有新卤和老卤之分。新卤就是用扣卤血水加清水和盐配制而成。每 100kg 水加食盐 25~30kg，葱 75g，生姜 50g，大茴香 15g，入锅煮沸后，冷却至室温即成新卤。100kg 盐卤可每次复卤 35 只鸭，每复卤一次要补加适量食盐，使盐浓度始终保持饱和状态。盐卤用 5~6 次必须煮沸一次，撇除浮沫、杂物等，同时加盐或水调整浓度，加入香辛料。新卤使用过程中经煮沸 2~3 次即为老卤，老卤越老越好。

复卤时，用手将鸭右腋下切口撑开，使卤液灌满体腔，然后抓住双腿提起，头向下尾向上，使卤液灌入食管通道。再次把鸭浸入卤液中并使之灌满体腔，最后，上面用竹箅压住，使鸭体浸没在液面以下，不得浮出水面。复卤 2~4h 即可出缸起挂。

（7）烘坯　腌后的鸭体沥干盐卤，把鸭子逐只挂于架子上，推至烘房内，以除去水气，其温度为 40~50℃，时间为 20min，烘干后，鸭体表色未变时即可取出散热。注意煤炉内要通风，温度绝不宜高，否则将影响盐水鸭的品质。

（8）上通　用直径 2cm、长 10cm 左右的中空竹管插入肛门，俗称"插通"或"上通"。再从开口处填入腹腔料，姜 2~3 片、八角 2 粒、葱一根，然后用水浇淋鸭体表，使鸭子肌肉收缩，外皮绷紧，外形饱满。

（9）煮制　南京盐水鸭腌制期很短，几乎都是现做现卖，现买现吃。在煮制过程中，火候对盐水鸭的鲜嫩口味可以说相当重要，这是制作盐水鸭好坏的关键。清水中加入姜片、葱、大茴香煮沸，停止烧火，将鸭子放入锅中，盖上盖，焖 20min 后加热，水温达到 90℃停火，再焖 10~15min，水温始终维持在 85℃左右。

（10）成品　煮熟后的鸭子冷却后切块，取煮鸭的汤水适量，加入少量的食盐和味精，调制成最适口味，浇于鸭肉上即可食用。切块时必须晾凉后再切，否则热切肉汁容易流失，切不成形。

（二）酱卤肉类（以酱牛肉为例）

酱卤肉类制品是肉在水中加食盐或酱油等调味料和香辛料一起煮制而成的一类熟肉制品。酱卤肉主要有北京月盛斋酱牛肉、苏州酱汁肉、道口烧鸡、德州扒鸡等。

1. 工艺流程

原料选择 → 调酱 → 酱制 → 保藏

2. 操作要点

（1）选原料选择　选择优质、新鲜、健康的牛腱子肉进行加工。

（2）调酱　取黄酱加入一定量的水拌和，去酱渣，煮沸 1h，并将浮在汤面上的酱沫撇净，盛入酱制容器内备用。

（3）酱制　将原料肉放于锅内，一般先将含结缔组织较多的肉质较老的牛肉放在锅的底部，含结缔组织较少的嫩肉放于上层，然后倒入酱汁。待煮沸后加入各种调料，煮制 4h 左右，每隔 1h 翻动 1 次，酱制过程中应保证每块肉都浸入酱制汤中，最后用小火煮制 2~4h，使其煮熟并均匀呈味。

（4）保藏　酱制好的牛肉可鲜销，也可置冷藏条件下保存。

（三）糟肉类（以苏州糟肉为例）

苏州糟肉是用猪肋条肉制成的一种风味肉制品，色泽红色亮，软烂香甜，肥而不腻，香气浓郁，鲜美爽口。

1. 工艺流程

原料选择 → 整理 → 烧煮 → 配料 → 糟制 → 包装

2. 操作要点

（1）原料选择、整理　选用新鲜的皮薄而又细嫩的方肉、前后腿肉为原料。方肉照肋骨对半横切，再顺肋骨直切，方肉或腿肉切成长为 15cm、宽为 11cm 的长方肉块。若采用腿肉、夹心，亦切成同样规格。

（2）烧煮　将整理好的肉坯，置于煮锅中煮沸 45~60min，水要放到超过肉坯表面，用旺火烧开，待肉汤烧开时，撇清浮沫，烧开后减小火力，小火继续烧，直到骨头容易抽出来而不粘肉，而肉煮熟为止。用尖筷和铲刀出锅。出锅后一面拆骨，一面趁热在热坯的两面敷盐。

（3）配料　按肉重计，称取陈年香糟 25%，黄酒 3%，大曲酒 0.5%，葱 1%，生姜 0.8%，食盐 1%，味精 0.5%，五香粉 0.1%，酱油 0.5%。

①搅拌香糟：100kg 糟货用陈年香糟 3kg，五香粉 30g，盐 500g，放入容器内，先加入少许上等绍兴酒，用手边挖边搅拌，并徐徐加入绍兴酒（共 5kg）和高粱酒，直到酒糟和酒完全搅拌混合，没有结块为止，此时，称糟酒混合物。

②制糟露：用白纱布罩于搪瓷桶上，四周用绳扎紧，中间凹下。以纱布上摊上表芯纸（表芯纸是一种具有极细孔洞的纸张，也可以用其他韧性的造纸代替）一张，把糟酒混合物倒在纱布上，加盖，使糟酒混合物通过表芯纸和纱布过滤，徐徐将汁滴入桶内，称为糟露。

③制糟卤：将白煮的白汤撇去浮油，用纱布过滤入容器内，加盐 1.2kg，味精 100g，上等绍兴酒 2kg，高粱酒 300g，拌和冷却，若白汤不够或汤太浓，可加凉开水，以掌握 30kg 左右的白汤为宜。将拌和配料的白汤倒入糟露内，拌和均匀，即为糟卤。纱布结扎在盛器盖子上的糟渣，待糟货生产结束时，解下即可作为喂猪的上等饲料。

（4）糟制　将已经凉透的糟肉坯皮朝外，圈砌在盛有糟酒的容器内，糟制 4~6 h 即成。

（5）包装　将糟制好的肉真空包装即为成品。

三、 酱卤肉制品品质鉴定的质量标准

酱卤肉制品质量标准应符合 GB/T 23586—2009《酱卤肉制品》，评判酱卤肉质量的主要指标有感官指标、理化指标和微生物指标等。

GB/T 23586—2009
《酱卤肉制品》

1. 感官指标

酱卤肉制品的感官指标见表3-3。

表3-3 酱卤肉制品感官指标

| 项目 | 要求 | 检验方法 |
|------|------|----------|
| 外观形态 | 外形整齐，无异物 | |
| 色泽 | 酱制品表面为酱色或褐色，卤制品为该品种应有的正常色泽 | 在正常光线下，目测、鼻闻、品尝 |
| 口感风味 | 咸淡适中，具有酱卤制品特有的风味 | |
| 组织形态 | 组织紧密 | |
| 杂质 | 无肉眼可见的外来杂质 | |

2. 理化指标

酱卤肉制品的理化指标见表3-4。

表3-4 酱卤肉制品理化指标

| 项目 | 指标 | | 检验方法 |
|------|------|------|----------|
| | 畜肉类禽肉类 | 畜禽内脏、杂类* | |
| 蛋白质/（g/100g）≥ | 20.0  15.0 | 8.0 | GB 5009.5—2016 |
| 水分/（g/100g）≤ | 70 | 75 | GB 5009.3—2016 |
| 食盐（以NaCl计）/（g/100g）≤ | 4.0 | | GB 5009.44—2016 |
| 亚硝酸盐（以NaNO₃计）/（mg/kg） | | | GB 5009.33—2016 |
| 铅（Pb）/（mg/kg） | | | GB 5009.12—2017 |
| 无机砷/（mg/kg） | 应符合 GB 2726—2016 规定 | | GB 5009.11—2014 |
| 镉/（mg/kg） | | | GB 5009.15—2014 |
| 总汞（以Hg计）/（mg/kg） | | | GB 5009.17—2014 |
| 食品添加剂 | 应符合 GB 2760—2014 规定 | | |

注：* 包括畜、禽类头颅、爪、蹄、尾等部分的制成品。

3. 微生物指标

罐头工艺生产的酱卤肉制品应符合罐头食品商业无菌的要求。按 GB/T 4789.17—2003、GB 4789.26—2013 的规定执行。

四、 酱卤肉制品加工注意事项

（1）为了减少肉类在煮制时的水分损失，提高出品率，可以采用在加热前预煮的方法。先将原料投入沸水中短时间预煮可以使产品表面的蛋白质很快凝固，形成保护层，减少营养成分和水分的损失，提高出品率。采用高温油炸的方法，也可以有效减少水分的损失。

（2）为了提高肉的保水性，减轻由于蛋白质受热变性失水引起的肉质变硬，有些制品在加工工艺过程中，采用低温腌、按摩滚揉等技术措施，减少了肉汁的流失，使制品的嫩度、风味、出品率都得到提高。

（3）在煮制过程中，肉的风味变化在一定程度上因加热的温度和时间的不同而产生不同的风味。一般情况下，常压煮制，在3 h内随加热的时间延长，风味也随之增加。但加热时间长，温度高，会使硫化氢气体增多，脂肪氧化产物增多，而这些产物使得肉制品产生不良风味。

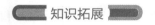 知识拓展

### 酱卤制品加工典型技术问题剖析

**1. 卤肉制品上色不均匀**

卤制品在加工过程中需要油炸上色，不同的产品有不同的颜色要求，如柿红色、金黄色、红黄色等。通常油炸前在坯料外表均匀涂抹一层糖水或蜂蜜水，油炸时糖水或蜂蜜水中的还原糖会发生焦糖化，并与肉中的氨基酸等发生美拉德反应产生色素物质，会使肉表面形成所需要的颜色。一般涂抹糖水的坯料油炸后呈不同深浅的红色，涂抹蜂蜜呈不同深浅的黄色，两者混合则呈柿黄色，颜色的深浅取决于糖液或蜂蜜液的浓度及两者的混合比例。

上色不均匀是初加工卤制品者常遇到的问题，往往出现不能上色的斑点，这主要是由于涂抹糖液或蜂蜜时坯料表面没有晾干造成的。如果涂抹糖液或蜂蜜时坯料表面有水滴或明显的水层时糖液或蜂蜜就不能很好附着，油炸时会脱落而出现白斑。因此，通常在坯料涂抹糖液或蜂蜜前一般要求充分晾干表面水分，如果发现一些坯料表面有水渍，可以用洁净的干纱布擦干后再涂抹，这样就可以避免上色不均匀现象。

**2. 酱卤肉制品加工过程中的火候控制技术**

火候控制是加工酱卤肉制品的重要环节。旺火煮制会使外层肌肉快速强烈收缩，难以使配料逐步渗入产品内部，不能使肉酥润、产品干硬无味、内外咸淡不均、汤清淡而无肉味；文火煮制时肌肉内外物质和能量交换容易，产品里外酥烂透味、肉汤白浊而香味厚重，但往往需要较长的煮制时间，并且产品难以成型，出品率也低。因此，火候的控制应根据品种和产品体积大小确定加热的时间、火力，并根据情况随时进行调整。

火候的控制包括火力和加热时间的控制。除个别品种外，各种产品加热时的火力一般都是先旺火后文火。通常旺火煮的时间比较短，文火煮的时间

比较长。 使用旺火的目的是使肌肉表层适当收缩，以保持产品的形状，以免后期长时间文火煮制时造成产品不成型或无法出锅；文火煮制则是为了使配料逐步渗入产品内部，达到内外咸淡均匀的目的，并使肉酥烂、入味。 加热的时间和方法随品种而异。 产品体积大时加热时间一般都比较长。 反之，就可以短一些，但必须以产品煮熟为前提。

3. 卤牛肉肉质干硬或过烂不成型

卤牛肉易出现肉质干硬、不烂或过于酥烂而不成型的现象，这主要是煮肉的方法不正确或火候把握不好造成的。 煮牛肉火过旺并不能使之酥烂，反而嫩度更差；有时为了使牛肉的肉质绵软，采取延长文火煮制时间的办法，又会使肉块煮成糊状而无法出锅。 为了既保持形状，又能使肉质绵软，一定要先大火煮，后小火煮。 必要时可以在卤制之前先将肉块放在开水锅中烫一下，这样可以更好地保持肉块的形状。 煮制时要根据牛肉的不同部位，决定煮制时间的长短。 老的牛肉煮久一点，嫩的牛肉则时间短一些。

4. 酱卤肉制品保鲜

酱卤肉制品风味浓郁、颜色鲜艳，适合于鲜销，存放过程中易变质，颜色也会变差，因此不宜长时间储存。 随着社会需求增多，一些产品开始进行工业化生产，产品运输、销售过程的保鲜问题十分突出。 一般经过包装后进行灭菌处理可以延长货架期，起到保鲜作用。 但是，高温处理往往会使风味劣变，一些产品还会在高温杀菌后发生出油现象，产品的外观和风味都失去了传统特色。 选用微波杀菌技术、高频电磁场杀菌技术等具有非热杀菌效应新技术，结合生物抑菌剂的应用及不改变产品风味的巴氏杀菌技术，可以在保持产品风味的前提下起到保鲜和延长货架期的目的。

此外，一些酱卤制品如卤猪头肉等高温杀菌后易出油，不合适进行高温灭菌处理，可以使用抑制革兰阳性菌繁殖的乳酸链球菌素，结合巴氏杀菌技术，或改变包装材料，如用铝箔袋等进行包装，从而达到保鲜目的。

5. 老汤处理与保存

老汤是酱卤肉制品加工的重要原料，良好的老汤是酱卤肉制品产生独特风味的重要条件。 老汤中含有大量的蛋白质和脂肪的降解产物，并积累了丰富的风味物质，它们是使酱卤肉制品形成独特风味的重要原因。 然而，在老汤存放过程中，这些物质易被微生物利用而使老汤变质；反复使用的老汤中含有大量的料渣和肉屑也会使老汤变质，风味发生劣变。 用含有杂质的老汤卤肉时，杂质会黏附在肉的表面而影响产品的质量和一致性。 因此，老汤使用前须进行煮制，如果较长时间不用须定期煮制并低温贮藏。 一般煮制后需要贮藏的老汤，用50目丝网过滤，并撇净浮沫和残余的料渣，入库0～4℃保存、备用。 在工业化生产中，为保持产品质量的一致性，通常用机械过滤等措施统一过滤老汤，确保所有原料使用的老汤为统一标准。

6. 酱卤肉制品生产中的食品添加剂

在酱卤肉制品生产中，许多食品添加剂是不允许使用的，但许多允许使用的原料中常含有这些食品添加剂，并且这些不允许使用的食品添加剂可能会因为使用了允许使用的原料后而在产品中检出。如酱油中含有苯甲酸，在酱卤过程中使用了酱油，肉制品成品中就会含有不允许使用的苯甲酸。这种情况往往使生产者无所适从。

事实上，不允许添加并不表示不得检出。管理部门会根据检出的量，再结合企业使用原材料的情况来判定企业是不是使用了食品添加剂。因此，只要按照国家有关规定要求进行生产，一般不会出现问题。

7. 酱卤肉制品生产设备的材质

肉制品易于生长微生物而发生腐败变质，因此要求肉制品生产企业所用加工设备、设施及用具等采用易于清洗消毒和不易于微生物滋生的材料制成，如用不锈钢材料等。然而，传统酱卤肉制品加工过程中通常使用一些木制工具进行生产加工，这在现代工业化生产中是不允许的。规模化工业生产时，微生物安全控制要比作坊式小规模生产时困难得多，如果控制不严，很容易发生严重的食品安全问题。因此，工业化生产中不能按传统作坊式加工的管理模式进行管理，必须对加工设备和工具的材质进行严格控制，不得使用木制工具。

8. 酱卤制肉品生产的卤汤澄清

卤汁中除了大部分的水分外，还含有多种香料浸出物、芳香物质及大部分的色素，这些物质在较热的环境中会发生更为复杂的物理化学变化，从而形成特有的卤制风味。但同时，这些物质也会使卤汤产生混浊现象，影响产品的加工品质。使用食品加工专用的澄清剂和吸附剂可以将卤汁中的部分杂质和色素清除，但会减弱卤汤的口味。生产过程中可以通过控制火力和调整配料进行控制，如使用小火及加大配料中的白芷可以减轻混浊现象。卤汤使用后立即进行过滤可以保持澄清状态。

9. 糖色熬制与温度控制

糖色在酱卤肉制品生产中经常用到，糖色的熬制质量对产品外观影响较大。糖色是在适宜温度条件下熬制使糖液发生焦糖化而形成的，关键是温度控制。温度过低则不能发生焦糖化反应或焦糖化不足，熬制的糖色颜色浅；而温度过高则使焦糖炭化，熬制的糖色颜色深，发黑并有苦味。因此，温度过高或过低都不能熬制出好的糖色。在温度不足时，可以先在锅内添加少量的食用油，油加热后温度较高，可以确保糖液发生焦糖化，并避免粘锅现象。在熬制过程中要严格控制高温，避免火力过大而导致糖色发黑、发苦。

—— 课后习题 ——

一、选择题

1. 盐水鸭的制作以（　　　）制作的最为有名。

A. 春季　　　　　　B. 夏季　　　　　　C. 秋季　　　　　　D. 冬季

2. 在制作糟肉时，方肉或腿肉切成长为（　　　）、宽为 11 cm 的长方肉块。

A. 11cm　　　　　　B. 13cm　　　　　　C. 15cm　　　　　　D. 17cm

3. 五香或红烧制品是酱制品中最广泛的一大类，这类产品的特点是在加工中用较多量的（　　　）。

A. 糖醋　　　　　　B. 八角　　　　　　C. 酱油　　　　　　D. 桂皮

4. 下面四种肉制品中属于白煮肉类的是（　　　）。

A. 道口烧鸡　　　　B. 白斩鸡　　　　　C. 德州扒鸡　　　　D. 叫花鸡

5. 酱牛肉所选择的原料肉的部位是（　　　）。

A. 牛腱子肉　　　　B. 牛腩肉　　　　　C. 牛头肉　　　　　D. 牛肋条肉

二、填空题

1. 酱卤制品是将原料肉加入（　　　）和（　　　）以水为加热介质煮制而成的熟肉类制品。

2. 酱卤制品包括（　　　）、酱卤肉类、（　　　）。

3. 五香制品是酱制品中的一大类，在产品中需要加入（　　　）、（　　　）、丁香、（　　　）、小茴香等五种香料（或更多香料），故又叫五香制品。

4. 煮制时原料肉与配料的相互作用，改善了产品的（　　　）、（　　　）、（　　　）。

5. 酱卤肉类的色泽和风味主要取决于（　　　）和（　　　）。

三、判断题

1. 酱卤制品煮制过程中除个别品种外，一般早期使用旺火，中后期使用中火和微火。　　　　　　　　　　　　　　　　　　　　　　　（　　　）

2. 蜜汁制品：在红烧的基础上使用酱油作着色剂，产品为樱桃红色，颜色鲜艳。　　　　　　　　　　　　　　　　　　　　　　　　　（　　　）

3. 糟肉制作的工艺流程为：选料→整理→配料→烧煮→糟制→包装。
　　　　　　　　　　　　　　　　　　　　　　　　　　　　　　（　　　）

4. 为了减少肉类在煮制时的水分损失，提高出品率，可以采用在加热前预热的方法。　　　　　　　　　　　　　　　　　　　　　　　　（　　　）

5. 白煮肉类是将原料肉经（或未经）腌制后，在水（盐水）中煮制而成的熟肉类制品。　　　　　　　　　　　　　　　　　　　　　　　（　　　）

四、 简答题

1. 简述料袋的制法和使用并说明调味的分类情况。

2. 简述肉制品的红烧方法。

# 任务三  发酵肉制品加工技术

学习目标

1. 了解发酵肉制品的分类及特点；

2. 掌握典型发酵肉制品加工基本工艺流程和操作要点， 并能熟练操作；

3. 了解发酵肉制品品质鉴定的质量标准。

必备知识

发酵肉制品是指在自然或人工控制条件下， 利用微生物或酶的发酵作用， 使原料肉发生一系列生物化学变化及物理变化， 而形成具有特殊风味、色泽和质地以及较长保藏期的肉制品。其主要特点是营养丰富、风味独特、保质期长。通过有益微生物的发酵， 引起肉中蛋白质变性和降解， 既改善了产品质地， 也提高了蛋白质的吸收率；在微生物发酵及内源酶的共同作用下， 形成醇类、酸类、杂环化合物、核苷酸等大量芳香类物质， 赋予产品独特的风味；肉中有益微生物可产生乳酸、乳酸菌素等代谢产物， 降低肉品 pH， 对致病菌和腐败菌形成竞争性抑制， 而发酵的同时还会降低肉品水分含量， 这些将提高产品安全性并延长产品货架期 。

自然发酵的肉制品依靠原料肉自身微生物菌群中的乳酸菌与杂菌的竞争作用， 生长周期长， 产品质量难以控制。为了确保产品的风味特色、质量， 缩短生产周期， 早期的自然发酵已经被人工接种所取代。

## 一、 发酵肉制品的分类及特点

### 1. 发酵肉制品的分类

发酵肉制品常以酸性（pH）高低、原料形态（绞碎或不绞碎）、发酵方法（有无接种微生物或/和添加碳水化合物）、表面有无霉菌生长、脱水的程度， 甚至以地名进行命名。

（1） 发酵香肠的分类

①按地名分类：是最传统也是最常用的方法， 如黎巴嫩大香肠、塞尔维拉特香肠、欧洲干香肠、萨拉米香肠。

②按脱水程度分类：根据脱水程度可分成半干发酵香肠和干发酵香肠，含水质量分数 33% 以上的为半干发酵香肠，含水质量分数 30% 以下的为干发酵香肠。

③根据发酵程度分类：根据发酵程度可分为低酸发酵肉制品和高酸发酵肉制品，pH 在 5.5 或大于 5.5 的为低酸发酵肉制品，pH 在 5.4 以下的为高酸发酵肉制品。

（2）发酵火腿的分类

①中式发酵火腿：金华火腿、如皋火腿等。

②西式发酵火腿：带骨火腿、去骨火腿等。

2. 发酵肉制品的特点

与非发酵肉制品相比较，发酵肉制品的特点主要表现为以下几方面：

（1）微生物安全性　一般认为发酵肉制品是安全的，因为低水分活度值和（或）低 pH 抑制了肉中病原微生物的增殖，延长了肉品的保藏期。近年来美国肉类工业开发了较好的发酵干香肠和半干香肠的加工技术，特别注重质量控制。他们认为一旦香肠的 pH 小于 5.3，就能有效地控制金黄色葡萄球菌的繁殖。但在 pH 降至 5.3 的过程中，必须控制香肠肉馅放置在 15.6℃ 以上温度的时间。

（2）货架期　发酵肉制品由于降低了水分含量和 pH，货架期一般较长。美式香肠的水分、蛋白质比例在 3.1 以下，pH5.0 以下，故不需冷藏。货架期稳定的肉制品主要有两类：一类是 pH 在 5.2 以下，水分活度在 0.95 以下；另一类是 pH 低于 5.0，水分活度低于 0.91。这些产品在货架期间一般不发生细菌性变质，但可能发生化学或物理性变质。

（3）营养特性　由于致癌物质如亚硝基化合物、多环芳香烃、热解物质等的存在，人们对肉制品的消费日渐增加不安心理。因此，具有抗癌作用的肉制品将会具有广阔的前景。研究发现摄食乳酸杆菌和含活性乳酸菌的食品会使乳酸菌定殖到人的大肠内，继续发挥作用，从而形成抑制有害菌增殖的环境，有利于协调人体肠道内微生物菌群的平衡。乳酸杆菌能降低致癌物质前体或（和）降低由转化前体生成致癌物质的酶活性。因此，可以减少致癌物质污染的危害。

二、发酵肉制品加工基本工艺流程及操作要点（以发酵香肠为例）

发酵香肠的产品特点：具有稳定的微生物特性和典型的发酵香味；在常温下储存、运输，不经过熟制可直接食用；在乳酸菌的作用下，香肠的 pH 为 4.5~5.5，使肉中的盐溶性蛋白质变性，形成具有切片性的凝胶结构；较低的 pH、食盐和较低的水分活度，保证了产品的稳定性和安全性。

（一）工艺流程

原料肉预处理 → 腌制 → 绞肉 → 斩拌 → 接种霉菌或酵母菌 → 灌肠 → 发酵 →
干燥和成熟 → 真空包装 → 成品

（二）操作要点

1. 原料肉预处理、腌制

先将肥肉微冻后用切丁机切成 1～2mm 小肉丁，放入冷藏室中（−8～−6℃）微冻 24h；再将切好的瘦肉用配好的复合盐，充分混匀，置于 0～4℃ 环境下，腌制 24h，使其充分发色。

2. 绞肉

瘦肉为 −4～0℃，肥肉为 −8℃，避免水的结合和脂肪的熔化。

3. 斩拌

将精肉、脂肪混合均匀后添加食盐、腌制剂、发酵剂和其他辅料。再根据不同产品的类型，确定斩拌时间，要求一般肉馅中的脂肪颗粒为 2mm 左右为宜。提前 18～24h 复活发酵剂，发酵剂的接种量一般为 $10^6$～$10^7$ CFU/g。

4. 接种霉菌或酵母菌

常用的霉菌为纳地青霉和产黄青霉，常用的酵母为汉逊氏德巴利酵母和法马塔假丝酵母。霉菌和酵母发酵剂多为冻干菌种，使用时，先将冻干菌用水制成发酵剂菌液，将香肠浸入菌液中或喷洒，使用时注意不要造成二次污染。这样做可以提高香肠的品质，抑制杂菌的生长，预防光和氧对产品的不利影响。

5. 灌肠

灌肠时要将肉馅充填均匀，松紧适度，肠馅温度为 0～1℃，最好用真空灌肠机，肠衣在使用前要提前处理，天然肠衣有助于酵母菌的生长，优于人造肠衣。

6. 发酵

传统发酵是在低温下进行的，温度要求在 15.6～23.9℃，时间为 48～72h，这样发酵出来的香肠风味较好。而现代发酵，温度为 21～37.7℃，时间为 12～24h。温度越高，发酵时间越短，pH 下降越快。香肠外壳的形成可预防霉菌和酵母菌的过度生长，一般为 80%～90%。当香肠的 pH 下降至 5.0 时，结束发酵。

7. 干燥和成熟

干燥温度在 37～66℃。温度高则干燥时间短，温度低则时间长。高温干燥可以一次完成，也可以逐渐降低湿度分段完成。许多半干香肠和干香肠在干燥的同时进行烟熏。干香肠的干燥过程也是成熟过程。干燥过程时间较短，而成熟则一直持续至被消费为止，成熟形成发酵香肠的特有风味。干燥中由于温度过高，干燥速度太快，容易使香肠表皮出现硬壳现象，需要在操作中避免。

8. 包装

为了便于运输和贮藏，保持产品的颜色和避免脂肪的氧化，发酵肉制品在做成成品后都要进行包装处理，最常见的就是真空包装。

DB 31/2004—2012
《食品安全地方标准
发酵肉制品》

三、发酵肉制品品质鉴定的质量标准

发酵肉制品质量标准参考一些地方标准和企业标准，如上海市地方标准DB 31/2004—2012《食品安全地方标准　发酵肉制品》等，评判的主要指标有感官指标、理化指标和微生物指标等。

1. 感官指标

发酵肉制品的感官指标见表3-5。

表3-5　发酵肉制品感官指标

| 项目 | 要求 | |
| --- | --- | --- |
| | 发酵香肠 | 发酵火腿 |
| 组织状态 | 肠体干燥，具有产品固有形态，表面有自然皱纹，断面组织紧密；切片产品切面平整 | 呈块状，去骨或带骨；片状产品切面平整有光泽 |
| 色泽 | 断面肥肉呈乳白色，瘦肉呈红色、暗红色或其他应有的色泽 | 瘦肉呈红色、暗红色或其他应有的色泽，脂肪切面呈白色、微红色或其他应有的色泽 |
| 滋味、气味 | 具有发酵肉制品应有的滋味和气味，无异味、无酸败和哈喇味等异味 | |
| 杂质 | 无肉眼可见杂质 | |

2. 理化指标

发酵肉制品的理化指标见表3-6。

表3-6　发酵肉制品理化指标

| 项目 | 指标 | 检验方法 |
| --- | --- | --- |
| 组胺/（mg/kg）　≤ | 100 | GB 5009.208—2016 |
| pH　< | 5.2 | GB 5009.237—2016 |
| 水分活度（$A_W$）* < | 0.95 | GB 5009.238—2016 |

注：* pH和水分活度仅适用于常温保存产品。

3. 污染物限量

发酵肉制品中污染物限量应符合GB 2762—2017的规定。

4. 农药残留限量

发酵肉制品中农药残留限量应符合 GB 2763—2019 的规定。

5. 兽药残留限量

发酵肉制品中兽药残留限量应符合相关标准的规定。

6. 微生物限量

发酵肉制品的微生物限量见表 3-7。

表 3-7 发酵肉制品微生物限量

| 项目 | 采样方案* 及限量 | | | | 检验方法 |
| | n | c | m | M | |
| --- | --- | --- | --- | --- | --- |
| 沙门菌/（CFU/g） | 5 | 2 | 0/25g | — | GB 4789.4—2016 |
| 金黄色葡萄球菌/（CFU/g） | 5 | 2 | 100 | 1000 | GB 4789.10—2016 |
| 单核细胞增生李斯特菌/（CFU/g） | 5 | 0 | 0/25g | — | GB 4789.30—2016 |

注: * 样品的采样及处理按 GB 4789.1—2016。

7. 食品添加剂

发酵肉制品中食品添加剂的使用应符合 GB 2760—2014 的规定。

四、 发酵肉制品加工注意事项

（1） 发酵肉制品一般不经过加热杀菌处理，储运过程中微生物或组织内源酶仍然会对产品产生持续作用，易发生二次发酵。贮存条件不当，会引起脂肪氧化或杂菌污染。

（2） 发酵肉制品因发酵程度不同，有的可以直接食用，有的则需加热后食用，具体应参照产品标签建议的方法食用。

 知识拓展

### 为什么要购买冷鲜肉？

1. 冷鲜肉、热鲜肉简介

冷鲜肉又称为冷却肉、排酸肉、冰鲜肉，是指严格执行兽医检疫制度，对屠宰后的畜胴体迅速进行冷却处理，使胴体温度（以后腿肉中心为测量点）在 24h 内降为 0 ~ 4℃，并在后续加工、流通和销售过程中始终保持 0 ~ 4℃ 范围内的生鲜肉。 由于在加工前经过了预冷排酸，肉已完成了"成熟"的过程，所以看起来比较湿润，摸起来柔软有弹性，加工起来易入味，口感滑腻鲜嫩。

热鲜肉指畜禽宰杀后不经冷却加工，直接上市的畜禽肉，也就是我国传统畜禽肉品生产销售方式，一般是凌晨宰杀、清早上市。 由于加工简单，长期

以来热鲜肉一直占据我国鲜肉市场，如菜市场上的摊贩，卖的肉绝大部分以热鲜肉为主。

2. 重新认识冷鲜肉

冷鲜肉需要经历的以下几关。

（1）第一关　生猪屠宰。

一般包含二氧化碳致晕系统、采血车间真空采血、立式蒸汽烫毛系统、燎毛系统、抛光系统……经过检疫后的生猪在正规的定点屠宰场里享受的可是"星级待遇"。 为了减少应激反应，在有条件的屠宰企业，检验合格的生猪可以享受音乐、洗澡、按摩，而准备做成"冷鲜肉"的生猪则待遇更好——还能吹空调呢。 事实上，冷鲜肉从屠宰、快冷分割到剔骨、包装、运输、贮藏、销售的全过程产品一直保持在$0 \sim 4℃$的低温下，低温屠宰，大大降低了初始菌数，也显著提高了肉品的卫生品质。

（2）第二关　冷却排酸。

屠宰后的胴体被送入快速冷却间，胴体中心温度由$40℃$降为$28℃$，并在表面形成一层"冰衣"，可有效防止肉品水分蒸发和细菌的入侵。 降温后的胴体，将进入零下$2 \sim 4℃$的冷却排酸间，进行$24h$的"产酸"处理。 在这个环节中，胴体中心温度由$28℃$降为$0 \sim 4℃$。"排酸"是冷鲜肉最大的特色。肌肉组织转化成适宜食用的肉要经历一定的变化，包括肉的僵直、解僵和成熟等。 生猪屠宰后机体内因生化作用产生乳酸，若不及时冷却处理，积聚在组织中的乳酸会损害肉的品质。"排酸"还能抑制大多数微生物的生长繁殖，减少有害物质的产生，确保肉品的安全卫生。 随后，猪胴体将通过冷藏通道直接进入分割车间，分割后的肉品必须经过严格的检验程序。

（3）第三关　冷链物流。

运送过程是肉品受到"二次污染"的主要源头，冷鲜肉通过冷藏物流车配送到各个超市及直营店销售，这种全程冷链的方式可以最有效地控制微生物的污染，提高鲜肉品质。

（4）第四关　冷藏销售。

从生产至销售，"冷鲜肉"可谓是一冷到底——全程冷链操作模式。 在冷鲜肉销售点，一列列冰柜里干净整齐地放置着精装在盒子里的"冷鲜肉"。至于装"冷鲜肉"的盒子，都是为"冷鲜肉"量身特制的，不仅要使用无毒包装材料，而且还要适应全程低温的运输。 冷鲜肉无论是安全卫生，或是口感嫩度等方面均明显优于热鲜肉。 目前大型超市和连锁专卖店全部实现了冷链销售，可供市民朋友们放心购买。

3. 猪肉选购技巧

一定要到能提供所销售批次肉品的《动物检疫合格证》《肉品出厂检验合

格证》等证明，证照齐全的正规摊点选购猪肉，最好就近到品牌肉品专卖店、超市肉品专柜、标准化菜市场选购，避免在无证经营的小摊小贩处买肉。此外，在选购时要认清猪皮上加盖的肉检合格验讫印章，选择肉质红润鲜亮、富有弹性、不黏手，猪骨截口平整，猪皮光滑的肉品购买。

—— 课后习题 ——

## 一、选择题

1. 发酵肉制品的特点不包括（　　　）。

A. 营养丰富　　　　B. 风味独特　　　　C. 保质期短　　　　D. 安全性高

2. 在发酵香肠的制作中，当香肠的酸度下降至（　　　）时，结束发酵。

A. pH3　　　　　　B. pH5　　　　　　C. pH7　　　　　　D. pH9

3. 发酵香肠在绞肉时的温度控制为瘦肉为 $-4 \sim 0℃$，肥肉为（　　　），避免水的结合和脂肪的熔化。

A. $-8℃$　　　　　B. $-6℃$　　　　　C. $-4℃$　　　　　D. $-2℃$

4. 一旦香肠的 pH（　　　），就能有效地控制金黄色葡萄球菌的繁殖。

A. $<5.0$　　　　　B. $<5.1$　　　　　C. $<5.2$　　　　　D. $<5.3$

5. 发酵香肠灌肠时要将肉馅充填均匀，松紧适度，肠馅温度控制在（　　　）。

A. $0 \sim 1℃$　　　　B. $1 \sim 2℃$　　　　C. $2 \sim 3℃$　　　　D. $3 \sim 4℃$

## 二、填空题

1. 含水质量分数（　　　）以上的为半干发酵香肠，含水质量分数（　　　）以下的为干发酵香肠。

2. pH 在 5.5 或大于（　　　）的为低酸发酵肉制品，pH 在（　　　）以下的为高酸发酵肉制品。

3. 在发酵香肠生产中，常用的发酵剂微生物主要有（　　　）、霉菌和（　　　）。

4. 霉菌发酵剂可接种于（　　　），并在（　　　）密集生长，赋予产品特有的外观，使香肠阻氧避光、抗酸败。

5. 发酵温度（　　　），发酵时间（　　　），pH 下降越快。

## 三、判断题

1. 生产干发酵肠时使用硝酸钠不如亚硝酸钠风味要好。　　　　　（　　　）

2. 酵母菌发酵剂适用于加工干发酵香肠，常用汉逊氏德巴利酵母菌和法马塔假丝酵母菌。　　　　　（　　　）

3. 发酵肉制品均无需加热就可以直接食用。　　　　　（　　　）

4. 发酵肉制品在做成成品后一般采用真空包装。　　　　　　（　　）

5. 许多香肠在干燥的同时进行烟熏处理，熏烟成分可以抑制霉菌的生长，提高香肠的适口性。　　　　　　　　　　　　　　　　　（　　）

四、简答题

1. 简述发酵香肠基本工艺流程及操作要点。

2. 简述乳酸菌在发酵香肠中的作用。

## 项目二　水产品加工技术

### 任务一　干制水产品加工技术

学习目标

1. 了解食品干制保藏的原理及脱水干制的基本过程；

2. 掌握典型水产干制品加工工艺、操作要点及质量要求。

—— 必备知识 ——

为了使水产品达到长期保藏的目的，古人采用了多种方法。其中，干制作为一种传统的食品保藏方法，在我国有着悠久的历史，早在北魏时期贾思勰在《齐民要术》中就有将食品干制后保藏的记载。目前，干制已成为了水产品保藏的重要手段之一，水产干制品行业也成了鲜活水产品深加工的标志性产业，在一些沿海城市的经济发展中占据重要地位。

水产品干制加工是指将水产品原料直接或经过盐渍、预煮后在自然或人工条件下干燥脱水，使其水分降低到足以防止腐败变质的水平并始终保持低水分的过程。水产品干制加工后保藏期延长、质量减轻、体积小、便于贮藏运输。此外，干制水产品由于种类多，风味各异，可加工成各种休闲食品，携带方便，因而深受消费者的欢迎。

近年来，随着消费者对干制品的品质及品种要求日益提高，以及我国水产品总产量不断增加，新的水产品干燥技术和机械不断涌现。因此，生产企业在原来的基础上引进并开发了许多人工干燥设备，不仅使生产的产品种类多样化，而且使产品的质量和稳定性均有了很大的改善。目前我国大型水产品干制加工企业有 100 多家，年加工产量达 65 万 t，是第二大类水产加工品。

一、　干制水产品分类、　水产品干制保藏原理及脱水干制的基本过程

1. 干制水产品分类

（1）干制水产品分类有多种，目前按照中华人民共和国农业部提出的水产和水产加工品的最新分类为：

①鱼类干制品：大黄鱼干（黄鱼鲞）、鳗鱼干、银鱼干、海蜒、青鱼干、调味马面鱼干、烤鱼片、烤鳗、调味烤鳗、鱼松、其他鱼类干制品。

②虾类干制品：虾米（海产）、虾米（淡水）、虾皮、对虾干。

③贝类干制品：干贝、鲍鱼干、贻贝干（淡菜）、蛤干、海螺干、牡蛎干、蛏干、其他贝类制品。

④藻类干制品：淡干海带、盐干海带、熟干海带、调味干海带、紫菜、裙带菜、石花菜、江蓠、麒麟菜、马尾藻、其他藻类干制品。

⑤其他水产干制品：梅花参、刺参、乌参、茄参、鱼翅、鱼皮、鱼唇、明骨、鱼肚、鱿鱼干、墨鱼干、章鱼干。

（2）干制水产品按其干燥之前的处理方法和干燥工艺的不同可分为生干品、盐干品、煮干品、冻干品、焙烤干制品和调味干制品等。

2. 干制保藏原理

水产品干制保藏即在天然条件和人工控制条件下，尽可能地除去水产品原料中的大部分水分，或除去一定的水分再加入添加物，以限制微生物活动、酶的活力以及生物化学反应的进行，从而达到长期保藏的目的。

干制后水产品和微生物同时脱水，微生物长期处于休眠状态，保藏过程中微生物总数也会稳步下降，但干制并不能将微生物全部杀死，只能抑制其活动，一旦环境条件适宜，其又会重新吸湿恢复活动。由于病原菌能忍受不良环境，应在干制前设法将其杀灭。

此外，水产品干制后水分减少，酶的活性也就下降，生物化学反应得到延缓，但在低水分干制品中酶仍会缓慢活动。因此，为了控制干制品中酶的活性，可以在干制之前对原料进行湿热或化学钝化处理。

3. 脱水干制的基本过程

干燥过程是湿热传递过程。表面水分扩散到空气中，内部水分转移到表面；而热则从表面传递到水产品内部。

当待干燥水产品从外界吸收热量使其温度升高到蒸发温度后，其表层水分将由液态变成气态并向外界转移，结果造成水产品表面与内部之间出现水分梯度。在水分梯度的作用下，水产品内部的水分不断向表面扩散和向外界转移，从而使水产品的含水量逐渐降低。因此，整个湿热传递过程实际上包括水分从水产品表面向外界蒸发转移和内部水分向表面扩散转移两个过程，前者称作给

湿过程，后者称作导湿过程。

（1）给湿过程　当环境空气处于不饱和状态时，给湿过程即存在。水产品表层在水分向外界蒸发后又被源源不断的内部水分所湿润，当待干水产品中含有大量水分时，这种情形与自由液面的水分蒸发相似，因此，给湿过程是恒速干燥过程。

在恒速干燥阶段，影响水产品表面水分蒸发强度的因素有空气的温度、相对湿度、流速及待干水产品蒸发面积和形状等。

（2）导湿过程　给湿过程的进行导致待干水产品内部与表层之间形成水分梯度，在它的作用下，内部水分将以液体或蒸汽形式向表层迁移，这就是所谓的导湿过程，也称导湿性。

在普通的干燥加热条件下，水产品中不仅存在水分梯度，而且还存在温度梯度：水产品在热空气中，水产品表面受热，则温度高于它的中心，因而在物料内部会建立一定的温度差，即温度梯度。温度梯度将促使水分（无论是液态还是气态）从高温向低温处转移，这种现象称为导湿温性。因此，水分会在水分梯度的作用下迁移，也会在温度梯度的作用下扩散。后者被称作热湿传导现象或雷科夫效应。

通常在实际干燥时，温度梯度和湿度梯度的方向相反，而且温度梯度起着阻碍水分由内部向表层扩散的作用。但是在对流干燥的降速干燥阶段，往往会出现热湿传导现象占主导地位的情形。此时水产品表面的水分就会向它的内部迁移，由于其表面蒸发作用仍在进行，导致其表面迅速干燥，温度上升。只有当水产品内部因水分蒸发而建立起足够高的压力时，才能改变水分传递的方向，使水分重新扩散到表面蒸发。这种情形不仅延长了干燥时间，而且会导致水产品表面硬化。

## 二、典型水产干制品加工工艺、操作要点及质量要求

### （一）生干品加工工艺、操作要点及质量要求（以墨鱼干为例）

生干品又称淡干制品，是指原料不经盐渍、调味或煮熟等处理而直接干燥的制品。生干品的优点是原料的组成、结构、性质变化小，水溶性营养成分流失少，复水性好；缺点是鱼体微生物和组织中的酶类仍有活性，在干燥、贮藏过程中可能引起色泽及风味的变化。目前市场上销售的生干水产品主要有墨鱼干、鱿鱼干、小杂鱼干、银鱼干等。墨鱼，本名乌鲗，又称花枝、墨斗鱼或乌贼，是软体动物门头足纲乌贼目的动物。其干品是我国东南沿海群众经常食用的水产品之一。

1. 工艺流程

原料选择 → 剖腹 → 去内脏 → 洗涤 → 干燥 → 整形 → 罨蒸和发花 →
包装 → 贮藏

2. 操作要点

（1）原料选择 选择新鲜的墨鱼原料，要求色泽鲜亮洁白、无异味、无黏液、肉质富有弹性。

（2）剖腹 剖腹前先按大小、鲜度进行分类，以利于干燥与成品分级包装。剖腹时用左手托握鱼背，腹部朝上，头向前，稍捏紧，使腹部突起，胴腔张开，右手持不锈钢小刀，自腹腔上端中插入，将胴体挑割至尾部腺孔前为止（如割到尾端，晒制时易卷缩和脱骨），挑割时，刀要紧贴胴体，不要深扎，以免刺破墨囊（墨汁流出后，能严重污染鱼体和其他内脏），影响成品质量。腹腔剖开后，再回转刀，由喷水漏斗的正中劈向头部，深度约为头部的2/3，把头分开，再用刀尖将两眼刺破，放出眼内液体（眼球中的积水在晒制过程中难以干燥，易使头部变质，并且污染鱼体）。

（3）去内脏 剖割好的墨鱼在海水中轻轻漂洗，洗去腹腔中的墨汁，使内脏显露清楚。去脏时，先摘除墨囊，用手指捏住囊管上提一下，再往下拉即可摘除，再逐一摘下生殖腺（雌性的缠卵腺和卵巢，雄性的精囊），分别存放，有待进行副产品加工。

（4）洗涤 将去内脏的鲜墨鱼片放在宽敞的海水中逐个洗刷干净，洗净沥水后即可出晒，洗刷墨鱼最好用海水，因海水能很快洗净墨污和黏液，使肌肉洁白无瑕，这主要是海水中的氯化钠起了重要作用。而用淡水洗刷则既费力又难以达到理想的效果。

（5）干燥 将洗净的鲜墨鱼片沥水后，逐个腹面向上，平摆在塑料网或竹帘上（腹面向上便于整形，并可观察到肉片洗刷得是否洁净）。摆放时，一手拿住鱼片的尾部，另一只手托直头颈部，两手同时平放，并将头部腕爪理清摆正，经4h左右，当腹部的表面肌肉干燥到结成一层薄膜时，再行翻转，傍晚要把塑料网或竹帘折起，将鱼片盖住，防露水润湿，第二天重新摆晒。

（6）整形 出晒后的第2天，在摆晒过程中进行初次整形。用两手的拇指和食指拉抻墨鱼片，使肌肉松软伸展，但是不能用力过猛，以免骨和肉质裂断。在伸展肉片的同时，要把头部的腕爪理直，当晒到七成干左右时，用木槌捶击打平，打时用力斜趋外方，肉质厚处应小心往外打，腹部两边都要打到。

（7）罨蒸和发花 当墨鱼片晒至八成干左右时，收起来入库堆垛平压，称作罨蒸，罨蒸的目的不仅能使其扩散水分和平正，而且还能使墨鱼体内磷蛋白中的卵磷脂分解为胆碱，再进一步分解为甜菜碱析出，这是一种非蛋白的碱性化合物，具有甜味，干燥后成白粉状，附着于表面，增加了墨鱼干的鲜美滋味，此过程称之为发花，发花时间一般为3~5d，经过发花，再出晒至充分干燥时，即可包装入库。

（8）包装 墨鱼干充分干燥后，应立即包装或散装入库密封。包装物可采用竹筐、条筐或木箱等，装时筐或箱的底部同周围先铺上一层草片，墨鱼干要按一定规格依次环形或方形排列，底层背部朝下，头向筐心或箱中，上部两层应背部朝上，以减少受潮影响，装满时，再盖上一层草片，加盖密封。

（9）贮藏　墨鱼干的贮藏环境要保持干燥，防潮，防虫，尤其在气温较高或空气湿度较大的季节，要尽量使其干燥和密封。

3. 成品质量要求

SC/T 3208—2017
《鱿鱼干、墨鱼干》

GB 10136—2015
《食品安全国家标准
动物性水产制品》

参照 SC/T 3208—2017《鱿鱼干、墨鱼干》和 GB 10136—2015《食品安全国家标准　动物性水产制品》质量好的墨鱼干应体大，个头均匀，体态平展，肉腕条理完整，肉厚洁净，无污染，色淡黄，表面附有一层白霜，具墨鱼干固有的清香味，干燥均匀，含水量一般在 15% 左右。腕爪卷缩或残缺，体态不平展，肉质松软，色暗或微红，气味不纯正者，质量则较差。墨鱼干的出成率一般在 19% 左右，春汛前期可达 21% 左右，夏秋季仅为 18% 左右。

### （二）煮干品加工工艺、操作要点及质量要求（以虾皮为例）

煮干品又称熟干品，是指用新鲜原料经煮熟后进行干燥的产品。煮干品是比盐干品更进一步的加工方法。由于经过煮熟的过程，使蛋白质凝固脱水，肌肉组织收缩疏松，同时杀灭大部分微生物并破坏鱼体组织中酶类的活性，水分在干燥过程中加速扩散，从而使干制品在贮藏中不易变质，更易长期保藏，口味也比盐干品好。煮干品在南方潮湿地区干制加工中占有重要地位。

1. 工艺流程

原料处理 → 水煮 → 出晒 → 包装

2. 操作要点

（1）原料处理　毛虾在加工前要按鲜度质量分等，分别加工，以免好坏混在一起，降低成品质量。原料鲜度好，无泥沙等杂质，可直接水煮。如果有泥沙和其他杂质则需洗净或拣出。可用竹筐筛选，其方法是先在筐中装虾 5~8kg，然后放进盛有清洁海水的大缸或木桶中进行洗涤。洗时，一手握住筐边在水中左右摆动，一手轻轻翻动筐中的虾，使泥沙从筐孔流出沉入水底，并随时将小杂鱼和其他杂质拣出，洗净后将筐提出沥水。

（2）水煮　向锅中注入适量淡水，按水的质量加入 6% 的盐，水沸腾后把原料虾投入锅中（虾与水的比例为 1∶4），沸后即可捞出沥水。煮虾过程中要及时清除锅中的浮沫。每煮一锅都要适当加盐，以保持盐水的浓度。当煮 8 锅左右，汤水已很浑浊，应立即更换新水。沥水冷却期间，不可摇动虾筐，否则虾体之间松散，将影响沥水效果，并能加速半成品的质变，尤其在阴雨天加工，更应注意。

（3）出晒　煮好后的虾经过充分沥水冷却后，方可出晒。晒虾前，先摇动虾筐，使其松散，把虾均匀地撒在席子上。晒到四成干时，用木耙翻扒，翻动要均匀，以免干燥不一，引起变质。天气干燥时，半天左右即可晒好。当晒至六七成干时，收堆起来存放 2d，然后出晒至九成干即可包装。恰当地掌握虾皮的干湿度是很关键的问题，太干易碎，而且味道也不鲜美；太湿易引起变质，不能久藏。出成品率一般在 25% 左右。

（4）包装　虾皮晒好后，要适当过筛，去掉碎糠末。包装应便于运输和不易破碎，包装时要垫防潮物，防止虾皮吸潮变质。

3. 成品质量要求

参照 SC/T 3205—2016《虾皮》成品颜色呈黄白色为佳，虾粒大小均匀，完整，干度适宜（用手抓一把，张开手后虾皮能自动散开，把虾皮散在地板上时，虾皮可以弹起），无杂质，咸淡适中，具有鲜美的口感。

SC/T 3205—2016
《虾皮》

（三）调味干制品加工工艺流程、操作要点及质量要求（以调味鱼片干为例）

国内生产的调味鱼片干的主要原料是马面鱼，是以冰鲜或冷冻的马面鲀鱼、鳕鱼为原料经剖片、漂洗、调味、烘干等工序制成的调味鱼片干。

1. 工艺流程

原料鱼→三去（去皮、去头、去内脏）→开片→检片→漂洗→沥水→调味→渗透→摊片→烘干→鱼片回潮→烘烤→鱼片轧松→检验包装→贮藏

2. 操作要点

（1）原料鱼　调味鱼片干的质量一般受原料鱼新鲜度的直接影响，即原料鱼新鲜，可制得味美质优的鱼干片，因此，应以捕获的鲜的或冷冻鱼为原料。要求鱼体完整，气味、色泽正常，肉质紧有弹性，原料鱼的大小一般选用0.5kg 以上的鱼。

（2）三去（去皮、去头、去内脏）　先用手撕掉鱼皮，接着沿胸鳍根部切去头部，然后用不锈钢刀切去鱼体上的鱼鳍和内脏，并将鱼体内壁清洗干净。

（3）开片　在鱼操作台上边冲水边用不锈钢小刀将鱼体上下 2 片鱼肉削下来。要求形态完整、不破碎为好。操作时要将刀子靠近中间鱼骨处削平。因马面鱼仅中间一条骨，操作时刀子要保持平稳，用力均匀。削下的鱼片存放在洁净的不锈钢盘内。

（4）检片　将开片时带有的大骨刺、红肉、黑膜、杂质等检出并去除，保持鱼片洁净。

（5）漂洗　漂洗是提高鱼片质量的关键。将削好的鱼片倒入水槽内用流动水漂洗，直至使鱼片上的黏膜及污物、脂肪等物质随水漂洗干净，漂洗的鱼片洁白有光泽，肉质较好。

（6）沥水　将漂洗干净的鱼片从水槽中捞出来沥水 10~15min，称量。

（7）调味、渗透　将沥干水的鱼片加入调味料在容器内进行调味，并进行人工拌匀，然后常温浸渍 1~2h，也可在 10℃ 以下低温腌渍过夜，使调味料充分被鱼肉内层吸收。待鱼片基本入味后即可取出上筛初烘。

（8）摊片　将调味腌渍后的鱼片摊在无毒网筛上，并使形态尽量完整成片，将个别小片碎块鱼肉拼成较完整的片状形态。片与片之间距要紧密，片张要整齐抹平，再将鱼片（大小片及碎片配合）摆放，如鱼片 3~4 片相接，鱼肉纤维纹要基本相似，使鱼片成型平整美观。

（9）烘干　将塑料网筛一层层推进烘车上，再送进热风烘房内进行第一次初烘。一般第一阶段 1~2h 内先控制温度为 45~50℃，第二阶段为 50~60℃，初烘时间共 8~10h，使烘出的鱼片含水分 20%~22%。这一工序是加工鱼片的关键工序，要使烘房温度均匀稳定，这样烘出的鱼片才能达到理想的效果。温度忽高忽低使鱼片内部水分不易蒸发出来，难以取得较好的质量。

（10）鱼片回潮　将烘干的鱼片从网筛上揭下，即得生鱼片。为了便于烘烤鱼干，不使产品在最后烘烤时烤焦，先在半成品鱼干片上喷一些水分，使鱼片吸潮到含水量 24%~25%，这一工作可以用喷雾器完成，但要注意，多少鱼片用多少水回潮，要经过用水量的计算，以免使水分过多或过少而达不到理想的要求。

（11）烘烤　这一工序是该产品较关键的操作步骤，将直接关系到产品的重量及消耗定额的完成。因此，首先要将回软的鱼干片均匀摊放在隧道式烤箱的网带上再经过 170~190℃、3min 左右的高温烘烤。烘烤出来的鱼片应呈金黄色、有纤维感，并具有马面鱼烤鱼片应有的香味及鲜美的滋味。此外，在烘烤过程中要注意烤箱的温度波动，经常检查成品的色泽，若发现烘焦或温度偏高要立即调整，反之成品带生味，亦要采取适当调高温度和延长烘烤时间等措施来取得理想的效果。烘烤出来的成品鱼干要经过严格的挑选，将烤焦的鱼干剔出去另外处理。

（12）鱼片轧松　烘烤后的鱼片经碾片机碾压拉松即得熟鱼片，碾压时要在鱼肉纤维的垂直方向（即横向）碾压才可拉松，一般需经两次轧松，使鱼片肌肉纤维组织疏松均匀，面积延伸增大。

（13）检验包装　拉松后的鱼片，用人工检出剩留骨刺等杂质，根据一定的包装规格进行称量并用聚乙烯无毒塑料薄膜袋进行封口包装，然后采用牢固、清洁、干燥、无霉变的单瓦楞纸箱装箱。

（14）贮藏　鱼片的成品应放置于清洁、干燥、阴凉通风的场所，底层仓库内堆放成品时应用木板垫起，堆放高度以纸箱受压不变形为宜。

3. 产品质量要求

参照 SC/T 3203—2015《调味生鱼干》和 GB 10136—2015《食品安全国家标准　动物性水产制品》执行。

SC/T 3203—2015
《调味生鱼干》

（1）感官指标　色泽要求黄白色，边沿允许略带焦黄色。鱼片形态要平整，片形基本完好。组织要求肉质疏松，有嚼劲，无僵片。滋味及气味要求：滋味鲜美，咸甜适宜，具有调味鱼干片的特有香味，无异味。鱼片内不允许存在杂质。

（2）理化指标　水分含量在 20%~22%，重金属含量符合国家相关标准规定。

（3）微生物指标　致病菌（指肠道致病菌及致病性球菌）不得检出。

（四）盐干品加工工艺流程、操作要点及质量要求（以咸鱼干为例）

1. 工艺流程

原料处理 → 水洗 → 腌制 → 去盐 → 干燥 → 包装贮藏 → 成品

2. 操作要点

（1）原料处理　腌制鱼筒的原料鱼从鳃部直接去除内脏，或者剖开腹部去除内脏；腌制鱼鲞的原料鱼通常从背部剖开，而且连同头部一起剖开。

（2）水洗　原料鱼在流动水中冲洗，去除附着于原料表面的血污、黏液，要尽量去除腹部的血污。污血对产品颜色和光泽有特别影响，所以清除必须十分彻底。

（3）腌制　水洗、沥干后进行腌制。腌制的方法有把鱼浸渍在食盐水中的浸渍法、固体食盐撒在鱼体上或者涂在鱼体中的拌盐法，还有浮在浓盐水中腌鱼的半浸渍法等。腌制的目的是通过盐的浸渍，使盐分渗入鱼体，同时使鱼体脱水，从而达到鱼具有适宜的咸味和特有的食味，延长保存时间的目的。

根据原料鱼的种类、大小，对产品的要求（盐分含量和干燥度）等，相应采取适当方法和条件进行腌制。一般来讲，咸干鱼适用于拌盐法，鲜咸干鱼用浸渍法。撒盐法用盐量为鱼体质量的 10%~20%，浸渍法食盐水浓度应为 5%~15%，腌制温度和时间应保持均衡。

（4）去盐　腌制过的原料鱼，直接浸在清水中或者在流动水冲洗，去除盐分，注意不能在清水中过分冲洗，表面盐分冲去即可。去盐处理后进行干燥时，为了防止鱼体表层的盐分浓度过高，以及产品色泽变劣，所以对用浸渍法腌咸的和半浸渍法腌咸的鱼，在干燥前应作水洗处理。

（5）干燥　干燥方法有日晒法和机械法，每种方法都有长处和短处，最近机械法应用广泛，故也有两者适当并用的。

一般初期干燥可用热风机械法或者日晒法，而在后期干燥过程采用冷风干燥法进行干燥。

对大型鱼进行干燥时，如果连续进行干燥，往往造成表面已经干燥，而内部仍未干燥的现象，如果认为鱼已全部干燥就会造成因鱼体内部水分偏高而引起腐败，遇到这种情况时，应停止干燥处理，在自然条件下放置一段时间，使鱼体内部的水分向外部扩散后再进行干燥，这样就可防止鱼体干燥程度不同的问题。

（6）包装贮藏　产品可包装成各种适宜的规格，根据产品的干燥度、盐分浓度等，可以将产品进行冷藏乃至冻结贮藏和销售。

3. 成品质量要求

外观应形状整齐，表面清洁，无霉斑，无异臭味，肌肉坚实，具有正常的色泽。水分含量为 30%～38%，酸价 ≤ 40～60mgKOH/g，过氧化值 ≤ 200～350mmol/kg。

三、 水产干制品加工过程中的注意事项

（1）水产干制品的干缩的程度与水产品的种类、干燥方法及条件等因素有关。一般情况下，含水量高、组织脆嫩者干缩程度大，而含水量低、纤维质水产品的干缩程度较轻。与常规干燥制品相比，冷冻干燥制品几乎不发生干缩。在热风干燥时，高温干燥比低温干燥所引起的干缩更严重；缓慢干燥比快速干燥引起的干缩更严重。

（2）干燥温度对蛋白质在干制过程中的变化起着重要作用。一般情况下，干燥温度越高，蛋白质变性速度越快，干燥温度升高，氨基酸的损失也增加。干燥方法对蛋白质的变性有明显影响。与普通干燥法相比，冻结干燥法引起的蛋白质变性要轻微得多。

（3）脂质氧化不仅会影响干制品的色泽、风味，而且还会促进蛋白质的变性，使干制品的营养价值和食用价值降低甚至完全丧失，因此应采取适当措施予以防止。这些措施包括降低贮藏温度、采用适当的相对湿度、真空包装以及使用脂溶性抗氧化剂等。

（4）干制水产品如放在潮湿的环境中，将产生吸湿现象，因此，采用真空包装或充入惰性气体密封能有效预防干制品吸湿。

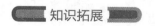 知识拓展

#### 水产品干制方法

1. 天然干燥

天然干燥通常有日晒和风干两种。

（1）日晒（也称晒干）　日晒是将水产品原料经过前处理后整齐摆放在塑

料网或竹席上直接在阳光下暴晒，利用太阳辐射能促使原料中的水分蒸发，同时利用风力把原料周围的水蒸气不断带走以达到干燥目的。

（2）风干　风干是在无太阳直接照射的情况下，主要利用自然风力使空气不断掠过原料周围时，带走原料蒸发的水分，并补充水分蒸发所需的热量而达到干燥的目的。

天然干燥的特点是设备简单、操作简便、节省能耗、费用低廉，仍然是目前水产品特别是某些传统制品干燥中常用的方法。然而，天然干燥由于受气候条件的限制，存在不少难以控制的因素（如温度、风速等），难以制成品质优良的产品。同时还需要大面积的晒场和大量的劳动力，劳动生产率低。此外，水产品在晒干和风干的过程中容易遭受灰尘、杂质、昆虫等污染及鸟类、啮齿类动物的侵袭，产生损耗且不卫生，因而逐渐被人工干燥所取代。

2. 人工干燥

人工干燥则是利用特殊的装置来调节干燥工艺条件，使水产品中的水分脱除的干燥方法。与天然干燥相比，人工干燥需要建设烘房等设备，耗费燃料，投资和成本较高，加工数量也受到设备能力大小的限制，但其不受气候条件限制，干燥效率高，制品质量优良，目前已广泛应用于水产品的干制加工。人工干燥依热交换方式或水分除去方式的不同，又可分成热风干燥、真空干燥、辐射干燥和冷冻干燥四类。下面介绍几种常用的人工干燥。

（1）热风干燥　主要包括箱式干燥和隧道式干燥两种。

①箱式干燥：其工作过程是：把水产品放在托盘中，再置于多层框架上，热空气在风机的作用下流过水产品，将热量传给水产品的同时带走水蒸气，从而使水产品获得干燥。该法操作简单，用作小批量生产时，易控制干燥条件。但是操作费用较高，干燥不均匀，生产效率较低，不适宜大规模生产。

②隧道式干燥：其干燥过程是将干燥水产品放在料盘中，再置于料车上，料车在矩形的干燥通道中运动，并与流动着的热空气接触，进行热湿交换而获得干燥。

该法的效果主要取决于料车与热空气的相对流动方向。料车与热空气之间有顺流和逆流两种方向。顺流是指料车与热空气的流动方向相同，逆流是指两者的流动方向相反。顺流干燥的特点前期干燥强烈，后期干燥缓慢，且制品最终的水分含量较高，一般不低于10%。逆流干燥的特点是前期干燥缓慢，后期干燥强烈，制品最终含水量也较低，可达5%以下。此外，在逆流干燥时，装载量不要超过设备的额定量，否则在干燥前期水产品不但不脱水，反而会吸收水分，从而使干燥过程延长，更重要的是可能引起水产品的变质。

隧道式干燥操作简便，干燥速度较快，干燥量大，干燥均匀，干制品的质量良好，适用范围广。

（2）真空干燥　又称升华干燥，它是将水产品预先冻结后，在真空条件下通过升华的方式除去水分的干燥方法。升华干燥最初用于生物材料的脱水保藏，以后才逐渐用于水产品的干燥。由于该法具有很多独特的优点，因而近来获得了较快的发展，成为目前最有发展潜力的水产品干燥方法之一。

真空干燥具有许多显著优点，主要是：

①整个干燥过程处于低温和基本无氧状态，因此，干燥品的色、香、味及各种营养素的保存率较高，非常适合热敏和易氧化的水产品干燥。

②由于水产品在升华之前先被冻结，形成了稳定的骨架，因而干制品能够保持原有的结构及形状，且能形成多孔状结构，具有极佳的快速复水性。

③由于冻结对水产品的溶质产生固定作用，因此在冰晶升华以后，溶质将留在原处，避免了一般干燥法中因溶质迁移而造成的表面硬化现象。

④升华干燥制品的最终水分极低，具有极好的贮藏稳定性，在有良好包装的情况下，贮藏期可达 2~3 年。

⑤升华干燥过程所需要的加热温度较低，干燥室通常不必加热，热损耗少。其缺点主要是成本高，干制品极易吸潮和氧化，对包装有很高的防潮和透氧率的要求。

目前真空干燥已在肉类、水产品、禽蛋类、速溶咖啡、速溶茶、水果粉、香辛料等产品的干燥中获得了广泛的应用，在某些特殊水产品如军需水产品、登山水产品、宇航水产品、保健水产品、旅游水产品及婴儿水产品等的应用潜力也很大。

（3）辐射干燥　辐射干燥法是利用电磁波作为热源使水产品脱水的方法。根据使用的电磁波的频率，辐射干燥可分为红外线干燥和微波干燥两种方法。

①红外线干燥：该法是利用红外线作为热源，直接照射到水产品上，使其温度升高，引起水分蒸发而获得干燥的方法。红外线因波长不同而有近红外线与远红外线之分，但它们加热干燥的本质完全相同，都是因为它们被水产品吸收后，引起水产品分子、原子的振动和转动，使电能转变成热能，水分便吸热而蒸发。

红外线干燥装置虽然型式有多种，但其差别主要表现在红外线辐射元件上。红外线辐射元件有两种常见型式，即灯泡式辐射器和金属或陶瓷式辐射器。远红外干燥器其主要特点是干燥速度快，干燥时间仅为热风干燥的 10%~20%，因此生产效率较高。由于水产品表层和内部同时吸收红外线，因而干燥较均匀，干制品质量较好。设备结构简单，体积较小，成本也较低。

②微波干燥：微波是一种频率在 300~3000MHz 的电磁波，是以水产品的介电性质为基础进行加热干燥的。微波干燥器的类型很多，按其工作特性和适用的水产品可将其分成谐振腔型、波导型、辐射型及漫波型四种类型。微波加热器的型式主要依据待干燥水产品的形状、数量及工艺要求等因素来选

择。 当待干燥水产品的体积较大或形状较复杂时，应选用隧道式谐振腔型加热器；对于如鱼片之类的薄片状水产品的干燥，可采用波导型加热器或漫波型加热器；对于液体或浆质状水产品的干燥，可用管状波导型加热器；而对于小批量生产或实验性的干燥，则可用微波炉。

微波干燥的优点：

①干燥速度极快。 一般只需常规干燥法 1/100～1/10 的时间。

②水产品加热均匀，制品质量好。 微波干燥时，水产品内部及表面同时吸收微波而发热，无表面硬化和内外干燥不均匀现象。

③具有自动热平衡特性。 在水产品中水的介质损耗因子远大于干物质。因此在干燥时，微波能将自动集中于水分上，而干物质所吸收的微波能极少，这样就避免了已干物质因过热而被烧焦。

④容易调节和控制。 微波加热可迅速达到所要求的温度，而且微波加热的功率、温度等都可以在一定范围内随意调节，自动化程度高。

⑤热效率高。 微波遇金属会反射，遇空气、玻璃、塑料薄膜等则透过而不被吸收，故热损失很少，热效率高达 80%。

微波干燥的主要缺点是耗电量较大，干燥成本高。 为此，可以采用热风干燥水产品与微波干燥相结合的方法，以降低干燥费用。 即先用热风干燥法将水产品的含水量干燥到 30% 左右，再用微波干燥法完成最后的干燥过程。如此既可使干燥时间比单纯用热风干燥时缩短 3/4，又可使能耗比单独用微波干燥时减少 3/4。 另外，微波加热时，热量易向角及边处集中，产生所谓的尖角效应，也是其主要缺点之一。

---

—— 课后习题 ——

一、选择题

1. 干制并不能将（　　　）全部杀死，只能抑制其活动。

A. 细菌　　　　　B. 微生物　　　　　C. 病毒　　　　　D. 致病菌

2. 原料鱼处理时，以下选项中不属于"三去"的是（　　　）。

A. 去皮　　　　　B. 去头　　　　　C. 去尾　　　　　D. 去内脏

3. 调味鱼片干烘烤的温度和时间是（　　　）。

A. 150～170℃，3min　　　　　　　B. 170～190℃，2min

C. 170～190℃，3min　　　　　　　D. 150～170℃，3min

4. 在腌制过程中，咸干鱼适用于（　　　）。

A. 浸渍法　　　　B. 拌盐法　　　　C. 半浸渍法　　　　D. 直接法

5. 防止脂质氧化的措施不包括以下哪个选项（　　　）。

A. 降低贮藏温度　　　　　　　　　B. 采用适当的相对湿度

C. 日晒 D. 真空包装

二、填空题

1. 按照中华人民共和国农业部提出的水产和水产加工品的最新分类，干制水产品可分为（　　）、（　　）、（　　）、（　　）和（　　）。

2. 按照干燥前的处理方法和干燥工艺的不同，干制水产品可分为（　　）、（　　）、（　　）、（　　）、（　　）和（　　）等。

3. 湿热传递过程实际上包括水分从水产品表面向外界蒸发转移和内部水分向表面扩散转移两个过程，前者称作（　　），后者称作（　　）。

4. 墨鱼干的出成率一般在（　　）左右，春汛前期可达（　　）左右，夏秋季仅为（　　）左右。

5. 干燥方法有（　　）和（　　）。

三、判断题

1. 干制能将微生物全部杀死。 （　　）

2. 为了控制干制品中酶的活性，可以在干制之前对原料进行湿热或化学钝化处理。 （　　）

3. 在热风干燥时，低温干燥比高温干燥所引起的干缩更严重。 （　　）

4. 干燥温度越高，蛋白质变性速度越快。 （　　）

5. 采用真空包装或充入惰性气体密封能有效预防干制品吸湿。 （　　）

四、简答题

1. 简述干制品的保藏原理？

2. 简述咸鱼干的生产工艺流程及操作要点。

## 任务二　水产调味品加工技术

学习目标

1. 了解水产调味品的分类及特点；

2. 掌握典型水产调味品加工基本工艺流程及操作要点；

3. 了解典型水产调味品（鱼露）的质量。

必备知识

随着生活水平提高，人们健康意识的增强，为适应人们对低钠膳食的需求，近年来水产调味品研究得到迅速发展。人们对调味品的要求已从单一的鲜味型转向复合的天然风味型、营养型、功能型。倾向于天然物的原有风味，天然海鲜调味品因含有丰富的氨基酸、多肽等呈味物质，以及浓郁的海鲜风味而深受消费者的喜爱，尤其是这类海鲜调味品中还富含对人体健康有益的含氨基酸、多肽、糖、有机酸、核苷酸、微量元素等呈味成分和牛磺酸、生理活性肽、核苷酸等保健成分而深受消费者喜爱。因此，海鲜调味品将成为调味品工业今后发展的一个方向。

水产调味品是以水产品为原料，采用抽出、分解、加热、发酵、浓缩、干燥及造粒等手段来制造的调味品。水产调味品属于复合天然系调味品时代出现的中高级调味品。我国常见的水产调味品，包括鱼露、虾油、蚝油等传统水产调味品和化学鱼酱油、虾头汁、虾味素、黑虾油等利用化学或生物技术开发的新产品。

伴随着食品素材的多样化、嗜好的多样化，各类模拟食品正在兴起，而这类食品的重要调制工序即为调味。使模拟食品的特性和味道接近天然食品，如蟹肉、扇贝柱及虾等，更是依赖水产天然调味品。此外，在水产品加工过程中的各种废弃物，如煮汁、蒸煮液等，其中含有以呈味物质为主的大量水溶性物质，也不乏营养物质，直接排掉不仅造成环境污染，也造成浪费。用其提取水产天然调味品能增加原料附加值，同时又解决了废水排放带来的环境污染等问题。

## 一、 水产调味品的分类及特点

根据水产调味料的加工方法可分为分解型和抽出型两大类。

### 1. 抽出型水产调味料

抽出型水产调味料是以水产品或水产类的加工副产品等动植物为原料，经煮汁、分离、混合、浓缩等工序制成的富有原料特色香气的调味品。抽出方法有用水作溶剂的低温水抽出法（50~90℃），此温度下抽出物能保持原料风味；而热水抽出法是在沸腾状态下进行抽出，还可用 1%~6% 乙醇做溶剂进行提取。

采用抽出方法制备水产调味料时，应针对不同的原料选择溶剂。例如，虾头中含有脂溶性色素，用乙醇作溶剂，不仅可以抽提其风味，而且还保留了虾的色泽。对于贝类，其呈味物质大部分是水溶性的，用水作溶剂是非常经济的。常见的抽出型水产调味料有沙丁鱼、鲐鱼、虾头、蛏、扇贝、牡蛎、海带等抽提物。一般生产方法是用热水将鱼、贝类中的游离氨基酸、低聚肽、核苷酸、有机酸、有机盐、碳水化合物等呈味物质抽出，再经精制、浓缩而成的。

### 2. 分解型水产调味料

分解型水产调味料是使用富含蛋白质的水产动植物原料，在原料本身所含酶、外加酶、微生物的作用或者利用盐酸水解形成富含氨基酸、肽类、无机盐的调味液。分解型调味料可分为三种类型。

（1）自溶型水产调味料 自溶型水产调味料是利用食品生物材料中自身存在的水解酶（如蛋白酶、酯酶、磷酸化酶、糖苷酶等），在一定条件下分解组织细胞来改善水产食品原料的风味和质构的水产调味料。常见的自溶型水产调味料有鱼露、虾油、虾酱及黑虾油等。以虾酱为例，传统发酵法工艺为将仔虾原料经过简单挑选、清洗后，加入虾质量30%~35%的食盐，拌匀，浸没入缸中，进行自然发酵，日晒夜露，每天搅拌2次，由于季节温度变化，一般在15~35d发酵完毕。此方法的优点为虾酱色泽微红，组织细腻，风味较好；缺点是生产周期长，不适合自动化连续生产，产品腥味重，含盐量高。现代自然发酵法工艺为处理仔虾至虾体呈半透明青灰色，沥水，加虾体重15%的食盐，在37℃条件下发酵罐内恒温发酵4d，发酵期间每日搅拌20min使发酵产生的气体逸出。此方法填补了传统发酵法的缺点，但是由于低盐量条件下需注意发酵过程中虾体腐败。值得注意的是，已有研究报道紫外线和梯度温度对水产食品的自溶反应有较大的促进作用。

（2）加酸分解型水产调味料 加酸分解型水产调味料是通过植物蛋白质在酸性条件下水解、冷却、中和、除去水解物再调配后获得的水产调味料。常见的加酸分解型调味料有水产HAP、复合氨基酸型调味料、"鱼味素"（指动物蛋白分解物）等。工业规模生产工艺为把植物蛋白质原料添加盐酸，在100~120℃，加热10~24h进行水解，然后把水解物冷却，用碳酸钠或氢氧化钠中和至pH4.10~6.10，再除去固体的水解物，调配后获得加酸分解型水产调味料。研究表明酸解过程中在一定范围内增加酸的浓度和提高水解温度均可促进植物蛋白质水解，缩短反应时间，酸法水解具有水解度高的优点，但也存在呈味不佳的缺点。

（3）加酶分解型水产调味料 加酶分解型水产调味料是利用水产食品原料本身的酶和外界蛋白分解酶对原料进行蛋白质水解而制造的水产调味料。其具有反应条件温和、水解效率较高等优点，在HAP的生产中得到广泛应用，多数用于改进水抽出工艺，以鲜味抽出为主要目的，同时增加蛋白质利用率，并使煮汁中可溶性氨基酸增加。常见的加酶分解型水产调味料有虾脑酱、贻贝油、鱼汁、蚝油等。这种工艺加工出的调味料，虽然可能失去原料的原有风味，但可获得极佳的鲜味为消费者所接受，同时获得率高、成本低。

3. 高新技术在水产调味品中的应用

许多先进的食品分离技术被广泛开发应用于水产调味品的制造上。近年来发展的高新技术有：应用于将不同的氮源物质（不同的水产原料）定向水解成为具有特定风味的风味前驱体水产HAP的生物酶解技术，可提高蛋白质利用率，不会产生低浓度有毒物质氯丙醇，有虾下脚料复合海鲜调味品、蟹味香精、虾味香精等调味品；应用于水产食品加工、运输和使用的真空浓缩、干燥技术，可除去水产食品中大部分水分而不改变产品的风味；应用于抽取不同原料中的呈香味物质的超临界流体萃取技术，可克服产品中的溶剂残留、污染产品的弊端；应用于香精香料、调味料的制造成型，保护芯材的微胶囊技术，即以高分子膜为外壳，其中包有被保护或被密封物质的微小包囊物，可保证产品在货架期内香气强度和香型不发生变化。具体工艺流程分别介绍如下。

（1）生物酶解技术工艺流程

原料 → 粉碎 → 匀浆 → 加酶水解 → 灭酶 → 过滤 → 离心 → 酶解液 → 美拉德反应 → 真空浓缩 → 冷冻干燥 → 粉末 → 检测 → 包装 → 灭菌 → 成品

（2）真空浓缩、干燥技术工艺流程

原料 → 前处理 → 预冻 → 真空脱水干燥 → 后处理

（3）超临界流体萃取技术工艺流程　直接使用超临界流体萃取仪进行萃取。

（4）微胶囊技术工艺流程（挤压法）

壁材 → 加热溶解 → （加入芯材）高速搅拌 → 固化 → 干燥 → 破碎 → 成品

## 二、 典型水产调味品加工基本工艺流程及操作要点（以鱼露为例）

鱼露也称鱼酱油、虾油，它是以低值的鱼、虾及水产品加工下脚料为原料，利用鱼体所含的蛋白酶及其他酶在多种微生物的共同参与下，对原料中的蛋白质、脂肪等成分进行发酵分解，加工而成的调味料。

鱼露加工工艺可分为传统天然发酵和人工快速发酵。传统天然发酵生产周期长（10~18个月），产品的盐度高（20%~30%），但味道鲜美、呈味成分复杂，其气味是氨味、奶酪味和肉味这三种气味的混合。为了缩短生产周期，提高生产效率，实现鱼露工厂规模化生产，鱼露的人工快速发酵工艺成为热点，目前主要的人工快速发酵工艺有低盐保温发酵、外加酶或内脏发酵、加曲发酵等。

（一）传统天然发酵法

1. 工艺流程

原料选择 → 腌制自溶 → 露天发酵 → 抽滤 → 后期发酵 → 勾兑灭菌 → 成品包装

2. 操作要点

（1）原料选择　鱼露的原料一般是海产低值鱼类如鳀鱼、蓝圆鲹、沙丁鱼以及海产品罐头下脚料，所选鱼类越新鲜所制成品质量越好。

（2）腌制自溶　按鱼体大小、品种分开，在室内的盐腌池、盐腌桶中进行腌制。常用盐量新鲜为鱼重的 25%～30%，次鲜鱼为鱼重的 30%～40%。腌制 2～3d 后，渍出卤汁要及时用竹篱加石块压下，用盐一次加足，以防止腐败。

腌制高含脂量鱼时，因不饱和脂肪酸极易氧化酸败，一定要去除表面的油脂，以免影响鱼露品质，同时也不利于制作。腌制自溶阶段一般需要 7～8 个月，期间勤搅拌，并进行 1～2 次倒桶，当鱼体变软、肉质呈红色或淡红色、骨肉易分离时，即成为气味清香的鱼坯醪，可以转入露天发酵。

为了缩短盐腌自溶时间，可先低盐发酵，使蛋白酶充分作用一段时间后，再补足盐量，也可加盐拌匀后逐渐升温至 60℃，勤搅拌使其受热均匀，时间可缩短为 20～30d。

（3）露天发酵（中期发酵）　此阶段是把鱼坯醪转移至露天陶缸或发酵池中，日晒夜露并勤加搅拌促进分解发酵。此时需混合不同时期、不同品种的鱼坯醪搭配发酵，以稳定质量调和风味。鱼坯醪入缸（池）时，用 23～25℃的水坯（盐水或渣尾水）冲淋。发酵期间每天充分搅拌，以加速发酵直至渣沉上层汁液澄清、颜色加深、香气浓郁、口味鲜美，经测定汁液中的氨基酸连续数小时增值后，即可过滤取油。滤渣复入原缸，再进行 2～3 次浸出过滤提取，滤汁再转入后期发酵。

（4）抽滤　在大缸中部，抽取清液，获得原油。滤渣再经两次浸泡和过滤，依次获得中油和一油。滤出一油的滤渣与盐水或腌鱼卤共同煮沸，过滤澄清，得淡黄色澄清透明液体为熟卤，熬制熟卤的工序称为熬卤。熟卤用于浸泡头渣和二渣。

（5）后期发酵　后期发酵是鱼露提清、增色和陈香的过程，滤汁转入后期发酵，可提高氨基酸含量，体态澄清透明，口味醇厚，风味更为突出，经久耐藏。刚滤出的鱼露由于还有少量蛋白质未完全分解，导致其浑浊且风味尚未圆满纯正，需再进行充分分解。鱼露后期发酵一般需 1～3 个月，充分成熟的鱼露，细菌数极少，不必加热灭菌就可以灌装。

（6）勾兑灭菌及成品包装　取原油、中油、一油，根据不同等级进行混合调配，较稀的可用浓缩锅浓缩，蒸发部分水分，使氨基酸含量及其他指标达到国家标准即可。将调配好的不同等级的鱼露灌装于消毒、干燥的玻璃瓶内，封口、贴标，即为成品。

（二）人工快速发酵

目前关于鱼露的人工快速发酵工艺包括保温法、加酶法、加曲法等。保温法的研究多集中于前期保温发酵研究，但长期保温会增加生产成本。人工快速发酵虽然可缩短鱼露生产周期、降低产品盐度、减少产品的腥臭味，但其总体感官质量远远不如传统方法生产的鱼露。

1. 低盐保温发酵

低盐保温发酵方法为在传统鱼露生产工艺的基础上，盐度控制在18%左右、50~55℃进行发酵。

2. 外加酶或内脏发酵

在鱼露的发酵过程中，加入适量的酶或鱼内脏，可利用其含有的丰富蛋白酶（如胰蛋白酶、胰凝乳蛋白酶、组织蛋白酶等）加速蛋白质的分解，从而缩短发酵周期。

（1）工艺流程

原料预处理 → 称重 → 蒸煮 → 打浆 → 调 pH → 加酶 → 恒温水解 → 灭酶 → 离心 → 过滤脱苦腥味 → 调配 → 一次杀菌 → 静置 → 取上清液灌装封口 → 二次杀菌 → 成品

（2）操作要点

①原料预处理：将原料鱼去鳞、去内脏、去头尾，清洗称重后备用。

②蒸煮：原料鱼与少许姜片、食醋和料酒拌匀，以利于去除腥味。220℃蒸煮20min，使蛋白质变性易于酶解，同时灭菌。

③打浆：用打浆机将煮熟的鱼肉和鱼汤以固液比1∶1一起搅拌打浆。

④调 pH：用40%NaOH和10%HCl调整溶液pH为7。

⑤加酶与灭酶：浆液中加入蛋白酶并搅拌均匀，在水浴锅中保温酶解，酶解结束后迅速升温到100℃并保持3min以达到灭酶的目的。

⑥离心：4800r/min离心5min，分离取上清液，获得酶解液。

⑦过滤脱苦腥味：用0.5%活性炭55℃吸附20min除去苦腥味，用布氏漏斗进行抽滤得到澄清液体。

⑧调配、一次杀菌：加入12%食盐和0.1%耐酸双倍焦糖色素，在水浴锅中75℃保持15min进行杀菌处理。

⑨静置、灌装、二次灭菌：杀菌后的料液密封静置1周，然后用玻璃瓶灌装上清液并封口。将封口鱼露85℃下灭菌15min即可获得成品。

3. 加曲发酵

加曲发酵生产可分为两种：一种是发酵过程中加入米曲霉或酒曲，利用它们所分泌的蛋白酶、脂肪酶、淀粉酶分解原料鱼中的蛋白质、脂肪、碳水化合物，形成鱼露特有的风味；另一种是筛选出耐盐、嗜盐菌，扩大培养此类细菌后加入到盐渍的原料中去，能促进原料鱼中蛋白质、脂肪、碳水化合物的分解，缩短发酵时间。

工艺流程：原料鱼→加曲拌匀（盐度15%）→前期发酵30d［（15±5)℃］→加盐至30%拌匀→自然发酵6个月［（25±10)℃］→定期搅拌→沸水浴

10min→过滤→鱼露。

4. 复合方法

鱼露的人工快速发酵主要以复合方法为主，即以上三种方法的结合使用，如低盐保温发酵与加曲发酵的结合、加酶及加曲的结合等。

### 三、典型水产调味品（鱼露）的质量指标

参照 GB 10133—2014《食品安全国家标准　水产调味品》和 SB/T 10324—1999《鱼露》，常用鱼露质量指标有感官指标、理化指标和微生物指标等。

1. 感官指标

一级品：橙红色到棕红色，透明无悬浮物和沉淀物，具固有香味，无异臭味。

二级品：橙黄色，较透明，无悬浮物和沉淀物，具固有香味，无异臭味。

2. 理化指标

鱼露的理化指标见表3-8。

GB 10133—2014
《食品安全国家标准
水产调味品》

SB/T 10324—1999
《鱼露》

表3-8　鱼露理化指标

| 项目 | 指标 | 检验方法 |
|---|---|---|
| 氨基酸态氮/（g/L） | 0.5～1.0 | GB 5009.235—2016 |
| 全氮/（g/L） | 0.7～1.40 | GB 5009.5—2016 |
| 食盐/（g/L） | ≤29 | GB 5009.44—2016 |
| 挥发性盐基氮/氨基酸态氮/% | ≤28 | GB 5009.228—2016 |
| 相对密度/20℃ | ≥1.2 | GB 5009.2—2016 |
| 铵盐/% | ≤0.3 | GB 5009.234—2016 |
| 铅/（mg/L） | ≤1 | GB 5009.12—2017 |
| 砷/（mg/L） | ≤1 | GB 5009.11—2014 |

注：不得含有不符合食品卫生要求的添加剂。

3. 微生物指标

鱼露的微生物指标见表3-9。

表3-9　鱼露微生物指标

| 项目 | 指标 | 检验方法 |
|---|---|---|
| 细菌总数/（CFU/mL） | ≤5×10³ | GB 4789.2—2016 |
| 大肠菌群/（MPN/100mL） | ≤30 | GB 4789.3—2016 |
| 致病菌 | 不得检出 | GB 29921—2013 |

## 四、典型水产调味品加工注意事项

（1）鱼露黑变的主要原因是原料中混进虾类，因虾类酪氨酸含量高，在发酵中，酪氨酸及色氨酸会氧化导致鱼露黑变。控制鱼露黑变的关键是原料的整理，把混进的虾类挑出另行处理。

（2）鱼露在存放过程，瓶底常出现少量无色透明长条形的结晶物，是磷酸类和食盐的结晶物，不是鱼露变质，可以放心食用。

（3）适宜的盐度（一般控制在 7g/L 左右）条件下发酵可获得较理想的鱼露，盐度过高或过低均会影响鱼露的品质。

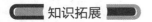 知识拓展

### 调味品的基本作用

中国民间有"开门七件事，柴米油盐酱醋茶"，又有"五味调和百味鲜"的说法，足见调味品的重要性。现将调味品的基本作用总结如下。

1. 赋味

许多原料本身无味或无良好滋味，但添加调味品后，可赋予菜点各种味感，达到烹调的目的。

2. 除异矫味

许多原料带有腥、膻、臭、异、臊等不良气味。添加适当调味品后，可矫除这些异味，使菜点达到烹调要求。

3. 确定菜点的口味

加入一定调味品后，可赋予菜点特定的味型，如鱼香味型、麻辣味型等。

4. 增添菜点的香气

当添加适当调味品后，会使菜点中香气成分得以突出，产生诱人的气味。

5. 赋色

在食品中添加有颜色的调味品，会赋予菜点特定的色泽，从而产生诱人而美观的效果。

---

### 课后习题

#### 一、选择题

1. 热水抽出法是在沸腾状态下进行抽出，还可用（　　）做溶剂进行提取。

A. 甲醇　　　　　B. 乙醇　　　　　C. 丙酮　　　　　D. 乙酸

2. 自溶型水产调味料是利用食品生物材料中自身存在的（　　），在一定条件下分解组织细胞。

A. 细菌　　　　B. 微生物　　　　C. 水解酶　　　　D. 致病菌

3. 鱼露传统天然发酵呈味成分复杂，其气味是氨味、（　　　）和肉味这三种气味的混合。

A. 牛奶味　　　B. 奶酪味　　　　C. 酸奶味　　　　D. 奶油味

4. 我国国标要求鱼露的食盐含量应小于等于（　　　）。

A. 27g/L　　　B. 28g/L　　　　C. 29g/L　　　　D. 30g/L

5. 因虾类（　　　）含量高，在发酵中因氧化导致鱼露黑变。

A. 亮氨酸　　　B. 酪氨酸　　　　C. 苯丙氨酸　　　　D. 甲氨酸

二、填空题

1. 根据水产调味料的加工方法可分为（　　　）和（　　　）两大类。

2. 分解型调味料可分为以下三种类型（　　　）、（　　　）和（　　　）。

3. 鱼露加工工艺可分为（　　　）和（　　　）。

4. 鱼露的人工快速发酵工艺包括（　　　）、（　　　）和（　　　）等。

5. 控制鱼露黑变的关键是（　　　），把混进的虾类挑出另行处理。

三、判断题

1. 酸法水解具有水解度高的优点，但也存在呈味不佳的缺点。　　（　　　）

2. 应用于抽取不同原料中的呈香味物质的微胶囊技术，可克服产品中的溶剂残留、污染产品的弊端。　　（　　　）

3. 人工快速发酵生产的鱼露感官质量优于传统方法生产的鱼露。　（　　　）

4. 鱼露在存放过程，瓶底常出现少量无色透明长条形的结晶物即为鱼露变质，不可食用。　　（　　　）

5. 一般盐度控制在 10g/L 左右条件下发酵可获得较理想的鱼露。　（　　　）

四、简答题

1. 简述高新技术在水产调味品中的应用？

2. 简述运用传统天然发酵法鱼露的生产工艺流程及操作要点。

# 任务三　鱼糜制品加工技术

学习目标

1. 了解冷冻鱼糜和鱼糜制品工业化生产定义和产业特点；

2. 了解鱼糜制品生产配料及作用；

3. 掌握鱼糜制品加工基本工艺流程及操作要点。

4. 了解鱼糜制品品质鉴定质量标准。

—— 必备知识 ——

鱼糜制品是鱼肉绞碎经配料、擂溃、成为稠而富有黏性的鱼肉浆（生鱼糜）、再做成一定形状后进行水煮、油炸、焙烤烘干等加热或干燥处理而制成的食品。鱼糜制品在食品工业中应用广泛，既可以作为食品制造业的原料辅料，也可以作为餐饮业直接加工的食品原料。近年来，随着我国渔业和加工技术的发展，我国的鱼糜制品行业取得了长足进展，由过去生产鱿鱼丸、虾丸等单一品种，发展到机械化生产一系列新型高档次的鱼糜制品和冷冻调理食品，如鱼香肠、鱼肉香肠、模拟蟹肉、模拟虾肉、模拟贝柱、鱼糕、竹轮等鱼糜制品。

中国、日本、泰国等亚洲国家具有悠久的鱼糜制品制作和食用历史。中国的鱼糜制品（水氽鱼丸）制作相传始于秦代，久负盛名的福州包心鱼丸、崇武鱼卷、浙江鳗鱼丸、湖北云梦鱼面、山东鱼肉饺等地方菜肴都属于传统手工鱼糜制品。

## 一、冷冻鱼糜和鱼糜制品工业化生产及产业特点

### 1. 从原料鱼到鱼糜制品的工业化生产

鱼糜制品的工业化生产主要分为两个阶段，第一阶段是以鲜鱼为原料的冷冻鱼糜生产，第二阶段是以冷冻鱼糜为原料的鱼糜制品生产。

冷冻鱼糜是以鱼为原料，经采肉、漂洗、精滤、脱水等工序加工后，加入适量糖类、复合磷酸盐等防止鱼肉蛋白质冷冻变性的抗冻剂，而制成的能够在低温条件下长时间贮藏的鱼肉蛋白质浓缩物，是鱼糜制品生产的中间原料。

鱼糜制品是以冷冻鱼糜为原料，经解冻、打浆生成稠而富有黏性的鱼浆，与辅料、调味料混匀后，经成型、凝胶、熟化（水煮、蒸煮、油炸、焙烤）而成的具有一定弹性的水产风味食品。

### 2. 产业特点

（1）冷冻鱼糜的原料来源广泛而丰富，能就地及时处理捕捞旺季的渔获物，也便于废弃物集中回收利用，与鲜鱼相比，更便于产品储运。

（2）冷冻鱼糜可分为不同的规格和等级，有利于冷冻鱼糜质量的标准化，也便于鱼糜制品生产中根据不同需要进行选购、配伍使用。

（3）冷冻鱼糜和鱼糜制品易运输、耐贮藏的特点，使鱼糜制品的生产不受地域和季节的限制，也便于鱼糜制品的销售和消费。

（4）鱼糜制品的生产具有灵活性，可根据消费需求进行差异化调制，产品外观、质地、风味均不同于原料鱼和其他水产制品。

## 二、鱼糜制品的配料

鱼糜制品中常用的配料包括淀粉、植物蛋白质、油脂、蛋清、调味料、食

用色素、品质改良剂等。配料的选用和搭配直接关系到鱼糜制品的风味、口感、外观和营养价值。因此，在符合相关国家食品安全标准的前提下，鱼糜制品的生产可以根据不同消费需求、市场价格和产品种类等因素适量添加配料。

1. 淀粉

淀粉是鱼糜制品的一种重要配料，不仅可以降低生产成本，更可以提高鱼糜制品的黏度和凝胶强度。尤其是对于弹性差的冷冻鱼糜，加入一定量的淀粉后可以有效提高鱼糜制品的凝胶强度。但天然淀粉存在低温下易凝沉、淀粉糊易老化等缺陷。鱼糜制品的物料体系中含水量较高，在冻结过程中形成冰晶，破坏蛋白质网状结构。而淀粉在低温下发生的老化脱水现象更会加剧冰晶的生成，进而使冻融后的鱼糜制品物料体系出现水分游离，鱼糜制品切面出现细微的蜂窝状孔洞，影响鱼糜制品的外观和质量。因此，淀粉的添加量不宜过高，一般控制在 5%~20%。

变性淀粉是原淀粉经物理、化学和酶学方法处理，改变原淀粉的理化性质而制得的一类改性淀粉。通过在天然淀粉分子上引入新的官能团，改变淀粉分子大小和淀粉颗粒性质，变性淀粉在一定程度上改善了天然淀粉在乳化性、胶凝性和冻融稳定性的缺陷，有效扩大了淀粉的应用范围。目前，鱼糜制品中使用较多的变性淀粉包括乙酸酯淀粉、磷酸酯化淀粉和乙酰化二淀粉磷酸酯等。

2. 植物蛋白质

植物蛋白质在鱼糜制品中主要作为弹性增强剂使用，可分为大豆蛋白和小麦蛋白两类。日本从 20 世纪 60 年代起就将植物蛋白质广泛应用于鱼糜制品的生产。大豆蛋白除了本身所具有的营养价值之外，还具有热凝固性、乳化性、纤维形成性等优良性状。大豆分离蛋白豆腥味弱、色泽淡黄，其受热后的凝胶性能可显著增强鱼糜制品的弹性，在鱼糜制品中的添加量一般小于 5%。此外，大豆分离蛋白具有很强的保水能力，也能使水中呈油滴形的脂肪形成稳定的乳化剂。

小麦蛋白在中性 pH 附近几乎不溶于水，能形成极有弹性的凝胶，加入到含有 2.7%~3.0%食盐的鱼糜中再加热至 80℃以上时，可起到增强鱼糜制品弹性的作用。

3. 蛋清

蛋清属于动物蛋白质，在鱼糜制品中可作为弹性增强剂使用。蛋清的受热凝固是一种蛋白质的不可逆变性凝固，一般从 56℃开始，80℃即达到完全凝固的程度。在鱼糜制品中一般使用全蛋清，添加 10%全蛋清对鱼糜制品的弹性增强效果最好；但当全蛋清添加量大于 20%后，对鱼糜制品的弹性增强效果反而下降，且导致鱼糜制品产生异味。考虑到生产成本和价格因素，蛋清的添加量一般为 5%左右。

4. 油脂

鱼糜制品中添加的油脂，主要是动物脂肪和植物油，其添加方法分为直接作为辅料添加和以油为加热媒介油炸鱼糜制品。在鱼糜制品中添加油脂，可增强和改变鱼糜制品的风味、质地和外观，使鱼糜制品具有爽口、润滑和柔软的特性。油炸鱼糜制品则具有改善外观、消除腥臭、产生金黄色泽和提高鱼糜制品保藏性等作用。

从风味、物性、稳定性和价格等方面考虑，国内鱼糜制品生产所用的动物脂肪主要为猪脂，添加量为5%左右。动物脂肪含有较多的饱和脂肪酸，其凝固点较高，一般在30~40℃，在常温下呈固体。大豆油、菜籽油等植物油因其富含不饱和脂肪酸，凝固点较低，在常温下为液体，且其分散性优于动物脂肪，所以作为鱼糜制品的添加油和油炸用油而被广泛使用。

5. 调味料

鱼糜制品中常见的调味料包括食盐、白砂糖、味精、黄酒、香辛料等。

（1）食盐　是主要的咸味剂　在鱼糜制品生产中，食盐除了调味作用外，还具有使盐溶性蛋白质溶出形成溶胶的作用。因此，鱼糜制品中食盐的添加量一般为1%~1.5%（冷冻鱼糜用量为1.5%~3%），接近于人的合适口味（0.8%~1.2%）。食盐具有解除腥味的作用，也能抑制一部分细菌的生长和繁殖，从而起到抑菌防腐、延长保藏期的作用。

（2）白砂糖　是主要的甜味剂　其主要成分为蔗糖。糖能减轻咸味，还能起到调味、防腐、去腥和解腻等作用。此外，糖的添加还具有防止冻结变性和提高保水性的作用。鱼糜制品中糖的添加量还需要考虑到冷冻鱼糜中已有的糖含量和"南甜北咸"的地域口味差异。

（3）味精　是主要的鲜味剂　味精的主要成分是谷氨酸钠，在鱼糜制品中的添加量一般为0.2%~0.5%。呈味核苷酸是强烈的增鲜剂，能以几何级数增加食品鲜味，可分为5-肌苷酸钠（5-IMP）、5-鸟苷酸钠（5-GMP）和IMP+GMP（I+G）。用少量的呈味核苷酸和味精复配使用，有显著的协同增鲜效果，能降低味精用量并提高鲜味剂品味。

（4）黄酒　能除去鱼糜制品中的鱼腥味，并能使鱼糜制品产生鲜美、醇香的味道，黄酒的除腥作用是因为酒精能渗入鱼肉组织内部，溶解具有腥味的胺类物质，而在加热过程中，又可随酒精一起挥发达到去腥的作用。

（5）香辛料种类繁多　主要来源于植物的根、茎、叶、果实和种子，常用的包括胡椒、大蒜、肉桂、生姜等。香辛料中主要的呈香基团和辛味物质是醛基、酮基、酚基以及一些杂环化合物，除了具有增香、调味、矫臭、矫味的效果之外，还含有抗菌和抗氧化性成分。香辛料的使用种类、配比，除了根据原料的鲜度、其他调味料的配比情况以及生产方法等方面的情况考虑外，应重视消费者习惯和地域差异性因素。

（6）食用色素　食用色素可分为天然色素和合成色素，在鱼糜制品中一般使用天然色素。色素的使用方法主要分两种：一种是直接添加到鱼糜制品中，另一种是给鱼糜制品表面着色，两种方法分别能增加、改变鱼糜制品的内部、外部色泽，配合鱼糜制品的不同外形能更好地刺激消费欲望。

（7）复合磷酸盐　复合磷酸盐一般由三聚磷酸钠、焦磷酸钠、六偏磷酸钠等磷酸盐复配而成，作为鱼糜制品的 pH 调节剂和水分保持剂，能使物料的 pH 远离鱼肉蛋白质等电点，向中性或偏碱性方向扩展，从而提高产品保水性和弹性。复合磷酸盐也是亲水性很强的水分保持剂，能很好地使食品中所含的水分稳定下来。复合磷酸盐同时属于一种聚合电介质，具有无机表面活性剂的特性，能使水中难溶物质分散或形成稳定悬浮液，以防止悬浮液的附着、凝聚。因此，复合磷酸盐还能使蛋白质的水溶胶质在脂肪球上形成一种胶膜，使脂肪更有效地分散。

### 三、　鱼糜制品加工基本工艺流程及操作要点

鱼糜制品以冷冻鱼糜为原料，其种类多样、产品丰富，但基本生产流程具有相似性。鱼糜制品也可在熟化、冷却后以 0~4℃ 冷藏方式进行短途流通，或经包装、杀菌工序制成即食鱼糜制品进行流通。

#### （一）工艺流程

冷冻鱼糜→ 解冻 → 擂溃（斩拌） → 成型 → 凝胶化 → 熟化 → 冷却 → 速冻 → 包装 → 冻藏

#### （二）操作要点

1. 解冻

将冷冻鱼糜从冷库取出，放于原料车间或恒温解冻室进行解冻。为了防止鱼糜蛋白质变性和抑制微生物生长繁殖，一般采用 3~5℃ 空气解冻法，待鱼糜中心温度达到 -3~0℃ 的半解冻状态后，以切割机或切片机进行切割。

2. 擂溃

擂溃是鱼糜制品生产的重要工序，主要使用机械有擂溃机、斩拌机和打浆桶。擂溃机以擂溃的方式对鱼糜物料进行破碎、研磨，其机械特点决定了其较低的生产效率。近年，由于斩拌机具有多刀片、高斩速的机械特点，能大幅缩短擂溃时间，方便投料出料，且制品弹性光泽与使用擂溃机效果相似，所以多数生产企业已用斩拌机代替擂溃机生产鱼糜制品。擂溃工序的具体操作过程可细分为空擂、盐擂和混合擂三个阶段。

（1）空擂　将切片的冷冻鱼糜放入擂溃机进行擂溃，通过机械的高速斩

拌、搅打作用，进一步破坏鱼肉组织，为后续盐溶性蛋白质的充分溶出创造良好条件。空擂的时间需要根据机械参数和冷冻鱼糜的解冻程度进行确定，实际空擂中，以擂溃至鱼糜无硬颗粒为宜。

（2）盐擂　空擂后，加入鱼糜量1.5%~3%的食盐继续擂溃，使鱼糜中的盐溶性蛋白质充分溶出。实际盐擂中，以鱼浆擂溃至浆料细腻、有光泽、亮度好、几乎无小颗粒为宜，浆料温度需要控制在3~5℃。盐擂的时间也需要根据机械参数确定，一般斩拌机的擂溃时间仅需5~10min。由于高速擂溃过程中，机械摩擦、环境气温等因素会使鱼浆温度升高，蛋白质发生变性，导致鱼糜制品的弹性减弱。为防止擂溃过程中鱼浆温度上升，可以使用带冷却装置的斩拌机、控制车间室温或在擂溃过程中添加适量冰水。

（3）混合擂　盐擂后，加入油脂、植物蛋白质、调味料、淀粉等配料，擂溃使配料和鱼浆混合均匀。实际混合擂中，加入部分冰水保持鱼浆温度在6~10℃，擂溃至鱼浆均匀、黏稠、无辅料块状或颗粒为宜。

部分鱼糜制品的生产也以打浆桶为擂溃机械。打浆桶的搅拌桨锋利程度和轴转速均低于斩拌机，搅打过程对肌肉组织的作用主要依靠搅拌桨的不断搅拌翻滚，以增加物料之间和物料与桶壁之间的摩擦力而达到破坏肌肉组织的目的。以打浆桶进行低频率搅打，能有效分散、破坏鱼糜和肉料组织；加入食盐后进行高频率搅打则能使盐溶性蛋白质充分溶出。此外，以打浆机进行短时搅打，能使颗粒型配料和鱼糜浆料充分混匀，且不破坏颗粒型配料的完整性。

作为鱼糜制品生产中的重要工序，食盐添加、浆料温度、擂溃时间等因素会对鱼糜制品的弹性产生影响。

①食盐添加：鱼糜擂溃（斩拌）中加入适量食盐的主要目的有两个：一是调味，二是使鱼糜盐溶性蛋白溶出。在鱼糜的擂溃过程中，肌原纤维中的肌动蛋白纤维（细丝）和肌球蛋白纤维（粗丝）由于食盐的溶解作用而分解，再聚合成肌动球蛋白溶胶。食盐添加量不足会影响盐溶性蛋白质的溶出和后续弹性的形成，过量添加食盐虽有利于盐溶性蛋白的溶出，但过度的咸味也不易接受。因此，食盐添加量一般控制在1.5%~3%。此外，冷冻鱼糜擂溃过程中的食盐添加时间也需要注意，不宜在鱼糜温度低于0℃以下时加入食盐，否则食盐的添加会使鱼糜降温或冻结，进而造成擂溃不均。

②浆料温度：擂溃过程中，鱼浆温度的上升容易引起肌动球蛋白的变性，进而发生凝胶化。为了防止鱼浆凝胶化的发生，一般要求擂溃中的浆料温度控制在0~10℃（盐擂控制在3~5℃，混合擂控制在6~10℃），肌动球蛋白在此温度带内不易发生热变性。斩拌机刀轴转速高、机械发热量大，为了将鱼浆温度控制在适当范围内，可以通过控制冷冻鱼糜解冻程度来控制前期擂溃温度，而后续擂溃过程中需要适当加入碎冰或冰水以降低鱼浆温度。

③擂溃时间：擂溃时间与鱼糜制品弹性密切有关。加入食盐后，鱼糜中的盐溶性蛋白质随着擂溃时间的延长而不断溶出；如擂溃不充分，则鱼浆因黏性不足，后续凝胶化、加热获得的鱼糜制品弹性较差。但若擂溃时间过长，则由于鱼糜温度升高而使蛋白变性，失去亲水性能，同样会引起弹性下降。因此，在实际生产中常以鱼浆产生较强的黏性手感为时间控制节点，根据冷冻鱼糜质量和机械条件（擂溃效率和机械发热量），以斩拌机进行擂溃工序时，累计擂溃时间一般以 15~25min 为宜。

3. 成型

擂溃后的鱼浆呈黏稠糊状并具有一定可塑性，根据不同鱼糜制品外形要求，以鱼丸成型机、鱼卷成型机、竹轮成型机、鱼香肠充填结扎机、模拟制品成型机等不同机械对鱼浆加工成型。由于擂溃后的鱼浆长时间放置于室温下，会逐渐失去黏稠性而发生不可逆的凝胶化。而且鱼浆的温度越高，擂溃后的凝胶化越快。因此，鱼浆应尽快成型，需暂时放置时也应保存于低温条件下。

4. 凝胶化

鱼糜在成型后，一般需在较低温度条件（30~50℃）下放置一段时间，以增加鱼糜制品的弹性和保水性，此过程称为凝胶化。经擂溃、成型后的蛋白质溶胶体在放置或低温加热一段时间后，肌动球蛋白高级结构展开，纤维相互缠绕，分子间产生架桥形成三维网状结构，水分被包裹在相互缠绕的网目中，外在的表现为鱼浆逐渐失去黏性、柔软性，产生弹性。

由于不同冷冻鱼糜的原料鱼种和质量等级存在差异，将其应用于鱼糜制品生产时，会呈现出不同的凝胶形成能力。凝胶形成能力具体表现为：一是凝胶化速度，指凝胶化过程中形成凝胶体的难易程度；二是凝胶化强度，指冷冻鱼糜擂溃、成型后的溶胶体通过凝胶化后形成的强度。

（1）凝胶化速度　不同冷冻鱼糜的凝胶化速度存在差异。根据冷冻鱼糜在相同温度下形成凝胶所需的时间不同，可将冷冻鱼糜按原料鱼种不同分为凝胶化较快鱼种（如狭鳕、沙丁鱼、多线鱼等冷水性鱼类）、凝胶化速度一般鱼种（如竹荚鱼、金线鱼、蛇鲻鱼等）、凝胶化较慢鱼种（如罗非鱼、鲐鱼、海鳗等）。这种差异被认为与不同原料鱼种的肌球蛋白热稳定性有关。

（2）凝胶化强度　不同冷冻鱼糜的凝胶化强度差异显著，这除了与不同冷冻鱼糜中肌原纤维蛋白质含量不同外，还与凝胶化过程中形成网状结构的不同有关。此外，凝胶化强度和凝胶化速度之间无相关性。蛇鲻鱼、飞鱼等易于凝胶化，且能形成高强度凝胶；沙丁鱼、多线鱼等能迅速凝胶化，但凝胶化强度差；旗鱼凝胶化速度较慢，但凝胶化强度较强。

5. 熟化

熟化是鱼糜制品生产的重要工序，主要有水煮、蒸煮、焙烤、油炸等方式，相应的机械设备有水煮槽、油炸线、自动烘烤机、高温蒸柜等。

（1）水煮　鱼丸、包心鱼丸、鱼香肠等产品采用水煮。水煮加热时热传导快，温度易于控制，但对于没有经过包装的品种，具有呈味成分易于溶出、吸水变软的缺点。

（2）蒸煮　模拟蟹肉和多数鱼板、鱼糕都采用蒸煮加热。工业化生产中，自动蒸机和置于输送带上移入蒸汽室内进行连续蒸煮加热的方法已被广泛使用。

（3）焙烤　烤鱼卷、烤鱼糕均用焙烤方式加热。烤鱼糕是将蒸煮结束的鱼糕，为了使其表面带有焙烤色而进行的二次加热。工业化生产中，常将制品置于电炉或燃气炉上方的输送带上加热焙烤。

（4）油炸　油炸是用猪油或大豆油等植物油代替水的加热方法。当油温达160~200℃时，为了防止鱼糜制品表面焦煳，加热熟化时间必须短。对于体积大的制品，宜水煮或蒸煮加热后，再以短时间油炸加热的方式进行上色。

加热熟化可使蛋白质受热变性凝固，形成有弹性的凝胶体，还可以杀灭鱼浆中原有的微生物（霉菌和细菌）。鱼浆凝胶化（30~50℃）过程后的加热工序，可以按不同温度阶段分为凝胶劣化阶段（55~70℃）和鱼糕化阶段（75~95℃）。凝胶劣化是指鱼浆凝胶体在通过55~70℃温度带时，鱼浆（来源于原料鱼肉）的内源性组织蛋白酶类引起鱼浆肌球蛋白的降解，使鱼浆凝胶体中已形成的凝胶结构发生劣化、崩坏的现象。鱼糕化是指鱼浆凝胶体中心温度上升至75℃以上时，蛋白质凝胶体逐渐变成非透明状态，弹性明显增强的过程。因此，为了保证鱼糜制品达到最佳的弹性，实际生产中一般使鱼浆缓慢地通过凝胶化温度带（30~50℃）以促进网状结构的形成，再使鱼浆凝胶体的中心温度快速达到75℃以上，减少鱼浆凝胶体处于凝胶劣化温度带（55~70℃）的时间，以避免凝胶劣化，从而得到高弹性的鱼糜制品。

6. 冷却

加热完成的鱼糜制品需要快速冷却。鱼糜制品熟化完成后迅速放入4~10℃冷水中冷却，鱼香肠加热完成后放入0~10℃冷水中快速冷却。快速冷却后制品的中心温度仍然较高，通常还需在冷却架上进行自然冷却。此外，空调辅助冷却、冷风快速冷却等方法也已经应用于鱼糜制品的生产。

7. 速冻、包装和冻藏

鱼糜制品以冻结机在-40~-30℃的冻温下进行速冻，在30min内快速通过最大冰晶生成带（-5~-1℃），使鱼糜制品的中心温度下降至-18℃以下。鱼糜制品冻结后，按需要进行包装并运入-18℃以下的冷库冻藏。

四、 鱼糜制品品质鉴定质量标准

鱼糜制品质量标准必须符合 GB 10136—2015《食品安全国家标准　动物性水产制品》，评判主要指标有感官指标、理化指标、微生物指标、添加剂指标。

1. 感官指标

鱼糜制品的感官指标见表 3-10。

表 3-10　鱼糜制品感官指标

| 项目 | 指标 | 检验方法 |
| --- | --- | --- |
| 色泽 | 具有该产品应有的色泽 | 取适量样品置于白色瓷盘上，在自然光下观察色泽和状态，嗅其气味，用温开水漱口，品其滋味 |
| 滋味、气味 | 具有该产品正常滋味、气味、无异味、无酸败味 | |
| 状态 | 具有该产品正常的形状和组织状态，无正常视力可见的外来杂质，无霉变，无虫蛀 | |

2. 理化指标

采用 GB 5009.228 的检测方法，鱼糜制品中挥发性盐基氮的含量≤30mg/100g。

3. 微生物指标

鱼糜制品的微生物指标见表 3-11。

表 3-11　鱼糜制品微生物指标

| 项目 | 采样方案* 及限量 | | | | 检验方法 |
| --- | --- | --- | --- | --- | --- |
| | $n$ | $c$ | $m$ | $M$ | |
| 菌落总数/（CFU/g） | 5 | 2 | $5 \times 10^4$ | $10^5$ | GB 4789.2 |
| 大肠菌群/（CFU/g） | 5 | 2 | 10 | $10^2$ | GB 4789.3 平板计数法 |

注：　* 样品的采样及处理按 GB 4789.1 执行。

4. 食品添加剂

鱼糜制品中食品添加剂使用应符合 GB 2760—2014 的规定。

五、 鱼糜制品加工注意事项

（1）鱼糜制品加工时要十分注意卫生条件。由于鱼制品带菌率极高。如加工时卫生条件差，则生产出来的鱼制品保藏期限不长，制品易在短时间内败坏。

（2）鱼糜的弹性，弹性好坏是鱼糜制品质量好坏的重要指标之一。要提高鱼糜制品的弹性，注意选择新鲜原料品种；适当搭配呈味好、弹性强的品种；选择鱼体色浅、脂肪含量少的品种；打浆时控制好用盐量、pH 等。

**知识拓展**

原料鱼根据其肌肉中红色肉含量的多少可分为白肉鱼和红肉鱼，这两类鱼肌肉组成、弹性形成能、缓冲能等各有特性，使它们在生产鱼糜制品时，具有不同的特点。

1. 白肌、红肌的分布

红肉鱼红肌较发达，特别是金枪鱼、松鱼等，不仅表层红肌，而且深部红肌(真正红肌)也很发达，红肌的水溶性蛋白较多，不利于制品弹性的形成。白肉鱼红肌主要分布在表层。

2. 鱼体温度

鱼类为变温动物，其体温大致与环境水温相同，但金枪鱼类等体温比水温高出 3～10℃。在深部红肌中，毛细血管发达，尤其是其四周被血管组织包围，使整体成为高效率的热发动机，这些鱼类体温较高，特别是捕获时发热，使体温进一步上升。所以在鲜度保持上要充分引起注意，使用足够的冰量或一定的低温，使鱼体温度尽快下降。避免在高温时间停留过长，造成鲜度下降。

3. 白肌、红肌化学性质上的差异

红肌与白肌相比，脂肪多，水分、蛋白质少，鱼肉盐擂后，不利于形成良好的肌动球蛋白立体网状，网目中含水量少，弹性减弱。

4. 凝胶形成能的差别

凝胶形成能是判断鱼的原料是否适用最重要的特性，根据迄今为止的调查情况表明有如下的倾向：①红肉鱼类的一般较弱；②白肉鱼和软骨鱼类中，强弱都有；③介于红肉鱼和白肉鱼两者之间的鱼种(旗鱼等)多数较强；④鲽类、鲑、鳕类较弱；⑤淡水鱼类中弱的比较多；⑥虾、糠虾也很弱。

—— 课后习题 ——

一、选择题

1. 淀粉是鱼糜制品的一种重要配料，添加量不宜过高，一般控制在（　　）。

A. 10%～20%　　　B. 5%～20%　　　C. 5%～15%　　　D. 10%～25%

2. 大豆分离蛋白在鱼糜制品中的添加量一般小于（　　）。

A. 3%　　　　　　B. 4%　　　　　　C. 5%　　　　　　D. 6%

3. 考虑到生产成本和价格因素，在鱼糜制品中蛋清的添加量一般为（　　　）左右。

A. 3%　　　　　　B. 4%　　　　　　C. 5%　　　　　　D. 6%

4. 我国国家标准要求虾糜制品的无机砷含量应小于等于（　　　）。

A. 0.5mg/kg　　　B. 1mg/kg　　　　C. 1.5mg/kg　　　D. 2mg/kg

5. 下列鱼种中属于凝胶化较快鱼种的是（　　　）。

A. 沙丁鱼　　　　B. 金线鱼　　　　C. 罗非鱼　　　　D. 海鳗

二、填空题

1. 冷冻鱼糜是以鱼为原料，经（　　　）、（　　　）、（　　　）、（　　　）等工序加工后，而制成的能够在低温条件下长时间贮藏的鱼肉蛋白质浓缩物。

2. 鱼糜制品是以冷冻鱼糜为原料，经解冻、打浆生成稠而富有黏性的鱼浆，与辅料、调味料混匀后，经（　　　）、（　　　）、（　　　）而成的具有一定弹性的水产风味食品。

3. 鱼糜制品中使用较多的变性淀粉包括（　　　）、（　　　）和（　　　）等。

4. 植物蛋白质在鱼糜制品中主要作为（　　　）使用，可分为（　　　）和（　　　）两类。

5. 擂溃工序的具体操作过程可细分为（　　　）、（　　　）和（　　　）三个阶段。

三、判断题

1. 冷冻鱼糜与鲜鱼相比，更便于产品储运。　　　　　　　　　　　（　　　）

2. 冷冻鱼糜可分为不同的规格和等级，有利于冷冻鱼糜质量的标准化。

（　　　）

3. 鱼糜制品中添加的油脂只有动物脂肪和植物油。　　　　　　　（　　　）

4. 味精的主要成分是谷氨酸钠，在鱼糜制品中的添加量一般为2%~5%。

（　　　）

5. 作为鱼糜制品生产中的重要工序，食盐添加、浆料温度、擂溃时间等因素会对鱼糜制品的弹性产生影响。　　　　　　　　　　　　　（　　　）

四、简答题

1. 列出至少5种鱼糜制品的配料，并简要说明其各自的添加作用？

2. 简述鱼糜制品生产中的擂溃工序，分析擂溃工序中添加食盐的作用。

# 项目三 蛋制品加工技术

## 任务一 再制蛋类加工技术

学习目标

1. 了解再制蛋类加工的主要原辅料及其作用；
2. 掌握再制蛋类加工基本工艺流程及操作要点；
3. 了解再制蛋类品质鉴定的质量标准。

──── 必备知识 ────

蛋类在我国人民膳食中构成中占 1.4%，是优质蛋白质的主要来源。蛋类中的氨基酸含量较高，特别是人体自身不能合成的 8 种必需氨基酸的含量最为理想，还含有磷脂、维生素和矿物质等。蛋内脂肪大部分属磷脂质，其中约有一半是卵磷脂，其次是脑磷脂、真脂和微量的神经磷脂。这些磷脂质对脑组织和神经组织的发育有重大作用。蛋类制成的蛋制品主要包括液蛋制品、干蛋制品、冰蛋制品和再制蛋等，这些蛋制品既能保持蛋本身的营养成分，又具有各种丰富口味。

再制蛋是以鲜蛋为原料，添加或不添加辅料，经盐、碱、糟、卤等不同工艺加工而成的蛋制品，如皮蛋、咸蛋、咸蛋黄、糟蛋、卤蛋等。皮蛋又称松花蛋、变蛋、彩蛋，是我国传统的风味蛋制品，不但是美味佳肴，而且还有一定的药用价值。王士雄的《随息居饮食谱》中说："皮蛋，味辛、涩、甘、咸，能泻热、醒酒、去大肠火，治泻痢，能散能敛。本任务介绍皮蛋相关加工技术。

### 一、 皮蛋的主要分类

皮蛋是以鲜蛋为原料，经用氢氧化钠（烧碱）、食盐、茶叶（添加或不添加）、水等辅料和食品添加剂（含食品加工助剂硫酸铜等）配成的料液或料泥腌制、包装等工艺制成的产品。常见分类包括：

1. 按加工方法不同分类

采用滚粉法加工的皮蛋称为滚粉蛋或滚灰蛋；采用包料法加工的皮蛋称为鲜制蛋或生包蛋；采用浸泡法加工的皮蛋称为泡制蛋。

**2. 按蛋黄状态分类**

皮蛋蛋黄呈浆状软心的称为溏心皮蛋；皮蛋蛋黄呈硬心的称为硬心皮蛋。

**3. 按所用辅料及功能不同分类**

加工中不用氧化铅的皮蛋称为无铅皮蛋；用有五香料或其他香料的皮蛋称为五香皮蛋；用有一定中药材，并使皮蛋具有一定药用功能的皮蛋称为食疗皮蛋；以锌系列物质取代氧化铅加工的皮蛋称为富锌皮蛋；以铁系列物质取代氧化铅加工的皮蛋称为补血皮蛋；用各种涂膜材料取代料泥所包涂的皮蛋称为无泥皮蛋等。

## 二、 皮蛋加工常用的主要原辅料及其作用

**1. 鲜蛋**

鲜蛋是加工皮蛋的主要原料，一般以鸭蛋为原料，也可以用其他禽蛋，其质量的好坏直接关系到皮蛋的质量。所以，鲜蛋在加工皮蛋之前应逐个进行感官鉴定、灯光照检、敲检和分级等工序。

**2. 纯碱**

纯碱是加工皮蛋的主要辅料，要求色白、粉细，含碳酸钠在96%以上的食品级纯碱。纯碱的主要作用是与熟石灰生成氢氧化钠和碳酸钙，其用量决定了料液、料泥氢氧化钠的浓度，直接影响皮蛋的质量和成熟期。

**3. 生石灰**

生石灰是加工皮蛋的主要辅料，要求色白、块大、体轻、无杂质，加水后能产生强烈气泡且能迅速由大变小，直至成白色粉末为好。生石灰主要与纯碱、水起反应生成氢氧化钠。游离的碳酸钙有促进皮蛋凝胶和使皮蛋味道凉爽的效能，沉淀的碳酸钙可阻止料液进入蛋内，并减少出缸洗蛋时的破损率。

**4. 烧碱**

烧碱可代替纯碱和石灰石加工皮蛋，要求色白、纯净，呈块状或片状。配料时注意避免灼烧皮肤和衣物。

**5. 食盐**

食盐要求纯度在96%以上的海盐或精盐。食盐对皮蛋有调味、帮助凝固、防腐等作用。

**6. 茶叶**

茶叶选用质纯、干燥、无霉变的红茶（末）或绿茶（末）。主要作用是增加蛋白色泽、提高风味、促进蛋白质凝固。

**7. 硫酸锌**

传统皮蛋加工一般用氧化铅，现在一般用锌盐代替，在皮蛋形成过程中，用锌盐代替铅盐可限制碱液过量向蛋内渗透，还可缩短皮蛋成熟期约1/4。

8. 草木灰

草木灰要求纯净、均匀、干燥、新鲜，无异味，不含或少含泥沙及其他杂质，配料时加入草木灰能起调匀其他配料的作用，同时，也有辅助蛋白凝固的作用。

9. 其他辅料

加工皮蛋的水应符合国家卫生标准，一般用沸水；稻谷壳要求金黄色、清洁、干燥、无霉烂；黄泥应无异味和杂质，黏性好。

### 三、皮蛋加工基本工艺流程及操作要点

（一）皮蛋加工基本工艺流程

1. 浸泡法生产溏心皮蛋工艺流程

原辅料准备 → 料液配制 → 装缸与灌料 → 腌制 → 出缸洗蛋 → 品质检验 → 涂泥包糠

2. 包泥法成产硬心皮蛋工艺流程

原辅料准备 → 料液配制 → 和料 → 包泥 → 装缸封缸 → 出缸检验

（二）操作要点

1. 浸泡法生产溏心皮蛋

（1）料液配制　将红茶末和纯碱放入缸底部，加入沸水、硫酸锌，搅拌均匀，待物料溶解后，再加入生石灰，最后加入盐，溶解后搅拌均匀，使之充分融化，冷却至20℃左右备用。

（2）装缸与灌料　原料蛋装缸时要轻拿轻放，避免破损。装缸后将料液沿着缸壁缓缓倒入，直到淹没蛋面为止，用竹算盖盖好，防止灌入料液后鲜蛋浮上液面。

（3）腌制　装缸灌料后即进入腌制阶段，腌制温度一般为20～25℃，腌制时间一般为30d左右。最初2周内，不得移动腌制容器，以免影响蛋的凝固。

（4）出缸洗蛋　经检验成熟的皮蛋要立即出缸，避免长时间浸泡而导致伤碱，同时检出破、次、劣皮蛋，洗去蛋壳上的黏附物，沥干水后送检。

（5）品质检验　主要通过感官检验和照蛋法进行品质检验。通过观、颠、摇、弹、尝进行感官检验，根据结果，剔出破、次、劣皮蛋，将合格的皮蛋按照重量分级标准进行分级；用感官法无法判断时，采用照蛋法进行检验，蛋内大部分或全部呈黑色或深褐色者为优质皮蛋。

（6）涂泥包糠　检验合格的皮蛋立即涂泥包糠，料泥为出缸后的残料加入30%～40%的黄泥调和而成的糊状料泥。将皮蛋用料泥包裹，置于稻壳上来

回滚动，使稻壳均匀沾到包泥上，防止包泥后的皮蛋相互粘连。包好的皮蛋放在缸内或塑料袋内密封保存，贮藏期一般为 3~4 个月。

2. 包泥法成产硬心皮蛋

（1）料液配制　各种辅料按照配料标准预先准确称量。将红茶末放入锅内加水煮沸，将石灰分次加入茶汁内，加入纯碱、食盐，再将植物灰倒入搅拌均匀，大约 10 分钟开始发硬，将料泥方块摊开冷却。

（2）和料　将冷却的料泥，和料至发黏成熟，要求料泥调至细腻、均匀、起黏、无块。料泥成分含量 NaOH 6%~8%，NaCl 2.7%~4.5%，水分 36%~43%，应及时增加或减少有关辅料调整成分含量。

（3）包泥　将鲜蛋周身均匀黏满料泥并滚上一层糠壳，要求不松不紧，厚薄均匀，不得露白。

（4）装缸封缸　将包好的蛋及时入缸，装至离缸口 5cm 为宜。装好后送入蛋库加盖、密封、贴签，注明生产的日期、加工的批次、产品的数量和级别等内容，自第三天起，不能搬动、震动和摇动，以免影响皮蛋质量。

（5）出缸检验　春季加工的蛋经 60~70d，秋季加工的蛋经 70~80d 成熟，出缸进行检验，主要通过感官检验法检验。

四、皮蛋的质量标准

皮蛋质量标准应符合 GB/T 9694—2014《皮蛋》和 GB 2749—2105《食品安全国家标准　蛋与蛋制品》，评判主要指标有感官指标、理化指标、污染物限量指标、农药残留限量、兽药残留限量和微生物限量指标等。

1. 感官指标

皮蛋的感官指标见表 3-12。

GB/T 9694—2014
《皮蛋》

GB 2749—2015
《食品安全国家标准
蛋与蛋制品》

表 3-12　皮蛋感官指标

| 项目 | 等级 | | | 检验方法 |
| --- | --- | --- | --- | --- |
| | 优级 | 一级 | 二级 | |
| 外观 | 包泥蛋的泥层和稻壳薄厚均匀，微湿润。涂膜蛋的涂膜均匀。真空包装蛋封口严密，不漏气。涂膜蛋、真空包装蛋及光头蛋无霉变，蛋壳应清洁完整 | | 包泥蛋的泥层和稻壳要求基本均匀，允许有少数露壳或干枯现象。涂膜蛋、真空包装蛋及光头蛋无霉变，蛋壳应清洁完整 | 将抽取的样品同级蛋依次摆开，观察并记录包泥或涂料的均匀性，有无霉变现象。然后洗净壳外泥、涂料，对于涂膜蛋和真空包装蛋去除塑料包装膜、袋，擦干，观察记录蛋壳的清洁程度 |

续表

| 项目 | | 等级 | | 检验方法 |
|---|---|---|---|---|
| | 优级 | 一级 | 二级 | |
| 形态 | 蛋体完整，有光泽，有明显震颤感，松花明显，不粘壳或不粘手 | 蛋体完整，有光泽，略有震颤，有松花，不粘壳或不粘手 | 部分蛋体允许不够完整，允许有轻度粘壳和干缩现象 | 将样品蛋逐个在手中检验弹性，优级蛋有明显震颤感，一、二级略有震颤。将经上述检验的蛋去壳后，放在干净的盘中，先观察蛋的整体形态和光泽，然后用刀或线将蛋剖开，进行形态、颜色、气味和滋味等项目的检验，记录检验结果 |
| 蛋内品质 颜色 | 蛋白呈半透明的青褐色或棕褐色，蛋黄呈墨绿色并有明显多种色层 | 蛋白呈半透明的青褐色或棕褐色，蛋黄呈墨绿色，色层允许不够明显 | 蛋白允许呈不透明的深褐色或透明的黄色，蛋黄允许呈绿色，色层可不明显 | |
| 气味与滋味 | 具有皮蛋应有的气味与滋味，无异味，不苦不涩、不辣，回味绵长 | 具有皮蛋应有的气味与滋味，无异味 | 具有皮蛋应有的气味与滋味，无异味，可略带辛辣味 | |
| 破损率/% ≤ | 3 | 4 | 5 | 观察破损情况 |

2. 理化指标

皮蛋的理化指标见表 3-13。

表 3-13 皮蛋理化指标

| 项目 | 指标 | 检验方法 |
|---|---|---|
| pH（1：15 稀释） | ≥9.0 | GB/T 5009.47—2003 |

3. 污染物指标

皮蛋中污染物限量应符合 GB 2762—2017 的规定。

表 3-14　皮蛋主要污染物指标

| 污染物 | 指标 |
|---|---|
| 铅（以 Pb 计）/（mg/kg） ≤ | 0.5 |
| 镉（以 Cd 计）/（mg/kg） ≤ | 0.05 |
| 汞（以 Hg 计）/（mg/kg） ≤ | 0.05 |

4. 农药残留限量和兽药残留限量

皮蛋中农药残留限量应符合 GB 2763—2019。兽药残留限量应符合国家有关规定和公告。

5. 微生物指标

皮蛋中致病菌限量应符合 GB 29921—2013 的规定，微生物限量还应符合表 3-15 的规定。

表 3-15　皮蛋微生物限量指标

| 项目 | 采样方案* 及限量 | | | | 检验方法 |
|---|---|---|---|---|---|
| | $n$ | $c$ | $m$ | $M$ | |
| 菌落总数/（CFU/g） | 5 | 2 | $10^4$ | $10^5$ | GB 4789.2—2016 |
| 大肠菌群/（CFU/g） | 5 | 2 | 10 | $10^2$ | GB 4789.3—2016 平板计数法 |

注：　* 样品的采样及处理按 GB/T 4789.19—2003 执行

6. 食品添加剂和食品营养强化剂

皮蛋中食品添加剂的使用应符合 GB 2760—2014 的规定。

皮蛋中食品营养强化剂的使用应符合 GB 14880—2012 的规定。

五、 皮蛋加工注意事项

（1）要严格挑选原料蛋，蛋要新鲜，蛋壳完好无破损，符合要求。

（2）加工皮蛋的环境温度要控制在 18~25℃。

（3）预计成熟期前后要抽样质量检验，以确定适宜的出缸时间。

（4）皮蛋的加工时间适宜于春秋两季。

（5）皮蛋成熟过程中，切忌与生水、油脂、糖类等杂物接触。

**知识拓展**

一、松花蛋上的松花是如何形成的？

蛋白的主要化学成分是一种蛋白质，放置的时间一长，蛋白中的部分蛋白质会分解成氨基酸，它的化学结构有一个碱性的氨基—$NH_2$和一个酸性的羧基—$COOH$，因此它既能跟酸性物质作用又能跟碱性物质作用。在制造松花蛋时，在泥巴里加入了一些碱性的物质，如石灰、碳酸钾、碳酸钠等。它们会穿过蛋壳上的细孔，与氨基酸化合，生成氨基酸盐。这些氨基酸盐不溶于蛋白，于是就以一定几何形状结晶出来，就形成了漂亮的松花。

二、皮蛋选购方法

选购简单易行的办法是一掂、二摇、三看壳、四品尝。

一掂：是将皮蛋放在手掌中轻轻地掂一掂，品质好的松花蛋颤动大，无颤动松花蛋的品质较差；

二摇：是用手取皮蛋，放在耳朵旁边摇动，品质好的松花蛋无响声，质量差的则有声音；而且声音越大质越差，甚至是坏蛋或臭蛋；

三看壳：即剥除皮蛋外附的泥料，看其外壳，以蛋壳完整，呈灰白色、无黑斑者为上品；如果是裂纹蛋，在加工过程中往往有可能渗入过多的碱，从而影响蛋白的风味，同时细菌也可能从裂缝处侵入，使皮蛋变质；

四品尝：皮蛋若是腌制合格，则蛋清明显弹性较大，呈茶褐色并有松枝花纹，蛋黄外围呈黑绿色或蓝黑色，中心则呈橘红色，这样的松花蛋切开后，蛋的断面色泽多样化，具有色、香、味、形俱佳的特点。

良质皮蛋整个蛋凝固、不粘壳、清洁而有弹性，呈半透明的棕黄色，有松花样纹理；将蛋纵剖，可见蛋黄呈浅褐或浅黄色，中心较稀。劣质皮蛋有刺鼻恶臭味或有霉味。

三、糟蛋

糟蛋是新鲜鸭蛋（或鸡蛋）用优质糯米糟制而成，是中国别具一格的特色传统美食，以浙江平湖糟蛋、陕州糟蛋和四川宜宾糟蛋最为著名。因为经过糟渍后，蛋壳脱落，只有一层薄膜包住蛋体，其蛋白呈乳白色，蛋黄为橘红色，味道鲜美，只要用筷或叉轻轻拨破软壳就可食用。

以平湖糟蛋为例，所用原料为鸭蛋、糯米、酒曲、食盐、水等。工艺流程：酿酒制糟→选蛋击壳→装坛糟制→封坛成熟。

四、咸蛋

咸蛋又称盐蛋、腌蛋、味蛋等，是一种风味特殊、食用方便的再制蛋。咸蛋是以鲜蛋为原料，经用盐水或含盐的纯净黄泥、红泥、草木灰等腌制，经熟制或不熟制而成的蛋制品。我国大多采用提浆裹灰法生产咸蛋，工艺流程：配料→打浆→提浆、裹灰→装缸、密封→成熟→贮藏。

### 五、卤蛋

卤蛋是经过各种卤料煮制、烘干、真空包装等工艺加工成的熟制蛋，是禽蛋品中的一种大众化食品，其工艺简单易行，基本工艺流程为：

辅料选择→料液配制→灌料

原料蛋选择→煮制→冷却→去壳→装入容器→卤制→腌渍→真空包装→杀菌→冷却→成品

---

#### ——课后习题——

**一、选择题**

1. 常吃的皮蛋一般是由哪一种蛋加工而成的（　　　）。

A. 鸡蛋　　　　B. 鸭蛋　　　　C. 鹅蛋　　　　D. 鹌鹑蛋

2. 皮蛋加工温度一般应掌握在（　　　）。

A. 5~10℃　　　B. 10~15℃　　　C. 20~25℃　　　D. 30℃以上

3. 传统工艺加工的皮蛋含有（　　　）对人体健康不利。

A. 砷　　　　　B. 铅　　　　　C. 汞　　　　　D. 镉

4. 形成皮蛋的基本原理主要是由于蛋白质和（　　　）作用发生变性凝固。

A. 食盐　　　　B. 石灰　　　　C. 茶叶和生物碱　　D. 氢氧化钠

5. 优级皮蛋蛋白呈半透明的（　　　），蛋黄呈墨绿色并有明显多种色层。

A. 青褐色或棕褐色　　　　　　　　B. 青褐色或棕色

C. 深褐色或黄色　　　　　　　　　D. 棕色或黄色

**二、填空题**

1. 茶叶在皮蛋加工过程中的主要作用是（　　　）、（　　　）、（　　　）。

2. 加工皮蛋的水应符合国家卫生标准，一般选用（　　　）。

3. 无铅皮蛋生产一般使用（　　　）代替（　　　）。

4. 食盐在皮蛋加工过程中的主要作用是（　　　）、（　　　）、（　　　）等作用。

5. 再制蛋是以鲜蛋为原料，添加或不添加辅料，经盐、碱、糟、卤等不同工艺加工而成的蛋制品，常见种类有（　　　）、（　　　）、（　　　）、（　　　）、（　　　）等。

**三、判断题**

1. 皮蛋的品质检验主要通过感官检验进行。　　　　　　　　　　（　　　）

2. 皮蛋不但是美味佳肴，而且还有一定的药用价值。　　（　　）

3. 皮蛋的加工时间适宜于夏冬两季。　　　　　　　　　（　　）

4. 传统皮蛋加工一般用氧化铅，现在一般用锌盐代替。　（　　）

5. 选购简单易行的办法是一掂、二摇、三看壳、四品尝。（　　）

### 四、简答题

1. 简述皮蛋的加工工艺流程及操作要点。

2. 简述皮蛋生产的原辅料及其作用。

## 任务二　干蛋制品加工技术

### 学习目标

1. 了解干蛋制品的分类及优点；

2. 掌握干蛋制品加工基本工艺流程及操作要点；

3. 了解干蛋制品品质鉴定的质量标准。

### 必备知识

#### 一、 干蛋制品的分类及优点

干蛋制品是以鲜蛋为原料，经去壳、加工处理、脱糖、干燥等工艺制成的蛋制品。根据原料的不同，干蛋制品主要包括巴氏杀菌全蛋粉、蛋黄粉、蛋白粉和特殊类型干蛋制品。全蛋粉不仅很好地保持了鸡蛋应有的营养成分，而且具有显著的功能性质，具有使用方便卫生、易于储存和运输等特点，广泛地应用于糕点、肉制品、冰淇淋等产品中。鸡蛋黄粉具有乳化性，可以带给最终产品本身的黄颜色、香味和营养价值，主要用于蛋黄酱、调料汁、糕点、蛋奶沙司、方便面、肉制品等产品中。鸡蛋白粉具有良好的功能性如凝胶性、乳化性、保水性等，应用于火腿肠等肉制品、糖果、挂面、油炸食品、汤料等产品中。

鸡蛋中含有大量的水分，全蛋约含75%，蛋黄中约含55%，蛋白中约含88%。将含水量如此高的全蛋、蛋黄或蛋白冷藏或输送，既不经济，而且易变质。干蛋制品的优点：干蛋制品由于除去水分而体积减小，从而比带壳蛋或液蛋贮藏的空间小，成本低；运输的成本比冰蛋品或液态蛋低；管理卫生；在贮藏过程中细菌不容易侵入、繁殖；在食物配方中数量能准确控制；干蛋制品成分均一；可用于开发很多新的方便食品。

二、 干蛋制品加工基本工艺流程及操作要点（ 以巴氏杀菌全蛋粉为例）

（一） 基本工艺流程

选蛋 → 清洗、消毒、晾干 → 打蛋去壳 → 搅拌过滤 → 脱糖 → 巴氏杀菌 → 干燥 → 包装

（二） 操作要点

1. 选蛋

采用感官鉴别法、光照透视法或鸡蛋筛选机挑选合格的鲜蛋，要求鸡蛋新鲜、光滑鲜亮、大小均匀、无沙皮、无畸形、无破损、无霉。

2. 清洗、 消毒、 晾干

对原料蛋进行清洗可以有效避免蛋壳上附有的脏物和微生物在打蛋时污染蛋液，清洗后的蛋壳细菌总数比未清洗前减少了 90%~95%。清洗后的蛋采用漂白粉溶液（有效氯保持在 0.08%~0.12%）浸泡 5min 左右进行消毒，取出后放入 60℃ 温水中浸泡（或采用淋水喷头冲洗）1~3min 洗去余氯。用 0.4% 的氢氧化钠溶液浸泡 5min 左右也能起到较好的消毒效果。经温水浸泡后的鲜蛋应及时晾干水分，防止蛋外细菌随水分进入蛋内，并使打蛋时的蛋液不受水滴中微生物的污染，以确保蛋液的品质。

3. 打蛋去壳

可以人工打蛋或机械打蛋。需要将蛋白、蛋黄分开时，可以将打出的蛋放入分蛋器内，使蛋白、蛋黄分开。打蛋时注意对手和打蛋机进行洗涤和消毒处理。

4. 搅拌过滤

蛋液需放在搅拌过滤器内，目的是为了使蛋液中蛋白与蛋黄混合均匀，组织状态均匀一致，杀菌更完全，搅拌成均匀的乳状液。搅拌时应注意尽量不使其发泡，否则会影响后续加热杀菌的杀菌效果。过滤是为了除去蛋液中的蛋壳碎片、系带、蛋壳膜和蛋黄膜等杂物。

5. 脱糖

全蛋、蛋白和蛋黄分别含有约 0.3%、0.4% 和 0.2% 的葡萄糖，如果直接把蛋液进行干燥，在贮藏期间，葡萄糖与蛋白质的氨基会发生美拉德反应，另外还会和黄内磷脂（主要是卵磷脂）反应，使产品褐变、溶解度下降、变味及质量降低。因此，蛋液（尤其是蛋白液）在干燥前必须除去葡萄糖，俗称脱糖。

6. 巴氏杀菌

蛋液的巴氏杀菌即对蛋液进行低温杀菌，是在尽量保持蛋液营养价值的条件下，杀灭其中的致病菌，最大限度地减少蛋液中细菌数目的处理方法。

（1） 巴氏杀菌的条件　采用巴氏杀菌法处理蛋液时，为了防止蛋液产生

凝固，加热的温度和时间必须控制在一定范围内。在加热过程中，蛋白比蛋黄更易出现热凝固的现象。因此，在低温杀菌时，全蛋液、蛋黄液及蛋白液的加热温度和时间并不相同。全蛋液、蛋黄液加热温度为 $60 \sim 67℃$，蛋白液加热温度为 $55 \sim 57℃$，杀菌时间一般控制在 $3 \sim 4min$。

（2）巴氏杀菌的效果　打蛋后的蛋液中常污染有大量的微生物，如大肠杆菌、葡萄球菌、沙门氏菌等，经过适当时间低温杀菌处理后，蛋液中的细菌总数、大肠菌群大幅度减少，肠道致病菌被全部杀灭。因此，低温杀菌对于提高产品的卫生质量和食用安全性具有重要的意义。

7. 干燥

常用脱水干燥方法包括真空干燥、喷雾干燥、冷冻干燥和微波干燥等，在感官性状的影响方面，微波干燥制得的蛋粉色泽、香气和质地均较差，而真空干燥、喷雾干燥和冷冻干燥制得的蛋粉从色泽、香气和质地等感官性状均符合蛋粉类产品的要求，在实际生产中可依据生产设备及加工成本来选择干燥方法。如采用喷雾干燥法，在未喷雾前，干燥塔的温度应在 $120 \sim 140℃$，喷雾后温度则下降至 $60 \sim 70℃$。在喷雾过程中，热风温度应控制在 $150 \sim 200℃$，蛋粉温度控制在 $60 \sim 80℃$。

8. 包装

通常用长方形的马口铁桶进行包装，蛋粉装满后，立即加盖焊封，包装操作必须做到无菌条件。

### 三、干蛋制品品质鉴定的质量标准

干蛋制品质量标准评判主要指标有感官指标、理化指标、污染物限量指标、农药残留限量和兽药残留限量（同皮蛋）、微生物限量指标、食品添加剂和食品营养强化剂（同皮蛋）。

1. 感官指标

干蛋制品的感官指标见表 3-16。

表 3-16　干蛋制品感官指标

| 名称 | 指标 | 检验方法 |
| --- | --- | --- |
| 全蛋粉 | 呈粉末状或极易松散之块状，均匀淡黄色，具有全蛋粉的正常气味，无异味，无杂质 | 取适量试样置于洁净白的白瓷盘中，在自然光下观察色泽和状态，检查有无异物，闻其气味 |
| 蛋黄粉 | 呈粉末状或极易松散之块状，均匀黄色，具有蛋黄粉的正常气味，无异味，无杂质 | |
| 蛋白片 | 呈晶片状，均匀浅黄色，具有蛋白片的正常气味，无异味，无杂质 | |

2. 理化指标

干蛋制品的理化指标见表 3-17。

表 3-17　干蛋制品理化指标

| 项目 | | 全蛋粉 | 蛋黄粉 | 蛋白粉 |
|---|---|---|---|---|
| 水分/（g/100g） | ≤ | 4.5 | 4.0 | 16.0 |
| 脂肪/（g/100g） | ≤ | 42 | 60.0 | — |
| 游离脂肪酸/（g/100g） | ≤ | 4.5 | 4.5 | |

3. 污染物指标

干蛋制品中污染物限量应符合 GB 2762—2017 的规定，见表 3-18。

表 3-18　干蛋制品主要污染物指标

| 污染物 | 指标 |
|---|---|
| 铅（以 Pb 计）/（mg/kg） ≤ | 0.2 |
| 镉（以 Cd 计）/（mg/kg） ≤ | 0.05 |
| 汞（以 Hg 计）/（mg/kg） ≤ | 0.05 |

4. 微生物指标

干蛋制品中致病菌限量应符合 GB 29921—2013 的规定，微生物限量还应符合表 3-19 的规定。

表 3-19　干蛋制品微生物限量指标

| 项目 | 采样方案* 及限量 | | | | 检验方法 |
|---|---|---|---|---|---|
| | $n$ | $c$ | $m$ | $M$ | |
| 菌落总数/（CFU/g） | 5 | 2 | $5 \times 10^4$ | $10^6$ | GB 4789.2—2016 |
| 大肠菌群/（CFU/g） | 5 | 2 | 10 | $10^2$ | GB 4789.3—2016 平板计数法 |

注：　* 样品的采样及处理按 GB/T 4789.19—2003 执行

四、干蛋制品加工注意事项

（1）干蛋制品的关键控制环节为：选蛋、低温杀菌、喷粉干燥。

（2）容易出现的质量安全问题为：由于微生物、环境因素和禽蛋本身的特性而造成禽蛋腐败变质；微生物超标；重金属（铅、汞）超标。

知识拓展

一、干燥蛋制品的用途

1. 干燥蛋白

喷雾干燥蛋白粉是通过喷雾干燥而制成的粉状制品，主要用于制作天使蛋糕。 蛋白片是通过浅盘干燥而制成的片状或粒状的制品，将蛋白片在水中浸泡一夜即可还原使用，在食品、纺织、皮革、造纸印制、医药等工业上都有广泛用途。 如食品工业中，干蛋白可用作冰糖加工时的澄清剂；加工点心时可作为起泡剂；加工冰淇淋、巧克力粉、清凉饮料、饼干等均有使用。 纺织工业中，在染料及颜料浆中加入35%～50%干蛋白片的水溶液，可以增加印染的劲着性；若加以蒸热，即可使染料或颜料固着于纺织物上，印染棉、绢、毛等纺织品时，常用干蛋白做固着剂。 皮革工业中，干蛋白可用做皮革鞣制中的光泽剂，使皮革表面光滑、防水耐用。 造纸印制工业中，可用干蛋白做施胶剂，提高纸张的硬度、强度，增强其韧性和耐湿性；印刷制版时，需用干蛋白作为感光剂和胶着剂；陶器、瓷器以及玻璃器皿上的彩画和图案是用印画纸印上的，而印画纸是用干蛋白和颜料配制成的25%浓度的涂料液和配合料，在纸上印刷而成的。 医药工业中，主要用干蛋白制造蛋白银治疗结膜性眼炎；用鞣酸蛋白治疗慢性肠炎；制造蛋白铁盐作为小儿营养剂；干蛋白也常用于制造细菌培养基等。

**2. 普通干燥全蛋和蛋粉**

普通干燥蛋制品包括普通干燥全蛋粉、干蛋黄粉、除葡萄糖干全蛋粉和干蛋黄粉。 此类全蛋和蛋黄制品发泡力差，但具有良好的黏着性、乳化性和凝固性，常用于制造夹心蛋糕、油炸圈饼和酥饼等。

**3. 加糖干燥全蛋和蛋黄**

加糖干燥蛋制品包括加糖干全蛋和干蛋黄。 是在干燥前的杀菌阶段加一定量的糖，使制品具有良好的起泡性及其他机能特性，适用于制造任何糕饼、冰淇淋、鸡蛋面条等。 蛋黄粉还可提炼出蛋黄素供医药用，提炼出蛋黄油用于油画、化妆用品等。

**4. 其他干蛋制品**

包括炒蛋用的蛋粉等。 这些是将蛋与其他食物（如脱脂乳、酥烤油等）混合，或加入碳酸钠粉调 pH 后喷雾干燥而成的制品。

二、蛋白片的加工工艺

**1. 工艺流程**

蛋白液 → 搅拌过滤 → 发酵 → 中和 → 烘制 → 晾干 → 贮藏 → 包装

**2. 关键工艺**

（1）发酵　目的是除去蛋白中的葡萄糖，防止干燥及贮藏过程中发生美拉德反应；降低蛋白液的黏度，提高成品的打擦度、光泽度和透明度；增加成品的水溶物含量。 发酵方法主要有自然发酵法、细菌发酵法、酵母发酵法、酶法脱糖。

（2）中和　发酵蛋白液呈酸性，如直接烘干则会产生大量气泡，有损成品外观和透明度；酸性成品在保存过程中颜色会渐深，水溶物含量渐少；不耐贮藏，易碎，需要加氨水，调整蛋白液呈中性或微碱性。方法是将蛋白液表面泡沫用圆铝盘除去，加相对密度为 0.98 纯净氨水，边加边搅拌，速度不能过快，防产生泡沫。

— 课后习题 —

一、选择题

1. 蛋粉一般用（　　）包装为宜。

A. 马口铁桶　　　　B. 塑料桶　　　　C. 纸袋　　　　D. 塑料袋

2. 在感官性状的影响方面，（　　）制得的蛋粉色泽、香气和质地均较差。

A. 真空干燥　　　B. 喷雾干燥　　　C. 微波干燥　　　D. 冷冻干燥

3. 喷雾干燥蛋白粉是通过喷雾干燥而制成的粉状制品，主要用于制作（　　）。

A. 饼干　　　　　B. 戚风蛋糕　　　C. 海绵蛋糕　　　D. 天使蛋糕

4. 全蛋、蛋白和蛋黄分别含有约（　　）的葡萄糖。

A. 0.3%、0.4%、0.2%　　　　　　B. 0.2%、0.3%、0.4%

C. 0.3%、0.2%、0.4%　　　　　　D. 0.2%、0.4%、0.3%

5. 蛋白片生产过程中中和步骤主要是调整蛋白液呈（　　）

A. 中性或微碱性　　　　　　　　B. 酸性

C. 碱性　　　　　　　　　　　　D. 中性或酸性

二、填空题

1. 根据原料的不同，干蛋制品主要包括（　　）、（　　）、（　　）和（　　）。

2. 干蛋类的关键控制环节为（　　）、（　　）、（　　）。

3. 容易出现的质量安全问题为（　　）、（　　）、（　　）。

4. 低温杀菌时，全蛋液、蛋黄液及蛋白液的加热温度并不相同，全蛋液、蛋黄液加热温度为（　　），蛋白液加热温度为（　　）。

5. 蛋液（　　）在干燥前必须除去（　　），俗称脱糖，防止干燥及贮藏过程中发生（　　）。

三、判断题

1. 巴氏杀菌时，全蛋液、蛋黄液及蛋白液的加热温度和时间是相同的。

（　　　）

2. 在喷雾过程中，热风温度应控制在 150 ~200℃，蛋粉温度控制在 60 ~

80℃。　　　　　　　　　　　　　　　　　　　　　　　（　　）

3. 蛋液搅拌时应注意尽量不使其发泡，否则会影响后续加热杀菌的杀菌效果。　　　　　　　　　　　　　　　　　　　　　　　（　　）

4. 干蛋类制品在食品、纺织、皮革、造纸印制、医药等工业上都有广泛用途。　　　　　　　　　　　　　　　　　　　　　　　（　　）

5. 打蛋时注意对手和打蛋机进行洗涤和消毒处理。　　　　（　　）

四、简答题

1. 简述干蛋类制品的分类及特点。

2. 简述干蛋类制品的应用。

# 任务三　冰蛋类加工技术

## 学习目标

1. 了解冰蛋制品的分类及优点；

2. 掌握冰蛋类加工基本工艺流程及操作要点；

3. 了解冰蛋类品质鉴定的质量标准。

### 必备知识

冰蛋制品是以鲜蛋为原料，经去壳、加工处理、冷冻等工艺制成的蛋制品，根据蛋液的种类不同分为冰全蛋（简称冰全）、冰蛋黄（简称冰黄）、冰蛋白（简称冰白）。全蛋液经巴氏杀菌后再冰冻的蛋制品称为巴氏杀菌冰全蛋。

### 一、 冰蛋制品加工基本工艺流程及操作要点（ 以巴氏杀菌冰全蛋为例 ）

（一）工艺流程

选蛋 → 清洗、消毒 → 打蛋 → 搅拌、过滤 → 巴氏杀菌 → 冷却 → 灌装 → 速冻 → 包装 → 冷藏

（二）操作要点

冰蛋制品工艺流程中，选蛋、清洗、消毒、打蛋、搅拌、过滤操作与干蛋制品操作时间。

1. 巴氏杀菌

采用巴氏杀菌法对蛋液进行杀菌，操作详见干蛋制品操作。

**2. 冷却**

杀菌后的蛋液应迅速冷却降温至4℃左右，以防止蛋液中微生物繁殖。

**3. 灌装**

蛋液降温达到要求时即可灌装。冷却蛋液一般采用马口铁罐（内衬塑料袋）灌装。灌装容器使用前须洗净，用121℃蒸汽消毒30min，待干燥后备用。为了便于销售，蛋液也可采用塑料袋灌装。

**4. 冷冻**

将灌装好的蛋液送入低温冷冻间内冻结。在国内，冷冻间的温度一般控制在-23℃左右，使罐（袋）内中心温度72h内降至-18℃时即可完成冻结。在普通冻结间内完成冻结一般需60~70h，而在-45~-35℃的冷冻条件下，一般只需16h左右。

在冷冻时蛋黄的物性将会发生很大的变化。冷冻温度低于-6℃时，蛋黄的黏度突然增加，而解冻后的黏度也较大，并有糊状物产生。为了减少蛋黄在冻结时产生上述的不利变化，可以在-10℃左右进行冷冻，也可在蛋黄中先添加10%左右的蔗糖或3%~5%的食盐再对其冷冻。

**5. 包装**

冻结完成后，马口铁罐须用纸箱包装，塑料袋灌装的产品也应在其外加硬纸盒包装，以便于保管和运输。

**6. 冷藏**

将包装好的冰蛋送入-8℃以下的低温冷库中贮藏。

## 二、 冰蛋品的解冻方法及特点

**1. 常温解冻**

将冰蛋放置在常温下进行解冻的方法。该法操作简单，但解冻较缓慢，解冻时间较长。

**2. 低温解冻**

将冰蛋品从冷藏库移到低温库解冻的方法，一般通常在5℃以下的低温库中48h或在10℃以下24h内解冻。

**3. 水解冻**

分为水浸式解冻、流水解冻、喷淋解冻、加碎冰解冻等方法。对冰蛋白的解冻主要应用流水解冻法，即将盛冰蛋品的容器置入15~20℃的流水中，可以在短时间内解冻，而且可以防止微生物的污染。

**4. 加温解冻**

把冰蛋品移入室温保持在30~50℃的保温库中，可用风机连续送风使空气循环，在短时间内可以达到解冻目的。

**5. 微波解冻**

能保持食品的色、香、味，而且解冻时间只是常规时间的 1/10。冰蛋品采用微波解冻不会发生蛋白质变性，可以保证产品的质量。但是微波解冻法投资大，设备和技术水平要求较高。

上述解冻方法解冻所需要的时间，因冰蛋品的种类而有差异。加盐冰蛋和加糖冰蛋，由于其冰点下降，解冻较快。在一般冰蛋品中，冰蛋黄可在短时间内解冻，而冰蛋白则需要较长解冻时间。

在解冻过程中细菌的繁殖状况也因冰蛋品的种类与解冻方法不同而异。例如，同一室温中解冻，细菌总数在蛋黄中比蛋白中增加的速度快。同一种冰蛋品，室温解冻比流水解冻的细菌数高。

**三、 冰蛋制品品质鉴定的质量标准**

冰蛋制品质量标准评判主要指标有感官指标、理化指标、污染物限量指标、农药残留限量和兽药残留限量（同皮蛋）、微生物限量指标、食品添加剂和食品营养强化剂（同皮蛋）。

**1. 感官指标**

冰蛋制品的感官指标见表 3-20。

表 3-20 冰蛋制品感官指标

| 名称 | 指标 | 检验方法 |
|------|------|----------|
| 巴氏杀菌冰全蛋 | 坚洁均匀，呈黄色或淡黄色，具有冰全蛋的正常气味，无异味，无杂质 | 取适量试样置于洁净白的白色盘（瓷盘或同类容器）中，在自然光下观察色泽和状态，检查有无异物，闻其气味 |
| 冰蛋黄 | 坚洁均匀，呈黄色，具有冰蛋黄的正常气味，无异味，无杂质 | |
| 冰蛋白 | 坚洁均匀，呈白色或乳白色，具有冰蛋白的正常气味，无异味，无杂质 | |

**2. 理化指标**

冰蛋制品的理化指标见表 3-21。

表 3-21 冰蛋制品理化指标

| 项目 | | 冰全蛋 | 冰蛋黄 | 冰蛋白 |
|------|---|--------|--------|--------|
| 水分（g/100g） | ≤ | 76.0 | 55.0 | 88.5 |
| 脂肪（g/100g） | ≤ | 10.0 | 26.0 | — |
| 游离脂肪酸（g/100g） | ≤ | 4.0 | 4.0 | — |

3. 污染物指标

冰蛋制品中污染物限量应符合 GB 2762—2017 的规定，见表 3-22。

表 3-22　冰蛋制品主要污染物指标

| 污染物 | 指标 |
| --- | --- |
| 铅（以 Pb 计）/（mg/kg） ≤ | 0.2 |
| 镉（以 Cd 计）/（mg/kg） ≤ | 0.05 |
| 汞（以 Hg 计）/（mg/kg） ≤ | 0.05 |

4. 微生物指标

冰蛋制品中致病菌限量应符合 GB 29921—2013 的规定，微生物限量还应符合表 3-23 的规定。

表 3-23　冰蛋制品微生物限量指标

| 项目 | 采样方案[*]及限量 | | | | 检验方法 |
| --- | --- | --- | --- | --- | --- |
| | $n$ | $c$ | $m$ | $M$ | |
| 菌落总数/（CFU/g） | 5 | 2 | $5 \times 10^4$ | $10^6$ | GB 4789.2—2016 |
| 大肠菌群/（CFU/g） | 5 | 2 | 10 | $10^2$ | GB 4789.3—2016 平板计数法 |

注：　* 样品的采样及处理按 GB/T 4789.19 执行。

四、　冰蛋类制品加工注意事项

（1）冰蛋类的关键控制环节是：选蛋、低温杀菌、冷冻、充填包装。

（2）巴氏杀菌冰蛋生产企业一般均配备有产品贮存所需的冷库，其温度能控制在-18℃，贮存期间发生卫生问题的可能性不大，但在运输过程和分销过程中可能会产生卫生问题，因此在产品运输中一定要使用冷藏车，以保证产品质量。

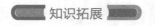
知识拓展

一、冰全蛋的用途

1. 冰全蛋

溶冻后与去壳鲜蛋液相同，除不能做蛋黄完整的菜肴外，食用方法同鲜蛋。

2. 冰蛋黄

用于食品工业制作蛋黄调味汁，蛋乳精、蛋黄酱、饼干等含蛋食品；医药工业用于制作卵磷脂蛋黄素和蛋黄油等。

3. 冰蛋白

除用于食品工业外，纺织印染工业用于各种纺织品的固着剂；皮革工业用作上光剂或光泽剂；印染制版作为感光剂及胶着剂；造纸工业做施胶剂；医药工业制作蛋白银、鞣酸蛋白、蛋白铁液和细菌培养基，还可做人造象牙、发光漆、化妆品等。

**二、我国蛋制品业发展趋势**

党的二十大报告中指出要"面向人民生命健康，加快实现高水平科技自立自强"。目前，禽蛋业中鲜蛋的销售量下降，而蛋制品的消费量不断上涨。随着我国居民消费意识的转变，购买经过处理的蛋类，会减少细菌特别是沙门菌的污染，保证身体健康；另外多选用蛋的加工制品，增强营养，选择机会增多，丰富人们的生活。但是，我国市场上的蛋制品不仅数量小，而且品种也很少。相比之下，国外的蛋制品品种数量已经达到了上百种。提高蛋制品的品种，满足不同人所需，是国际市场的需求，也是我国未来蛋制品市场的发展需要。我们要在求稳保安全的基础上大胆创新，敢于实践。

蛋品的加工必须走出传统，蛋品加工是增加禽蛋附加值的关键一环。鸡蛋的医药和食用功能有很深的值得研究的东西，就连蛋壳目前都已开发出多种高附加值有营养的产品来。蛋品企业的发展有两个关键点：一是高新技术；二是拓展新的消费市场问题。通过高端技术，带动高端市场。通过高质量的产品，创出企业品牌。要选中蛋制品现代化生产方向，大力推广高新技术。在市场经济中蛋制品加工业只有研究市场基础上，采用新技术才能获得新起步。

---

**—— 课后习题 ——**

**一、选择题**

1. 杀菌后的蛋液应迅速冷却降温至（　　）左右，以防止蛋液中微生物繁殖。

A. 4℃　　　　　　B. 8℃　　　　　　C. 10℃　　　　　　D. 25℃

2. 将灌装好的蛋液送入低温冷冻间内冻结，在国内，冷冻间的温度一般控制在−23℃左右，使罐（袋）内中心温度（　　）h 内降至（　　）℃时可完成冻结。（　　）

A. 72，−18　　B. 24，−18　　C. 24，−23　　D. 72，−23

3. 冷冻温度低于（　　）时，蛋黄的黏度突然增加，而解冻后的黏度也较大，并有糊状物产生。

A. −4℃　　　　B. −5℃　　　　C. −6℃　　　　D. −8℃

4. 将包装好的冰蛋送入（　　）以下的低温冷库中贮藏。

A. 4℃　　　　　B. −8℃　　　　C. −18℃　　　　D. −23℃

5. （　　）能保持食品的色、香、味，而且解冻时间只是常规时间的 1/10。

A. 室温解冻　　B. 常温解冻　　C. 微波解冻　　D. 加温解冻

二、填空题

1. 为了减少蛋黄在冻结时产生不利变化，可以在（　　　）左右进行冷冻，也可在蛋黄中先添加（　　　）再对其冷冻。

2. 冰蛋品的解冻方法有（　　）、（　　）、（　　）、（　　）、（　　）等。

3. 冰蛋类的关键控制环节是：（　　）、（　　）、（　　）、（　　）。

4. 灌装蛋液的容器使用前须洗净，用（　　）消毒（　　）min，干燥后备用。

5. 根据蛋液的种类不同冰蛋制品分为（　　）、（　　）、（　　）。

三、判断题

1. 冷却蛋液只能采用马口铁罐（内衬塑料袋）灌装。　　　　　　（　　）

2. 巴氏杀菌冰蛋在产品运输中一定要使用冷藏车，以保证产品质量。

（　　）

3. 冰蛋品采用微波解冻不会发生蛋白质变性，可以保证产品的质量。

（　　）

4. 将灌装好的蛋液送入低温冷冻间内冻结，在 -45 ~-35℃的冷冻条件下，会大大缩短冷冻时间。　　　　　　　　　　　　　　　（　　）

5. 在一般冰蛋品中，冰蛋白可在短时间内解冻，而冰蛋黄则需要较长解冻时间。　　　　　　　　　　　　　　　　　　　　　　　（　　）

四、简答题

1. 简述冰蛋制品的加工流程及关键工艺。

2. 简述干蛋制品的应用。

## 项目四　乳制品加工技术

## 任务一　液体乳加工技术

学习目标

1. 了解液体乳的概念及其主要分类；

2. 掌握液体乳加工基本工艺流程及操作要点；

3. 了解液体乳品质鉴定的质量标准。

---- 必备知识 ----

目前市面上常见的液体乳主要有两种：巴氏杀菌乳和灭菌乳。所谓巴氏杀菌乳，即为仅以生牛（羊）乳为原料，经巴氏杀菌等工序制得的液体产品。而灭菌乳主要为超高温灭菌乳，以生牛（羊）乳为原料，添加或不添加复原乳，在连续流动的状态下，加热到至少132℃并保持很短时间的灭菌，再经无菌灌装等工序制成的液体产品，即为超高温灭菌乳。液体乳是最古老的天然饮料之一，被誉为"白色血液"，对人体的重要性可想而知。其中含有丰富的矿物质、钙、磷、铁、锌、铜、锰、钼。最难得的是，牛乳是人体钙的最佳来源，而且钙磷比例非常适当，利于钙的吸收。

## 一、液态乳的主要分类

1. 巴氏杀菌乳的分类

（1）按脂肪含量分类　可分为全脂巴氏杀菌乳、部分脱脂巴氏杀菌乳、脱脂巴氏杀菌乳。

（2）按营养成分分类

①普通巴氏杀菌乳：除脂肪含量标准化调整外，其他成分不变。

②强化牛乳：根据不同消费群体的日常营养需要，有针对性地强化维生素和矿物质。如早餐奶、学生专用奶等。

③调制乳：将牛乳的成分进行调整，使其接近母乳的成分和性质，更适合婴幼儿饮用。

（3）按添加风味不同分类　按添加风味不同巴氏杀菌乳分为：可可乳、巧克力乳、草莓乳、香蕉乳、菠萝乳等。

（4）按来源不同分类　按来源不同可分为巴氏杀菌牛乳和巴氏杀菌羊乳。

2. 灭菌乳的分类

（1）按脂肪含量分类　按脂肪含量不同可将灭菌乳分为全脂、部分脱脂、脱脂灭菌乳。

（2）按蛋白质含量分类　按蛋白质含量不同可将灭菌乳分为灭菌纯牛（羊）乳（蛋白质含量≥2.9%）、灭菌调味乳（蛋白质含量2.3%）

①灭菌纯牛（羊）乳：以牛乳（或羊乳）或复原乳为原料，脱脂或不脱脂，不添加辅料，经超高温瞬时灭菌、无菌灌装或保持灭菌制成的产品。

②灭菌调味乳：以牛乳（或羊乳）或复原乳为主料，脱脂或不脱脂，添加辅料，经超高温瞬时灭菌、无菌灌装或保持灭菌制成的产品。

（3）按原料来源分类　按原料来源不同分为灭菌牛乳、灭菌羊乳、灭菌复原乳。

（4）根据用途分类　根据用途不同可分为学生乳、早餐乳、儿童牛乳、高钙牛乳、低乳糖牛乳等。

## 二、 液体乳中常用的杀菌和灭菌方式

### 1. 低温长时杀菌法（LTLT）

这种杀菌法的加热条件为 62~65℃、30min，可分为单缸保持法和连续保持法两种。单缸保持法常在保温缸中进行杀菌。杀菌时先向保温缸中泵入牛乳，开动搅拌器，同时向夹套中通入蒸汽或 66~77℃的热水，使牛乳徐徐上升至所规定的温度。然后停止蒸汽或热水，保持一定温度维持 30min 后，立即向夹套通以冷水，尽快冷却。本法只能间歇进行，适于少量牛乳的处理。连续保持法通常采用片式、管式或转鼓式等杀菌器，先加热到一定温度后自动流出，流量可自动调节，本法适用于较多牛乳的处理。低温长时杀菌法所需时间长，杀菌效果也不够理想。

### 2. 高温短时杀菌法（HTST）

高温短时杀菌是用管式或板状热交换器使乳在流动的状态下进行连续加热处理的方法。其最大的优点就是能连续处理大量牛乳。加热条件是 72~75℃、15s。但由于原料乳的含菌情况不同，也有采用 72~75℃、16~40s，80~85℃、10~15s，85~90℃、15~20s，94~98℃、10~15s 的方法进行加热的。此法由于受热时间短，热变性现象很少，风味浓厚，无蒸煮味。

### 3. 超巴氏杀菌法

超巴氏杀菌是一种延长货架期技术。换句话说，超巴氏杀菌的目的是延长产品的保质期。它采用的主要措施是尽最大可能避免产品在加工和包装过程中的再污染。这需要极高的卫生条件和优良的冷链分销系统。一般冷链温度越低，产品保质期越长，最高不得超过 7℃。典型的超巴氏杀菌条件是 125~130℃、2~4s。

### 4. 超高温灭菌法（UHT）

超高温灭菌法一般采用 135~150℃、0.5~4s 条件。由于耐热性细菌都被杀死，故保存性明显提高。但如原料乳不良（如酸度高、盐类不平衡），则易形成软凝块和杀菌器内挂乳石等，初始菌数尤其芽孢数量过高则残留菌的可能性增加，故原料乳的质量必须充分注意。由于杀菌时间很短，故风味、性状和营养价值等与普通杀菌乳相比无差异。

### 5. 二次灭菌法

这种方法是将乳液预先杀菌（或不杀菌），包装于密闭容器内，在不低于 110℃温度下灭菌 10min 以上。

牛乳的二次灭菌从操作程序的变化上可以分为三种：一段灭菌、二段灭菌和连续灭菌。

（1）一段灭菌牛乳　先预热到 80~85℃，然后灌装到预热的干净容器中，

密封然后放入杀菌器中，在 110~120℃温度下灭菌 10~40min。

（2）二段灭菌牛乳　在 130~140℃温度下预杀菌 2~20s。这段处理可在管式或板式热交换器中靠间接加热的办法进行，或者是用蒸汽直接喷射牛乳。当牛乳冷却到约 80℃后，灌装到成品容器中，密封后，再放到灭菌器中进行灭菌。后一段处理不需要像前一段杀菌时那样强烈，因为第二阶段杀菌的主要目的只是为了消除第一阶段杀菌后重新染菌的危险。

（3）连续灭菌　牛乳或者是装瓶后的乳在连续工作的灭菌器中处理，或者是在无菌条件下于一封闭的连续生产线中处理。在连续灭菌器中灭菌可以用一段灭菌，也可以用二段灭菌。奶瓶缓慢地通过杀菌器中的加热区和冷却区往前输送。这些区段的长短应与处理各个阶段所要求的温度和停留时间相适应。

### 三、液体乳基本工艺流程及操作要点

#### （一）巴氏杀菌乳

**1. 工艺流程**

原料乳验收 → 预处理 → 脂肪标准化 → 均质 → 巴氏杀菌 → 冷却 → 灌装 →

封口 → 装箱 → 冷藏 → 检验 → 成品

**2. 操作要点**

（1）原料乳验收　我国国标规定巴氏杀菌乳的原料是牛乳或羊乳，不能使用复原乳或再制乳。原料牛乳的验收要符合 GB 19301—2010《食品安全国家标准　生乳》的要求。

（2）原料乳的预处理及标准化　原料乳的预处理过程包括原料乳的净化、冷却、贮存、标准化等。巴氏杀菌乳中的标准化要根据不同国家的规定进行。例如，GB 19645—2010《巴氏杀菌乳》规定：全脂巴氏杀菌乳脂肪含量 ≥ 3.1%，部分脱脂巴氏杀菌乳脂肪含量是 1.0~2.0%，脱脂巴氏杀菌乳脂肪含量 ≤ 0.5%。因此，凡不符合标准的乳，都必须进行标准化。其方法是：当原料乳脂肪含量过高时，从中提取稀奶油；当原料乳脂肪含量太低时，可在原料乳中添加稀奶油（如含 30% 脂肪的稀奶油）。由于奶油数量少且不易保存，因此脂肪的标准化主要是在较高脂肪含量的原料乳中分离脱去部分脂肪，使之符合相应的产品标准。

（3）均质

①均质的意义：通过均质处理，使原料乳中的脂肪在强的机械作用下，半径减小。因此，均质乳具有下列优点：风味良好，口感细腻；储存期间不产生脂肪上浮现象；改善牛乳的消化、吸收程度。通常原料乳中，75% 的脂肪球直径为 2.5~5.0μm，其余为 0.1~2.2μm，平均 3.0μm，均质后的脂肪球直径大

部分在 $1.0\mu m$ 以下。实践证明，当脂肪球的直径接近 $1.0\mu m$ 时，脂肪球基本不上浮。所以脂肪球的大小对乳制品加工的意义很大。

②均质的方法及条件：均质效果与温度有关，而高温下的均质效果优于低温。如果采用板式杀菌装置进行高温短时或超高温瞬时杀菌工艺，则均质机装在预热段之后、杀菌段之前。牛乳进行均质时的温度宜控制在 $50\sim65℃$，在此温度下乳脂肪处于熔融状态，脂肪球膜软化，有利于提高均质效果。一般均质压力为 $16.7\sim20.6MPa$。使用二段均质机时，第一段均质压力为 $16.7\sim20.6MPa$，第二段均质压力为 $3.4\sim4.9MPa$。

均质可以是全部的，也可以是部分的。部分均质指的是仅对标准化时分离出的稀奶油进行均质，是比较经济的方法。

③均质设备：常用的均质设备有高压均质机、胶体磨、超声波均质机等。

④均质效果：检查均质后必须有效地防止脂肪上浮、形成乳脂层。均质效果可以通过显微镜检查法和保质观察法进行检测。显微镜检查法即采用 100 倍的显微镜油镜镜检，直接观察均质后乳脂肪球的大小和均质程度；保质观察法则在产品生产结束后采取一定数量的样品置于检查室内，每天检查产品或按规定时间检查产品，直到产品保质期结束，来确定均质的效果。

（4）巴氏杀菌

①巴氏杀菌的目的。

a. 杀灭对人体有害的病原菌和大部分非病原菌，以维护消费者的健康。经巴氏杀菌的产品必须完全没有致病菌，如果仍有致病菌存在，其原因是热处理没有达到要求，或者是该产品被二次污染了。

b. 抑制酶的活性，以免成品产生脂肪水解、酶促褐变等不良现象。

②巴氏杀菌的方法为保证杀死所有的致病微生物，牛乳加热必须达到一定的温度。巴氏杀菌的温度和时间是非常重要的因素，应依照牛乳的质量和所要求的保质期等进行精确规定。由于各国的法规不同，巴氏杀菌工艺也不尽相同，表 3-24 所示为生产巴氏杀菌乳的主要热处理方式。

表 3-24　巴氏杀菌乳的主要热处理方式

| 工艺名称 | 温度/℃ | 时间 | 方式 |
| --- | --- | --- | --- |
| 预杀菌 | 63~65 | 15s | — |
| 低温长时巴氏杀菌（LTLT） | 63 | 30min | 间歇式 |
| 高温短时巴氏杀菌（HTST） | 72~75 | 15~20s | 连续式 |
|  | 85~90 | 10~15s | 连续式 |
|  | 94~98 | 10~15s | 连续式 |
| 超巴氏杀菌 | 125~138 | 2~4s | 连续式 |

（5）冷却　经过杀菌后，绝大部分细菌已经失去活性，但是仍有部分有活性的细菌存在，在后续的各种工序中仍有再次污染的可能。此外，如不及时降温，温度过高还会导致脂肪球上浮。因此，要及时进行冷却。通常冷却至2~4℃，冷却后直接进行包装、销售。如不能及时发送，应在5℃以下的冷库中贮存。

（6）灌装　冷却完成后的乳应直接进行灌装。

①灌装的目的：便于销售和运输；防止外界的微生物等杂质造成二次污染；保持风味和营养成分。

②灌装容器：最早使用的包装容器是玻璃瓶，随着科技的进步及行业的发展，灌装容器变得越来越多样化，除了玻璃瓶外，又出现了塑料瓶、塑料袋、塑料夹层纸盒、涂覆塑料铝箔纸等。

③灌装过程中注意的事项：

a. 灌装前灌装设备应用95℃热水进行20min的预消毒。

b. 灌装间应定期清洗消毒（紫外线照射、乳酸熏蒸、高锰酸钾熏蒸、二氧化氯等消毒）。

c. 防止灌装过程中的二次污染（因操作人员、操作程序、换薄膜引起）。

d. 尽量减少灌装过程中的料液温度升高。

e. 对包装材料进行有效的杀菌处理，一般用紫外线。

f. 操作人员要戴口罩，不能戴首饰，头发应该全部装到工作帽内。

（7）贮存、运输和销售　灌装好的产品应及时分送给消费者，如不能立即发送，应贮存于2~5℃冷库内。巴氏杀菌乳在贮存和分销过程中，必须保持冷链的连续性，尤其是从乳品厂至商店的输程及产品在商店过程是冷链的两个最薄弱的环节，应选用保温密封车甚至冷藏车运输，产品在装车、运输、卸车和最后运至商店的过程中，时间不应超过3h。

我国巴氏杀菌乳在2~6℃的贮藏条件下保质期为1周，欧美国家巴氏杀菌乳的保质期稍长（15d左右）。

（8）检验　根据GB 19645—2010进行检验。检验分出厂检验和形式检验两种。出厂检验由工厂的质检化验部门按照出厂检验项目进行；形式检验，是产品标准中规定的全部技术要求，由上级质检部门定期进行检验或由加工单位委托资格部门进行检验。感官指标和微生物指标不合格不得复检，理化指标不合格可以复检，只有感官指标、理化指标、微生物指标全部符合标准要求时，方可下发产品合格证书，准予市场销售。

（二）超高温灭菌乳

1. 工艺流程

原料乳的验收 → 预处理 → 标准化 → 均质 → 超高温灭菌 → 无菌平衡罐 →

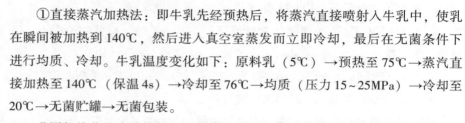 → 检验 →成品

2. 操作要点

（1）原料乳的验收　我国国标规定超高温灭菌乳的原料是牛乳或羊乳，不能使用复原乳或再制乳。原料牛乳的验收要符合 GB 25190—2010《食品安全国家标准　灭菌乳》的要求。

（2）预处理、标准化及均质　同巴氏杀菌乳预处理、标准化及均质。

（3）超高温灭菌　灭菌工艺要求杀灭乳中全部的微生物，而且对产品的颜色、滋味、气味、组织状态及营养品质的损害降低到最低程度。而牛乳在高温下保持较长时间，会产生一些化学反应，如蛋白质同乳糖发生美拉德反应；蛋白质发生某些分解产生不良气味，如产生焦糖味；某些蛋白质变性而沉淀。这些都是生产灭菌乳所不允许的。

超高温灭菌可采用不同的加热温度与时间组合。

①直接蒸汽加热法：即牛乳先经预热后，将蒸汽直接喷射入牛乳中，使乳在瞬间被加热到140℃，然后进入真空室蒸发而立即冷却，最后在无菌条件下进行均质、冷却。牛乳温度变化如下：原料乳（5℃）→预热至75℃→蒸汽直接加热至140℃（保温4s）→冷却至76℃→均质（压力15~25MPa）→冷却至20℃→无菌贮罐→无菌包装。

乳同加热蒸汽直接接触，蒸汽被冷凝于乳中，使乳中干物质含量减少；进入真空室进行闪蒸时，乳中的水分有一部分被蒸发。在工艺及设备设计时，控制冷凝水量与蒸发量相等，则乳中干物质含量可以保持不变。牛乳的预热和冷却可采用管式或板式热交换器。

②间接加热法：乳在板式热交换器内被高温灭菌乳预热至66℃（同时高温灭菌乳被冷却），然后经过均质机，在15~25MPa的压力下进行均质。

牛乳经预热及均质后，进入板式热交换器的加热段，被热水系统加热至137℃，热水温度由喷入热水中的蒸汽量控制（热水温度为139℃）。然后，137℃的热乳进入保温管保温4s。

离开保温管后，灭菌乳进入无菌冷却段被水冷却。从137℃降温至76℃，最后进入回收段，被5℃的进乳冷却至20℃。牛乳温度变化如下：原料乳（5℃）→预热至66℃→加热至137℃（保温4s）→水冷却至76℃→进乳冷却至20℃→无菌贮罐→无菌包装。

用间接加热灭菌时，牛乳的预热、加热灭菌及冷却在同一个板式热交热器的不同交换段内进行，牛乳不与加热或冷却介质接触，可以保证产品不受外来物质污染。进乳加热和出乳冷却进行换热，回收热量达85%，可大大节省能源及冷却用水。

间接法和直接法一样，工艺条件必须有严密的控制。在投入物料之前，先

GB 25190—2010
《食品安全国家标准
灭菌乳》

用水灌入物料系统进行循环加热，达到灭菌温度，将设备灭菌 30mim，操作时由定时器自动控制。如果灭菌进行过程中，温度达不到，定时器回到零，待达到温度后，再重新开始计时至 30min，可保证投料前设备的无菌状态。

（4）无菌平衡罐　经超高温灭菌及冷却后的灭菌乳应立即在无菌条件下被连续地从管道内送往包装机。为了平衡灭菌机及包装机生产能力的差异，并保证在灭菌机或包装机中间停车时不致产生相互影响，可在灭菌机和包装机之间装一个无菌贮罐，起缓冲作用。无菌乳进入储罐，不允许被细菌污染，因此，进出储罐的管道及阀门、罐内同乳接触的任何部位，必须一直处于无菌状态。罐内空气必须是经过滤后的无菌空气，如果灭菌机及无菌包装机的生产能力选择恰当，亦可不装无菌储罐，因为灭菌机的生产能力有一定伸缩性，且可调节少量灭菌乳从包装机返回灭菌机。无菌储罐的能力一般为 $3.5 \sim 20m^3$。

（5）无菌灌装　UHT 灭菌乳都采用无菌包装。所谓的无菌包装是将杀菌后的牛乳，在无菌条件下装入事先灭过菌的容器内，该过程包括包装材料或包装容器的灭菌。

①无菌包装过程：要达到灭菌乳在包装过程中不再污染细菌，则灌乳管路、包装材料及周围空气都必须灭菌。牛乳管路同灭菌设备相连，有来路，还有回路，在灭菌设备进行灭菌时一同进行灭菌。包装材料为平展纸卷，先经过过氧化氢溶液（浓度为 30% 左右）槽，达到灭菌的目的。当包装纸形成纸筒后，再经一种由电器元件产生的热辐射，即可达到加热灭菌的目的。同时这一过程可将过氧化氢转换成向上排出的水蒸气和氧气，使包装材料完全干燥。消毒空气系统采用压缩空气，从注料管周围进入纸卷，然后由纸卷内周向上排出，同时受电器元件加热，带走水蒸气和氧气。

②包装容器及其灭菌方法：用于灭菌乳包装的材料较多，但生产中常用的有复合硬质塑料包装纸、复合挤出薄膜和聚乙烯（PE）吹塑瓶。

容器灭菌的方法也有很多，包括紫外辐射灭菌、饱和蒸汽灭菌及双氧水灭菌法。

③无菌包装必须符合以下要求：封合必须在无菌区域内进行，灌装过程中产品不能受到来自任何设备表面或周围环境等的污染；包装容器和封合方法必须适合无菌灌装，并且封合后的容器在储存和分销期间必须能够阻挡微生物透过，同时包装容器应能阻止产品发生化学变化；容器和产品接触的表面在灌装前必须经过灭菌；若采用盖子封合，封合前必须灭菌。

（6）装箱　装箱要做到数量准确、摆放整齐、封口严密、正确打印生产日期。

（7）检验　按照 GB 25190—2010 进行检验，对于中性产品同时做保存实验，温度（32±2）℃、时间 5 ~ 7d，然后进行检验，检验合格后方可投放市场销售。

（8）贮存、运输和销售 超高温灭菌乳因为达到了商业无菌要求，其贮存、运输和销售可以在常温下进行。

GB 19645—2010
《食品安全国家标准
巴氏杀菌乳》

### 四、液态乳的质量标准

#### （一）巴氏灭菌乳

巴氏灭菌乳质量标准应符合 GB 19645—2010《食品安全国家标准 巴氏杀菌乳》，评判巴氏灭菌乳的质量主要指标有感官指标、理化指标、微生物指标、污染物限量和真菌毒素限量等。

1. 感官指标

巴氏杀菌乳的感官指标见表3-25。

表3-25 巴氏杀菌乳感官指标

| 项目 | 要求 | 检验方法 |
|------|------|----------|
| 色泽 | 呈白色或微黄色 | 取适量试样置于50mL烧杯正，在自然光下观察色泽和组织状态。闻其气味，用温开水漱口，品尝滋味 |
| 滋味、气味 | 具有乳固有的香味，无异味 | |
| 组织状态 | 呈均匀一致液体，无凝块、无沉淀、无正常视力可见异物 | |

2. 理化指标

巴氏杀菌乳的理化指标见表3-26。

表3-26 巴氏杀菌乳理化指标

| 项目 | | 指标 | 检验方法 |
|------|------|------|----------|
| 脂肪*/（g/100g） | ≥ | 3.1 | GB 5413.3—2010 |
| 蛋白质（g/100g） | | | |
| 牛乳 | ≥ | 2.9 | GB 5009.5—2016 |
| 羊乳 | ≥ | 2.8 | |
| 非脂乳固体/（g/100g） | ≥ | 8.1 | GB 5413.39—2010 |
| 酸度/（°/T） | | | |
| 牛乳 | | 12~18 | GB 5009.239—2016 |
| 羊乳 | | 6~13 | |

注：* 仅适用于全脂巴氏灭菌乳。

3. 微生物指标

巴氏杀菌乳的微生物指标见表3-27。

表 3-27　巴氏杀菌乳微生物指标

| 项目 | 采样方案* 及限量（若非制定，均以 CFU/g 或 CFU/mL 表示） | | | | 检验方法 |
|---|---|---|---|---|---|
| | n | c | m | M | |
| 菌落总数 | 5 | 2 | 50000 | 100000 | GB 4789.2—2016 |
| 大肠菌群 | 5 | 2 | 1 | 5 | GB 4789.3—2016 平板计数法 |
| 金黄色葡萄球菌 | 5 | 0 | 0/25g（mL） | — | GB 4789.10—2016 定性检验 |
| 沙门菌 | 5 | 0 | 0/25g（mL） | — | GB 4789.4—2016 |

注：* 样品的分析及处理按 GB 4789.1—2016 和 GB 4789.18—2010 执行。

4. 污染物限量

巴氏杀菌乳中污染物限量应符合 GB 2762—2017 的规定。

5. 真菌毒素限量

巴氏杀菌乳中真菌毒素限量应符合 GB 2761—2017 的规定。

（二）灭菌乳

灭菌乳质量标准应符合 GB 25190—2010《食品安全国家标准 灭菌乳》，评判灭菌乳的质量主要指标有感官指标、理化指标、微生物指标、污染物限量和真菌毒素限量等。

1. 感官指标

灭菌乳的感官指标见表 3-28。

表 3-28　灭菌乳感官指标

| 项目 | 要求 | 检验方法 |
|---|---|---|
| 色泽 | 呈乳白色或微黄色 | 取适量试样置于 50mL 烧杯正，在自然光下观察色泽和组织状态。闻其气味，用温开水漱口，品尝滋味 |
| 滋味、气味 | 具有乳固有的香味，无异味 | |
| 组织状态 | 呈均匀一致液体，无凝块、无沉淀、无正常视力可见异物 | |

2. 理化指标

灭菌乳的理化指标见表 3-29。

表 3-29　灭菌乳理化指标

| 项目 | | 指标 | 检验方法 |
|---|---|---|---|
| 脂肪*/（g/100g） | ≥ | 3.1 | GB 5413.3—2010 |
| 蛋白质/（g/100g） | | | |
| 牛乳 | ≥ | 2.9 | GB 5009.5—2016 |
| 羊乳 | ≥ | 2.8 | |

续表

| 项目 | 指标 | 检验方法 |
|---|---|---|
| 非脂乳固体/（g/100g） ≥ | 8.1 | GB 5413.39—2010 |
| 酸度/（°/T） | | |
| 牛乳 | 12~18 | GB 5413.34—2010 |
| 羊乳 | 6~13 | |

注： * 仅适用于全脂灭菌乳。

3. 微生物指标

灭菌乳中微生物指标应符合商业无菌的要求，按照 GB 4789.26—2013 规定的方法检验。

4. 污染物限量

灭菌乳中污染物限量应符合 GB 2762—2017 的规定。

5. 真菌毒素限量

灭菌乳中真菌毒素限量应符合 GB 2761—2017 的规定。

 知识拓展

### 巴氏杀菌法的起源

巴氏杀菌是利用低于100℃的热力杀灭微生物的消毒方法，由被称为"现代生物学之父"的法国著名化学家路易·巴斯德（Louis Pasteur）发明。 巴氏灭菌法的产生来源于巴斯德解决啤酒变酸的问题。 当时，法国酿酒业面临着一个令人头疼的问题，那就是啤酒在酿出后会变酸，根本无法饮用，而且这种变酸现象还时常发生。 巴斯德受人邀请去研究这个问题。 经过长时间的观察，他发现使啤酒变酸的罪魁祸首是乳酸杆菌。 采取简单的煮沸的方法是可以杀死乳酸杆菌的，但是，这样一来啤酒也就被煮坏了。 巴斯德尝试使用不同的温度来杀死乳酸杆菌，而又不会破坏啤酒本身。 最后，巴斯德的研究结果是：以50~60℃的温度加热啤酒半小时，就可以杀死啤酒里的乳酸杆菌，而不必煮沸。 这一方法挽救了法国的酿酒业。 这种灭菌法也就被称为"巴氏杀菌法"。 它可使布氏杆菌、结核杆菌、痢疾杆菌、伤寒杆菌等致病微生物死亡，可以使细菌总数减少90%~95%，故能起到减少疾病传播、延长物品的使用时间的作用。 稍后他将该法用于生产安全的"消毒牛乳"，牛乳的保质期由此延长到了数十小时。

—— 课后习题 ——

1. 将原料乳中脂肪球在强力的机械作用下，破碎成消毒脂肪球，称为（　　　）。

A. 标准化　　　　B. 均质　　　　C. 撞击作用　　　　D. 剪切作用

2. 根据用途不同可分为学生乳、早餐乳、儿童牛乳、（　　　）、低乳糖牛乳等。

A. 高钙牛乳　　　B. 全脂乳　　　C. 半脱脂乳　　　D. 脱脂乳

3. 下列属于巴氏杀菌的是（　　　）。

A. 135～150℃，0.5～4s　　　　　B. 110℃，10min 以上

C. 130～140℃，2～20s　　　　　D. 72～75℃，15～20s

4. 超高温灭菌工艺要求杀灭乳中全部的（　　　）。

A. 细菌　　　　B. 微生物　　　C. 病毒　　　　D. 致病菌

5. 我国国标要求灭菌乳的脂肪含量应大于等于（　　　）

A. 3.1%　　　　B. 2.8%　　　C. 3.3%　　　　D. 3.5%

二、填空题

1. 乳制品加工中常用的杀菌方式有（　　　）、（　　　）、（　　　）和（　　　）。

2. 灭菌乳按照脂肪含量可分为（　　　）、（　　　）和（　　　）。

3. 最早使用的包装容器是（　　　），随着科技的进步及行业的发展，灌装容器变得越来越多样化，又出现了（　　　）、塑料袋、塑料夹层纸盒、（　　　）等。

4. 巴氏杀菌的（　　　）和（　　　）是非常重要的因素。

5. 经超高温灭菌及冷却后的灭菌乳应立即在（　　　）被连续地从管道内送往包装机。

三、判断题

1. 灌装的目的是便于销售和运输。　　　　　　　　　　　　　（　　　）

2. 我国国标规定超高温灭菌乳的原料是牛乳或羊乳，不能使用复原乳或再制乳。　　　　　　　　　　　　　　　　　　　　　　　　（　　　）

3. 为使灭菌乳在包装过程中不再污染细菌，将灌乳管路和周围空气都灭菌即可。　　　　　　　　　　　　　　　　　　　　　　　　　（　　　）

4. 为了保证灭菌的效果，灭菌时间越长，灭菌温度越高越好。　（　　　）

5. 任何微生物在灭菌乳中都不得检出。　　　　　　　　　　　（　　　）

四、简答题

1. 巴氏杀菌的目的是什么？

2. 简述超高温灭菌乳的生产工艺流程。

# 任务二　乳粉加工技术

学习目标

1. 了解乳粉的概念及其主要分类；
2. 掌握乳粉加工基本工艺流程及操作要点；
3. 了解乳粉品质鉴定的质量标准。

—— 必备知识 ——

乳粉是以生牛（羊）乳为原料，经加工制成的粉状产品。具有以下几个特点：①营养价值高。乳粉中几乎保留了鲜乳的全部营养成分。在现代乳粉生产中，从净乳到干燥过程中的每一个工序都严格控制温度和时间，力求在最短时间内、最低温度下达到杀菌和干燥的目的，因而保证了乳粉中营养成分的完整。②乳粉储藏时间长，并能保持乳中的营养成分。主要是由于乳粉中水分很低，产生了"生理干燥现象"。这种现象使乳粉中的微生物细胞和周围环境的渗透压压差增大。③乳粉中除去了几乎全部的水分，大大减轻了重量、减小了体积，为储藏和运输带来了方便，这也是乳粉加工的目的之一，而且乳粉冲调容易。

## 一、乳粉的种类

乳粉的种类很多，根据所用原料（如全脂乳、脱脂乳等）、加工方法（喷雾干燥、冷冻干燥）和辅料及添加剂的种类（如蔗糖、乳化剂、植物性油脂、无机盐等）不同而异。乳粉主要有以下几种：

（1）全脂乳粉　仅以牛乳或羊乳为原料，经杀菌、浓缩、干燥制成的粉状制品。

（2）脱脂乳粉　以牛乳或羊乳为原料，经分离脂肪、浓缩、干燥制成的粉状制品。

（3）全脂加糖乳粉　以牛乳或羊乳、白砂糖为原料，经浓缩、干燥制成的粉状制品。

（4）调味乳粉　以牛乳或羊乳（或全脂乳粉、脱脂乳粉）为主要原料，添加调味料等辅料，经浓缩、干燥（或干混）制成的乳固体不低于70%的粉状产品。

（5）速溶乳粉 在乳粉干燥程序上调整工艺参数或用特殊干燥法加工而成。

（6）乳基婴儿配方食品 以乳类及乳蛋白制品为主要原料，加入适量的维生素、矿物质和/或其他成分，仅用物理方法加工制成的液态或粉状产品。适于正常婴儿食用，其能量和营养成分能够满足 0~6 月龄婴儿的正常营养需要。

（7）较大婴儿和幼儿配方食品 以乳类及乳蛋白制品和/或大豆及大豆蛋白制品为主要原料，加入适量的维生素、矿物质和/或其他辅料，仅用物理方法加工制成的液态或粉状产品，适用于较大婴儿和幼儿食用，其营养成分能满足正常较大婴儿和幼儿的部分营养需要。

近年来随着乳品工业的发展和技术的不断进步，市面上涌现出各种类型的乳粉，如干酪粉、嗜酸菌乳粉、低钠乳粉、乳糖分解乳粉、双歧杆菌乳粉、加锌乳粉、高蛋白低脂乳粉、学生乳粉、孕妇乳粉、中老年乳粉等。总之，凡是最终制成干燥粉末状态的乳制品，都可归于乳粉类。

## 二、乳粉的理化特性

### 1. 色泽与风味

正常乳粉的色泽为淡黄色，具有牛乳独特的乳香微甜风味。

### 2. 乳粉的密度

乳粉密度受板眼孔径、喷雾压力和浓缩乳的浓度等影响。一般浓度越高，乳的密度也越大。干燥温度提高时，因颗粒膨胀而中空，结果会使密度降低。乳粉密度的表示方法通常有三种，它们分别说明了乳粉的品质特性。

（1）表观密度 单位体积中乳粉的质量（包括颗粒空隙中的空气）。

（2）容积密度 乳粉颗粒的密度（包括颗粒内的空气）。

（3）真密度 不包括空气的乳粉本身的密度。

### 3. 乳粉的成分及其状态

（1）气泡 压力喷雾的全脂乳粉颗粒中含气量为 7%~10%（体积分数），脱脂乳粉含气量约为 13%；离心喷雾的全脂乳粉的含气量为 16%~22%，脱脂乳粉含气量约为 35%。含气泡多的乳粉浮力大，下沉性差，且易氧化变质。

（2）脂肪 喷雾干燥的乳粉的脂肪呈微细球状，存在于乳粉颗粒内部。压力喷雾的乳粉脂肪球较小，为 $1~2\mu m$；离心喷雾粉为 $1~3\mu m$。凝聚在乳粉颗粒边缘的游离脂肪（3%~14%）含量高时，乳粉极易氧化，不耐保存，冲调性差。

（3）蛋白质 乳粉颗粒中蛋白质的状态特别是酪蛋白的状态，决定了乳粉的复原性。

（4）乳糖 乳糖是乳粉颗粒中的主要成分，全脂淡乳粉约含 38%，脱脂乳粉约含 50%，乳清粉约含 70%。普通新生产的乳粉中乳糖呈非结晶的玻璃状态，玻璃态的乳糖极易吸潮，变成含一个分子结晶水的结晶乳糖。

（5）水分 全脂乳粉的水分在 2%，脱脂乳粉在 4% 以下为宜，水分高低直接影响乳粉的质量及保藏性。但水分过低容易引起脂肪氧化，产生氧化臭。

4. 乳粉的溶解度

溶解度是表示乳粉按鲜乳含水比例复原时，评价复原性能的一个指标。影响溶解度的主要因素包括：原料乳的质量、加工方法、操作条件、成品含水量、成品包装及贮藏条件等。

5. 乳粉颗粒的状态与冲调性

冲调性和溶解度都是乳粉复原性能指标，但溶解度表示乳粉的最终溶解程度，冲调性则表示乳粉的溶解速度。冲调性随乳粉颗粒平均直径的增大而提高，乳粉颗粒大小及其颗粒分布对冲调性能有直接影响。

## 三、 全脂甜乳粉的基本工艺流程及操作要点

### （一） 全脂甜乳粉的加工工艺流程

白砂糖溶解 → 过滤 → 杀菌 → 糖液
↓

原料乳验收 → 标准化 → 预热、均质 → 杀菌 → 真空浓缩 → 加糖 → 喷雾干燥 → 筛粉冷却 → 检验 → 包装 → 成品

### （二） 操作要点

1. 原料乳的验收

原料乳必须符合 GB 19301—2010 标准规定的各项要求，严格地进行感官检验、理化性质检验和微生物检验。

2. 原料乳的标准化

GB 19301—2010
《食品安全国家
标准 生乳》

一般乳脂肪的标准化是在离心净乳机净乳的同时进行的。调整原料乳使成品中含有 25%~30% 的脂肪。由于这个含量范围较大，所以生产全脂乳粉时一般不用对脂肪含量进行调整。但要经常检查原料乳的含脂率，掌握其变化规律，便于适当调整。

3. 预热、 均质

在加工乳粉过程中，原料乳在离心净乳和压力喷雾干燥时，不同程度地受到离心机和高压泵的机械挤压和冲击，有一定的均质效果。所以加工全脂乳粉的原料一般不经均质。但如果进行了标准化，添加了稀奶油或脱脂乳，则应进行均质，使混合原料乳形成一个均匀的分散体系。即使未进行标准化，经过均

质的全脂乳粉质量也优于未经均质的乳粉。制成的乳粉冲调后复原性更好。所以标准化后的原料乳可以经冷却后暂贮于冷藏罐中，用于加工乳粉时再将原料乳预热至60℃左右，采用20MPa的压力进行均质。

4. 杀菌

大规模生产乳粉的加工厂，为了便于加工，经均质后的原料乳用板式热交换器进行杀菌后，冷却到4~6℃，返回冷藏罐贮藏，随时取用。小规模乳粉加工厂，将验收合格的原料乳直接预热、均质、杀菌后用于乳粉生产。

原料乳的杀菌方法须根据成品的特性进行选择。生产全脂乳粉时，杀菌温度和保持时间对乳粉的品质特别是溶解度和保藏性有很大影响。一般认为，高温杀菌可以防止或推迟乳脂肪的氧化，但高温长时加热会严重影响乳粉的溶解度，最好是采用高温短时杀菌方法。

高温短时杀菌或超高温瞬时杀菌对乳的营养成分破坏程度小，乳粉的溶解度及保藏性良好，因此得到广泛应用。尤其是高温瞬时杀菌，不仅能使乳中微生物几乎被全部杀灭，还可以使乳中蛋白质达到软凝块化，食用后更容易消化吸收，越来越受到人们的重视。

5. 加糖

（1）加糖量计算　我国标准规定全脂甜乳粉的蔗糖含量为20%以下。生产厂家一般控制在19.5%~19.9%，根据"比值"不变的原则，即原料乳中蔗糖与干物质之比等于乳粉成品中蔗糖与干物质之比，按下式计算。

$$F = Q/E$$

式中　　$Q$——蔗糖加入量，%；

　　　　$E$——原料乳中干物质含量，%；

　　　　$F$——甜乳粉中蔗糖与干物质之比。

（2）加糖的方法　常用的加糖方法有①杀菌之前加糖；②将杀菌过滤的糖浆加入浓缩乳中；③包装前将处理过的蔗糖细粉加到乳粉中；④杀菌前加一部分，包装前再加一部分。

加糖方法的选择取决于产品配方和设备条件。当产品中含糖在20%以下时，最好是在15%左右，采用①、②法为宜。①法加糖主要是为了减少杂质，同时也可以和原料乳一起杀菌，减少了糖浆单独杀菌的工序。因为蔗糖具有热溶性，在喷雾干燥时流动性较差，容易粘壁和形成团块，当产品中含糖在20%以上时，应采用③、④法为宜（现在加工的乳粉没有超过20%蔗糖含量的，后两种方法只适用于速溶豆粉类的加工）。带有二次干燥的设备，以采用加干糖方法为宜。溶解加糖法所制成的乳粉冲调性好于加干糖的乳粉，但是密度小，体积较大。无论哪种加糖方法，均应做到不影响乳粉的微生物指标和杂质度指标。

6. 真空浓缩

所谓浓缩，就是用加热的方法使牛乳中的一部分水分汽化，并不断地除去，从而使牛乳中的干物质含量提高。为了减少牛乳中营养成分的损失，现均使用真空浓缩的方式。

（1）真空浓缩的特点

①由于在真空条件下，牛乳的沸点降低。例如，当真空度为 83kPa 时，其沸点为 56.7℃。这样牛乳可以避免受高温作用，对产品色泽、风味、溶解度等都大有好处。

②由于牛乳的沸点低，提高了加热蒸汽和牛乳的温差，从而增加了单位面积、单位时间内的换热量，提高了浓缩效率。

原料乳在干燥前先经过真空浓缩，除去 70%～80% 的水分，可以节约加热蒸汽和动力消耗，相应地提高了干燥设备的生产能力，降低了成本。因喷雾干燥是利用加热空气（热风）对物料进行干燥，一般真空浓缩每蒸发 1kg 水分需消 1.1kg 加热空气。若采用带热压泵的双效降膜蒸发器，只需消耗 0.39kg 加热蒸汽。而在喷雾干燥室内每蒸发 1kg 水分却需消耗 2.5～3.0kg 蒸汽。因此，喷雾干燥前预先真空浓缩在经济上是合理的。

③由于沸点低，在加热器壁上的结焦现象大为减少，便于清洗，利于提高传热效率。

④浓缩在密闭容器内进行，避免了外界污染，从而保证了产品质量。

（2）真空浓缩对乳粉质量的影响

①真空浓缩对乳粉颗粒的物理性状有显著的影响。经真空浓缩后，喷雾干燥时粉粒较粗大，具有良好的分散性和冲调性，能迅速复水溶解。反之，如原料乳不经浓缩直接喷雾干燥，则粉粒轻细，降低了冲调性，而且粉粒色泽发灰白，感官质量差。

②真空浓缩可以改善乳粉的保藏性。由于真空浓缩排出了乳中的空气及氧气，使粉粒内的气泡大为减少，从而降低了乳粉中的脂肪氧化作用，增加了乳粉的保藏性。生乳的浓度越高，乳粉中的气体含量越低。

③经过浓缩后喷雾干燥的乳粉，其颗粒致密、坚实、密度较大，对包装有利。

生产乳粉时，一般要求原料乳浓缩至原体积的 1/4，乳干物质达到 45% 左右。浓缩后的乳温一般为 47～50℃，这时的浓乳浓度应为 14～16°Bé，其相对密度为 1.089～1.100；若生产大颗粒甜乳粉，浓乳浓度可提高至 18～19°Bé。

7. 喷雾干燥

浓缩后的乳打入保温罐内，立即进行干燥。乳粉加工中所用的干燥方法有冷冻干燥、滚筒和喷雾干燥。现在国内外广泛采用喷雾干燥法，包括离心喷雾法和压力喷雾法。

（1）喷雾干燥的原理 浓乳在高压或离心力的作用下，经过雾化器在干燥室内喷出，形成雾状。此刻的浓乳变成了无数微细的乳滴（直径为 10～200μm），大大增加了浓乳表面积。微细乳滴一经与鼓入的热风接触，其水分便在 0.01～0.04s 的瞬间内蒸发完毕，雾滴被干燥成细小的球形颗粒，单个或数个粘连飘落到干燥室底部，而水蒸气被热风带走，从干燥室的排风口抽出。整个干燥过程仅需 15～30s。

喷雾干燥是一个较为复杂的过程，包括浓缩乳微粒表面水分汽化以及微粒内部水分不断地向其表面扩散的过程。只有当浓缩乳的水分含量超过其平衡水分，微粒表面的蒸汽压超过干燥介质的蒸汽压时，干燥过程才能进行。喷雾干燥过程一般可以分为以下 3 个干燥阶段：

①预热阶段：浓缩乳的乳滴与干燥介质接触，瞬间干燥过程便开始，乳滴表面的水分即汽化。若乳滴表面温度高于干燥介质的湿球温度，则乳滴表面因水分的汽化而使其表面温度下降至干燥介质的湿球温度。若乳滴表面温度低于湿球温度，干燥介质则供给其热量，使其表面温度上升至干燥介质的湿球温度，称之为预热阶段。预热阶段持续到干燥介质传给乳滴的热量与用于乳滴表面水分汽化所需的热量达到平衡时为止。在这一阶段，干燥速度迅速增大至某一最大值，即进入下一阶段。

②恒速干燥阶段：在恒速干燥阶段，乳滴内部水分不断向表面扩散，其表面水分不断汽化，乳滴表面的水蒸气分压等于或接近水的饱和蒸汽压。此时，乳滴表面温度等于干燥介质湿球温度。干燥速度取决于干燥介质的温度、湿度、气流状况。当干燥介质温度与乳滴表面湿球间温差越大时，干燥速率越大。恒速干燥阶段在 0.01～0.04s 内完成。

③降速干燥阶段：当乳滴内部水分扩散速度不断变缓、不再使乳滴表面保持潮湿时，恒速干燥阶段即告结束，降速干燥阶段开始。在降速阶段，水分蒸发仅发生在乳滴内部的某一界面。物料微粒的温度将逐步超出干燥介质湿球温度，并接近于干燥介质温度，干物料的水分含量也接近或等于该干燥介质平衡状态的水分。此阶段需要 10～30s。

（2）喷雾干燥的特点 与其他几种干燥方法比较，喷雾干燥方法具有许多优点，因而获得广泛采用与迅速发展。

①干燥速度快，物料受热时间短。由于浓乳被雾化成微细乳滴，具有很大的表面积。若按雾滴平均直径为 50μm 计算，则每 1L 乳喷雾时，可分散成 146 亿个微小雾滴，其总表面积约为 54000m$^2$。这些雾滴中的水分在 150～200℃ 的热风中强烈而迅速地气化，所以干燥速度快。

②干燥温度低，乳粉质量好。在喷雾干燥过程中，雾滴从周围热空气中吸

收大量热,而使周围空气温度迅速下降,同时也就保证了被干燥的雾滴本身温度大大低于周围热空气温度。干燥的粉末,即使其表面,一般也不超过干燥室气流的湿球温度(50~60℃)。这是由于雾滴在干燥时的温度接近于液体的绝热蒸发温度,这就是干燥的第一阶段(恒速干燥阶段)不会超过空气的湿球温度的缘故。所以,尽管干燥室内的热空气温度很高,但物料受热时间短、温度低、营养成分损失少。

③工艺参数可调,容易控制质量。选择适当的雾化器、调节工艺条件可以控制乳粉颗粒状态、大小,并使含水量均匀,成品冲调后具有良好的流动性、分散性和溶解性。

④产品不易污染,卫生质量好。喷雾干燥过程是在密闭状态下进行,干燥室中保持100~400Pa的负压,所以避免了粉尘的外溢,减少了浪费,保证了产品卫生。

⑤产品呈松散状态,不必再粉碎。喷雾干燥后,乳粉呈粉末状,只要过筛,团块粉即可分散。

⑥操作调节方便,机械化、自动化程度高,有利于连续化和自动化生产。操作人员少,劳动强度低,具有较高的生产效率。

同时,喷雾干燥亦有以下几个不足之处:

①干燥箱(塔)体积庞大,占用面积大、空间大,而且造价高、投资大。

②耗能、耗电多。为了保证乳粉中含水量的标准,一般将排风湿度控制到10%~13%,即排风的干球温度达到75~85℃,故需耗用较多的热风,热效率低。热风温度在150~170℃时,热效率仅为30%~50%;热风温度在200℃时,热效率可达55%。因此,每蒸发1kg水分需要加热蒸汽3.0~3.3kg,能耗大大高于浓缩。

③粉尘粘壁现象严重,清扫、收粉的工作量大。如果采用机械回收装置则比较复杂,甚至会造成二次污染,且要增加很大的设备投资。

8. 筛粉、冷却、包装

喷雾干燥结束后,应立即将乳粉送至干燥室外并及时冷却,避免乳粉受热时间过长。特别是对全脂乳粉。受热时间过长会使乳粉的游离脂肪量增加,严重影响乳粉的质量,使之在保存中容易引起脂肪氧化变质,乳粉的色泽、滋味、气味、溶解度也会受到影响。

(1)出粉与冷却 干燥的乳粉落入干燥室的底部,粉温达60℃。出粉、冷却的方式一般有以下几种。

①气流输粉、冷却:气流输粉装置可以连续出粉、冷却、筛粉、贮粉、计量包装。其优点是出粉速度快,在大约5s内就可以将喷雾室内的乳粉送走,同时,在输粉管内进行冷却。其缺点是易产生过多的微细粉尘。因气流以

20m/s 的速度流动，所以乳粉在导管内易受摩擦而产生大量的微细粉尘，致使乳粉颗粒不均匀。再经过筛粉机过筛时，则筛出的微粉量过多。另外，冷却效率不高，一般只能冷却到高于气温 9℃ 左右，特别是在夏天，冷却后的温度仍高于乳脂肪熔点。如果气流输粉所用的空气预先经过冷却，则会增加成本。

②流化床输粉、冷却：流化床出粉和冷却装置的优点包括：a. 可大大减少微细粉；b. 乳粉不受高速气流的摩擦，故质量不受损害；c. 乳粉在输粉导管和旋风分离器内所占比例少，故可减轻旋风分离器的负担，同时可节省输粉中消耗的动力；d. 冷却床所需冷风量较少，故可使用经冷却的风来冷却乳粉，因而冷却效率高，一般乳粉可冷却到 18℃ 左右；e. 乳粉因经过振动的流化床筛网板，故可获得颗粒较大而均匀的乳粉；从流化床吹出的微粉还可通过导管返回喷雾室与浓乳汇合，重新喷雾成乳粉。

③人工出粉、自然冷却：采用人工出粉时，乳粉在喷雾干燥结束前一直存放在干燥室内达数小时，待喷雾干燥结束后，再一次性人工出粉。这种方式乳粉受热时间长，操作时劳动强度大，乳粉易受污染。所以，一次性的人工出粉方式目前已很少使用。

④其他输粉方式：可以连续出粉的几种装置还有搅龙输粉器、电磁振荡器、转鼓型阀、漩涡气封法等。这些装置既保持干燥室的连续工作状态，又使乳粉及时送出干燥室外。但是要立即进行筛粉、晾粉，使乳粉尽快冷却。

（2）筛粉与贮粉　乳粉过筛的目的是将粗粉和细粉（布袋滤粉器或旋风分离器内的粉）混合均匀，并除去乳粉团块、粉渣，使乳粉均匀、松散，便于包装。

①筛粉：一般采用机械振动筛，筛底网眼为 40~60 目。在连续化生产线上，乳粉通过振动筛后即进入锥形积粉斗中存放。

②贮粉：乳粉贮存一段时间后，表观密度可提高 15%，有利于包装。在非连续化出粉线中，筛粉后的晾粉也达到了贮粉的目的。连续化出粉线上，冷却的乳粉经过一定时间（12~24h）是贮放后再包装为好。

③包装：当乳粉储放时间达到要求后，开始包装。包装规格、容器及材质依乳粉的用途不同而异。小包装容器常用的有马口铁罐、塑料袋、塑料复合纸袋、塑料铝箔复合袋。规格以 500g、454g 最多，也有 250g、150g。大包装容器有马口铁箱或圆筒，12.5kg 装；有塑料袋套牛皮纸袋 25kg 装；或根据购货合同要求决定包装的大小。大包装主要供应特别需要者，如出口或作为食品工业原料。一般铝箔复合袋的保质期有 1 年，而真空包装和充氮包装技术可使乳粉质量保持 3~5 年。

包装要求称量准确、排气彻底、封口严密、装箱整齐、打包牢固。每天在工作之前，包装室必须经紫外线照射 30min 灭菌后方可使用。包装室最好配置空调设施，使室温保持在 20~25℃，相对湿度 75%。

9. 检验

按 GB 19644—2010 等国家标准进行检验。

### 四、 乳粉的质量标准

乳粉质量标准应符合 GB 19644—2010《食品安全国家标准　乳粉》，评判乳粉的质量主要指标有感官指标、理化指标、微生物指标、污染物限量、真菌毒素限量、食品添加剂和营养强化剂等。

1. 感官指标

乳粉的感官指标见表 3-30。

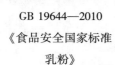

GB 19644—2010
《食品安全国家标准
乳粉》

表 3-30　乳粉感官指标

| 项目 | 要求 | | 检验方法 |
| --- | --- | --- | --- |
| | 乳粉 | 调制乳粉 | |
| 色泽 | 均匀一致的乳黄色 | 具有应有的色泽 | 取适量试样置于 50mL 烧杯正，在自然光下观察色泽和组织状态。闻其气味，用温开水漱口，品尝滋味 |
| 滋味、 气味 | 具有纯正的乳香味 | 具有应有的滋味、气味 | |
| 组织状态 | 干燥均匀的粉末 | | |

2. 理化指标

乳粉的理化指标见表 3-31。

表 3-31　乳粉理化指标

| 项目 | | 指标 | | 检验方法 |
| --- | --- | --- | --- | --- |
| | | 乳粉 | 调制乳粉 | |
| 蛋白质/% | ≥ | 非脂乳固体[①]的 34% | 16.5 | GB 5009.5—2016 |
| 脂肪[②]/% | ≥ | 26.0 | — | GB 5009.6—2016 |
| 复原乳酸度/（°T） | | | | |
| 牛乳 | ≤ | 18 | — | GB 5009.239—2016 |
| 羊乳 | | 7~14 | | |
| 杂质度/（mg/kg） | ≤ | 16 | — | GB 5413.30—2016 |
| 水分/% | ≤ | 5.0 | | GB 5009.3—2016 |

注：　①非脂乳固体（%）＝100%-脂肪（%）-水分（%）。
　　　②仅适用于全脂乳粉。

3. 微生物指标

乳粉的微生物指标见表 3-32。

表 3-32　乳粉微生物指标

| 项目 | 采样方案[1]及限量（若非制定，均以 CFU/g） | | | | 检验方法 |
|---|---|---|---|---|---|
| | n | c | m | M | |
| 菌落总数[2] | 5 | 2 | 50000 | 200000 | GB 4789.2—2016 |
| 大肠菌群 | 5 | 1 | 10 | 100 | GB 4789.3—2016 平板计数法 |
| 金黄色葡萄球菌 | 5 | 2 | 10 | 100 | GB 4789.10—2016 平板计数法 |
| 沙门菌 | 5 | 0 | 0/25g | — | GB 4789.4—2016 |

注：①样品的分析及处理按 GB 4789.1—2016 和 GB 4789.18—2016 执行。

②不适用于添加活性菌种（好氧和碱性厌氧益生菌）的产品。

4. 污染物限量

乳粉中污染物限量应符合 GB 2762—2017 的规定。

5. 真菌毒素限量

乳粉中真菌毒素限量应符合 GB 2761—2017 的规定。

6. 食品添加剂和营养强化剂

乳粉中食品添加剂和营养强化剂的使用应符合 GB 2760—2014 和 GB 14880—2012 的规定。

 知识拓展

### 乳粉生产历史简介

乳粉生产历史是很悠久的。有关乳粉的记载可以追溯到 13 世纪的马可·波罗游记，当时记录了 Kubla Khan 的军队带着晒干的乳粉远征。

但是，乳粉真正实现商业化生产还是在 20 世纪初滚筒干燥技术发明以后。几年后，就出现了喷雾干燥技术，并且成功地应用在脱脂乳粉的生产上，随后出现了许多喷雾干燥技术的改进方法。直到 1947 年左右，这两种干燥技术（滚筒干燥和喷雾干燥）的应用才算是平分秋色。

在 20 世纪 60 年代，由于 Peebles（1956）的出色工作，在美国首次生产出溶解性得到明显改进的"速溶"脱脂乳粉。这种产品是通过对干燥的乳粉颗粒进行再湿润和附聚作用形成的速溶性。这种速溶脱脂乳粉得到了认可，并且在一段时间里替代了传统喷雾干燥方法生产的乳粉。

从 20 世纪 80 年代以后，由于生产规模的扩大，乳粉的生产几乎都是采用喷雾干燥。另外，其他干燥技术，如泡沫干燥、冷冻干燥等也相继出现，但是没有完全商业化。

——课后习题————————————————————

一、选择题

1. ( ) 是表示乳粉按鲜乳含水比例复原时，评价复原性能的一个指标。

A. 复原度　　　B. 冲调性　　　C. 溶解度　　　D. 稳定性

2. 以牛乳或羊乳为原料，经分离脂肪、浓缩、干燥制成的粉状制品，为 ( )。

A. 全脂乳粉　　B. 脱脂乳粉　　C. 调味乳粉　　D. 半脱脂乳粉

3. 乳糖是乳粉颗粒中的主要成分，全脂淡乳粉约含 ( )，脱脂乳粉约含 50%，乳清粉约含 70%。

A. 38%　　　　B. 28%　　　　C. 34%　　　　D. 42%

4. 一般乳脂肪的标准化是在 ( ) 的同时进行的。

A. 冷却　　　　B. 储存　　　　C. 净化　　　　D. 预处理

5. 所谓 ( )，就是用加热的方法使牛乳中的一部分水分汽化，并不断地除去，从而使牛乳中的干物质含量提高。

A. 汽化　　　　B. 升华　　　　C. 干燥　　　　D. 浓缩

二、填空题

1. 乳粉颗粒中蛋白质的状态特别是酪蛋白的状态，决定了乳粉的 ( )。

2. ( ) 表示乳粉的溶解速度。

3. 喷雾干燥指的是 ( ) 在高压或离心力的作用下，经过雾化器在干燥室内喷出，形成 ( )。此刻的浓乳变成了无数微细的乳滴（直径为 10～200μm），大大增加了浓乳表面积。

4. 生产全脂乳粉时，( ) 和 ( ) 对乳粉的品质特别是溶解度和保藏性有很大影响。

5. 包装要求 ( )、排气彻底、( )、装箱整齐、打包牢固。

三、判断题

1. 全脂乳粉是以牛乳或羊乳、白砂糖为原料，经浓缩、干燥制成的粉状制品。　　　　　　　　　　　　　　　　　　　　　　　　　　　　( )

2. 高温短时杀菌或超高温瞬时杀菌对乳的营养成分破坏程度小，乳粉的溶解度及保藏性良好，因此得到广泛应用。　　　　　　　　　　　　( )

3. 喷雾干燥结束后，应立即将乳粉送至干燥室外并及时冷却，避免乳粉受热时间过长。　　　　　　　　　　　　　　　　　　　　　　　　　( )

4. 真空浓缩对乳粉颗粒的物理性状不会造成影响。　　　　　　　　( )

5. 乳粉包装规格有 500g 和 454g 两种。 （　　　）

四、简答题

1. 简述全脂乳粉的加工流程。

2. 简述喷雾干燥的原理。

# 任务三　其他乳制品加工技术

## 学习目标

1. 了解酸乳和冰淇淋的概念及其主要分类；

2. 掌握酸乳和冰淇淋加工基本工艺流程及操作要点，并能熟练操作；

3. 了解酸乳和冰淇淋品质鉴定的质量标准。

## 必备知识

酸乳以生牛（羊）乳或乳粉为原料，经杀菌、接种嗜热链球菌和保加利亚乳杆菌（德氏乳杆菌保加利亚亚种）发酵制成的产品。酸乳在发酵过程使原料乳中糖类、蛋白质被分解成为小的分子，这些变化使酸乳更易消化和吸收，各种营养素的利用率得以提高。除保留了原料乳中的全部营养成分外，乳酸菌还可以产生人体营养所必需的多种维生素，如维生素 $B_1$、维生素 $B_2$、维生素 $B_6$、维生素 $B_{12}$ 等；所谓冰淇淋，是以饮用水、乳和（或）乳制品、蛋制品、水果制品、豆制品、食糖、食用植物油等的一种或多种为原辅料，添加或不添加食品添加剂和（或）食品营养强化剂，经混合、灭菌、均质、冷却、老化、冻结、硬化等工艺制成的体积膨胀的冷冻饮品。冰淇淋中富含优质蛋白质、乳糖、钙、磷、钾、钠、氯、硫、铁、氨基酸、维生素 A、维生素 C、维生素 E 等多种营养成分以及其他对人极为有益的生物活性物质，具有调节生理功能、平衡人体渗透压和酸碱度的功能。

### 一、酸乳

随着科技的不断进步和人们生活水平的日益提高，市面上发酵乳的种类更是琳琅满目。

（一）酸乳的分类

1. 按成品的状态分类

（1）凝固型酸乳　在包装容器中进行发酵的，成品呈凝乳状。

（2）搅拌型酸乳　将发酵后的凝乳在灌装前或灌装过程中搅碎，添加

（或不添加）果料、果酱等制成的具有一定黏度的流体制品。

2. 按成品的口味分类

（1）天然纯酸乳　只由原料乳加菌种发酵而成，不含任何辅料和添加剂。

（2）加糖酸乳　由原料乳和糖加菌种发酵而成。

（3）调味酸乳　在天然纯酸乳或加糖酸乳中加入香料，使产品具有除天然发酵风味以外的风味。

（4）果料酸乳　由天然酸乳与糖、果料混合而成，使产品同时具有酸乳与水果的风味及营养。

（5）复合型或营养健康型酸乳　通常在酸乳中强化不同的营养素（如维生素、食物纤维等）或在酸乳中混入不同的辅料（如谷物、干果等）而成。

（二）酸乳加工原料

1. 原料乳

生产酸乳通常选用符合质量要求的新鲜乳、脱脂乳或再制乳作为原料，且质量要求较高：全乳固体含量不得低于 11.5%；酸度要控制在 18°T 以下；含细菌数要低，杂菌数不得高于 500000CFU/mL；并且不含有抗生素、噬菌体、清洗液和消毒剂等抗菌物质。

乳酸菌对抗生素极为敏感。试验证明，原料乳中含微量青霉素（0.01IU/mL）时，对乳酸菌便有明显抑制作用，导致发酵失败。如果使用乳房炎乳，由于其白细胞含量较高，会对乳酸菌产生一定的吞噬作用。

2. 乳粉

发酵乳生产用乳粉一般包括全脂和脱脂两大类，要求质量高、无抗生素和防腐剂。

全脂乳粉多用于复原乳的调制；脱脂乳粉多用于提高干物质含量。为改善产品组织状态，促进乳酸菌产酸，一般添加量为 1%~1.5%。

3. 甜味剂

我国消费者更喜欢又酸又甜的酸乳，因此加糖调味酸乳有较大的市场。在生产发酵乳时，往往加入以蔗糖为主的甜味剂，蔗糖的加入量一般为 5%~8%。

适量的蔗糖对菌株产酸是有益的，而且还能改善风味，降低生产成本，但加糖过多，不仅会抑制乳酸菌产酸，而且增加生产成本。

实验表明，加糖量控制在 5.7%~7.4%时，酸乳的口感比较好。在 7.4%时，口感更好。

4. 发酵剂菌种

（1）传统菌种　许多国家明文规定，酸乳仅适合于用保加利亚乳杆菌和嗜热链球菌两种菌发酵制得。

（2）其他菌种　除了保加利亚乳杆菌和嗜热链球菌这两种传统菌种外，

目前，一些具有特殊功能的菌种也正逐渐应用于酸乳的生产，如乳脂明串珠菌、丁二酮乳酸链球菌和双乙酰链球菌等产香菌种；双歧杆菌、谢氏丙酸杆菌等产维生素的菌种；及具有保健作用的干酪杆菌、嗜酸乳杆菌等菌种。

**5. 果蔬料**

在凝固型酸乳中很少使用果蔬料。在搅拌型酸乳中常常使用果料、蔬菜等营养风味辅料，如果酱等。使用时，应对果料进行恰当的处理，如对果料进行杀菌和护色等。

果料的杀菌是十分重要的。对带固体颗粒的水果或浆果进行巴氏杀菌，其杀菌温度应控制在能抑制一切有生长能力的细菌而又不影响果料的风味和质地的范围内。

**6. 添加剂**

在搅拌型发酵乳生产中，通常添加稳定剂。常用的稳定剂有明胶、果胶和琼脂，其添加量应控制在 0.1% ~ 0.5%。添加稳定剂可提高酸乳稠度、黏度，并有助于防止酸乳中乳清析出。

## 二、 冰淇淋

冰淇淋有着浓郁的香味、细腻的组织、可口的滋味和诱人的色泽，还具有较高的营养价值，是夏季最受消费者欢迎的冷饮之一。

### （一）分类

**1. 全乳脂冰淇淋**

全乳脂冰淇淋是主体部分乳脂质量分数为 8% 以上（不含非乳脂）的冰淇淋。

（1）清型全乳脂冰淇淋　不含颗粒或块状辅料的全乳脂冰淇淋，如奶油冰淇淋、可可冰淇淋等。

（2）组合型全乳脂冰淇淋　以全乳脂冰淇淋为主体，与其他种类冷冻饮品和（或）巧克力、饼坯等食品组合而成的制品，其中乳脂冰淇淋所占质量分数>50%，如巧克力奶油冰淇淋、蛋卷奶油冰淇淋等。

**2. 半乳脂冰淇淋**

半乳脂冰淇淋是主体部分乳脂质量分数≥2.2%的冰淇淋。

（1）清型半乳脂冰淇淋　不含颗粒或块状辅料的半乳脂冰淇淋，如香草半乳脂冰淇淋、橘味半乳脂冰淇淋、香芋半乳脂冰淇淋等。

（2）组合型半乳脂冰淇淋　以半乳脂冰淇淋为主体，与其他种类冷冻饮品和（或）巧克力饼坯等食品组合而成的制品，其中半乳脂冰淇淋所占质量分数>50%，如脆皮半乳脂冰淇淋、蛋卷半乳脂冰淇淋、三明治半乳脂冰淇淋等。

3. 植脂冰淇淋

植脂冰淇淋是主体部分乳脂质量分数<2.2%的冰淇淋。

（1）清型植脂冰淇淋　不含颗粒或块状辅料的植脂冰淇淋，如豆奶冰淇淋、可可植脂冰淇淋等。

（2）组合型植脂冰淇淋　以植脂冰淇淋为主体，与其他种类冷冻饮品和（或）巧克力、饼坯等食品组合而成的食品，其中植脂冰淇淋所占质量分数>50%，如巧克力脆皮植脂冰淇淋、华夫夹心植脂冰淇淋等。

（二）冰淇淋的原料及其质量要求

生产冰淇淋所用的原料主要有：乳与乳制品、蛋与蛋制品、甜味剂、食用油脂、稳定剂与乳化剂、香精和色素。

1. 乳与乳制品

乳与乳制品是冰淇淋中脂肪和非脂乳固体（包括蛋白质、乳糖、盐类等）的主要来源。乳制品中的乳脂肪和非脂乳固体，尤其是乳脂肪对冰淇淋的香味很有益处，因为冰淇淋应有的浓郁的奶香主要来自乳脂肪；非脂乳固体的关键成分蛋白质既能满足营养要求，又能影响冰淇淋的搅打特性和物理及感官特性；乳糖可增添所加糖类的甜味作用；牛乳中的盐类带来轻微的咸味可促使冰淇淋的香味更趋完善。可见乳与乳制品品质的优劣，直接关系到冰淇淋的品质，因此，冰淇淋生产中，乳与乳制品的选择极为重要。

冰淇淋生产中常用的乳与乳制品包括：鲜牛乳、全脂乳粉和脱脂乳粉、炼乳、稀奶油、奶油、乳清粉、乳清蛋白浓缩物。

2. 蛋与蛋制品

蛋与蛋制品能改善冰淇淋的结构、组织状态及风味。由于其富含卵磷脂，能使冰淇淋形成永久性乳化的能力，同时蛋黄亦可起稳定剂的作用。冰淇淋生产中常用的蛋与蛋制品包括：鲜鸡蛋、冰蛋黄、蛋黄粉和全蛋粉，一般蛋黄粉用量为0.5%~2.5%，若过量，则易出现蛋腥味。

3. 甜味剂

冰淇淋生产中使用的甜味剂有蔗糖、果糖、淀粉糖浆及糖精和阿斯巴甜等，其中蔗糖是主要的甜味剂，它不仅给予制品以甜味，而且能使制品的组织细腻并能降低其凝冻时的温度。蔗糖的用量一般控制在12%~18%。

4. 食用油脂

在各种冷饮中，冰淇淋的脂肪含量是最高的，因此，除了乳脂肪，还需要添加其他油脂，主要有植物油脂及其氢化油和人造奶油等。

（1）植物油脂及其氢化油　氢化油是用不饱和脂肪酸含量较高的液态植物油，通过氢化方法制成的固态脂。由于氢化油有熔点高、硬度好、气味纯正、可塑性强的优点，所以它很适合用作提高冰淇淋含脂量的原料。最适合使用的植物油脂是椰子油、棕榈油、棕榈仁油或这三种油脂的混合物，这些油脂通常通过精制或部分氢化以达到 27~35℃ 的熔点，并具有与乳脂相似的质构特性。

（2）人造奶油　人造奶油的外观和风味与奶相似，它是以高级精炼食用植物油为主要原料（占总量的 80% 以上），加上脱脂乳粉、食盐、着色、香精等，经混合、杀菌、乳化等工艺，再经冷却、成熟而成的。

5. 稳定剂与乳化剂

（1）稳定剂　具有亲水性，因此能提高冰淇淋的黏度和膨胀率，改善冰淇淋的形体，延缓或减少冰淇淋在储藏过程中遇温度变化时生成冰晶，减少粗糙感，使产品质地润滑，具有一定的抗融性。

冰淇淋生产中常用的稳定剂包括：明胶、海藻酸钠、琼脂、CMC（羧甲基纤素）、果胶、黄原胶、卡拉胶、刺槐豆胶等。海藻酸钠和 CMC 作为基本的稳定剂在冰淇淋生产中占有重要地位。无论哪一种稳定剂都有各自的优缺点，因此将两种以上稳定剂复配使用的效果，往往比单独使用的效果更好。

冰淇淋所需的稳定剂用量视生产条件而不同，取决于配料的成分或种类，尤其是依总固形物含量而异。一般来说，总固形物含量越高，稳定剂的用量越少。稳定剂的用量通常在 0.2%~0.4%。

（2）乳化剂　乳化剂能使难于混合的乳浊液稳定化。它在冰淇淋中的作用主要在于：①使均质后的脂肪球呈微细乳浊状态，并使之稳定化；②提高混合料的气泡性和膨胀率；③乳化剂富集于冰淇淋的气泡中，具有稳定和阻止热传导的作用，可增加在室温下的耐热性，使产品更好地保持稳定固有的形状。

冰淇淋中常用的乳化剂包括：卵磷脂、蔗糖脂肪酸酯、甘油脂肪酸酯（单甘酯）、山梨糖醇酐脂肪酸酯、丙二醇脂肪酸酯等。乳化剂的用量为 0.3%~0.5%。

（3）复合乳化稳定剂　复合冰淇淋乳化稳定剂替代单体稳定剂和乳化剂是当今冰淇淋生产发展的趋势。随着冰淇淋工业的发展，冰淇淋复合乳化稳定剂的品种也越来越多。常见的复配类型有：CMC+明胶+卡拉胶+单甘酯，CMC+卡拉胶+刺槐豆胶+单甘酯，海藻酸钠+明胶+单甘酯等。

目前，工业生产中使用复合乳化稳定剂已很普遍，添加量一般为 0.2%~0.5%。使用复合乳化稳定剂不只是为了方便，而且可以获得质量更均一的冰淇淋制品。

6. 香料和色素

（1）香料　香料在冰淇淋生产中是不可缺少的，它使冰淇淋带有醇厚的香味和具有该产品应有的风味。在冰淇淋制品中，香草和巧克力目前仍然是最占优势的香料。

（2）色素　可以使用的色素有天然色素和合成色素两大类。冰淇淋生产中常用的色素有β-胡萝卜素、苋菜红、胭脂红、日落黄、柠檬黄、靛蓝等。

### 三、基本工艺流程及操作要点

（一）酸乳

1. 搅拌型酸乳加工基本工艺流程

发酵剂
↓

原料乳验收 → 配料与标准化 → 预热 → 均质 → 巴氏杀菌 → 冷却 → 接种 → 发酵 →

灌装 → 冷却、后熟 → 检验 → 成品 → 贮存或销售

2. 操作要点

（1）原料乳验收　生产酸乳所用的原料乳必须新鲜、优质，酸度不高于18°T，总乳固体含量不低于11.2%。研究表明，乳固体为11.1%～11.8%的原料乳可以生产出品质较好的酸乳。如果乳固体含量低，在配料的时候可添加适量的乳粉，以促进凝乳的形成。原料乳中不得含有抗生素、杀菌剂、洗涤剂、噬菌体等阻碍因子，否则会抑制乳酸菌的生长，使发酵难以进行。

（2）配料与标准化　原料牛乳中的干物质含量对酸乳质量颇为重要，尤其是酪蛋白和乳清蛋白的含量，可提高酸凝乳的硬度，减少乳清析出。

为了增加干物质含量，可以采用减压蒸发浓缩、反渗透浓缩、超滤浓缩等方法，将牛乳中水分蒸发10%～20%，相当于干物质增加了1.5%～3%；也可以采用添加浓汁牛乳（如炼乳、牦牛乳或水牛乳等）或脱脂乳粉（添加量一般为1%～1.5%）的方法，以促进发酵凝固。

在乳源有限的条件下，可以用脱脂乳粉、全脂乳粉、无水奶油为原料，根据原料乳的化学组成，用水进行调配和复原成液态乳。

混料温度一般控制在10℃以下，混料水合时间一般不低于30min。

（3）预热与均质　均质前预热至55℃左右可提高均质效果。均质有利于提高酸乳的稳定性和稠度，并使酸乳质地细腻、口感良好。均质压力一般控制在15.0～20.0MPa。

（4）杀菌及冷却　均质后的物料以90～95℃进行5～10min杀菌，其目的是杀死病原菌及其他微生物；使乳中酶的活力钝化和抑菌物质失活；使乳清蛋白热变性，变性乳清蛋白可与酪蛋白形成复合物，能容纳更多的水分，并且具有最小的脱水收缩作用，能改善酸乳的稠度。

据研究，要保证酸乳吸收大量水分和不发生脱水收缩作用，至少要使75%的乳清蛋白变性，这就要求85℃、20～30min或90℃、5～10min的热处理条

件；UHT加热（135~150℃、2~4s）处理虽能达到灭菌效果，但不能达到75%的乳清蛋白变性，所以酸乳生产不宜用UHT加热处理。

杀菌后的物料应迅速冷却到菌种最适增殖温度范围40~43℃，最高不宜大于45℃，否则对产酸及酸凝乳状态有不利影响，甚至出现严重的乳清析出。

（5）接种发酵剂　接种前对发酵剂的活力进行检测，根据活力检测情况确定接种量，一般接种量为2%~4%。接种前发酵剂应搅拌均匀，发酵剂不应有大凝块，以免影响成品质量。接种发酵剂后，应充分搅拌均匀后进入灌装程序。

如果用的是直投式发酵剂，只需按照笔记将它们撒入发酵罐中，或撒入制备工作发酵剂的乳罐中扩大培养一次，即可作为工作发酵剂。

（6）灌装

①主要包装形式：瓷瓶、玻璃瓶、塑料杯、塑料袋、复合纸盒、塑料壶（桶）等。

②容器的清洗：在装瓶前需对玻璃瓶、陶瓷瓶进行蒸汽灭菌，一次性塑料杯、塑料瓶等可直接使用。

③灌装：接种后搅匀的料液要立即装入零售用的容器中，根据不同的包装形式采用不同的灌装设备，灌装的方式有手工灌装、半自动灌装和全自动卫生灌装等。

④灌装过程中应注意的事项

a. 灌装前灌装设备应进行95~100℃、15~20min的预杀菌。

b. 每批物料灌装时间不应超过1.5h。

c. 应定期对灌装间杀菌消毒。

d. 在灌装过程中应注意操作人员的个人卫生，防止二次污染。

（7）发酵　凝固型酸乳的发酵是在发酵室内完成的。采用保加利亚乳杆菌与嗜热链球菌的混合发酵剂时，温度宜保持在41~43℃，培养时间2.5~4.0h。采用其他种类的生产发酵剂时，应根据发酵剂的生长特性确定适宜的发酵温度。一般发酵终点可依据如下条件来判断。

①抽样测定酸乳酸度，达到65~70°T；

②pH低于4.6；

③抽样观察，若乳变黏稠、流动性差且有小颗粒出现，可终止发酵。

凝固型产品发酵时应盛装在敞口的容器内，发酵时应避免震动，以免影响成品的组织状态；发酵温度应恒定，避免忽高忽低；掌握好发酵时间，防止酸度不够或过度以及乳清析出。特别注意如在发酵过程中出现停电现象，会因温度波动带来产品损失。

（8）冷却、后熟　将发酵好的酸乳置于2~6℃冷库中冷藏12~24h进行后熟，进一步促使芳香物质的产生，并改善产品的黏稠度。

（9）检验　按 GB 19302—2010《食品安全国家标准　发酵乳》及国家相关法律法规进行检验。

（10）贮藏、运输和销售　贮藏、运输和销售都应在 2~6℃ 的环境中进行。贮藏应采用温度在 2~10℃ 的高温冷库，运输过程中需要用冷藏车，销售过程中需要冷藏柜或冰箱，以确保产品质量的稳定。

GB 19302—2010
《食品安全国家标准
发酵乳》

### （二）冰淇淋

**1. 冰淇淋加工基本工艺流程**

原料预处理 → 混合料的制备 → 混合料的均质 → 混合料的杀菌 →

混合料的冷却与老化（成熟）→ 凝冻 → 灌装成型 → 硬化 → 冷藏 → 成品

**2. 操作要点**

（1）混合料的制备　混合料的制备是冰淇淋生产过程中十分重要的步骤，与成品的品质有着直接的关系。

①冰淇淋配料的计算：冰淇淋的口味、硬度、质地和成本都取决于各种配料成分的选择及比例。合理的配方设计，有助于配料的平衡恰当并保证质量的一致。

冰淇淋的种类很多，原料的配合各种各样，故其成分也不一致。设计配方时，原则上要考虑脂肪与非脂乳固体成分的比例、总干物质量、糖的种类和数量、乳化剂和稳定剂的选择等。在具体计算时，还要掌握原料的成分，然后按冰淇淋不同的质量标准进行计算，即无论使用哪些原料进行配合，最终都要达到产品标准对各项指标的要求。表 3-33 所示为冰淇淋主要原料成分含量。

表 3-33　冰淇淋主要原料成分含量

| 原料 | 原料成分含量/% | | |
| --- | --- | --- | --- |
| | 脂肪 | 非脂乳固体 | 总固形物 |
| 稀奶油 | 30 | 6.4 | 36.4 |
| 牛乳 | 4 | 8.8 | 12.2 |
| 甜炼乳 | 8 | 20 | 68 |

②原料的处理：

a. 乳粉应先加温水溶解，有条件的可过一遍胶体磨或用均质机先均质一次。

b. 奶油（包括人造奶油和硬化油）应先检查其表面有无杂质，去除杂质后再切成小块，加入杀菌缸。

c. 砂糖先用适量的水，加热溶解配成糖浆，并经 100 目筛过滤。

d. 鲜蛋可与鲜乳一起混合，过滤后均质。

e. 蛋黄粉先与加热至 50℃ 的奶油混合，并搅拌使之均匀分散在油脂中。

f. 乳化稳定剂可先和蔗糖干态混匀后再加入 80℃ 以上的物料，如使用乳化罐效果更好

g. 香精、色素则在凝冻前添加为宜。

③配制混合料：由于冰淇淋配料种类较多，性质不一，配制时的加料顺序十分重要。一般先加入牛乳、脱脂乳等黏度小的原料及半量的水；再加入黏度稍高的原料，如糖浆、乳粉溶解液、乳化稳定剂溶液等，并进行搅拌和加热；同时再加入稀奶油、炼乳、果葡糖浆等黏度高的原料；最后以水或牛乳定容，使混合料总体控制在规定的范围内。混合溶解时的温度通常为 40~50℃。

④混合料的酸度控制：混合料的酸度与冰淇淋的风味、组织状态和膨胀率有很大关系，正常酸度以 0.18%~0.2% 为宜。若配制的混合料酸度过高，则在杀菌和加工过程中易产生凝固现象，因此杀菌前应测定酸度。若过高，可用碳酸氢钠进行中和。但应注意，不能中和过度，否则会因中和过度而产生涩味，使产品质量劣化。

（2）混合料的均质

①均质的目的：将脂肪球的粒度减少到 2μm 以下，使脂肪处在一种永久均匀的悬浮状态。另外，均质还有助于搅打的进行、提高膨胀率、缩短老化期，从而使冰淇淋的质地更为光滑细腻、形体松软、增加稳定性和持久性。

②均质的温度和压力：混合料温度和均质压力的选择与混合料的凝冻操作及冰淇淋的形体组织有密切的关系。较适宜的温度为 60~65℃。温度过低或过高，会使脂肪丛集。

均质压力过低，脂肪不能完全乳化，造成混合料凝冻搅拌不好，而影响冰淇淋的形体；均质压力过高，则使混合料黏度过高，凝冻时空气难以混入，所以要达到所要求的膨胀率，则需要更长的时间。一般来说，压力增加，可以使冰淇淋的组织细腻，形体松软，但压力过高又会造成冰淇淋形体不良。均质压力的大小与各种因素有关，如随着混合料的脂肪含量、总固形物含量的增加应减小均质压力。一般以 20~25MPa 为宜。

（3）混合料的杀菌　混合料必须经过杀菌来杀灭致病菌，将腐败菌的营养体及芽孢降低至极少数量，并破坏微生物所产生的毒素，以保障消费者食用安全和身体健康。

目前，冰淇淋混合料的杀菌普遍采用高温短时杀菌法（HTST），杀菌条件一般为 83~87℃、15~30s。

（4）混合料的冷却与老化（成熟）

①冷却：杀菌后的混合料，应迅速冷却至 5℃，冷却的目的在于迅速降低

料温，防止脂肪上浮。另外，如混合料温度过高会使酸味增加，影响香味。

冷却温度要适合老化，不宜过低（不能低于0℃），否则易使混合料产生冰晶，影响冰淇淋质量。

②老化（成熟）：将混合料在2~5℃的低温下冷藏一定的时间，称为老化。

老化的目的在于：加强脂肪凝结物与蛋白质和稳定剂的水合作用，进一步提高混合料的稳定性和黏度，有利于凝冻时膨胀率的提高；促使脂肪进一步乳化，防止脂肪上浮、酸度增加和游离水的析出；游离水的减少可防止凝冻时形成较大的冰晶；缩短凝冻时间，改善冰淇淋的组织。

随着料液温度的降低，老化时间可缩短。例如2~4℃，老化时间需4h；而0~1℃时，只需2h。混合料总固形物含量越高，黏度越高，老化时间就越短。现在由于乳化稳定剂性能的提高，老化时间还可缩短。

（5）凝冻　凝冻是冰淇淋生产最重要的步骤之一，是冰淇淋的重量、可口性、产量的决定因素。凝冻就是将流体状的混合料在强制搅拌下进行冻结，使空气以极微小的气泡状态均匀分布于混合料中，在体积逐渐膨胀的同时，由于冷冻而成半固体状的过程。

①凝冻的目的与作用。

a. 通过冻结使混合料中的水变成细微的冰晶。混合料在结冰温度下受到强制搅刮，使冰晶来不及长大，而成为极细微的冰晶（4mm左右），并均匀分布在混合料中，使组织细腻、口感滑润

b. 空气混入使物料获得合适的膨胀率。搅刮器不停地搅刮，使空气逐渐混入混合料中，并以极细微的气泡分于混合料中，使其体积逐渐膨胀。空气在冰淇淋中的分布状况对成品质量最为重要，空气分布均匀就会形成光滑的质构、奶油般滑润的口感和温和的食用特性，并且抗融性和储藏稳定性在很大程度上也取决于空气泡分布是否均匀。

c. 搅拌使混合料混合均匀。

②凝冻的进行：凝冻过程是由凝冻机来完成的。混合料被连续泵入带夹套的冷冻桶内，冷冻过程非常迅速，这一点对形成细小冰晶非常重要。冻结在冷冻桶表面的混合料被冷冻桶内的旋转刮刀不断连续刮下来，混合料从老化缸不断被泵送流往连续式凝冻机，在凝冻时空气被搅入。冷冻温度一般在-6~3℃范围内。由于空气被裹入混合料中，其体积逐渐增大，通常膨胀率为80%~100%。冰淇淋离开连续式凝冻机时为半冻结状态，大约有40%的水分被冷冻成冰。这样产品就可以泵送到下一段工序——包装或挤出。

③冰淇淋的膨胀率：指冰淇淋体积增加的百分率。膨胀后的冰淇淋，内部含有大量细微的气泡，从而获得良好的组织和形体，使其品质好于不膨胀的或

膨胀不够的冰淇淋。另一方面，因空气呈细微的气泡均匀地分布于冰淇淋组织中，起到稳定和阻止热传导的作用，从而增强产品的抗融性。

冰淇淋膨胀率一般为80%～100%。膨胀率过低则冰淇淋风味过浓，食用时溶解性不好，组织粗硬；膨胀率过高则冰淇淋变成海绵状组织，气泡大，保形性和保存性不好，食用时溶解过快、风味弱、凉爽感小。

（6）硬化 凝冻后的冰淇淋为半流体状，又称软质冰淇淋，一般是现制现售。而多数冰淇淋需通过硬化来维持其在凝冻中所形成的质构，成为硬质冰淇淋才进入市场，经过硬化，可以使冰淇淋保持预定的形状，保证产品质量，便于销售与储藏、运输。

凝冻后的冰淇淋必须及时进行快速分装，并送至速冻隧道内进行硬化；否则表面部分的冰淇淋易受热融化，再经低温冷冻，则形成粗大的冰晶，从而降低品质。同样，硬化速度也有影响，硬化迅速则冰淇淋融化少，组织中的冰晶细，成品就细腻润滑；否则冰晶粗而多，成品组织粗糙，品质低劣。

（7）冷藏 硬化后的冰淇淋，在销售前应储存在低温冷库中。冷库的温度应保持在-25～-3℃，在这一温度下，冰淇淋中近90%的水被冻结成冰晶，并使产品具有良好的稳定性。储藏期间要防止温度波动，否则融化后冰淇淋再次冻结会使产品组织明显粗糙化。

### 四、质量标准

1. 发酵乳质量标准

发酵乳质量标准应符合 GB 19302—2010《食品安全国家标准 发酵乳》，评判发酵乳的质量主要指标有感官指标、理化指标、微生物指标、乳酸菌数、污染物限量、真菌毒素限量、食品添加剂和营养强化剂等。

（1）感官指标 发酵乳的感官指标见表3-34。

表3-34 发酵乳感官指标

| 项目 | 要求 | | 检验方法 |
| --- | --- | --- | --- |
| | 发酵乳 | 风味发酵乳 | |
| 色泽 | 色泽均匀一致，呈乳白色或微黄色 | 具有与添加成分相符的色泽 | 取适量试样置于50mL烧杯中，在自然光下观察色泽和组织状态。闻其气味，用温开水漱口，品尝滋味 |
| 滋味、气味 | 具有发酵乳特有的滋味、气味 | 具有与添加成分相符的滋味和气味 | |
| 组织状态 | 组织细腻、均匀，允许有少量乳清析出；风味发酵乳具有添加成分特有的组织状态 | | |

（2）理化指标 发酵乳的理化指标见表3-35。

表 3-35　发酵乳理化指标

| 项目 | 指标 | | 检验方法 |
| --- | --- | --- | --- |
| | 发酵乳 | 风味发酵乳 | |
| 脂肪*/（g/100g）　≥ | 3.1 | 2.5 | GB 5009.6—2016 |
| 非脂乳固体/（g/100g）　≥ | 8.1 | – | GB 5413.39—2010 |
| 蛋白质/（g/100g）　≥ | 2.9 | 2.3 | GB 5009.5—2016 |
| 酸度/°T ≥ | 70.0 | | GB 5009.239—2016 |

注：　* 仅适用于全脂产品。

（3）微生物指标　发酵乳的微生物指标见表 3-36。

表 3-36　发酵乳微生物指标

| 项目 | 采样方案* 及限量（若非指定，均以 CFU/g 或 CFU/mL 表示） | | | | 检验方法 |
| --- | --- | --- | --- | --- | --- |
| | n | c | m | M | |
| 大肠菌群 | 5 | 2 | 1 | 5 | GB 4789.3—2016 平板计数法 |
| 金黄色葡萄球菌 | 5 | 0 | 0/25g（mL） | — | GB 4789.10—2016 定性检验 |
| 沙门氏菌 | 5 | 0 | 0/25g（mL） | 0 | GB 4789.4—2016 |
| 酵母≤ | 100 | | | | GB 4789.15—2016 |
| 霉菌≤ | 30 | | | | |

注：　* 样品的分析及处理按 GB 4789.1—2016 和 GB 4789.18—2016 执行。

（4）乳酸菌数　用 GB 4789.35—2016 中的检验方法测得发酵乳中的乳酸菌数应≥$1×10^6$CFU/g（mL），发酵后经热处理的产品对乳酸菌不作要求。

（5）污染物限量

发酵乳中污染物限量应符合 GB 2762—2017 的规定。

（6）真菌毒素限量

发酵乳中真菌毒素限量应符合 GB 2761—2017 的规定。

（7）食品添加剂和营养强化剂

发酵乳中食品添加剂和营养强化剂的使用应符合 GB 2760—2014 和 GB 14880—2012 的规定。

2. 冰淇淋质量标准

冰淇淋质量标准须符合 GB/T 31114—2014《冷冻饮品　冰淇淋》，评判冰淇淋的质量主要指标有感官指标、理化指标、卫生指标和食品添加剂和食品营养强化剂等。

（1）感官指标　冰淇淋的感官指标见表 3-37。

GB/T 31114—2014
《冷冻饮品　冰淇淋》

表3-37　冰淇淋感官指标

| 项目 | 要求 | | | | | |
| --- | --- | --- | --- | --- | --- | --- |
| | 全乳脂 | | 半乳脂 | | 植脂 | |
| | 清型 | 组合型 | 清型 | 组合型 | 清型 | 组合型 |
| 色泽 | 主体色泽均匀，具有品种应有的色泽 | | | | | |
| 形态 | 形态完整，大小一致，不变形，不软塌，不收缩 | | | | | |
| 组织 | 细腻滑润，无气孔，具有该品种应有的组织特征 | | | | | |
| 滋味气味 | 柔和乳脂香味无异味 | | 柔和淡乳脂香味无异味 | | 柔和植脂香味无异味 | |
| 杂质 | 无正常视力可见外来杂质 | | | | | |

（2）理化指标　冰淇淋的理化指标见表3-38。

表3-38　冰淇淋理化指标

| 项目 | 指标 | | | | | |
| --- | --- | --- | --- | --- | --- | --- |
| | 全乳脂 | | 半乳脂 | | 植脂 | |
| | 清型 | 组合型[1] | 清型 | 组合型 | 清型 | 组合型 |
| 非脂乳固体[2]/（g/100g）　≥ | 6.0 | | | | | |
| 总固形物/（g/100g）　≥ | 30.0 | | | | | |
| 脂肪/（g/100g）　≥ | 8.0 | | 6.0 | 5.0 | 6.0 | 5.0 |
| 蛋白质/（g/100g）　≥ | 2.5 | 2.2 | 2.5 | 2.2 | 2.5 | 2.2 |

注：　①组合型产品的各项指标均指冰淇淋主体部分。
　　　②非脂乳固体含量按原始配料计算。

（3）卫生指标　冰淇淋的卫生指标应符合 GB 27591—2015 的规定。

（4）食品添加剂和食品营养强化剂　冰淇淋中食品添加剂和营养强化剂的使用应分别符合 GB 2760—2014 和 GB 14880—2012 的规定。

### 知识拓展

一、酸奶的传说

据考证，酸奶已有4000多年的历史了。传说佛祖在斋戒冥思时，由于禁食时间较长，渐渐失去知觉，在这危急时刻，一位妇人给佛祖一碗酸奶使他恢复了知觉，所以在佛经中认为酸奶是最有价值的食品。

另外，酸奶在《圣经》和《古兰经》中都有记载。古罗马皇帝和成吉思汗都曾经命令他们的士兵携带酸奶以保证身体健康、防止疾病，确保战争的胜利。

另一种说法是酸奶是由保加利亚人制成。很久以前，生活在保加利亚的色雷斯人过着游牧生活，他们身上常常背着灌满了羊奶的皮囊，带着羊群在大草原上放牧。 由于外部的气温，加上人的体温等作用，皮囊中的羊奶常常变酸，而且变成渣状。 这就是最早的酸奶。 20世纪初期，俄国科学家伊·缅奇尼科夫专门研究人类长寿问题时，来到了保加利亚进行调查，发现每千名死者中有四名是百岁以上去世的，这些高龄人生前都爱喝酸奶。 缅奇尼科夫断定高龄是由于喝了酸奶的结果。 缅奇尼科夫对色雷斯人喝的酸奶进行化验后发现，酸奶中有一种能有效消灭大肠内的腐败细菌的杆菌，并将它命名为"保加利亚乳酸杆菌"。 这一消息为西班牙商人伊萨克·卡拉索得知，他便立即开了一家制作乳酸奶的工厂。 第二次世界大战后，伊萨克·卡拉索又到美国建立了一家酸奶工厂，美国人很喜欢喝这种营养价值高的食品。 不久，酸奶便风靡世界。

二、冰淇淋的起源

关于冰淇淋（ice cream，又名冰激凌等）的起源有多种说法。

在中国，很久以前就开始食用"冰酪"（或称"冻奶"，英文"Frozen Milk"）。 宋人杨万里对"冰酪"情有独钟，有诗词："似腻还成爽，如凝又似飘。 玉来盘底碎，雪向日冰消"。 真正用奶油配制冰淇淋始于我国，据说是马可·波罗从中国带到西方去的。 公元1295年，在中国元朝任官职的马可·波罗从中国把一种用水果和雪加上牛奶的冰食品配方带回意大利，于是欧洲的冷饮生产才有了新的突破。

就西方来说，传说公元前4世纪左右，亚历山大大帝远征埃及时，将阿尔卑斯山的冬雪保存下来，将水果或果汁用其冷冻后食用，从而增强了士兵的士气。 还有记载显示，巴勒斯坦人利用洞穴或峡谷中的冰雪驱除炎热。

1846年，有个名叫南希·约翰逊的人，发明了一架手摇曲柄冰淇淋机。制作时先向冰雪里加些食盐或硝酸钾，使冰雪的温度更低，然后把奶、蛋、糖等放入小桶里不断搅拌，过一会儿就制成了冰淇淋。 从此，人们在家里就可制作冰淇淋了。 1851年，在美国马里兰州的巴尔的摩，牛奶商人Jacob Fussel实现了冰淇淋的工业化。 他在美国巴尔的摩建立工厂，最早开始大量生产冰淇淋。 1904年，在美国圣路易斯世界博览会期间，又有人把鸡蛋、奶和面粉烘制的薄饼，折成锥形，里面放入冰淇淋，供参加博览会的人品尝。 借助于1899年的均质机、1902年的循环式冷藏机、1913年的连续式冷藏机等的发明，冰淇淋的工业化在全世界得到迅速发展。

—— 课后习题 ——

一、选择题

1. 生产酸乳中常用的发酵剂有保加利亚乳杆菌和（　　　）。

A. 细菌　　　　B. 酵母菌　　　　C. 金黄色葡萄球菌　　　　D. 嗜热链球菌

2. 全乳脂冰淇淋是指主体部分乳脂质量分数为（　　）以上（不含非乳脂）的冰淇淋。

A. 6%　　　　　B. 8%　　　　　C. 10%　　　　　　　D. 12%

3. （　　）是冰淇淋中脂肪和包括蛋白质、乳糖、盐类等的主要来源。

A. 脂肪　　　　B. 蛋白质　　　　C. 糖　　　　　　　D. 乳

4. 在生产发酵乳时，往往加入以（　　）为主的甜味剂，蔗糖的加入量一般为 5% ~ 8%。

A. 蔗糖　　　　B. 果糖　　　　C. 葡萄糖　　　　　　D. 麦芽糖

5. 制作酸奶的过程中，发酵剂的接种量一般为（　　）。

A. 1% ~ 3%　　B. 2% ~ 3%　　C. 2% ~ 4%　　　　　D. 3% ~ 5%

二、填空题

1. 按成品的状态进行分类，酸乳可分为（　　）和（　　）。

2. 冰淇淋生产中使用的甜味剂有蔗糖、果糖、（　　）及（　　）等。

3. 稳定剂具有亲水性，因此能提高冰淇淋的（　　）和（　　）。

4. 在搅拌型发酵乳生产中，通常添加明胶、果胶和琼脂，可提高（　　）、（　　），并有助于防止酸乳中（　　）。

5. （　　）能改善冰淇淋的结构、组织状态及风味。

三、判断题

1. 只由原料乳、糖和菌种发酵而成的为天然酸乳。　　　　　　（　　）

2. 稳定剂能使难于混合的乳浊液稳定化。　　　　　　　　　　（　　）

3. 生产酸乳的过程中，均质后的物料要进行杀菌，其目标是发酵剂中的微生物。　　　　　　　　　　　　　　　　　　　　　　　　（　　）

4. 蛋制品能改善冰淇淋的结构、组织状态及风味，因此添加得越多越好。
　　　　　　　　　　　　　　　　　　　　　　　　　　　　（　　）

5. 冰淇淋中常用的乳化剂包括：卡拉胶、蔗糖脂肪酸酯、果胶等。
　　　　　　　　　　　　　　　　　　　　　　　　　　　　（　　）

四、简答题

1. 简述酸乳的加工流程。

2. 简述冰淇淋的加工过程。

模块四　　大豆及坚果类食品加工技术

项目一　典型豆制品加工技术

## 任务一　非发酵性豆制品加工技术

**学习目标**

1. 了解非发酵性豆制品加工的主要原辅料及其作用；
2. 掌握非发酵性豆制品加工基本工艺流程及豆腐加工操作要点，并能熟练操作；
3. 了解豆腐品质鉴定的质量标准。

**必备知识**

豆制品是以大豆、绿豆、豌豆、蚕豆、红小豆等豆类为主要原料，经加工而成的食品。大多数豆制品是由大豆的豆浆凝固而成的豆腐及其再制品。豆制品主要分为三大类，即非发酵性豆制品、发酵性豆制品和其他豆制品。非发酵性豆制品是指以大豆或其他杂豆为原料制成的豆腐、腐竹、油皮等，或将豆腐脑经压制、熏制、卤制、炸卤制等制成花样繁多的豆腐干类。发酵性豆制品是以大豆为主要原料，经微生物发酵而成的豆制品，如腐乳、豆豉、纳豆等。此外，一般把组织蛋白、素肉等在上述两类之外的豆制品归为其他豆制品。

豆浆是大豆（不包括豆粕及粉）经脱皮或不脱皮，经浸泡或不浸泡，加水研磨、加热等使蛋白质等有效成分溶出，除去豆渣后所得的总固形物含量在6.0%以上的乳状液。

豆腐是熟豆浆添加凝固剂后，在特定模具内成型或灌注包装容器内成型的产品。豆腐干是一类含水量更少、凝胶的网络结构比较紧缩的豆腐。豆腐干是以大豆和水为主要原料，经磨浆、分离、煮浆、添加凝固剂点浆、压榨脱水、成型、切块等加工而成的各种形状的产品。

腐竹是以大豆为原料，经打浆、结膜、烘干等工艺制成的产品。

## 一、 非发酵性豆制品的主要分类

豆浆产品按照总固形物含量分为：浓型豆浆（≥8.0%）、普通型豆浆（≥7.0%）、淡型豆浆（≥6.0%）等。按照加工工艺中是否添加风味物质，分为：纯豆浆、调味豆浆等。

豆腐的品种繁多，常见的有：豆腐花、内酯豆腐、北豆腐（老豆腐）、南豆腐（嫩豆腐）、调味豆腐、冷冻豆腐、脱水豆腐等。豆腐花是熟豆浆经添加凝固剂使蛋白质凝固，制成的没有固定形状的产品。内酯豆腐是以葡萄糖-δ-内酯为凝固剂制成的豆腐。调味豆腐是以豆腐为原料，经炸、卤、炒、烤、熏等工艺中的一种或多种和（或）添加调味料加工而成的产品。冷冻豆腐是以豆腐或调味豆腐为原料，经冷冻而成的产品。脱水豆腐是以豆腐或调味豆腐为原料，经脱水、干燥而成的干质产品。

豆腐在我国根据地域可分为南豆腐和北豆腐。根据所用的凝固剂，可分为石膏豆腐、盐卤豆腐和内酯豆腐。南豆腐通常用石膏作凝固剂制成，也称嫩豆腐，其质地细嫩、有弹性、含水量大；北豆腐通常用盐卤作凝固剂制成，也称老豆腐，其特点是硬度、弹性、韧性较强，含水量低于南豆腐、香味浓。石膏豆腐、盐卤豆腐的制作工艺大体相同，内酯豆腐则区别较大。但是，不管哪种豆腐，从原料选择到豆浆制作过程都是相同的。

豆腐干根据加工工艺不同分为：卤制豆腐干（简称卤干）、油炸豆腐干（简称炸干）、熏制豆腐干（简称熏干）、炸卤豆腐干、炒制豆腐干（也称烩炒豆腐干）、蒸煮豆腐干、其他类等。

腐竹类根据加工工艺中是否折叠成条状，分为：腐皮、腐竹等。

## 二、 非发酵性豆制品加工常用的主要原辅料及其作用

### 1. 主要原料

生产豆制品的主要原料一般是大豆和脱脂大豆两种，其中大豆使用最多，生产的豆制品质量最好。

（1）大豆　我国有上万个大豆品种，分为黄大豆、青大豆、黑大豆。目前世界上大豆生产国主要有美国、巴西、中国等。相比之下，中国生产的大豆蛋白质含量高，生产豆制品应首选我国生产的大豆。我国目前种植的大豆，一般蛋白质含量在36g/100g以上，脂肪含量在18g/100g左右，属于蛋白质和脂肪均衡型，但是缺少丰产、大粒，是适合加工豆腐等豆制品用的高蛋白品种。

（2）脱脂大豆　脱脂大豆是大豆提取油脂后的产物，因提取油脂的方式

不同可分为豆饼与豆粕。

2. 水

豆制品生产用水必须符合 GB 5749—2006《生活饮用水卫生标准》规定。实践证明，水质与豆制食品生产的关系极为密切，水的质量好坏决定着原料里的大豆蛋白质的溶解，对原料利用率和产品的质量都至关重要。尤其掌握好水的硬度，当水的硬度超过 1mmol/L（即 28mg/L 氧化钙）时，其中钙、镁离子与部分水溶性蛋白质结合，凝聚形成细小颗粒沉淀，降低了大豆蛋白质在水中的溶解度，就会影响豆腐的出品率。同时，过硬的水质也使豆腐的结构粗糙，口感不好。因此，豆制品生产最好使用硬度低于 1mmol/L 的软水。

GB 5749—2006
《生活饮用水
卫生标准》

3. 凝固剂

凝固剂是传统豆制品生产不可缺少的辅料，它可分为盐类和酸类两种类型。目前，国内外也研制了一些复合型凝固剂。

（1）卤水  卤水又称为盐卤，是海水制盐后的副产品，是氯化镁、硫酸镁和氯化钠的混合物，有固体和液体两种，使用时均需调成浓度为 9%～10% 的溶液。使用量大致范围为 100kg 大豆需盐卤（以固体计）2～5kg。用卤水点豆腐，由于卤水易溶解于水，所以与豆浆中蛋白质作用强烈，凝固力强，做出的新豆腐香气和口味都比较好，缺点是保水性差和不易操作。

（2）石膏  石膏是一种矿产品，主要成分是硫酸钙，有生石膏、半熟石膏、熟石膏及过熟石膏之分。对豆浆的凝固作用以生石膏最快，熟石膏较慢，而过熟石膏用几乎不起作用。生石膏作凝固剂，由于凝固速度太快，生产中不易掌握，因此生产中多采用熟石膏。

石膏的溶解度较低，因其凝固速度缓慢，故能制成保水性好、光滑细嫩的豆腐。用石膏点脑，多采用冲浆法：把需要加入的石膏和少量的熟浆放在同一容器中，然后把其余的熟浆同时冲入容器中，即可凝固成脑。使用石膏作凝固剂，豆浆的温度不能过高，否则豆腐发硬。一般豆浆温度控制在 85℃ 较为适宜。每 100kg 大豆需凝固剂石膏粉 2.2～2.8kg。

用石膏作凝固剂，难免会在制品中残存少量的硫酸钙，所以制品均带有一定的苦涩味，缺乏大豆的香味。有资料介绍，用硬脂酸钙或氯化钙可代替石膏点浆，用法与石膏相同，用量约为石膏的一半，且产品中蛋白质的凝固率高，豆腐洁白细嫩，无酸涩味，光泽好，出品率可比传统石膏点豆腐提高 1/4～1/3。

（3）葡萄糖-δ-内酯  葡萄糖-δ-内酯（简称 CDL）是一种新型的酸类凝固剂。它的特点是不易沉淀，容易和豆浆混合。内酯溶在豆浆中会慢慢转变为葡萄糖酸，在加热的条件下则分解速度加快，pH 高时转变也快。

加入内酯的熟豆浆，当豆浆温度达 60℃ 时，大豆蛋白质开始凝固，在80～90℃时，凝固成的蛋白质凝胶持水性佳，制成的豆腐弹性大、有劲，质地滑润爽口。在生产中使用时可在 30℃ 以下的豆浆中加入内酯，再装入塑料袋或盒内，经 90~98℃ 的水加热 15~20min，然后冷却即成豆腐。内酯的使用量一般在 0.25%~0.35%（以豆浆计）。

（4）复合凝固剂 复合凝固剂是人为地用两种或两种以上的成分加工成的凝固剂。美国一家公司生产的复合凝固剂，其主要成分除葡萄糖–$\delta$–内酯（约 40%）外，还含有磷酸氢钙、酒石酸钾、磷酸氢钠、富马酸、玉米淀粉等。

4. 消泡剂

在煮浆时，豆浆沸腾会产生泡沫，这种泡沫是由于水变成蒸汽，鼓起蛋白质形成的。由于这些泡沫的存在，煮浆时易出现假沸现象，点脑时影响凝固剂分散。为了保证产品质量，必须使用消泡剂消泡。目前使用的消泡剂有以下几种：

（1）油脚 油脚是油炸过食品后的废油，含杂质较多，色泽暗黑，不卫生，但价格便宜。

（2）油脂膏 油脂膏是酸败油脂与氢氧化钙混合制成的膏状物，油脂与氢氧化钙的配比为 10:1，使用量为 1.0%。

（3）硅有机树脂 硅有机树脂是近年发展的一种消泡剂，有较强的消泡能力。硅有机树脂有两种类型，即油剂型和乳剂型，在豆制品生产中使用水溶性好的乳剂型。硅有机树脂的允许使用量为十万分之五，使用时可预先将规定量的消泡剂加入大豆的磨碎物中，使其充分分散，可达到消泡的目的。

（4）脂肪酸甘油酯 脂肪酸甘油酯分为蒸馏品（纯度 90% 以上）和未蒸馏品（纯度为 40%~50%）。蒸馏品的使用量为 1.0%，使用时均匀地加在豆糊中，一起加热即可。

5. 防腐剂

GB 2760—2014《食品安全国家标准 食品添加剂使用标准》规定，豆制品中可以使用丙酸及其钠盐、钙盐作为防腐剂，最大使用量为 2.5g/kg（以丙酸计）；使用 $\varepsilon$–聚赖氨酸盐酸盐作为防腐剂，最大使用量为 0.30g/kg。

三、非发酵性豆制品加工基本工艺流程及操作要点

（一）非发酵性豆制品加工基本工艺流程

1. 豆浆和豆腐加工工艺

选豆 → 洗净 → 浸泡 → 磨浆 → 煮浆 → 过滤 → 豆浆 → 凝固 → 入模 → 挤压 →

       ↑  ↓    ↓

南豆腐或北豆腐     消泡剂 豆渣   内酯豆腐

2. 腐竹加工工艺

选豆 → 洗净 → 浸泡 → 磨浆 → 滤浆上锅 → 煮浆挑膜 → 干制 → 成品

（二）操作要点（以豆腐为例）

1. 豆浆制作

（1）原料选择与处理　由于大豆中的蛋白质含量、种类对豆腐制作影响最大，因此，要选择蛋白质含量高、品质好的大豆。大豆在干燥、储存和流通过程中的高温、高湿条件，有可能使大豆中的不溶性蛋白质含量增加，从而降低豆腐的得率。另外，霉变、虫蛀、破碎，包括储存时间不足、太长的大豆，都对豆腐得率与品质有影响。因此，应选用色泽光亮、外形饱满、新鲜完整的大豆做豆腐。各种大豆的化学组成不同，所产豆腐的品质也会不同，应该从豆腐的品质、得率等几个方面选择原料。当然，大豆中如果混入其他物质，也应该采用适当的方法予以清除。

（2）浸泡大豆　大豆浸泡程度直接影响豆腐的质量。大豆的浸泡程度因季节而异，夏季应泡至九成，冬季则需泡到十成。浸泡好的大豆豆瓣内表面基本呈平面，略有塌坑；手指掐之易断，断面浸透，不见硬芯（白色）。另外，有数据表明，浸泡过程对大豆蛋白的损失不大。

大豆浸泡后的体积，为未吸水前的 2~3 倍，质量约为干豆质量的 2.2 倍。如果大豆浸泡的程度不够，蛋白质提取量就会相对减低，产率降低，质量差劣；反之，大豆浸泡的程度过头，蛋白质提取量虽然高，但酸度大，导致黏性降低，豆浆凝固物组织结构松脆，疏水性强，产品质量差。正确的浸泡操作能保证豆腐质地细嫩，保水性、弹性好，刀剖面光亮，绵软有劲，豆腐产率略增。大豆浸泡达到要求后捞出，用水冲淋洗净。

（3）制取豆浆

①磨浆。将浸泡达到要求后的大豆加水粉碎成糊。如果采用的是砂轮式磨浆机，粉碎的粒度是可调的。磨糊颗粒粗，蛋白质提取量低；磨糊颗粒过细，细绒似的豆渣过滤不出来而混于豆浆中，影响成品质量，同时也增加了磨浆机的能耗和砂轮的磨损。磨糊粗细在 70~80 目为宜。滤浆的丝绢或尼龙裙包的孔眼以 140~150 目为宜。另外，磨浆时水、豆要同时加。

豆浆的浓度对豆腐加工有重要影响。浓度太低，凝胶网络的结构不完善，豆浆凝固物疏水性强，呈明显稀散网络状态，难以形成块状豆腐；同时流失的黄浆水增多，营养损失也多，豆腐得率不会高。太浓的豆浆其蛋白质凝聚结合力过强，会影响凝固剂的快速扩胶，造成凝胶不均和白浆等现象；同时，因豆浆凝固物包水量少，所产豆腐质地粗硬易碎，剖面粗糙，食之板硬，味差。

②煮浆。生的豆浆必须经过加热后才能食用或形成凝胶。适当温度、时间

下的加热使蛋白质热变性，后续凝固彻底。如果温度不够，蛋白质热变性不彻底，豆浆凝固不完全，豆腐易散成糊，颜色发红。同时，豆浆没有煮沸，其所含的皂角素、蛋白酶抑制剂未被破坏，食用此豆浆及其做成的豆腐，体弱的人易引起消化不良、腹泻甚至中毒。按照传统经验，煮浆时应该保证豆浆在100℃的温度下保持 $3~5min$。

煮浆的方法很多，从原始的土灶到现代的蒸汽加热、电热装置都可以。土灶以煤、秸秆等为原料，设备简单，成本低廉，煮浆时锅底易发生轻微的焦煳而赋予产品特有的风味。直火煮浆时，很容易产生泡沫，浮在豆浆表面，阻碍蒸汽散发，形成假沸现象，稍不注意，就会发生溢锅。因此，此时要采取措施防止溢锅，如改变火力、消除泡沫（手工清除或使用消泡剂）让蒸汽散发等。

③过滤。过滤的主要目的是去除豆渣，可在煮浆前或煮浆后进行。先煮再过滤，称为熟浆法；先过滤再煮浆，称为生浆法。

熟浆法的特点是豆浆灭菌及时，不易变质，产品弹性好、韧性足，但因熟豆浆的黏度较大，造成过滤困难，豆渣中残留的蛋白质较多（一般均在3%以上），相应地减少产品得率，增加能耗等生产成本；且产品的保水性变差，离析水增加（豆腐放置一段时间后，其中部分水分离出来称为离析水），进而影响产品感官质量。熟浆法仅适合用于生产含水量较少的老豆腐、豆腐干等。

生浆法过滤容易，只要磨浆时的粗细、过滤工艺控制适当，豆渣中残留的蛋白质可控制在2%以下；不仅增加了产品得率，而且豆腐保水性好，口感滑润。南豆腐生产一般采用生浆法过滤。由于生料易受微生物污染而变质，在工艺上对卫生条件的要求也就较高。

前一次过滤得到的豆渣往往含有一定量的蛋白质，可加水再次洗涤后过滤，滤液代替下次磨浆的清水，这样可提高产品得率。清洗豆渣的水温最好在55~60℃，这样有利于蛋白质的分离。如果采用多级过滤，滤网宜先稀后密；如前一级用80目的滤网，后一级则采用100目的过滤网。

④冷却。煮沸的豆浆必须适当降低温度后才能进行后续操作。至于降温幅度，依不同产品或同一产品的不同品质要求而不同。

2. 豆腐脑（豆腐花）制作

在豆浆中加入凝固剂，使豆浆由溶胶态变为凝固态即可得到豆腐脑，这是豆腐生产过程中最为重要的工序。影响豆腐脑质量的因素有很多，如大豆品质、水质、凝固剂的种类和添加量、加凝固剂时的搅拌方式、豆浆浓度和pH、煮浆和点浆温度以及凝固时间等。其中，最为重要的是豆浆品质和凝固程序。凝固程序可分为点脑和蹲脑两个部分。石膏、盐卤和葡萄糖-$\delta$-内酯是目前常用的凝固剂。凝固剂用量过少则使凝固不充分，过多则会使离析水增加，豆腐得率下降，同时会影响口感、味道。因此，在实际工作中，应根据凝固剂的性质，在了解基本用量的前提下，考虑产品需要，合理确定用量。

把凝固剂按一定的比例和方法加入煮熟的豆浆中，使豆浆变成豆腐脑的过程，称为点脑，也称点浆。蹲脑又称涨浆、养浆，就是让加入了凝固剂后的豆浆静置成型的过程。有试验表明，点浆工序完成后的 40min 内，凝胶快速形成，即使 2h 后，凝胶硬度也在增加。其主要原因是：豆浆虽然初凝，但蛋白质的变性和联结仍在进行，组织结构仍在形成之中，必经一段时间后，凝固才能完全，结构才能稳固。因此，点浆后的物料至少应该放置适当时间，同时要注意保温，防止降温太快影响后续成型过程。

蹲脑过程宜静不宜动，否则已经形成的网络结构会因振动而破坏，使制品在组织内产生裂隙，外形不整，特别是在生产嫩豆腐时表现更加明显，静置时间在 30 min 左右。静置时间短了，结构脆弱，脱水快，成品不细嫩光亮；时间过长，凝固物温度下降太多，也不利于成型及以后各工序的正常进行。

3. 豆腐成型

除内酯是在加入葡萄糖-δ-内酯后直接成型外，石膏、盐卤豆腐都需要把凝固好的豆腐脑，放入特定的模具内，通过一定的压力，榨出多余的黄浆水，使豆腐脑紧密地结合在一起，成为具有一定含水量、弹性和韧性的豆制品。豆腐的成型主要包括上脑（又称上箱）、压制、出包、切块及冷却等工序。

除加工嫩豆腐以外，加工其他豆腐制品一般都需要在上箱压制前，从豆腐脑中排除部分水。在豆腐脑的网状结构中的水分不容易排出，只有把已经形成的豆腐脑适当破碎。不同程度地打散豆腐脑中的网络结构，才能达到生产各种豆制品的不同要求。破脑程度既要根据产品质量的需要，又要适应上箱浇制工艺的要求。南豆腐的含水量较高，可不经过破脑；北豆腐只需轻微破脑，脑花大小为 8~10cm 较好；豆腐干的破脑程度宜适当加重，脑块大小在 0.5~0.8cm 为宜；而生产干豆腐（千张、百页）时，豆腐脑则需完全打碎，以完全排出网络结构中的水分。

豆腐的压制成型是在豆腐包和豆腐箱内完成的，使用豆腐包的目的是在豆腐的定型过程中，使水分通过包布排出，使分散的蛋白质凝胶连接为一体。豆腐包布网眼的粗细（目数）与豆腐制品的成型有相当大的关系。北豆腐宜采用孔隙稍大的包布，这样压制时排水较通畅，豆腐表面易成"皮"。南豆腐要求含水量高，不能排出太多的水，就要求用细布。

豆腐脑上箱包好后，就可开始加压出水。此过程要注意三点：豆腐脑的温度、压强大小和加压时间。豆腐脑压制时的温度应在 65~70℃，压强一般在 1~3kPa（北豆腐压强稍大，南豆腐压强稍小），一般加压时间为 15~25min。压榨后，南豆腐含水率要在 90% 左右，北豆腐含水率要在 80%~85%。

### 四、非发酵性豆制品的质量标准（以豆腐为例）

豆腐质量标准应符合 GB/T 22106—2008《非发酵豆制品》，评判豆腐的质量主要指标有感官指标、理化指标和卫生指标等。

GB/T 22106—2008
《非发酵豆制品》

#### 1. 感官指标

豆腐应具有该类产品特有的颜色、香气、味道，无异味，无可见外来杂质，感官指标见表 4-1。

表 4-1　豆腐感官指标

| 类型 | 形态 | 质地 |
|------|------|------|
| 豆腐花 | 呈无固定形状的凝胶状 | 细腻滑嫩 |
| 内酯豆腐 | 呈固定形状，无析水和气孔 | 柔软细嫩，剖面光亮 |
| 南豆腐 | 呈固定形状，柔软有劲，块形完整 | 细嫩，无裂纹 |
| 北豆腐 | 呈固定形状，块形完整 | 软硬适宜 |
| 调味豆腐 | 呈固定形状，具有特定的调味效果或加工效果，块形完整 | 软硬适宜 |
| 冷冻豆腐 | 冷冻彻底，块形完整 | 解冻后呈海绵状，蜂窝均匀 |
| 脱水豆腐 | 颜色纯正，块形完整 | 孔状均匀，无霉点，组织松脆，复水后不碎 |

#### 2. 理化指标

豆腐的理化指标见表 4-2。

表 4-2　豆腐理化指标

| 类型 | 水分/（g/100g）　≤ | 蛋白质/（g/100g）　≥ |
|------|------|------|
| 豆腐花 | — | 2.5 |
| 内酯豆腐 | 92.0 | 3.8 |
| 南豆腐 | 90.0 | 4.2 |
| 北豆腐 | 85.0 | 5.9 |
| 调味豆腐 | 85.0 | 4.5 |
| 冷冻豆腐 | 80.0 | 6.0 |
| 脱水豆腐 | 10.0 | 35.0 |

GB 2712—2014
《食品安全国家标准　豆制品》

#### 3. 卫生指标

豆腐的卫生指标应符合 GB 2712—2014《食品安全国家标准　豆制品》的规定。

五、 非发酵性豆制品加工注意事项（ 以豆腐为例 ）

（1） 由于大豆收获后都有一个后熟过程，刚刚收获的大豆不宜马上使用，应存放 2 个月以上使其熟化后再用，比较理想的熟化时间是 3~9 个月。

（2） 各种大豆浸泡时的吸水量、膨胀速度不同，各季节的气温、水温不同，因此，在各季节里选择大豆的浸泡时间和浸泡程度是不同的。

（3） 蹲脑时间的长短，要视点浆温度、所用的凝固剂种类、产品要求等情况而定。一般北豆腐 20~25min，南豆腐 15~18min，豆腐片 7~10min，豆腐干 15~18min。

（4） 豆腐挤压时产生的黄浆水，富含多种营养成分，弃之可惜，应该加以利用。黄浆水可生产大豆低聚糖、大豆异黄酮、大豆皂苷、制备酵母菌和白地霉粉、维生素 $B_{12}$、营养保健饮料和酿造白酒等。

### 知识拓展

一、豆制品的营养价值

大豆营养价值高，含有 35%~40% 的优质植物蛋白质、膳食纤维、不饱和脂肪酸、磷脂、钙和大豆异黄酮等营养素。 大豆加工成豆制品后，不仅保留了大豆的营养成分，而且去除了大豆中对人体不利的胰蛋白酶阻碍因子、凝血素。豆制品丰富的膳食纤维不但有助血糖控制，还有助减肥和预防肥胖；豆制品中富含的不饱和脂肪酸，有保护心血管的作用；一些豆制品中钙含量较高，可以帮助维持骨骼健康。 大豆异黄酮可以预防骨质疏松、老年性痴呆以及心血管疾病。

二、健康喝豆浆

1. 豆浆与牛奶营养价值比较

牛奶的优势是蛋白质含量要比豆浆高一些，钙含量丰富，补钙效果好，豆浆的钙含量只有牛奶的 1/10。 豆浆的益处是饱和脂肪含量远低于牛奶，对心血管健康更有益；富含膳食纤维，而牛奶中几乎没有。 所以，牛奶和豆浆在营养价值上各有所长，不分上下。

2. 豆浆含有雌激素？

豆浆中的大豆异黄酮是"类雌激素"，对于人体雌激素具有调节作用，帮助体内的雌激素维持稳定。 当人体雌激素水平不足的时候，它能稍微弥补一下不足；当人体雌激素水平较高时，它又和雌激素竞争，降低一下雌激素的效果。 所以，正常喝豆浆和吃豆制品，并不会导致雌激素不断升高，更不用担心会导致性早熟或是乳腺癌。

3. 豆浆和鸡蛋不能一起吃？

豆浆中的胰蛋白酶阻碍因子，会抑制蛋白质的消化，使得鸡蛋的营养不能被吸收。 但是胰蛋白酶阻碍因子不耐热，在煮熟的豆浆中早已灭活。 所以，煮熟的豆浆和鸡蛋可以一起吃。

4. 喝豆浆会中毒？

喝没煮熟的豆浆确实会中毒。 大豆中含有皂素、皂苷和胰蛋白酶抑制物，如果豆浆煮不熟，可能会出现头晕、肚子痛、恶心呕吐等症状。 豆浆在煮到 80℃时，泡沫会上浮，出现"假沸"现象，此时豆浆并没有煮熟。 所以，还要继续用小火煮几分钟没有豆腥味后才能喝。

总之，豆浆实在又便宜、好喝又营养，无愧于中国的传统健康饮品。

── 课后习题 ──────────────────────

一、单选题

1. 对豆浆的凝固作用以（      ）最快。

A. 过熟石膏　　　　B. 熟石膏　　　　C. 半熟石膏　　　　D. 生石膏

2. 豆制品中可以使用丙酸及其钠盐、钙盐作为防腐剂，最大使用量为（      ）g/kg（以丙酸计）。

A. 2.0　　　　　　B. 2.5　　　　　　C. 3.0　　　　　　D. 3.5

3. 豆制品中可以使用 $\varepsilon$ -聚赖氨酸盐酸盐作为防腐剂，最大使用量为（      ）g/kg。

A. 0.20　　　　　　B. 0.25　　　　　　C. 0.30　　　　　　D. 0.35

4. 凝固剂是传统豆制品生产不可缺少的辅料，它可分为盐类和酸类两种类型，其中酸类凝固剂是（      ）。

A. 卤水　　　　　　　　　　　B. 石膏

C. 葡萄糖- $\delta$ -内酯　　　　　　D. 氯化镁

5. 成品南豆腐的感官标准中形态要求是（      ）。

A. 呈无固定形状的凝胶状

B. 呈固定形状，无析水和气孔

C. 呈固定形状，柔软有劲，块形完整

D. 呈固定形状，块形完整

二、填空题

1. 豆浆是除去豆渣后所得的总固形物含量在（      ）以上的乳状液。

2. 豆浆产品按照总固形物含量分为（      ）、（      ）和（      ）。

3. 根据所用的凝固剂，可分为（      ）、（      ）、（      ）。

4. 卤水又称为盐卤，是（      ）、（      ）、（      ）的混合物。

5. 加入葡萄糖- $\delta$ -内酯的熟豆浆，当豆浆温度达（      ）℃时，大豆蛋白质开始凝固，在（      ）℃时，凝固成的蛋白质凝胶持水性佳，制成的豆腐弹性大、有劲，质地滑润爽口。

三、判断题

1. 冷冻豆腐是以豆腐或调味豆腐为原料，经冷冻而成的产品。 （ ）

2. 豆腐花是生豆浆经添加凝固剂使蛋白质凝固，制成的没有固定形状的产品。 （ ）

3. 脱水豆腐是以豆腐或调味豆腐为原料，经脱水、干燥而成的干质产品。 （ ）

4. 北豆腐通常用盐卤作凝固剂制成。 （ ）

5. 南豆腐通常用石膏作凝固剂制成。 （ ）

四、简答题

1. 豆制品主要分为哪三大类？ 分类的依据是什么？

2. 豆腐干根据加工工艺不同分为哪几种？

## 任务二　发酵性豆制品加工技术

---

学习目标

1. 了解发酵性豆制品加工的主要原辅料及其作用；

2. 掌握发酵性豆制品加工基本工艺流程及腐乳加工操作要点；

3. 了解腐乳品质鉴定的质量标准。

---

必备知识

发酵性豆制品是原料豆由一种或几种特殊的微生物经过发酵过程而得到的产品。发酵豆制品具有特定的形态和风味，主要种类有腐乳、豆豉、纳豆、酱油、豆酱及其他各种发酵豆制品等。腐乳是以大豆为主要原料，经加工磨浆、制坯、培菌、发酵而成的一种调味、佐餐食品。豆豉是以大豆为原料，利用曲霉或自然发酵制成的发酵豆制品。纳豆是以大豆为原料，经蒸煮后接种纯种纳豆芽孢杆菌（纳豆菌）发酵而成的产品。纳豆流行于日本，一般认为日本纳豆是由中国的豆豉演化而来的。

### 一、 发酵性豆制品的主要分类

1. 腐乳分类

（1）按产品颜色和风味分　可分为红腐乳、白腐乳、青腐乳和酱腐乳。

①红腐乳：在腐乳后期发酵的汤料中，配以红曲酿制而得的腐乳即红腐

乳。表面呈鲜艳的红色或紫色，断面为淡黄色。在酿制过程中因添加不同的调味辅料，使其呈现不同的风味特色。

②白腐乳：在腐乳后期发酵的汤料中，不添加任何着色剂酿制而成的腐乳。表里颜色一致，均为淡黄色或灰黄色，鲜味突出，酒香浓郁。在酿制过程中因添加不同的调味辅料，使其呈现不同的风味特色。

③青腐乳：在腐乳后期发酵过程中，以低度食盐水作汤料酿制而成的腐乳。表里颜色基本一致呈青色，具有刺激性臭味。在酿制过程中因添加不同的调味辅料，使其呈现不同风味特色。

④酱腐乳：在腐乳后期发酵过程中，以酱曲（大豆酱曲、蚕豆酱曲、面酱曲）为主要辅料酿制而成的腐乳。表里颜色基本一致，具有自然生成的酱褐色或棕褐色，酱香浓郁、质地细腻。在酿制过程中因添加不同的调味辅料，使其呈现出不同的风味特色。

（2）按生产工艺分　可分为腌制型腐乳、发霉型腐乳。

腌制型腐乳生产时豆腐坯不经微生物生长的前期发酵，而直接进行腌制和后期发酵。由于没有微生物生长的前酵，缺少蛋白酶，风味的形成完全依赖于添加的辅料，如面曲、红曲、米酒或黄酒等。该生产工艺所需的厂房设备少、操作简单，但由于蛋白酶源不足、发酵期长、产品不够细腻、氨基酸的含量低。

发霉型腐乳生产时，豆腐坯先经天然的或纯菌种的微生物生长前期发酵，再添加配料进行后期发酵。前期发酵阶段在豆腐坯表面长满了菌体，同时分泌出大量的酶。后期发酵阶段豆腐坯经酶分解，产品质地细腻，游离氨基酸含量低。现在国内大部分企业都是采用此工艺生产腐乳。发霉型腐乳又分为毛霉型腐乳、根霉型腐乳、细菌型腐乳。

2. 豆豉分类

（1）按加工原料分　可分为黑豆豉和黄豆豉，分别采用黑豆和黄豆为主要原料。

（2）按发酵菌种分　可分为霉菌型豆豉和细菌型豆豉。霉菌型豆豉又分为毛霉型豆豉、根霉型豆豉、曲霉型豆豉。

（3）按口味分　可分为咸豆豉、淡豆豉、酒豆豉。

（4）按体态及商品名称分　可分为豆豉、干豆豉、水豆豉。


二、　发酵性豆制品加工常用的主要原辅料及其作用

生产发酵性豆制品的主要原料是大豆，也有用脱脂大豆的，如豆饼和豆粕。辅助原料种类很多，主要有食盐、酒类、红曲、面曲、食糖及各种香辛料等。

1. 大豆

同本项目任务一的大豆介绍。目前生产中选料的一个经验是：黄豆、青豆生产的腐乳质量较好，出品率也相对高。而黑豆生产的腐乳质量较差，颜色发黑、发乌且豆腐坯硬，出品率也不高。

2. 辅助原料

辅助原料直接影响发酵性豆制品成品中色、香、味的形成，尤其是腐乳生产中的各种辅料的选择和处理十分重要。辅助原料按其作用可分为两大类，一类为增加颜色的着色剂，另一类是为强化风味的调味料。

（1）食盐　在腐乳发酵的全过程中，食盐起着决定性的作用。具体的作用：

①食盐在腐乳中可增加咸味，起着调味的作用；

②食盐在发酵过程及成品中起到防止腐败的作用。

对食盐的要求是：水分及夹杂物少、颜色白，结晶小、氯化钠含量高，建议使用含氯化钠≥93%的优级盐或≥90%的一级盐，氯化钾、氯化镁、硫酸钙、硫酸钠、硫酸镁含量少，这些物质含量过多使食盐带有苦味，会降低腐乳的品质。以海盐为主，其他的有池盐、岩盐和井盐等。腐乳生产最好使用粉状的精制盐，对于保证产品的质量十分关键。

（2）酒类　在腐乳的后期发酵过程中，添加的主要辅料是白酒或黄酒。其作用是：酒精可以抑制杂菌的生长；能与有机酸发生酯化反应形成酯类，促进腐乳香气的形成；是色素的良好溶剂。

①黄酒：包括米酒、酒酿、红酒醪等，黄酒的酒精体积分数低，酒性醇和，香气浓，是广大人民喜爱的一种低度酒。腐乳生产所用料以黄酒为主，并且耗用数量最大，黄酒质量的好坏直接影响腐乳的后熟和成品的质量。腐乳酿造多采用甜味较小的干型黄酒。

②白酒：酒精体积分数在50%～60%，可调低酒精浓度用在腐乳生产上，代替黄酒及酒酿或用来调整汤料的酒度。

总之，腐乳生产所用的酒类各地方因品种而异，酒类在腐乳的生产中除了形成腐乳风味特色之外，还是发酵作用的调节剂和杂菌的抑制剂，其生化作用是非常重要的，掌握好其使用方法就能对产品质量的调控得心应手。

（3）曲类

①红曲：是红腐乳后期发酵过程中，必须添加的辅料。红曲是以籼米为主要原料，经过红曲霉菌在米上生长繁殖，分泌出红曲霉红素使米变红而成。它是一种安全的生物色素，是一种优良的食品着色剂，在红腐乳生产中除起着色作用，还有明显的防腐作用。它所含有的淀粉水解产物——糊精和糖，蛋白质的水解产物——多肽和氨基酸，对腐乳的香气和滋味有着重大的影响。另外红

曲含有较多的糖化型淀粉酶，还具有消食、活血、健脾、健胃等保健功能。

②面曲：又称面黄或面膏，是在腐乳的后期发酵过程中加入的另外一种重要辅料。它是以面粉为原料经过人工接种米曲霉后制曲或采用机械通风制曲制成。由于面曲中米曲霉和其他微生物分泌的各种酶系非常丰富，特别是含有较多的蛋白酶和淀粉酶，在腐乳后期发酵过程添加面曲不但可提高腐乳的香气和味道，也可促进成熟。其用量随腐乳品种不同而异，一般为每万块腐乳用面曲7.5~10kg。

（4）甜味剂 发酵性豆制品生产使用的甜味剂主要是蔗糖、葡萄糖、果糖等，这些糖类既是天然的甜味剂，又是重要的营养素，供给人体以热量。GB 2760—2014《食品安全国家标准 食品添加剂使用标准》规定腐乳生产可以添加甜蜜素、蔗糖素等甜味剂。另外甘草和甜叶菊等天然物质因具有甜味，也可作为腐乳生产的甜味剂。

（5）防腐剂 GB 2760—2014《食品安全国家标准 食品添加剂使用标准》规定，腐乳中仅能使用脱氢乙酸及其钠盐作为防腐剂，最大使用量为0.3g/kg（以脱氢乙酸计）。

（6）香辛料 腐乳的后期发酵过程中需要添加一些香辛料或药料，常用的有花椒、茴香、桂皮、生姜、辣椒等。使用香辛料主要是利用香辛料中所含的芳香油和刺激性辛辣成分，起着抑制和矫正食物的不良气味、提高食品风味的作用，并能增进食欲，促进消化，有些还具有防腐杀菌和抗氧化的作用。

（7）其他辅料 除上述各种辅料外，还有一些其他辅料，如桂花、玫瑰、火腿、虾籽、香菇等。这些辅料均可用在各种风味及特色的腐乳中，虽用量不多但质量要求却很高。

3. 发酵微生物

（1）腐乳发酵微生物 在腐乳生产中，人工接入的菌种有毛霉或根霉、米曲霉、红曲霉和酵母菌等，腐乳的前期发酵是在开放式的自然条件下进行的，外界微生物极容易侵入，另外配料过程中同时带入很多微生物，所以腐乳发酵的微生物十分复杂。虽然在腐乳行业称腐乳发酵为纯种发酵，为人工纯粹培养的毛霉等菌种的发酵，实际上，在扩大培养各种菌类的同时，已非常自然地混入许多种非人工培养的菌类。腐乳发酵实际上是多种菌类的混合发酵。从腐乳中分离出的微生物有腐乳毛霉、五通桥毛霉、雅致放射毛霉、芽孢杆菌、酵母菌等近20种。

在发酵的腐乳中，毛霉占主要地位，因为毛霉生长的菌丝又细又高，能够将豆坯完好地包围住，从而保持腐乳成品整齐的外部形态。当前，全国各地生产腐乳应用的菌种多数是毛霉菌，如 AS3.2778（雅致放射毛霉）、AS3.25

（五通桥毛霉）等。虽然根霉的菌丝不如毛霉柔软细致，但它在夏季能耐高温，可以保证腐乳常年生产，近年来，我国南方许多地方也利用根霉制造腐乳。腐乳生产选择菌种的具体标准如下：①不产生毒素，菌丝壁柔软细致，棉絮状、色白或黄。②生长繁殖快。③抗杂菌力强。④生产的温度范围大，受季节限制小。⑤能够分泌蛋白酶、脂肪酶、肽酶及有益于腐乳产品质量的酶系。⑥能使产品质地细腻柔糯，风味独特。

（2）豆豉发酵微生物　豆豉发酵微生物主要来自制曲工序。豆豉生产中制曲的目的是使煮熟的豆粒在霉菌或细菌的作用下产生相应的酶系，在发解过程中产生丰富的代谢产物，使豆豉具有鲜美的滋味和独特风味。制曲的方法有天然制曲和接种制曲，天然制曲不添加种曲，通过控制适宜的温度和湿度，使特定的微生物大量繁殖生长。天然制曲依靠空气、环境及原料中自然落入微生物的繁殖，因此除主要微生物的生长繁殖之外，还伴随着其他多种微生物的繁殖。天然制曲分为曲霉制曲、毛霉制曲和细菌制曲。

接种制曲是在蒸好的大豆（曲料）中接入人工培养的曲种（曲霉或毛霉）。接种制曲采用的曲霉有沪酿 3.042 米曲霉和以其为出发菌经诱变获得的曲霉 3.798 等，毛霉有四川省成都市调味品研究所分离驯化的 M.R.C-1 号等。

天然制曲和接种制曲各有其优缺点。天然制曲由于生长的微生物较杂，酶系较复杂，豆豉风味较好，缺点是制曲技术较难控制，质量不容易稳定，生产周期较长，生产受到季节限制，尤其是毛霉制曲要求温度低，只能在冬季生产，制曲周期更长；接种制曲法的优点是质量稳定，生产周期短，其缺点是风味稍差。

（3）纳豆发酵微生物　纳豆发酵是纳豆芽孢杆菌纯种培养。纳豆芽孢杆菌在分类学上属于枯草芽孢杆菌纳豆菌亚种，为革兰氏阳性菌，好氧，有芽孢，极易成链。

### 三、 发酵性豆制品加工基本工艺流程及操作要点

（一）发酵性豆制品加工基本工艺流程

1. 毛霉（或根霉）型腐乳发酵工艺

豆腐坯制作 → 前期发酵 → 装坛（或装瓶）→ 后期发酵 → 成品

2. 豆豉发酵工艺

大豆 → 筛选 → 洗涤 → 浸泡 → 蒸煮 → 冷却 → 接种 → 制曲 → 洗曲 → 拌曲 → 发酵 →

↑ （辅料水） ↓

干燥 → 干豆豉　　辅料水　　　　　　　　　　　　　　　　　豆豉

3. 纳豆发酵工艺

大豆→ 清洗 → 浸泡 → 沥干 → 蒸煮 → 冷却 → 接种 → 发酵 → 后熟 → 干燥 →
纳豆　　　　　　　　　　　　　　　　　　　↑
　　　　　　　　　　　　　　　　　　纳豆菌

（二）操作要点（以毛霉（或根霉）型腐乳为例）

1. 豆腐坯制作

豆腐坯制作见本项目的任务二。豆腐坯的质量标准因品种而异，感观要求块形整齐，无麻面，无蜂窝，符合本品种的大小规格，手感有弹性，含渣量低。要求水分含量为58%～72%，蛋白质含量大于14%。

2. 前期发酵

前期发酵是发霉过程，即豆腐坯培养毛霉或根霉的过程。发酵的结果是使豆腐坯长满菌丝，形成柔软、细密而坚韧的皮膜，并积累了大量的蛋白酶，以便在后期发酵中将蛋白质慢慢水解。

（1）接种　将已划块的豆腐坯摆入笼格或框内，侧面竖立放置，均匀排列，其竖立两块之间需留有一块大的空隙，行间留空间（约1cm），以便通气散热，调节好温度，有利于霉菌生长。用喷枪或喷筒把霉菌孢子悬液喷到豆腐坯上，使豆腐坯的前、后、左、右、上五面喷洒均匀。

（2）培养　培养的室温要求保持在26℃，在20h后才见菌丝生长，可进行第1次翻笼（上下笼格调换），以调节上下温度差，使生长速度一致；28h后菌丝已大部分生长成熟，需要第2次翻笼格；44h后进行第3次翻笼；52h后菌丝基本上长好，开始适当降温；一般68h后当菌丝开始变成淡黄色，并有大量灰褐色孢子形成时，即可散笼冷却。青方腐乳发霉稍嫩些，当菌丝长成白色棉絮状停止培养；红腐乳稍老些，呈淡黄色停止培养。

（3）腌坯　通风降温，停止发霉，促进霉菌产生蛋白酶，8～10h后结束前期发酵。紧接着进行搓毛，把笼格内冷却到20℃以下的豆腐坯块互相粘连的菌丝分开，用手指轻轻在每块表面揩涂一遍，弄倒毛头，使豆腐坯上形成一层皮衣。做到坯与坯之间合拢，拆开不粘连，整齐排列在容器内待腌。采用分层加盐法腌坯，用盐量分层加大，最后撒一层盖面盐。腌坯要求NaCl含量在12%～14%。腌坯时间冬季约7d，春秋季约5d，夏季约2d。腌坯3～4d后要压坯，再加入食盐水，腌过坯面，腌渍3~4d。腌坯结束后，排出盐水放置过夜，使盐坯干燥收缩。

3. 后期发酵

后期发酵是利用豆腐坯上生长的霉菌以及配料中各种微生物作用，使腐乳成熟，形成色、香、味的过程，包括配料装坛、灌汤、陈酿贮藏等工序。其目的有：一是借食盐腌制，使坯体析出水分，收缩变硬；二是借助霉菌所分泌的酶类进一步分解反应，通过装坛陈酿的一系列生化反应，赋予腐乳细腻柔糯的口感和鲜味，形成固有的色、香、味、体等特色。

（1）配料与装坛或瓶　配料与装坛或瓶是腐乳后熟的关键。取出盐坯，将盐水沥干装入坛或瓶内。装时不能过紧，以免影响后期发酵，使发酵不完全，中间有夹心。将盐坯依次排列，用手压平，分层加入配料，配料随腐乳品种而异，如红曲、面曲、红椒粉等。

（2）灌汤　装满盐坯后，配好的汤料灌入坛内或瓶内，汤料的多少视腐乳品种而异，但不宜过满，以免发酵时汤料涌出坛或瓶外。注意：青方腐乳装坛时不灌汤料，每 1000 块盐坯加 25g 花椒，再灌入 7°Bé 盐水。红方腐乳一般采用红曲、面酱、黄酒、白酒、蔗糖、药酒等按比例配成汤料。

（3）封口贮藏　坛或瓶封口在常温下贮藏，一般需 3 个月以上，才会达到腐乳应有的品质，青方与白方腐乳因含水量较高，只需 1~2 个月即可成熟。腐乳在贮藏期内可分别采用天然发酵法和室内保温发酵法进行发酵。室内保温发酵法的室温要保持在 35~38℃，红方经过 70~80d 成熟，青方则需 40~50d 成熟。

（4）成品　腐乳贮藏到一定时间，当感官鉴定口感细腻而柔软，理化检验符合标准要求时，即为成熟产品。

SB/T 10170—2007
《腐乳》

### 四、发酵性豆制品的质量标准（以腐乳为例）

腐乳质量标准应在符合 GB 2712—2014《食品安全国家标准　豆制品》的基础上，还需符合 SB/T 10170—2007《腐乳》，评判腐乳的质量主要指标有感官指标、理化指标和卫生指标等。

1. 感官指标

腐乳的感官指标见表 4-3。

表 4-3　腐乳感官指标

| 项目 | 要求 | | | |
|---|---|---|---|---|
| | 红腐乳 | 白腐乳 | 青腐乳 | 酱腐乳 |
| 色泽 | 表面呈鲜红色或枣红色，断面呈杏黄色或酱红色 | 呈乳黄色或黄褐色，表里色泽基本一致 | 呈豆青色，表里色泽基本一致 | 呈酱褐色或棕褐色，表里色泽基本一致 |
| 滋味、气味 | 滋味鲜美，咸淡适口，具有红腐乳特有气味，无异味 | 滋味鲜美，咸淡适口，具有白腐乳特有气味，无异味 | 滋味鲜美，咸淡适口，具有青腐乳特有气味，无异味 | 滋味鲜美，咸淡适口，具有酱腐乳特有气味，无异味 |
| 组织形态 | 块形整齐，质地细腻 | | | |
| 杂质 | 无外来可见杂质 | | | |

2. 理化指标

腐乳的理化指标见表4-4。

表4-4 腐乳理化指标

| 项目 | 要求 | | | |
|---|---|---|---|---|
| | 红腐乳 | 白腐乳 | 青腐乳 | 酱腐乳 |
| 水分/（g/100g） ≤ | 72.0 | 75.0 | 75.0 | 67.0 |
| 氨基酸态氮（以氮计）/（g/100g） ≥ | 0.42 | 0.35 | 0.60 | 0.50 |
| 水溶性蛋白质/（g/100g） ≥ | 3.20 | 3.20 | 4.50 | 5.00 |
| 总酸（以乳酸计）/（g/100g） ≤ | 1.30 | 1.30 | 1.30 | 2.50 |
| 食盐（以NaCl计）/（g/100g） ≥ | 6.5 | | | |

3. 卫生指标

腐乳中总砷、铅、黄曲霉毒素 $B_1$、大肠菌群、致病菌、食品添加剂应符合 GB 2712—2014《食品安全国家标准 豆制品》的规定。

五、 发酵性豆制品加工注意事项（以腐乳为例）

（1）应掌握菌种的生长规律，控制好培养温度、湿度及时间等条件。

（2）辅料中黄酒的质量最重要，若加入的黄酒质量不好，则易在发酵中变酸，生成产膜酵母，导致腐乳滋味变坏，甚至发臭。

（3）成品包装的坛或瓶一定要洗净，密封良好，装入的腐乳应灌满汤料，排除空气。

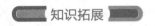 知识拓展

**发酵性豆制品的营养价值**

腐乳被外国人称为"中国奶酪"。 在制作腐乳的过程中原料的营养几乎没有什么损失，反而是产生了多种具有美味和香味的醇、酯、有机酸及氨基酸，营养价值更高。 腐乳是豆腐经微生物发酵制成的一种调味品。 在发酵过程中，水溶性蛋白质及氨基酸的含量增多，提高了人体对大豆蛋白质的利用率。 而且由于微生物的作用，产生了相当数量的核黄素和维生素 $B_2$，因此腐乳不仅是我国一种传统的调味品，而且是营养素的良好来源。 ①大豆异黄酮活性增加，防癌抗氧化。 大豆经发酵成腐乳后，其中的大豆异黄酮活性增加，具有较强的抗氧化作用，有利于清除体内的自由基和防止脂质过氧化，对心血管疾病和某些肿瘤也有一定预防作用。 ②降低胆固醇。 腐乳含不饱和脂肪酸，不含胆固醇。 实验表明，腐乳具有降低胆固醇的作用，比高胆固醇的奶酪

更有益于健康。 ③蛋白质利用率提高。 大豆所含的蛋白质经微生物的酶水解后，产生很多小分子肽及游离氨基酸，容易被消化吸收。 ④B族维生素增加，预防贫血与老年痴呆。 由于微生物的作用，腐乳中产生的维生素$B_2$含量仅次于乳制品，比豆腐还高6~7倍；维生素$B_{12}$量仅次于动物肝脏。 值得注意的是，腐乳有个大缺点：咸，钠多。 一般人群宜取少量腐乳或低盐腐乳制汁后再入菜。

豆豉被定为第一批药食兼用品种，不仅自古以来就广泛用于烹饪菜肴，是餐桌上不可多得的调味品和菜品，而且具有独特的营养保健作用，李时珍在《本草纲目》中指出：豆豉有开胃增食、消食化滞、发汗解表、除烦平喘、祛风散寒、治水土不服、解山岚瘴气等疗效。 现代食品营养学也认为，豆豉对于老年人益处颇多，在国际上已经被称为"营养豆"，它不仅开胃消食、祛风散寒，还能预防脑血栓和老年痴呆症。 试验证明，豆豉的营养几乎与牛肉相当，豆豉含蛋白质为39.3%，而牛肉为22.7%；脂肪含量豆豉为8.2%，牛肉为4.9%。 最重要的是豆豉对血栓的作用，豆豉中含有大量能溶解血栓的尿激素，能有效地预防脑血栓的形成。 总之，吃豆豉对改善大脑的血流量和防治老年性痴呆症很有效果。 需要注意的是，豆豉再好，也不能多吃，每日以50g内为宜。 而且豆豉加工中会加入很多盐分，所以如菜肴中已加入豆豉，则应减少烹调用盐量。

纳豆具有降低胆固醇，促进消化，软化血管，降低血液黏稠度，增强免疫力等功效。 纳豆中含有一种能够溶解血栓的酶称作纳豆激酶，这种酶能够有效溶解血液中的血栓，对于预防血栓类疾病具有重要的作用。 纳豆菌还可杀死霍乱菌、伤寒病菌、大肠杆菌O157∶H7等，起到抗生素的作用；纳豆菌也可以灭活葡萄球菌肠毒素，起到壮体防病的作用。

---- 课后习题 ----

一、单选题

1. 纳豆是以大豆为原料，经蒸煮后接种纯种（　　）发酵而成的产品。

A. 纳豆芽孢杆菌　　　　B. 曲霉　　　　C. 毛霉　　　　D. 根霉

2. 腐乳中仅能使用脱氢乙酸及其钠盐作为防腐剂，最大使用量为（　　）g/kg（以脱氢乙酸计）。

A. 0.20　　　　　　B. 0.25　　　　C. 0.30　　　　D. 0.35

3. 在腐乳生产中，人工接入的菌种没有（　　）。

A. 毛霉或根霉　　　　　　　　　B. 米曲霉

C. 红曲霉和酵母菌　　　　　　　D. 放线菌

4. 腐乳辅料中（　　）的质量最重要，若其质量不好，加入后则腐乳易在发酵中变酸，生成产膜酵母，导致腐乳滋味变坏，甚至发臭。

A. 甜味剂　　　　　　B. 黄酒　　　　C. 食盐　　　　D. 红曲

5. 成品腐乳感官标准中组织形态的要求是（　　）。

A. 块形整齐，质地细腻　　　　　　B. 块形整齐

C. 质地细腻　　　　　　　　　　　D. 无外来可见杂质

二、填空题

1. 腐乳按产品颜色和风味分类有（　　）、（　　）、（　　）、（　　）。

2. 腐乳按生产工艺分类有（　　）、（　　）。

3. 豆豉按发酵菌种分类有（　　）、（　　）。

4. 霉菌型豆豉分为（　　）、（　　）、（　　）。

5. 在腐乳的后期发酵过程中，添加的主要辅料酒是（　　）或（　　）。

三、判断题

1. 发酵性豆制品是原料豆由一种或几种特殊的微生物经过发酵过程而得到的产品。　　　　　　　　　　　　　　　　　　　　　　（　　）

2. 酒类在腐乳的生产中除了形成腐乳风味特色之外，还是发酵作用的调节剂和杂菌的抑制剂。　　　　　　　　　　　　　　　　　　（　　）

3. 红曲是一种安全的生物色素，是一种优良的食品着色剂，在红腐乳生产中除起着色作用，没有防腐作用。　　　　　　　　　　　　　（　　）

4. 腐乳生产可以添加甜蜜素、蔗糖素等甜味剂。　　　　　　（　　）

5. 纳豆芽孢杆菌在分类学上属于枯草芽孢杆菌纳豆菌亚种，为革兰阴性菌，好氧，有芽孢，极易成链。　　　　　　　　　　　　　　（　　）

四、简答题

1. 在腐乳发酵的全过程中，食盐具体的作用有哪些？

2. 腐乳生产选择菌种的具体标准有哪些？

# 任务三　其他豆制品加工技术

学习目标

1. 了解其他豆制品加工的主要原辅料及其作用；

2. 掌握其他豆制品加工基本工艺流程及挤压膨化法生产大豆组织蛋白操作要点；

3. 了解植物蛋白品质鉴定的质量标准。

必备知识

植物蛋白是以植物为原料，去除或部分去除植物原料中的非蛋白成分

（如水分、脂肪、碳水化合物等），蛋白质含量不低于40%的产品。豆类产品主要有大豆蛋白、豌豆蛋白、蚕豆蛋白。

豆类蛋白粉主要有大豆蛋白粉，大豆蛋白粉是大豆经清选、脱皮、脱脂、粉碎等工艺加工而成的蛋白质含量不低于50%的粉状产品。

粗提蛋白是通过初级提取，部分去除植物原料中的非蛋白成分（如水分、脂肪、碳水化合物等）而制得的产品。浓缩蛋白是通过提取、浓缩、分离等工艺，去除或部分去除植物原料中的非蛋白成分（如水分、脂肪、碳水化合物等）而制得的产品。分离蛋白是通过提取、浓缩、分离、精制等工艺，去除或部分去除植物原料中的非蛋白成分（如水分、脂肪、碳水化合物等）而制得的产品。粗提蛋白、浓缩蛋白、分离蛋白中蛋白质的纯度依次升高。

组织蛋白是以植物蛋白（主要是低变性蛋白粉、浓缩蛋白、分离蛋白等）为原料，经挤压或纺丝工艺加工制成的、具有特定组织结构的产品。组织蛋白具有多孔性肉样组织，保水性和咀嚼感好，适宜生产各种形状的烹饪食品、罐头、灌肠、仿真营养肉（素肉）等。

## 一、其他豆制品的主要分类

大豆蛋白粉依产品中蛋白质的变性程度，分为热变性大豆蛋白粉和低变性大豆蛋白粉两类。热变性大豆蛋白粉是采用热处理后的大豆粕经粉碎等生产工艺加工得到的大豆蛋白粉。低变性大豆蛋白粉是低温脱溶大豆粕经碾磨等生产工艺加工，得到的氮溶解指数（NSI）不低于55%的大豆蛋白粉。

大豆浓缩蛋白的生产方法很多，有：稀酸沉淀浓缩分离法、酒精溶液洗涤浓缩法、湿热处理法、酸浸醇洗法和膜分离法等。

大豆分离蛋白的生产方法主要有：碱提酸沉法、超滤膜提取法、离子交换法等。

组织蛋白的生产方法主要有：挤压膨化法、纺丝黏结法、水蒸气膨化法、海藻酸钠法等，但普遍采用挤压膨化法。

## 二、其他豆制品加工常用的主要原辅料及其作用

主要原料大豆：同本项目任务一的大豆介绍。

## 三、其他豆制品加工基本工艺流程及操作要点

（一）其他豆制品加工基本工艺流程

1. 稀酸沉淀浓缩分离法生产大豆浓缩蛋白工艺

低温脱溶豆粕→ 粉碎 → 酸浸 → 分离 → 洗涤 → 中和 → 干燥 →成品

2. 离子交换法生产大豆分离蛋白工艺

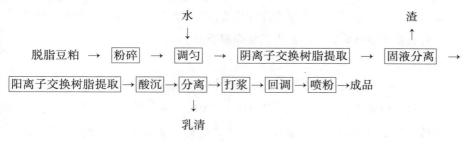

3. 挤压膨化法生产大豆组织蛋白工艺

大豆蛋白原料粉碎、改良剂、调味剂和着色剂→ 调和 → 挤压膨化 → 切割成型 → 干燥冷却 → 拌香着色 → 包装 →成品

（二）操作要点（以挤压膨化法生产大豆组织蛋白为例）

1. 原料粉碎

最好采用大豆浓缩蛋白、大豆分离蛋白、低温脱溶豆粕，也可利用豆粕。无论什么原料，在调配前，都应通过粉碎使原料粒度在 40~100 目。

2. 调和

将粉碎后的原料粉加适量水、改良剂及调味料和成面团。加水是调和工序的关键，水加得适量，挤压膨化时进料顺利、产量高、组织化效果好。加水量多少，不同的挤压膨化机还有不同的要求。

添加的改良剂主要有碳酸氢钠和碳酸钠，添加量一般在 1.0%~2.5%，调节面团的 pH 在 7.5~8.0。调味剂主要有食盐、味精、香料等，添加量根据产品的要求而定。

3. 挤压膨化

挤压膨化是组织蛋白生产的最关键工序。大豆蛋白挤压膨化过程中，温度是一个很重要的因素，温度的高低决定着膨化区内的压力大小，决定着蛋白质组织结构的好坏。低变性的原料，温度相对要求低些，高变性的原料相对要求温度较高。一般挤压膨化机的出口温度不应低于 180℃，入口温度控制在 80℃左右。挤压膨化机膛内工作温度随机型有的分三区，有的分四区，也有的分两区。

挤出工序进料量及均匀度也影响大豆组织蛋白的质量。进料量要与机轴转速相配合，不能空料。挤压膨化机出口处装有旋转切割刀，可将喷爆成型的物料切割成所要求的形状。

4. 干燥冷却

经过膨化后的产品一般含水分较高，达 18%~30%。为确保贮藏和食用要求，应脱水使之降至 8%～13%。脱水设备有沸腾床烘干冷却器、远红外隧道式烘干机等。一些容易在高温下挥发或变性的添加剂，如香料、色素、维生素等，可在烘干冷却后拌入产品内包装即得成品。

GB 20371—2016
《食品安全国家标准
食品加工用植物蛋白》

### 四、 其他豆制品的质量标准 （ 以植物蛋白为例 ）

植物蛋白质量标准应符合 GB 20371—2016《食品安全国家标准 食品加工用植物蛋白》，评判植物蛋白的质量主要指标有感官指标、理化指标和微生物指标和其他指标等。

**1. 感官指标**

植物蛋白的感官指标见表 4-5。

表 4-5 植物蛋白感官指标

| 项目 | 要求 | 检验方法 |
|------|------|----------|
| 色泽 | 具有产品应有的色泽 | 取适量试样置于洁净的白色盘（ 瓷盘或同类容器中）， 在自然光下观察色泽和状态。 闻其气味， 用温开水漱口， 品其滋味 |
| 滋味、 气味 | 具有产品应有的滋味、 气味，无异味 | |
| 状态 | 具有产品应有状态， 无正常视力可见外来物 | |

**2. 理化指标**

植物蛋白的理化指标见表 4-6。

表 4-6 植物蛋白理化指标

| 项目 | | 指标 | | | 检验方法 |
|------|------|------|------|------|----------|
| | | 粗提蛋白 | 浓缩蛋白 | 分离蛋白 | |
| 蛋白质[1]（ 以干基计）/（ g/100g ） | 大豆蛋白 花生蛋白 大米蛋白 马铃薯蛋白 | $40 \leqslant X$ <65 | $65 \leqslant X$ <90 | $X \geqslant 90$ | GB 5009.5—2016 |
| | 豌豆蛋白 | $40 \leqslant X$ <65 | $65 \leqslant X$ <80 | $X \geqslant 80$ | |
| | 其他蛋白[2] ≥ | | 40 | | |

续表

| 项目 | | 指标 | | | 检验方法 |
|---|---|---|---|---|---|
| | | 粗提蛋白 | 浓缩蛋白 | 分离蛋白 | |
| 水分③/<br>（g/100g） | 玉米蛋白 ≤ | | 12.0 | | GB 5009.3—2016 |
| | 除玉米蛋白之外<br>的植物蛋白 ≤ | | 10.0 | | |
| 脲酶（尿素酶）活性④ | | | 阴性 | | GB 5413.31⑥—<br>2013 或附录 A⑦ |
| | | | 非阴性⑤ | | |

注: ①氮换算为蛋白质的系数均以 6.25 计。

②适用于上述五种以外的植物蛋白; 也适用于各种植物蛋白中的植物水解蛋白和组织蛋白。

③不适用于组织蛋白和浆状大豆蛋白。

④仅适用于大豆蛋白。

⑤仅适用于需加热灭酶处理后方可食用的产品。

⑥定性检测法, 浆状液态产品取样量应根据干物质含量进行折算。

⑦定量检测法, 阴性产品尿素酶活性指数应≤0.02U/g。

3. 微生物指标

植物蛋白的微生物指标见表 4-7。

表 4-7 植物蛋白微生物指标

| 项目 | 采样方案及限量 | | | | 检验方法 |
|---|---|---|---|---|---|
| | $n$ | $c$ | $m$ | $M$ | |
| 菌落总数/（CFU/g） | 5 | 2 | $3 \times 10^4$ | $10^5$ | GB 4789.2—2016 |
| 大肠菌群/（CFU/g） | 5 | 1 | 10 | $10^2$ | GB 4789.3—2016 |

注: 样品的采集及处理按 GB 4789.1—2016 执行。 致病菌限量应符合 GB 29921—2013 中粮食制品类的规定。

4. 其他指标

植物蛋白中污染物限量应符合 GB 2762—2017 中相应类别产品的规定。其中大豆蛋白应符合 GB 2762—2017 中豆类制品的规定, 花生蛋白应符合 GB 2762—2017 中花生的规定, 小麦蛋白应符合 GB 2762—2017 中面筋的规定, 玉米蛋白、燕麦蛋白应符合 GB 2762—2017 中谷物制品的规定, 马铃薯蛋白、豌豆蛋白、蚕豆蛋白应符合 GB 2762—2017 中蔬菜制品的规定, 大米蛋白应符合 GB 2762—2017 中大米的规定。

植物蛋白中真菌毒素限量应符合 GB 2761—2017 中相应类别产品的规定。其中花生蛋白应符合 GB 2761—2017 中花生的规定, 玉米蛋白应符合 GB

2761—2017 中谷物制品的规定，大米蛋白应符合 GB 2761—2017 中大米的规定。

植物蛋白中食品添加剂的使用应符合 GB 2760—2014 的规定。

**五、 其他豆制品加工注意事项（以挤压膨化法生产大豆组织蛋白为例）**

（1）挤压膨化法的关键设备是挤压膨化机，挤压膨化的效果决定产品的质量。

（2）用低变性原料生产组织蛋白时，一般选用两区或三区挤压膨化机。一般温度控制范围是第一区 100~121℃，第二区 121~186℃；或第一区 70℃，第二区 140℃，第三区 180℃。

（3）用高变性原料生产组织蛋白时，一般选用四区挤压膨化机。温度控制范围是第一区 70~90℃，第二区 140~150℃，第三区 160~190℃，第四区 190~220℃。

（4）如果对产品质量有更高的要求，还可以采用二次膨化工艺，即经第一次膨化后，烘干去水，再粉碎，调配后进行第二次膨化。二次膨化后，产品质量进一步提高，但动力消耗大，成本提高。

 知识拓展

### 大豆蛋白质的营养价值

大豆的蛋白质含量比较丰富，一般在 40% 左右，个别品种可高达 52%。按蛋白质 40% 计算，1kg 大豆的蛋白质含量相当于 2.3kg 猪瘦肉或 2kg 牛瘦肉中的蛋白质含量，所以被人称誉为"绿色乳牛"、"植物肉"。 大豆的这一优良特性，对于改善我国人民膳食中蛋白质不足的现状具有非常重要的意义。

大豆的蛋白质主要是大豆球蛋白，占大豆总蛋白量的 80%~90%，也含有少量的清蛋白。 大豆球蛋白在水中呈乳状溶液，可被熟石膏（$CaSO_4$）或盐卤（主要成分为 $MgCl_2$）沉淀。 盐类沉淀大豆蛋白的原理是因为盐类可破坏蛋白质粒子周围的水膜，同时盐的正离子还能中和蛋白质粒子的负电荷（大豆球蛋白在水溶液中带负电荷）。 大豆球蛋白溶液在煮沸时不凝固。

大豆球蛋白的一个优点是氨基酸组成相当完全，它含有各种必需氨基酸成分，接近于完全蛋白质。 但蛋氨酸和半胱氨酸的含量稍低，不能满足人和动物维持正常生理的需要。 如果以大豆球蛋白为唯一蛋白来源饲养大白鼠，则会引起脱毛现象。 若在大豆中添入适量的蛋氨酸，或者将大豆与动物性食物配合食用，大豆蛋白质的营养价值会更高。

大豆蛋白质的另一个优点是含有较多赖氨酸。 通常禾谷粮食都缺乏赖氨

酸，如果把大豆与其他粮食混合食用，不仅可以补充其蛋白质数量上的不足，而且由于补充了其他粮食所缺乏的氨基酸，从而提高混合食品的营养价值。如每摄食500g小麦粉的同时，能摄食75g的大豆，那么小麦粉的蛋白质人体利用率可提高1.8倍。我国人民多数是以禾谷类粮食为主食，利用大豆蛋白质的这一优良特性，把大豆与禾谷类粮食混合食用，对改善人民群众的营养状况、增强人民体质有着十分重大的现实意义。

在生大豆及其制品中含有胰蛋白酶阻碍因子、凝血素、胃肠胀气因子等抗营养物质。这些抗营养物质有的能抑制人或动物体内胰蛋白酶的活性，使人或动物不能正常地消化吸收蛋白质，有的能造成人畜轻度中毒。所以，吃了未充分煮熟的大豆或喝了没有煮开的豆浆，会引起腹胀、腹泻、呕吐、胃肠胀气，严重的还会导致全身虚弱、呼吸急促。不过大豆中的抗营养物质在100℃高温下即丧失活性，只要把大豆或豆制品充分煮熟，即可消除抗营养物质对人体的不良影响。

在食品工业中，可利用大豆制成营养丰富、风味鲜美的传统蛋白食品，使大豆蛋白质在人体营养中发挥着食品营养强化的作用。因此，大豆蛋白质在我国人民的食品营养中占有十分重要的地位。

—— 课后习题 ——

一、单选题

1. 植物蛋白是以植物为原料，去除或部分去除植物原料中的非蛋白成分，蛋白质含量不低于（　　）的产品。

A. 30%　　　　　　B. 35%　　　　　　C. 40%　　　　　　D. 45%

2. 低变性大豆蛋白粉是低温脱溶大豆粕经碾磨等生产工艺加工，得到的氮溶解指数（NSI）不低于（　　）的大豆蛋白粉。

A. 50%　　　　　　B. 55%　　　　　　C. 60%　　　　　　D. 65%

3. 大豆蛋白粉是大豆经清选、脱皮、脱脂、粉碎等工艺加工而成的蛋白质含量不低于（　　）的粉状产品。

A. 35%　　　　　　B. 40%　　　　　　C. 45%　　　　　　D. 50%

4. 组织蛋白的生产方法普遍采用（　　）。

A. 纺丝黏结法　　B. 水蒸气膨化法　　C. 挤压膨化法　　D. 海藻酸钠法

5. 组织蛋白是以（　　）为原料，经挤压或纺丝工艺加工制成的、具有特定组织结构的产品。

A. 植物蛋白　　　　　　　　　　B. 豆类蛋白粉

C. 粗提蛋白　　　　　　　　　　D. 热变性大豆蛋白粉

二、填空题

1. 大豆蛋白粉依产品中蛋白质的变性程度，分为（　　　）、（　　　）两类。

2. 大豆分离蛋白的生产方法主要有（　　　）、（　　　）、（　　　）等。

3. 组织蛋白的生产方法主要有（　　　）、（　　　）、（　　　）、（　　　）等。

4. 大豆球蛋白的一个优点是氨基酸组成相当完全，但（　　　）、（　　　）的含量稍低，不能满足人和动物维持正常生理的需要。

5. 在生大豆及其制品中含有（　　　）、（　　　）、（　　　）等抗营养物质。

三、判断题

1. 粗提蛋白、分离蛋白、浓缩蛋白中蛋白质的纯度依次升高。　　（　　　）

2. 热变性大豆蛋白粉是采用热处理后的大豆粕经粉碎等生产工艺加工得到的大豆蛋白粉。　　（　　　）

3. 挤压膨化法的关键设备是挤压膨化机，挤压膨化的效果决定产品的质量。　　（　　　）

4. 用高变性原料生产组织蛋白时，一般选用三区挤压膨化机。　　（　　　）

5. 用低变性原料生产组织蛋白时，一般选用两区或三区挤压膨化机。

（　　　）

四、简答题

1. 大豆蛋白粉依产品中蛋白质的变性程度分为哪两种？各自定义是什么？

2. 组织蛋白的定义及用途有哪些？

## 项目二　坚果与籽类食品加工技术

学习目标

1. 了解坚果与籽类食品加工的主要原辅料及其作用；
2. 掌握坚果与籽类食品加工基本工艺流程及操作要点；
3. 了解坚果与籽类食品品质鉴定的质量标准。

必备知识

坚果与籽类食品是以坚果、籽类或其籽仁等为主要原料，经加工制成的食品。

坚果与籽类食品对人类具有以下健康功能：富含营养和有益"脂肪"；提供具有生物活性的抗氧化物；促进抗氧化维生素和多酚的协同作用；有益于心

脏健康；降低 DNA 氧化损伤。

根据加工方式不同分为生干坚果与籽类食品和熟制坚果与籽类食品两大类。生干坚果与籽类食品是经过清洗、筛选、或去壳、或干燥等处理，未经熟制工艺加工的坚果与籽类食品。熟制坚果与籽类食品是以坚果、籽类或其籽仁为主要原料，添加或不添加辅料，经烘炒、油炸、蒸煮或其他等熟制加工工艺制成的食品，也是传统称谓的炒货食品。

## 一、 坚果与籽类食品加工的主要原辅料及其作用

### 1. 主要原料

坚果是具有坚硬外壳的木本类植物的籽粒，包括核桃、板栗、杏核、扁桃核、山桃核、开心果、香榧、夏威夷果、松籽等。

果蔬籽类是指瓜、果、蔬菜、油料等植物的籽粒，主要包括瓜籽类（如葵花籽、西瓜籽、南瓜籽、瓜蒌籽等）、花生、豆类（如蚕豆、豌豆、大豆、芸豆、鹰嘴豆等）、玉米（如甜玉米或适合加工休闲食品的玉米品种）等。

坚果与果蔬籽仁果蔬籽、坚果去壳或外层后的可食部分，主要包括葵花籽仁、西瓜籽仁、南瓜籽仁、瓜蒌籽仁、花生仁、核桃仁、松籽仁、杏仁、榛子仁、澳洲坚果仁、栗仁、鲍鱼果仁、扁桃仁、开心果仁、橡子仁、麦仁等。

### 2. 食品配料

坚果与籽类食品出现口味多样化离不开各种食品配料的应用，除常用的食盐、白糖外，主要有甜味剂（甜蜜素、糖精钠、安赛蜜、甜菊糖苷、麦芽糖醇等）、鲜味剂（味精、I+G、干贝素等）、香辛料（茴香、桂皮、甘草、白芷、良姜、豆蔻、干姜、孜然、草果等天然香料）、食用香精（奶油香精、肉味香精、水果味香精、海鲜味香精等）、抗氧化剂（如 TBHQ）、色素（亮蓝、诱惑红、柠檬黄、日落黄等）。上述提到的食品添加剂的使用应严格按照其卫生标准进行添加，确保食品品质及安全。

## 二、 坚果与籽类食品基本工艺流程及操作要点

### （一）生干坚果与籽类食品基本工艺流程及操作要点

#### 1. 工艺流程

清洗 → 筛选 → （去壳）→ 干燥 →成品

#### 2. 操作要点

（1）筛选　利用筛网孔径的不同，筛分出产品规格的方法，同时去除原料中的灰尘、空壳、半瘪籽、小籽和杂质，原料要求无霉变、发芽、腐烂、虫

害等，主要包括以下几种筛选方法：

①风选：利用风力，将相对密度不同的原料分开的方法，同时去除虫蚀籽、瘪籽（半瘪籽）、轻杂及原料中石头、玻璃、土块等重杂。

②磁选：利用磁性材料清除原料中的磁性金属杂质。

③色选：根据物料光学特性的差异，利用光电技术将颗粒物料中的异色颗粒自动分拣出来。

（2）去壳　常见的剥壳加工设备按剥壳方法分类可分为：挤压法、撞击法、剪切法和碾搓法。

①挤压法：借助轧辊的挤压作用使壳破碎，如核桃剥壳机等。

②撞击法：借助打板或壁面的高速撞击作用使皮壳变形直至破裂，适用于壳脆而仁韧的物料如用离心式剥壳机剥松子壳等。

③剪切法：借助锐利面的剪切作用使壳破碎，如板栗剥壳机等。

④碾搓法：即借助粗糙面的碾搓作用使皮壳疲劳破坏而破碎。除下的皮壳较为整齐，碎块较大。这种方法适用于皮壳较脆的物料。

（3）干燥　利用热量或干湿空气交换的方式，降低原料水分。目前常利用微波技术，使物料快速均匀干燥。

（二）熟制坚果与籽类食品基本工艺流程及操作要点

按照加工工艺不同，可分为烘炒类、油炸类和其他类。烘炒类是指原料添加或不添加辅料，经炒制或烘烤（包括蒸煮后烘炒）而成的产品，如烘炒的瓜子、山核桃，烘烤的杏仁、扁桃仁等；油炸类是指原料按一定工艺配方，经常压或真空油炸制成的产品，如油炸的兰花豆、腰果、琥珀桃仁等；其他类是指原料添加或不添加辅料，经水煮、糖制或其他加工工艺制成的产品，如水煮花生、杏仁酥等。

1. 工艺流程

（1）烘炒类

原料→清理→{蒸煮 / 浸料（裹衣）→烘炒（烘干）→冷却→筛选→包装→成品 / 炒制→浸料}

（2）油炸类

原料→浸料（水煮或其他处理）→翻炒（裹衣）→拌料（如有此工艺要求的）→油炸→冷却→包装→成品

2. 操作要点

（1）煮制　将生干坚果或籽类添加适量的水，添加或不添加辅料，加热至微沸后熬制至熟的过程，在加热过程中同时搅拌，确保产品入味均匀。真空煮制是通过真空负压原理，使坚果或籽类物料气孔张开，在煮制时达到快速均匀入味。

（2）炒制　将原料和导热介质如食盐等混合在炒锅内，边加热边翻动。

（3）烘烤　将原料或经煮制后半成品加热烘干至水分在20%以下的物料，通过烤制生产线或设备进行烤制，通过烤制使产品产生酥脆口感及宜人香味。

（4）裹衣　以坚果或籽类的籽仁为芯料，在其外层涂上一层糖液或粉料或淀粉混合膜（添加或不添加食品添加剂），使其包裹。

（5）油炸　常采用真空油炸，通过真空负压原理，将坚果或籽类物料进行低温油炸，增加产品的酥脆度，可以减轻甚至避免氧化作用所带来的危害。

三、　坚果与籽类食品品质鉴定的质量标准

坚果与籽类食品质量标准应符合 GB 19300—2014《食品安全国家标准 坚果与籽类食品》，评判主要指标有感官指标、理化指标、污染物限量和真菌毒素限量、农药残留限量、微生物限量和食品添加剂等。

GB 19300—2014
《食品安全国家标准
坚果与籽类食品》

1. 感官指标

坚果与籽类食品的感官指标见表4-8。

表4-8　坚果与籽类食品感官指标

| 项目 | 要求 | 检验方法 |
|---|---|---|
| 滋味、气味 | 不应有酸败等异味 | 取适量样品，将样品置于清洁、干燥的白瓷盘中，在自然光下观察，嗅其气味，品其滋味。霉变粒以粒数比计 |
| 霉变粒/% 带壳产品 ≤ 去壳产品 ≤ | 2.0 0.5 | |
| 杂质 | 无正常视力可见外来异物 | |

2. 理化指标

坚果与籽类食品的理化指标见表4-9。

表4-9　坚果与籽类食品理化指标

| 项目 | 指标 | | | | 检验方法 |
|---|---|---|---|---|---|
| | 生干 | | 熟制 | | |
| | 坚果 | 籽类 | 葵花籽 | 其他 | |
| 过氧化值（以脂肪计）/ （g/100g） ≤ | 0.08 | 0.40 | 0.80 | 0.50 | 按GB/T 5009.37—2003 中规定的方法测定 |
| 酸价*（以脂肪计）/ （mgKOH/g） ≤ | 3 | | | | |

注：* 脂肪含量低的蚕豆、板栗类食品，其酸价、过氧化值不作要求。

3. 污染物限量和真菌毒素限量

（1）坚果与籽类食品中污染物限量　应符合 GB 2762—2017 的固定，其中豆类食品应符合 GB 2762—2017 中对豆类及其制品的规定，其他品种应符合 GB 2762—2017 中坚果及籽类的规定。

（2）坚果与籽类食品中真菌毒素限量　应符合 GB 2761—2017 的规定，其中豆类食品应符合 GB 2761—2017 中国对豆类及其制品的规定，其他品种应符合 GB 2761—2017 中对坚果及籽类的规定。

4. 农药残留限量

生干坚果与籽类食品农药残留限量应符合 GB 2763—2019 的规定。

5. 微生物限量

（1）坚果与籽类食品中致病菌限量　应符合 GB 29921—2013 的规定。

（2）熟制坚果与籽类食品级直接食用的生干坚果与籽类食品的微生物限量　应符合表 4-10 的规定。

表 4-10　坚果与籽类食品微生物限量

| 项目 | 采样方案[1] 及限量 （若非指定，均以 CFU/g 表示） | | | | 检验方法 |
|---|---|---|---|---|---|
| | $n$ | $c$ | $m$ | $M$ | |
| 大肠菌群 | 5 | 2 | 10 | $10^2$ | GB 4789.3—2016 平板计数法 |
| 霉菌[2] | ≤ | | 25 | | GB 4789.15—2016 |

注：　①样品的采集及处理按 GB 4789.1—2016 执行。

②仅适用于烘炒工艺加工的熟制坚果与籽类食品。

6. 食品添加剂

坚果与籽类食品中食品添加剂的使用应符合 GB 2760—2014 的规定。

四、　坚果与籽类食品加工注意事项

（1）要严格控制食品添加剂超范围和超量使用，不得使用非食品原料。

（2）做好原料、半成品、成品的仓库储存条件的控制。

　知识拓展

一、四类坚果不能购买

1. 发生霉变的

很多坚果存放不当容易发霉。黄曲霉毒素进入人体后，损害肝脏，诱发肝癌，也能诱发胃癌、肾癌、直肠癌及乳腺、卵巢、小肠等部位的癌症。

**2. 已经炒焦的**

坚果中含有大量脂肪、蛋白质、碳水化合物，普通的加热不足以破坏它们。但当坚果被炒焦时，温度已在200℃以上，而此时这些原本对身体有益的营养素则开始部分转化为致癌的苯并（a）芘、杂环胺、丙烯酰胺等物质。

**3. 经过"美容"的**

一些商贩在坚果加工过程中滥用工业色素、工业石蜡、漂白剂等化学品，进行"美容"处理，会导致果仁含有过多的有害化学物质的残留，特别是开心果类的裂果类坚果，果仁中更容易蓄积有害处理药剂，对人体健康具有很大的危害性，甚至具有很强的致癌性。

**4. 口味过重的**

坚果口味多种多样，一般来说，口味越重，食盐添加往往越多。其次，许多口味重、香味浓的坚果，在加工时添加了香精、糖精等物质，奶油味的瓜子还添加了人造奶油，这些东西对身体并没有好处；再次，口味越重的坚果，其美味背后隐藏着变质坚果的可能性就越大。

**二、四步教你选购优质坚果**

**1. 看外观**

颗粒饱满，色泽较淡。正常的果实形状应该是圆润饱满、色泽较淡，而不是颗粒干瘪、颜色发暗，也没虫蛀的痕迹。有些油亮鲜艳的坚果很可能经过高温油炸或是由二氧化硫等添加剂调色而成，而色泽过于干净亮白的坚果也有可能受到过漂白处理。

**2. 掂分量**

不轻不飘，饱满充实。购买坚果时，也可以摸一摸、掂一掂。正常的，坚果摸起来的手感应该是不发潮不黏手。在手上掂掂，如果太轻了，说明肉少干瘪，甚至是空果或坏果。

**3. 尝味道**

自然醇香，清脆可口。坚果的原始味道闻起来醇香自然，尝起来香脆美味、清香可口。但由于坚果油脂含量丰富，若长期暴露在空气中，会出现氧化的现象，很可能就会出现霉味、苦味、哈喇味等异味，食用时有苦涩、发酸的味道，说明已经变质。也有些品质较差的坚果，添加了调味剂把不好闻的气味覆盖掉。

**4. 辨标签**

厂家正规，日期新鲜。要注意查看外包装上的标签、生产标准号，尽可能选择日期新鲜的。

—— 课后习题 ————————————————————————

一、选择题

1. 油籽类食品富含不饱和脂肪酸和维生素 E，对以下哪一类疾病具有预防意义？（　　　）

A. 糖尿病　　　　B. 心血管疾病　　　　C. 肥胖症　　　　D. 呼吸道疾病

2. 坚果与籽类食品由于本身含有（　　　）较高，贮存不当易出现氧化哈败现象。

A. 不饱和脂肪酸　　　　　　　　B. 饱和脂肪酸

C. 维生素 E　　　　　　　　　　D. 碳水化合物

3. 对于去壳的坚果与籽类食品，要求霉变粒不能高于（　　　）。

A. 0.5%　　　　B. 1.0%　　　　C. 1.5%　　　　D. 2.0%

4. 对于带壳的坚果与籽类食品，要求霉变粒不能高于（　　　）。

A. 0.5%　　　　B. 1.0%　　　　C. 1.5%　　　　D. 2.0%

5. 正常的坚果应该是圆润饱满、（　　　）的。

A. 色泽较淡　　　　　　　　　　B. 颗粒干瘪

C. 颜色发暗　　　　　　　　　　D. 可以有虫蛀痕迹。

二、填空题

1. 坚果与籽类食品按加工方式不同分为（　　　）和（　　　）两大类。

2. 坚果与籽类食品加工过程中常用的筛选方式有（　　　）、（　　　）和（　　　）。

3. 坚果与籽类食品加工过程中常见的剥壳方法有（　　　）、（　　　）、（　　　）和（　　　）。

4. 熟制坚果与籽粒食品加工过程中，油炸制品油炸过程常采用（　　　）工艺进行低温油炸，增加产品的酥脆度。

5. 熟制坚果与籽粒食品加工过程中裹衣工艺是在芯料外层涂上一层（　　　）或（　　　）或（　　　），使其包裹。

三、判断题

1. 坚果与籽类食品是维生素 C 的上好来源。　　　　　　　　　　（　　　）

2. 大多数坚果籽类食品经过加工后都没有改变原料的原有形态与色泽。
　　　　　　　　　　　　　　　　　　　　　　　　　　　　　　（　　　）

3. 启封后的坚果籽类食品会和空气接触，空气中的氧气能够让食品中的油脂氧化，所以启封后不宜久存。　　　　　　　　　　　　　　　　（　　　）

4. 贮存时坚果籽类食品生产经营全过程的重要环节之一，如果贮存方法不当，严重影响产品的品质。　　　　　　　　　　　　　　　　　　（　　　）

5. 炒焦的坚果籽类可能含有苯并（a）芘等致癌物质。　　　　（　　　）

四、简答题

1. 简述烘炒类熟制坚果与籽类食品加工基本流程及操作要点。

2. 简述油炸类熟制坚果与籽类食品加工基本流程及操作要点。

模块五　　纯热能食品加工技术

项目一　动植物油加工技术

## 任务一　食用植物油加工技术

学习目标

1. 了解植物油料的种类及主要成分；
2. 掌握植物油料加工基本工艺流程及操作要点；
3. 了解食用植物油品质鉴定质量标准。

── 必备知识 ──

　　食用植物油是以食用植物油料或植物原油（以食用植物油料为原料制取的用于加工食用植物油的不直接食用的原料油）为原料制成的食用油脂。

　　植物油脂是人类必不可少的主要膳食成分之一，具有重要的生理功能，是人体必需脂肪酸的主要来源，同时也是重要的工业原料。

　　植物油脂制取通过研究油料的性质，选择合理的加工技术，制造符合人类需求的产品，使油料资源得到充分的利用。目前植物油脂制取方法主要有机械压榨法、溶剂浸出法、超临界流体萃取法及水溶剂法。超临界流体萃取及水溶剂法制取的油脂纯度高、品质好，可以直接食用，而且饼粕中蛋白质资源可以得到充分利用。

### 一、植物油料的种类及主要成分

（一）植物油料的分类

1. 植物油料

凡是油脂含量达 10% 以上，具有制油价值的植物种子和果肉等均称为油料。

2. 分类

根据植物油料的含油率高低，可将植物油料分成两类。

（1）高含油率油料 菜籽、棉籽、花生、芝麻等含油率大于 30% 的油料。

（2）低含油率油料 大豆、米糠等含油率在 20% 左右的油料。

（二）植物油料种子的主要化学成分

油料种子的种类很多，不同油籽的化学成分及其含量不尽相同，但各种油料种子中一般都含有油脂、蛋白质、糖类、脂肪酸、磷脂、色素、蜡质、烃类、醛类、醇类、油溶性维生素、水分及灰分等物质。

1. 油脂

是油料种子在成熟过程中由糖转化而形成的一种复杂的混合物，是油料种子中主要的化学成分，油脂是由 1 分子甘油和 3 分子高级脂肪酸形成的中性酯，又称为甘油三酸酯。

在甘油三酸酯中脂肪酸的相对分子质量占 90% 以上，甘油仅占 10%，构成油脂的脂肪酸性质及脂肪酸与甘油的结合形式，决定了油脂的物理状态和性质。

（1）单纯甘油三酸酯和混合甘油三酸酯 根据脂肪酸与甘油结合的形式不同，甘油酯可分成单纯甘油三酸酯和混合甘油三酸酯。在甘油三酸酯分子中与甘油结合的脂肪酸均相同则称之为单纯甘油三酸酯；组成甘油三酸酯的 3 个脂肪酸不相同则称为混合甘油三酸酯。

（2）油和脂 构成油脂的脂肪酸主要有饱和脂肪酸和不饱和脂肪酸两大类，最常见的饱和脂肪酸有软脂酸、硬脂酸、花生酸等；甘油三酸酯中饱和脂肪酸含量较高时，在常温下呈固态而称之为脂。不饱和脂肪酸有油酸、亚油酸、亚麻酸、芥酸等。甘油三酸酯中不饱和脂肪酸含量较高时，在常温下呈液态而称之为油。

（3）碘价 油脂中脂肪酸的饱和程度常用碘价反映。碘价用每 100g 油脂吸收碘的克数表示。碘价越高，油脂中脂肪酸不饱和程度越高。按碘价不同油脂分成三类：碘价<80gI/100g 为不干性油；碘价 80～130gI/100g 为半干性油；碘价>130gI/100g 为干性油。植物油脂大部分为半干性油。

（4）酸价 纯净的油脂中不含游离脂肪酸，但油料未完全成熟及加工、储存不当时，能引起油脂的分解而产生游离脂肪酸，游离脂肪酸使油脂的酸度增加从而降低油脂的品质。常用酸价反映油脂中游离脂肪酸的含量。酸价用中和 1g 油脂中的游离脂肪酸所使用的氢氧化钾的质量（mg）表示。酸价越高，油脂中游离脂肪酸含量越高。

### 2. 蛋白质

蛋白质是由氨基酸组成的高分子复杂化合物，根据蛋白质的分子形状可以将其分为线蛋白和球蛋白两种。油籽中的蛋白质基本上都是球蛋白，在油籽中，蛋白质主要存在于籽仁的凝胶部分。因此，蛋白质的性质对油料的加工影响很大。蛋白质除醇溶朊外都不溶于有机溶剂；蛋白质在加热、干燥、压力以及有机溶剂等作用下会发生变性；蛋白质可以和糖类发生作用，生成颜色很深的不溶于水的化合物，也可以和棉籽中的棉酚作用，生成结合棉酚；蛋白质在酸、碱或酶的作用下能发生水解作用，最后得到各种氨基酸。

### 3. 磷脂

磷脂即磷酸甘油酯，简称磷脂。两种最主要的磷脂是磷脂酰胆碱（俗称卵磷脂）和磷脂乙醇氨（俗称脑磷脂）。

油料中的磷脂是一种营养价值很高的物质，其含量在不同的油料种子中各不相同。以大豆和棉籽中的磷脂含量最多。磷脂不溶于水，可溶于油脂和一些有机溶剂中；磷脂不溶于丙酮。磷脂有很强的吸水性，吸水膨胀形成胶体物质，从而在油脂中的溶解度大大降低。磷脂容易被氧化，在空气中或阳光下会变成褐色至黑色物质。在较高温度下，磷脂能与棉籽中的棉酚作用，生成黑色产物。磷脂还可以被碱皂化，可以被水解。另外，磷脂还具有乳化性和吸附作用。

### 4. 色素

纯净的甘油三酸酯是无色的液体。但植物油脂带有色泽，有的毛油甚至颜色很深，这主要是各种脂溶性色素引起的。油籽的色素一般有叶绿素、类胡萝卜素、黄酮色素及花色苷等。油脂中的色素能够被活性白土或活性炭吸附除去，也可以在碱炼过程中被皂角吸附除去。

### 5. 蜡

蜡是高分子的一元脂肪酸和一元醇结合而成的酯，主要存在于油籽的皮壳内，且含量很少。但米糠油中含蜡较多。蜡的主要性质是熔点较甘油三酸酯高，常温下是一种固态黏稠的物质。蜡能溶于油脂中，溶解度随温度升高而增大，在低温会从油脂中析出影响其外观，另外，蜡会使油脂的口感变劣，降低油脂的食用品质。

### 6. 糖类

糖类是含有醛基和酮基的多羟基的有机化合物，按照糖类的复杂程度可以将其分为单糖和多糖两类。糖类主要存在于油料种子的皮壳中，仁中含量很少。糖在高温下能与蛋白质等物质发生作用，生成颜色很深且不溶于水的化合物（美拉德反应）。在高温下糖的焦化作用会使其变黑并分解。

7. 维生素

植物油料含有多种维生素，但制取的油脂中主要有脂溶性的维生素 E，维生素 E 能防止油脂氧化酸败，增加植物油的储藏稳定性。

## 二、植物油料加工基本工艺流程及操作要点

### （一）工艺流程

油料预处理（清理、剥壳及仁壳分离、破碎与软化、轧坯、膨化、蒸炒）→

制油 → 精炼（除杂、脱胶、脱酸、脱色、脱臭、脱蜡）→成品

### （二）操作要点

1. 预处理

植物油料制油对油料的工艺性质具有一定的要求。因此制油前应对油料进行一系列的处理，使油料具有最佳的制油性能，以满足不同制油工艺的要求。通常在制油前对油料进行清理除杂、剥壳、破碎、软化、轧坯、膨化、蒸炒等工作统称为油料的预处理。

（1）清理　油料中杂质种类较多。油料与杂质在粒度、密度、表面特性、磁性及力学性质等物理性质上存在较大差异，根据油料与杂质在物理性质上的明显差异，可以选择小麦加工中常用的筛选、风选、磁选等方法除去各种杂质。对于棉籽脱绒、菜籽分离，可采用专用设备进行处理。选择清理设备应视原料含杂质情况，力求设备简单，流程简短，除杂效率高。

清理后油料中不得含有石块、铁杂、绳头、蒿草等大型杂质。油料中总杂质含量及杂质中含油料量应符合规定。花生、大豆含杂量不得超过 0.1%；棉籽、油菜籽、芝麻含杂量不得超过 0.5%；花生、大豆、棉籽清理下脚料中含油籽量不得超过 0.5%，油菜料、芝麻清理下脚料中含油料量不得超过 1.5%。

（2）剥壳及仁壳分离　油料剥壳时根据油料皮壳性质、形状大小、仁皮结合情况的不同，采用不同的剥壳方法，包括摩擦搓碾法，如圆盘剥壳机用于棉籽、花生的剥壳；撞击法，如离心式剥壳机用于葵花籽、茶籽的剥壳；剪切法，如刀板剥壳机用于棉籽剥壳；挤压法，如轧辊剥壳机用于蓖麻籽剥壳；气流冲击法等。油料经剥壳机处理后，还需进行仁壳分离，仁壳分离的方法主要有筛选和风选两种。

（3）破碎与软化　破碎的设备种类较多，常用的有辊式破碎机、锤片式破碎机，此外也有利用圆盘剥壳机进行破碎。软化是调节油料的水分和温度，使油料可塑性增加的工序。对于直接浸出制油而言，软化也是调节油料入浸水分的主要工序。对于含油率低的、水分含量低的油料，软化操作必不可少；对

于含油率较高的花生、水分含量高的油菜籽等一般不予软化。要求软化后的油料碎粒具有适宜的弹性和可塑性及均匀性。

（4）轧坯　经轧坯后制成的片状油料称为生坯，生坯经蒸炒后制成的料坯称为熟坯。要求料坯厚薄均匀，大小适度，不漏油，粉末度低，并具有一定的机械强度。生坯厚度要求：大豆为 0.3mm，棉籽 0.4mm，菜籽 0.35mm，花生仁 0.5mm，粉末度要求：过 20 目筛的物质不超过 3%。

（5）膨化　油料料坯的挤压膨化是利用挤压膨化设备将生坯制成膨化颗粒物料的过程。生坯经挤压膨化后可直接进行浸出取油。该工艺大有取代直接浸出和预榨浸出制油工艺的趋势。

（6）蒸炒　油料的蒸炒是指生坯经过湿润、加热、蒸坯、炒坯等处理，成为熟坯的过程。蒸炒的目的在于使油脂凝聚，为提高油料出油率创造条件；调整料坯的组织结构，借助水分和温度的作用，使料坯的可塑性、弹性符合入榨要求；改善毛油品质，降低毛油精炼的负担。蒸炒后的熟坯应生熟均匀，内外一致，熟坯水分、温度及结构性满足制油要求。以湿润蒸炒为例：蒸炒采用高水分蒸炒、低水分压榨、高温入榨、保证足够的蒸炒时间等措施，从而保证蒸炒达到预定的目的。

①湿润蒸炒。湿润蒸炒是指生坯先经湿润，水分达到要求，然后进行蒸坯、炒坯，使料坯水分、温度及结构性能满足压榨或浸出制油的要求。湿润蒸炒按湿润后料坯水分不同又分为一般湿润蒸炒和高水分蒸炒。一般湿润蒸炒中，料坯湿润后水分一般不超过 13%～14%，适用于浸出法制油以及压榨法制油。高水分蒸炒中，料坯湿润后水分一般可高达 16%，仅适用于压榨法制油。

②加热蒸坯。加热蒸坯是指生坯先经加热或干蒸坯，然后再用蒸汽蒸炒，是采用加热与装坯结合的蒸炒方法。主要应用于人力螺旋压榨制油，液压式水压机制油、土法制油等小型油脂加工厂。

2. 制油

（1）机械压榨法制油　机械压榨法制油就是借助机械外力把油脂从料坯中挤压出来的过程。其工艺简单，配套设备少，对油料品种适应性强，生产灵活，油品质量好，色泽浅，风味纯正。但压榨后的饼残油量高，出油效率较低，动力消耗大，零件易损耗。

目前压榨设备主要有两大类：间隙式生产的液压式榨油机和连续式生产的螺旋榨油机。油料品种繁多，要求压榨设备在结构设计中尽可能满足多方面的要求，同时，榨油设备应具有生产能力大，出油效率高，操作维护方便，一机多用，动力消耗少等特点。

（2）溶剂浸出法制油　浸出法制油就是用溶剂将含有油脂的油料料坯进

行浸泡或淋洗，使料坯中的油脂被萃取溶解在溶剂中，经过滤得到含有溶剂和油脂的混合油。加热混合油，使溶剂挥发并与油脂分离得到毛油，毛油经水化、碱炼、脱色等精炼工序处理，成为符合国家标准的食用油脂。挥发出来的溶剂气体，经过冷却回收，循环使用。

浸出法优点：出油率高。采用浸出法制油，粕中残油可控制在1%以下，出油率明显提高，粕的质量好。由于溶剂对油脂有很强的浸出能力，浸出法取油完全可以不进行高温加工而取出其中的油脂，使大量水溶性蛋白质得到保护，饼粕可以用来制取植物蛋白。加工成本低，劳动强度小。

其缺点是一次性投资较大；浸出溶剂一般为易燃、易爆和有毒的物质，生产安全性差，此外，浸出制得的毛油含有非脂成分数量较多，色泽深，质量较差。

①油脂浸出：经预处理后的料坯送入浸出设备完成油脂萃取分离的任务，经油脂浸出工序分别获得混合油和湿粕。

②湿粕脱溶：从浸出设备排出的湿粕，一般含有25%～35%的溶剂。必须进行脱溶处理，才能获得合格的成品粕。

湿粕脱溶通常采用加热解吸的方法，使溶剂受热汽化与粕分离，一般采用间接蒸汽加热，同时结合直接蒸汽负压搅拌等措施，促进湿粕脱溶。经过处理后，粕中水分不超过8.0%～9.0%，残留溶剂量不超过0.07%。

③混合油蒸发和汽提：从浸出设备排出的混合油是由溶剂、油脂、非油物质等组成，经蒸发、汽提，从混合油中分离出溶剂而获得浸出毛油。

混合油蒸发是利用油脂与溶剂的沸点不同，将混合油加热至沸点温度，使溶剂汽化与油脂分离。混合油沸点随混合油浓度增加而提高，相同浓度的混合油沸点随蒸发操作压力降低而降低。混合油蒸发一般采用二次蒸发法。第一次蒸发使混合油质量分数由20%～25%提高到60%～70%；第二次蒸发使混合油质量分数达到90%～95%。

混合油汽提是指混合油的水蒸气蒸馏。混合油汽提能使高浓度混合油的沸点降低，从而使混合油中残留的少量溶剂在较低温度下尽可能地完全地被脱除。混合油汽提在负压条件下进行油脂脱溶，对毛油品质更为有利。

④溶剂回收：溶剂回收直接关系到生产的成本、毛油和粕的质量，生产中应对溶剂进行有效的回收，并进行循环使用。油脂浸出生产过程中的溶剂回收包括溶剂气体冷凝和冷却、溶剂和水分离、废水中溶剂回收、废气中溶剂回收等。

（3）超临界流体萃取法制油　超临界流体萃取技术是用超临界状态下的流体作为溶剂对油料中油脂进行萃取分离的技术。

超临界流体萃取工艺主要由超临界流体萃取溶质和被萃取的溶质与超临界流体分离两部分组成。根据分离过程中萃取剂与溶质分离方式的不同，超临界流体萃取可分为恒压萃取法、恒温萃取法、吸附萃取法三种加工工艺形式。

（4）水溶剂法制油　水溶剂法制油是根据油料特性，水、油物理化学性质的差异，以水为溶剂，采取一些加工技术将油脂提取出来的制油方法。根据制油原理及加工工艺的不同，水溶剂法制油有水代法制油和水剂法制油两种。

3. 油脂的精炼

经压榨或浸出法得到的、未经精炼的植物油脂一般被称为毛油（粗油）。毛油的主要成分是混合脂肪酸甘油三酯，俗称中性油。此外，还含有数量不等的各类非甘油三酯成分，统称为油脂的杂质。油脂的杂质一般分为机械杂质、水分、胶溶性杂质、脂溶性杂质、微量杂质等5大类。

油脂中的杂质并非对人体都有害，如生育酚和甾醇都是营养价值很高的物质。生育酚是合成生理激素的母体，有延迟人体细胞衰老、保持青春等作用，它还是很好的天然抗氧化剂。甾醇在光的作用下能合成多种维生素 D。因此，油脂精炼的目的是根据不同的用途与要求，除去油脂中的有害成分，并尽量减少中性油和有益成分的损失。

（1）毛油中机械杂质的去除　包括沉降法、过滤法和离心分离法。

（2）脱胶　脱胶的方法有水化法、加热法、加酸法以及吸附法等。

①水化脱胶工艺流程。

过滤毛油 → 预热 → 加水水化 → 静置沉淀（保温） → 分离 → 水化油 → 加水脱水 →

脱胶　　　　　　　　　　　　　　　　　　　　　　　　　↓

粗磷脂油脚 → 回收中性 → 粗磷脂

②加酸脱胶。加酸脱胶就是在毛油中加一定量的无机酸或有机酸，使油中的非亲水性磷脂转化为亲水性磷脂或使油中的胶质结构变得紧密，达到容易沉淀和分离的目的的一种脱胶方法。生产上常用磷酸脱胶。

磷酸脱胶是在毛油中加入磷酸后能将非亲水性磷脂转变为亲水性磷脂，从而易于沉降分离的一种方法。操作过程是添加油量的 0.1% ~ 1% 的 85%磷酸，在 60~80℃温度下充分搅拌。接触时间视设备条件和生产方式而定。然后将混合液送入离心机进行分离脱除胶质。

（3）脱酸　常规的脱酸工艺包括碱炼脱酸法和蒸馏脱酸法。

①碱炼脱酸法：利用加碱中和油脂中的游离脂肪酸，生成脂肪酸盐（肥皂）和水，肥皂吸附部分杂质而从油中沉降分离的一种精炼方法。形成的沉淀物称皂脚。碱炼本身具有脱酸、脱胶、脱杂质和脱色等综合作用。

碱炼工艺流程：

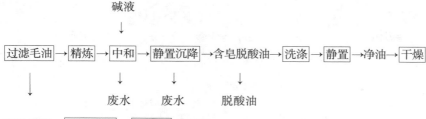

②蒸馏脱酸法。又称为物理精炼，这种脱酸法不用碱液中和，而是借甘油三酸酯和游离脂肪酸相对挥发度的不同，在高温、高真空下进行水蒸气蒸馏，使游离脂肪酸与低分子物质随着蒸汽一起排出，这种方法适合于高酸价油脂，蒸馏脱酸对于椰子油、棕榈油、动物脂肪等低胶质油脂的精炼尤为理想。

（4）脱色　油脂脱色的方法很多，工业生产中应用最广泛的是吸附脱色法，此外还有加热脱色法、氧化脱色法、化学试剂脱色法等。

吸附脱色就是利用某些具有强吸附能力的表面活性物质加入油中，在一定的工艺条件下吸附油脂中色素及其他杂质，经过滤除去吸附剂及杂质，达到油脂脱色净化目的的过程。

（5）脱臭　纯净的甘油三酸酯是没有气味的，脱臭的目的是除去油脂中引起臭味的物质。有真空蒸汽脱臭法、气体吹入法、加氢法、聚合法和化学药品脱臭法等几种。其中真空蒸汽脱臭法是目前国内外应用得最为广泛、效果较好的一种方法。

（6）脱蜡　为了提高食用油脂的质量并综合利用植物油脂蜡源，应对油脂进行脱蜡处理。脱蜡是根据蜡与油脂的熔点差及蜡在油脂中的溶解度随温度降低而变小的物性，通过冷却析出晶体蜡，再经过滤或离心分离从而达到蜡油分离的目的。

### 三、食用植物油品质鉴定质量标准

食用植物油品质鉴定质量标准应符合 GB 2716—2018《食品安全国家标准 植物油》的要求，评判标准主要有感官指标、理化指标、污染物和真菌毒素限量、农药残留限量、食品添加剂和食品营养强化剂等。

GB 2716—2018
《食品安全国家标准
植物油》

1. 感官指标

食用植物油的感官指标见表5-1。

表5-1　食用植物油感官指标

| 项目 | 要求 | 检验方法 |
|---|---|---|
| 色泽 | 具有产品应有的色泽 | 取适量试样置于50mL烧杯，在自然光下观察色泽。将试样倒入150mL烧杯中，水浴加热至50℃，用玻璃棒迅速搅拌，嗅其气味，用温开水漱口后，品其滋味 |
| 滋味、气味 | 具有产品应有的气味和滋味，无焦臭、酸败及其他异味 | |
| 状态 | 具有产品应有的状态，无正常视力可见的外来异物 | |

2. 理化指标

食用植物油的理化指标见表5-2。

表5-2　食用植物油理化指标

| 项目 | 指标 | | | 检验方法 |
|---|---|---|---|---|
| | 植物原油 | 食用植物油（包括调和油） | 煎炸过程中的食用植物油 | |
| 酸价（KOH）/（mg/g） | | | | GB 5009.229—2016 |
| 　米糠油 ≤ | 25 | | | |
| 　棕榈（仁）油、玉米油 ≤ | 10 | 3 | 5 | |
| 　其他 ≤ | 4 | | | |
| 过氧化值/（g/100g） ≤ | 0.25 | 0.25 | — | GB 5009.227—2016 |
| 极性组分/% ≤ | —① | — | 27 | GB 5009.202—2016 |
| 溶剂残留量②/（mg/kg） ≤ | — | 20 | — | GB 5009.262—2016 |
| 游离棉酚/（mg/kg） | | | | GB 5009.148—2014 |
| 　棉籽油 ≤ | — | 200 | 200 | |

注：①划有"—"者不做检测。

　　②压榨油溶剂残留量不得检出（检出值小于10mg/kg时，视为未检出）。

3. 污染物和真菌毒素限量

食用植物油中污染物限量应符合 GB 2762—2017 的规定，真菌毒素限量应符合 GB 2761—2017 的规定。

4. 农药残留限量

食用植物油中农药残留限量应符合 GB 2763—2019 的规定。

5. 食品添加剂和食品营养强化剂

食用植物油中食品添加剂应符合 GB 2760—2014 的规定，食品营养强化剂应符合 GB 14880—2012 的规定。

### 四、 食用植物油加工注意事项

（1） 加工过程中，避免脱臭过程中有害物质的产生，油脂在脱臭过程中，受温度和热脱色时间的影响，反式酸增加，而反式酸的增加量与脱臭时的油温有关，油温越高，反式酸增加越多；热脱色时间越长，反式酸增加越多。

（2） 花生油、大豆油加工中极易混杂的黄曲霉毒素，会严重危害人体的健康，但若在碱性条件下，黄曲霉毒素可以形成钠盐并溶解在水中。因此，可以采取碱炼水洗工艺，将黄曲霉毒素含量降到最低水平，以满足食用油安全卫生要求。

（3） 在选购食用油时应注意选择玻璃、马口铁或者 PET 包装的油品，尽量不要选择增塑剂添加量较多的 PVC、阻隔性能差的 PE 等材质包装的食用油，并根据实际需要，尽量购买小容量包装食用油，以防出现因长期存储而导致食用油卫生安全性下降的问题。

### 知识拓展

食用植物油脂品质的好坏可通过测定其酸价、碘价、过氧化值、羰基价等理化特性来判断。

**1. 油脂酸价**

酸价是反映油脂质量的主要技术指标之一，同一种植物油酸价越高，说明其质量越差越不新鲜。 测定酸价可以评定油脂品质的好坏和贮藏方法是否恰当，利用酸碱中和滴定的方法测定。 GB 2716—2018《食品安全国家标准 植物油》规定：酸价，花生油，菜籽油，大豆油≤4mg/g，棉籽油≤1mg/g。

**2. 碘价**

测定碘价可以了解油脂脂肪酸的组成是否正常，有无掺杂等。 最常用的是氯化碘—乙酸溶液法（韦氏法）。 其原理：在溶剂中溶解试样并加入韦氏碘液，氯化碘则与油脂中的不饱和脂肪酸起加成反应，游离的碘可用硫代硫酸钠溶液滴定，从而计算出被测样品所吸收的氯化碘（以碘计）的克数，求出碘价。 常见油脂的碘价为：大豆油 120 ~141gI/100g；棉籽油 99 ~113gI/100g；花生油 84 ~100gI/100g；菜籽油 97 ~103gI/100g；芝麻油 103 ~116gI/100g；葵花子油 125 ~135gI/100g；碘价大的油脂，说明其组成中不饱和脂肪酸含量高或不饱和程度高。

**3. 过氧化值**

检测油脂中是否存在过氧化值，以及含量的大小，即可判断油脂是否新鲜和酸败的程度。常用滴定法，其原理：油脂氧化过程中产生过氧化物，与碘化钾作用，生成游离碘，以硫代硫酸钠溶液滴定，计算含量。GB 2716—2018《食品安全国家标准 植物油》规定：过氧化值（出厂）≤0.25g/100g。

—— 课后习题 ——

### 一、选择题

1. 凡是油脂含量达（　　）以上，具有制油价值的植物种子和果肉等均称为油料。

A. 5% B. 10% C. 15% D. 20%

2. （　　）容易被氧化，在空气中或阳光下会变成褐色至黑色物质。

A. 蛋白质 B. 油脂 C. 磷脂 D. 色素

3. （　　）会使油脂的口感变劣，降低油脂的食用品质。

A. 色素 B. 油脂 C. 蜡 D. 磷脂

4. 制取的油脂中主要有（　　），能防止油脂氧化酸败，增加植物油的储藏稳定性。

A. 维生素 E B. 维生素 A C. B 族维生素 D. 维生素 C

5. 油脂脱色的方法很多，工业生产中应用最广泛的是（　　）。

A. 吸附脱色法 B. 加热脱色法 C. 化学试剂脱色法 D. 氧化脱色法

### 二、填空题

1. 油脂是由 1 分子（　　）和 3 分子（　　）形成的中性酯。

2. 根据脂肪酸与甘油结合的形式不同，甘油酯可分成（　　）和（　　）。

3. 甘油三酸酯中（　　）含量较高时，在常温下呈固态而称之为脂。（　　）含量较高时，在常温下呈液态而称之为油。

4. 毛油中机械杂质的去除包括（　　）、（　　）和（　　）三种方法。

5. 脱胶的方法有（　　）、（　　）、（　　）和（　　）等。

### 三、判断题

1. 油料的预处理通常包括清理除杂、剥壳、破碎、软化、轧坯、膨化、蒸炒等工作。 （　　）

2. 毛油是经压榨或浸出法得到的、未经精炼的植物油脂。 （　　）

3. 脱臭的目的是除去甘油三酸酯。 （　　）

4. 油脂在脱臭过程中，反式酸的增加量与脱臭时的油温和时间有关，油温越高，反式酸增加越多;热脱色时间越长，反式酸增加越多。 （　　）

5. 花生油、大豆油加工中极易混杂的黄曲霉毒素，会严重危害人体的健

康，但若在酸性条件下，黄曲霉毒素可以形成钠盐并溶解在水中。 （　　　）

### 四、简答题

1. 解释碘价和酸价？

2. 简述脱胶、脱酸、脱色、脱臭、脱蜡等操作。

## 任务二　食用油脂制品加工技术

**学习目标**

1. 了解食用油脂制品所用原辅料及其作用；

2. 掌握食用油脂制品加工工艺流程及操作要点；

3. 了解食用油脂制品品质鉴定的质量标准。

**必备知识**

食用油脂制品是指经精炼、氢化、酯交换、分提中一种或几种方式加工的动、植物油脂的单品或混合物，添加（或不添加）水及其他辅料，经（或不经过）乳化急冷捏合制造的固状、半固状或流动状的具有某种性能的油脂制品。包括食用氢化油、人造奶油（人造黄油）、起酥油、代可可脂（包括类可可脂）、植脂奶油、粉末油脂等。食用氢化油是指以食用动、植物油为原料，经氢化和精炼等工艺处理后得到的食品工业用原料油。人造奶油（人造黄油）是指以食用动、植物油脂及氢化、分提、酯交换油脂中的一种或几种油脂的混合物为主要原料，添加或不添加水和其他辅料，经乳化、急冷或不经急冷捏合而制成的具有类似天然奶油特性的可塑性或流动性的使用油脂制品。本节任务以人造奶油为例。

人造奶油一般分为两类：家庭用（餐用）人造奶油和工业用人造奶油。前者主要包括硬性人造奶油、软性人造奶油、高亚油酸型人造奶油、低热量型人造奶油、流动性人造奶油、烹调用人造奶油等；后者主要包括通用型人造奶油、专用型人造奶油等。

### 一、 人造奶油生产所有原辅料及其作用

1. 原料油脂

（1）动物油脂　牛脂、猪脂。

（2）动物氢化油　鱼油、牛脂等氢化油。

（3）植物油　大豆油、菜籽油、棉籽油、椰子油、棕榈油、棕榈仁油、

米糠油、玉米油等。

（4）植物氢化油　以上植物油经氢化得到的油脂。

（5）动植物酯交换油。

以上油脂必须是经很好地精炼，达到较高的质量，才能保证人造奶油的制造品质，以及良好的保存品质。一般的人造奶油中，油相占80%左右，在成本中费用最大，所以原料油脂的选择很重要。合理地选择原料油脂，是降低成本，同时又能保持产品质量的首要问题。一般原料油由一定数量的固体脂和一定数量的液体油搭配调和而成。固体脂和液体油的比例和品种根据产品要求和各国资源而异，其中，家庭用人造奶油要求使亚油酸和饱和酸的比例至少为1.0，而且不希望有异构酸，为此常使用富含亚油酸的液体油脂，如棉籽油、米糠油、玉米胚芽油、葵花籽油等，大豆油不大稳定，需限量使用。油脂的选择与配合还有很多其他因素，如何选择最佳方案，必须因地、因时制宜，不可一概而论。

2. 辅料

人造奶油是油脂和水乳化后进行结晶的产物。使用的水必须经严格的消毒，除去大肠杆菌等，使之符合食用的卫生要求。另外，还必须除去各种有害的金属元素及有害的有机化合物。为了改善制品的风味、外观、组织、物理性质、营养价值和贮存性等，还要使用各种添加物：

（1）乳成分　一般多使用牛乳和脱脂乳。新鲜牛乳必须经过严格灭菌。奶粉、脱脂乳粉加水后亦可使用，只是乳味稍逊色。牛乳和乳粉可直接使用，如果经乳酸菌发酵产生双乙酰，使用时可强化人造奶油的风味，防止维生素 A 和油脂被氧化破坏。因发酵乳和鲜牛乳需要冷藏保存，在配料中一般不使用，而采用脱脂乳粉或植物蛋白。

（2）食盐　家庭用人造奶油几乎都加食盐，加工糕点用人造奶油多不添加食盐。添加食盐除增加风味，还具有防腐效果。一般，软型人造奶油可添加得少些，而硬型人造奶油添加的食盐量要多些。为了使盐味圆润，可添加微量的谷氨酸等氨基酸。

（3）乳化剂　为了形成乳化和防止油水分离，制造人造奶油必须使用一定量的乳化剂。常使用的乳化剂为卵磷脂、甘油单硬脂酸酯以及蔗糖单脂肪酸酯。蔗糖单脂肪酸酯常用于水包油型人造奶油的制取。一般情况下，单独使用一种乳化剂的并不多见，而是两种以上并用。为了制取理想的乳状液，有时要做性能试验来选择乳化剂的种类、用量及几种乳化剂的搭配。卵磷脂可防止烹调时油脂飞溅。卵磷脂的用量为 0.3% ~ 0.5%，甘油单硬脂酸酯为0.1% ~ 0.5%。

（4）防腐剂　为了阻止微生物的繁殖，人造奶油中需加一些防腐剂。食盐是调味料，也是防腐剂。如果在人造奶油中加 3% 左右的食盐，当人造奶油中水分在 17% 左右时，就可以阻止微生物繁殖，但人造奶油中食盐一般达不到以上用量，有些甚至不加盐，这时需添加一些其他防腐剂。我国允许用苯甲酸或苯甲酸钠，用量为 0.1% 左右。此外，柠檬酸可降低乳清中的 pH，减少霉菌的繁殖机会。

（5）抗氧剂 为了防止原料油脂的酸败和变质，通常添加维生素 E、BHA、TBHQ、BHT 等抗氧化剂，也可添加柠檬酸作为增效剂。维生素 E 的浓缩物用量为 0.005% ~ 0.05%，BHA 等合成抗氧化剂为 0.02% 以下，增效剂为 0.01% 左右。

（6）香味剂 为了使人造奶油的香味接近天然奶油香味，通常加入少量奶油味和香草一类的合成食用香料，来代替或增强乳成分所具有的香味。

（7）着色剂 人造奶油一般无需着色，天然奶油有一点微黄色，为了仿效天然奶油，有时需加入着色剂。主要使用的着色剂是胡萝卜素，也可使用其他色素，如柠檬黄。

此外，在有的小包装人造奶油中，加入一些糖，以满足甜食者的要求。

## 二、 人造奶油的典型生产工艺流程及操作要点

### （一）工艺流程

尽管人造奶油产品多种多样，但人造奶油的基本加工工艺是先按配方要求把液体油脂和固体油脂（氢化油脂）送入配和罐，再把食盐、糖、香味料、食用色素、奶粉、乳化剂、防腐剂、水等调配成水溶液。边搅拌边添加，使水溶液与油形成乳化液。然后通过激冷机进行速冷捏合，再包装为成品。

工艺流程：

计量与调和 → 乳化 → 杀菌 → 急冷捏合 → 包装

### （二）操作要点

#### 1. 计量与调和

目前多数是在带有搅拌的乳化罐内，按严格的间歇程序操作。原料油按一定比例经计量后进入计量槽。油溶性添加物（乳化剂、着色剂、抗氧化剂、香精、油溶性维生素等）及硬料（极度硬化油等）倒入油相溶解槽（已提前放入适量的油），水溶性添加物（食盐、防腐剂、乳成分等）倒入水相溶解槽（已提前放入适量的水），加热溶解、搅拌均匀备用。

#### 2. 乳化

加工普通的 W/O 型人造奶油，可把乳化槽内的油脂加热到 60℃，然后加入溶解好的油相（含油相添加物），搅拌均匀，再加入比油温稍高的水相（含

水相添加物），快速搅拌，形成乳化液，水在油脂中的分散状态对产品的影响很大。水滴过小（直径小于 1μm 的占 80%~85%），油感重，风味差；水滴过大（直径 30~40μm 的占 1%），风味好，易腐败变质；水滴大小适中（直径 1~5μm 的占 95%，5~10μm 的占 4%，10~20μm 的占 1%，1cm 的人造奶油中水滴有 1 亿个左右），风味好，细菌难以繁殖。一般罐式搅拌乳化时间长，水分散度差而不易均匀，产品质量受到一定程度的影响。为此，严格定量、连续混合的乳化装置正在逐渐取代间歇式乳化装置。

**3. 杀菌**

乳化液经螺旋泵入杀菌机，先经 96℃ 的蒸汽热交换，高温 30s 杀菌，再经冷却水冷却，恢复至 55~60℃。

**4. 急冷捏合**

乳状液由柱塞泵或齿轮泵在一定压强下喂入急冷机（A 单元），利用液态氨或氟里昂急速冷却，在结晶筒内迅速结晶，冷冻析出在筒内壁的结晶物被快速旋转的刮刀刮下。此时料液温度已降至油脂熔点以下，形成过冷液。含有晶核的过冷液进入捏合机（B 单元），经过一段时间使晶体成长。如果让过冷液在静止状态下完成结晶，就会形成固体脂结晶的网状结构，其整体硬度很大，没有可塑性。要得到一定塑性的产品，必须在形成整体网状结构前进行 B 单元的机械捏合，打碎原来形成的网状结构，使它重新结晶，降低稠度，增加可塑性。B 单元对物料剧烈搅拌捏合，并慢慢形成结晶。由于结晶产生的结晶热（约 50kcal/kg），搅拌产生的摩擦热，出 B 单元的物料温度已回升，使得结晶物呈柔软状态。

对于餐用软型人造奶油，如过度捏合反而会有损风味。因此，一般可不经过 B 单元，而进入滞留管或混合罐内进行适当强度的捏合即可。

**5. 包装**

从捏合机出来的人造奶油，要立即送往包装机。有些需成型的制品则先经成型机后再包装。包装好的人造奶油，置于比熔点低 8~10℃ 的熟成室中保存 2~3d，使结晶完成，形成性状稳定的制品。

### 三、食用油脂制品品质鉴定质量标准

食用油脂制品品质鉴定质量标准应符合 GB 15196—2015《食品安全国家标准 食用油脂制品》的要求，评判标准主要有感官指标、理化指标、污染物和真菌毒素限量、农药残留限量、食品添加剂和食品营养强化剂等。

**1. 感官指标**

食用油脂制品的感官指标见表 5-3。

GB 15196—2015
《食品安全国家标准
食用油脂制品》

表 5-3　食用油脂制品感官指标

| 项目 | 要求 | 检验方法 |
|---|---|---|
| 色泽 | 具有产品应有的色泽 | 取适量试样置于白瓷盘中，在自然光下观察色泽和状态。将试样置于50mL 烧杯中，水浴加热至50℃，用玻璃棒迅速搅拌，嗅其气味，品其滋味 |
| 滋味、气味 | 具有产品应有的气味和滋味，无焦臭、无酸败及其他异味 | |
| 状态 | 具有产品应有的状态，质地均匀，无正常视力可见的外来异物 | |

2. 理化指标

食用油脂制品的理化指标见表 5-4。

表 5-4　食用油脂制品理化指标

| 项目 | | 指标 | 检验方法 |
|---|---|---|---|
| 酸价（KOH）/（mg/g） | ≤ | 1 | GB 5009.229—2016 |
| 过氧化值（以脂肪计）/（g/100g） | | | |
| 食用氢化油 | ≤ | 0.10 | GB 5009.227—2016 |
| 其他 | ≤ | 0.13 | |

3. 污染物限量

食用油脂制品中污染物限量应符合 GB 2762—2017 的规定。

4. 微生物限量

人造奶油（人造黄油）的微生物限量应符合表 5-5 的规定。

表 5-5　食用油脂制品微生物限量

| 项目 | 采样方案* 及限量 | | | | 检验方法 |
|---|---|---|---|---|---|
| | $n$ | $c$ | $m$ | $M$ | |
| 大肠菌群/（CFU/g） | 5 | 2 | 10 | $10^2$ | GB 4789.3—2016 平板计数法 |
| 霉菌/（CFU/g）　≤ | | 50 | | | GB 4789.15—2016 |

注：* 样品的采集及处理按 GB 4789.1—2016 执行。

5. 食品添加剂和食品营养强化剂

食用油脂制品中食品添加剂应符合 GB 2760—2014 的规定，食品营养强化剂应符合 GB 14880—2012 的规定。

四、食用油脂制品加工注意事项

（1）调配乳化过程中，控制添加剂的品种和数量应符合 GB 2760—2014 的要求，在工艺上保证其均匀添加。

（2）产品包装应在专用的包装间进行，包装间及其设施应满足不同产品需求，产品包装应严密、整齐、无破损。

## 知识拓展

一、几种食用植物油的营养特点

花生油淡黄透明，色泽清亮，气味芬芳，滋味可口，是一种比较容易消化的食用油。花生油含不饱和脂肪酸80%以上（其中含油酸41.2%，亚油酸37.6%）。另外还含有软脂酸，硬脂酸和花生酸等饱和脂肪酸19.9%。

菜籽油一般呈深黄色或棕色。菜籽油中含花生酸0.4%～1.0%，油酸14%～19%，亚油酸12%～24%，芥酸31%～55%，亚麻酸1%～10%。从营养价值方面看，人体对菜籽油消化吸收率可高达99%，并且有利胆功能。

芝麻油有普通芝麻油和小磨香油，它们都是以芝麻油为原料所制取的油品。从芝麻中提取出的油脂，无论是芝麻油还是小磨香油，其脂肪酸大体都含油酸35.0%～49.9%，亚油酸37.7%～48.4%，花生酸0.4%～1.2%。芝麻油的消化吸收率达98%。芝麻油中含有特别丰富的维生素E和比较丰富的亚油酸。

精炼后的葵花子油呈清亮好看的淡黄色或青黄色，其气味芬芳，滋味纯正。葵花子油的人体消化率96.5%，它含有丰富的亚油酸，有显著降低胆固醇，防止血管硬化和预防冠心病的作用。

红花籽油含饱和脂肪酸6%，油酸21%，亚油酸73%。由于其主要成分是亚油酸，所以营养价值特别高，并有防止人体血清胆固醇在血管壁里沉积，防治动脉粥样硬化及心血管疾病的医疗保健效果，被誉为新兴的"健康营养油"。

大豆油的色泽较深，有特殊的豆腥味；热稳定性较差，加热时会产生较多的泡沫。大豆油含有较多的亚麻油酸，较易氧化变质并产生"豆臭味"。大豆油中含棕榈酸7%～10%，硬脂酸2%～5%，花生酸1%～3%，油酸22%～30%，亚油酸50%～60%，亚麻油酸5%～9%。大豆油的脂肪酸构成较好，它含有丰富的亚油酸，有显著的降低血清胆固醇含量，预防心血管疾病的功效，大豆中还含有多量的维生素E、维生素D以及丰富的卵磷脂，对人体健康均非常有益。另外，大豆油的人体消化吸收率高达98%，所以大豆油也是一种营养价值很高的优良食用油。

二、食用油选择小常识

（1）选择植物性食用油，须注意耐热性、稳定性、不饱和脂肪酸含量高、维生素 E 含量高等，及根据各人的喜好和经济能力，红花籽油、玉米胚芽油、葵花子油是营养价值较高的油脂，但价格相对较高，而且有的消费者对其口感也还不适应；如从香味考虑可选择花生油、芝麻油，其营养价值也较高；一般消费者可选择食用调和油，它是由几种油脂配比混合而成，具有价格适中，又兼顾风味、营养之特点。

（2）选择诚实品牌、标示清楚。

（3）油色金亮（按国标要求越浅越好）、透明、无沉淀物。

（4）味觉良好、无酸、苦、辛辣等滋味和焦苦味。

三、食用油使用小常识

（1）烹饪时不加热至冒烟，因开始发烟即开始劣化。

（2）勿重复使用，一冷一热容易变质。

（3）油炸次数不超过 3 次，并用较耐高温的油来油炸。

（4）不要烧焦，烧焦容易产生过氧化物，长期食用易使肝脏及皮肤病变。

（5）使用后应旋紧盖子，避免与空气接触，与空气接触易产生氧化。

（6）避免放置于阳光直射或炉边过热处，容易变质，应置于阴凉处，并避免水分渗透，致使劣化。

（7）使用过的油不要再倒入原油品中，因为用过的油经氧化后分子会聚合变大，油呈黏稠状，容易劣化变质。

四、常见食用油脂制品

1. 起酥油

起酥油从英文"shorten"一词转化而来，其意思是用这种油脂加工饼干等，可使制品十分酥脆，因而把具有这种性质的油脂称作起酥油。它是指经精炼的动植物油脂、氢化油或上述油脂的混合物，经急冷、捏合而成的固态油脂，或不经急冷、捏合而成的固态或流动态的油脂产品。起酥油具有可塑性和乳化性等加工性能，一般不宜直接食用，而是用于加工糕点、面包或煎炸食品，所以必须具有良好的加工性能。尽管起酥油产品多种多样，但基本生产过程及设备配套大同小异，都包括原辅料的调和、急冷捏合、包装与熟成四个阶段，而且主要设备与生产人造奶油的通用。

2. 代可可脂

可可脂是一种具有物理性能的贵重油脂，是生产巧克力的天然原料，但价格贵、性质易变化。所以早在 20 世纪 30 年代，就有人做出性能较差的仿巧克力制品作为脂肪涂层。到 20 世纪 50 年代，由于技术水平的提高，一些可可脂代用品已得到广泛的认可。尤其在 1953—1954 年，可可脂价格猛增，更激发了人们研制可可脂代用品的热情。可可脂代用品通常称为"硬白脱"，在室温下的固体脂肪含量与天然可可脂十分相像。在接近人体温度时，迅速熔化，而且稳定性高。 完全可以用来替代或扩大传统巧克力制品中可可脂成分，应用于包括糖果、饼干、食品涂层料、巧克力伴侣等多方面。 其种类一般可按照原料油脂的来源及其性质分成三类：类可可脂（CBE）、月桂酸类代可可脂（CBS）、非月桂酸类代可可脂（CBR）。

3. 蛋黄酱

蛋黄酱是以食用植物油、蛋黄或整个蛋为原料制成的半固体食品。 含有用水稀释的不低于25%的醋酸、柠檬汁或酸橙汁以及一种或几种添加剂，其中食用植物油不低于65%。

色拉调味汁也称低热值色拉调料，为半固体状调味酱，使用蛋黄或整个蛋以及淀粉糊加工而成。 只许添加规定的原材料，如蛋黄、蛋白、淀粉糊、食盐、糖类、辛香料、乳化剂、合成糊料以及化学调味剂与酸味剂等。 不含着色剂，风味及乳化程度良好，且有适宜黏度。 规定水分在65%以下，粗脂肪含量30%以上。

—— 课后习题 ——

**一、选择题**

1. 以下属于普通食用油的是（　　　）。

A. 煎炸油　　　　　B. 调和油　　　　　C. 起酥油　　　　　D. 人造奶油

2. 在常温下进行调制高亚油酸时，需要加入一定量的（　　　）作抗氧化剂。

A. 维生素 A　　　　B. B 族维生素　　　C. 维生素 C　　　　D. 维生素 E

3. 蛋黄酱是以食用植物油、蛋黄或整个蛋为原料制成的半固体食品，其中食用植物油不低于（　　　）。

A. 55%　　　　　　B. 60%　　　　　　C. 65%　　　　　　D. 70%

4. CBE 是（　　　）缩写。

A. 可可脂　　　　　　　　　　　　　B. 类可可脂

C. 月桂酸类代可可脂　　　　　　　　D. 非月桂酸类代可可脂

5. 我国国标要求食用油脂制品中酸价应小于等于（　　　）。

A. 1mg/g　　　　　B. 2mg/g　　　　　C. 3mg/g　　　　　D. 4mg/g

**二、填空题**

1. 根据我国人民的食用习惯和市场需求，调和油可以分为（　　　）、（　　　）和（　　　）三类。

2. 人造奶油的典型生产工艺包括（　　　）、（　　　）、（　　　）、（　　　）和（　　　）五个工序。

3. 起酥油的基本生产过程包括（　　　）、（　　　）、（　　　）和（　　　）四个阶段。

4. 起酥油的不透明主要是因为掺入少量的（　　　）和（　　　）悬浮于液体油中形成的。

5. 可可脂代用品按照原料油脂的来源及其性质可分成（　　　）、（　　　）和（　　　）三类。

### 三、判断题

1. 高级烹调油是一种适合于我国家庭或餐馆炒菜用的高级食用油，可作为煎炸用油。　　　　　　　　　　　　　　　　　　　　　　（　　　）

2. 高级烹调油和色拉油主要不同点在于是否需要脱脂（和脱蜡）的问题。　　　　　　　　　　　　　　　　　　　　　　　　　（　　　）

3. 调和油就是利用两种或两种以上纯净的食用油脂，按营养科学比例，调配成的高档膳食用油。　　　　　　　　　　　　　　　（　　　）

4. 所有的油脂都可以用于油炸。　　　　　　　　　　　（　　　）

5. 磷脂是主要的天然表面活性剂，存在于几乎所有动植物的细胞内。
　　　　　　　　　　　　　　　　　　　　　　　　　（　　　）

### 四、简答题

1. 简述人造奶油所用原辅料及其作用。
2. 简述人造奶油的基本工艺流程及操作要点。

## 任务三　食用动物油脂加工技术

### 学习目标

1. 了解生脂肪的化学特性和理化特性；
2. 掌握动物油脂原料的收集、动物油脂的粗提与精炼；
3. 熟悉食用动物油脂的质量标准。

### 必备知识

食用动物油脂是指经动物卫生监督机构检疫、检验合格的生猪、牛、羊、鸡、鸭的板油、肉膘、网膜或附着于内脏器官的纯脂肪组织，炼制成的食用猪油、牛油、羊油、鸡油、鸭油。

动物油脂与一般植物油脂相比，有不可替代的特殊香味，可以增进人们的食欲。食用动物油脂在炼制前称为脂肪，在猪背部的皮下脂肪又叫肥膘，是我国广大人民群众喜爱食用的一种油脂，具有独特的风味，具有很高的营养价值。

## 一、生脂肪的理化特性

生脂肪又称贮脂，是屠宰肉用动物时从其皮下组织、大网膜、肠系膜、肾周围等处摘取下的脂肪组织。就其组织结构而言，生脂肪是由脂肪细胞及起支持作用的结缔组织基架构成。生脂肪的理化学特性与动物的品种、年龄、性别、生活条件、饲料种类、肥育程度及脂肪组织在动物体内蓄积的位置有关。

### 1. 生脂肪的化学组成

生脂肪中含有甘油酯、水分、蛋白质、碳水化合物、维生素、胆固醇、类脂化合物及矿物质等，其中甘油酯含量在 70%~86%。脂肪组织中的甘油酯是由脂肪酸和甘油组成，脂肪酸一般分为饱和脂肪酸及不饱和脂肪酸两类，来自牛羊的脂肪多为饱和脂肪酸，而来自鱼类的脂肪多为不饱和脂肪酸。在饱和脂肪酸中软脂酸和硬脂酸的含量最多；而不饱和脂肪酸中，最常见的是油酸和亚油酸，其次是十六碳烯酸、二十二碳烯酸等。动物性油脂是人体必需脂肪酸的重要来源。近年来研究认为，海水鱼类脂肪中所含的二十碳五烯酸和二十碳六烯酸具有降低人血脂的功能，对防治人的心血管疾病有特殊效果。

### 2. 脂肪的理化特性

生脂肪的理化特性，主要取决于混合甘油酯中脂肪酸的组成。饱和脂肪酸熔点较高，如花生酸的熔点为 77.0℃，硬脂酸为 71.5~72℃，软脂酸（棕榈酸）为 63.0℃，因此，在常温下它们呈固体状态。而不饱和脂肪酸的熔点比较低，如亚油酸为 -12℃，亚麻酸为 -11.3℃，在常温条件下呈液体状态。脂肪中硬脂酸的含量：牛脂为 25%，羊脂为 25%~30%，猪脂为 9%~15%。显然，牛、羊脂肪中硬脂酸的含量比猪脂肪高。所以，牛脂肪的熔点为 42~50℃，羊脂肪的熔点为 44~55℃，猪脂肪熔点则为 36~46℃。此外，脂肪组织在动物体内蓄积的部位不同，其熔点也有差异。一般肾周围脂肪熔点较高，皮下脂肪熔点较低，胫骨、系骨和蹄骨的骨髓脂肪熔点更低些。

脂肪中不饱和脂肪酸的含量通常以碘价表示，碘价越高，则该脂肪的不饱和程度就越高。脂肪中有许多不饱和脂肪酸如亚油酸、亚麻酸等，是人体必需脂肪酸，只能从油脂中摄取。可见，含有不饱和脂肪酸多、熔点低，尤其是必需脂肪酸含量高的动物油脂，其营养价值也更高。

## 二、动物油脂原料的收集与加工

动物油脂原料是从屠宰加工车间、肠衣车间、肉制品车间、罐头车间等处收集的各种生脂肪原料。在肉类加工行业中，根据动物脂肪蓄积部位的不同可分为板油（肾周围脂肪）、花油（网膜及肠系膜脂肪）、膘油（皮下脂肪）和杂碎油（其他内脏和骨髓脂肪）等。

**1. 油脂原料的收集与保存**

收集的生脂肪必须来自健康动物，严格卫生操作，保持用具清洁，防止粪、尿或其他污物污染。生脂肪中含有大量的水分、含氮物质及脂肪酶，在室温下堆放较久，则可因腐败微生物和组织酶的活动，导致生脂肪发生腐败变质。因此，收集的脂肪原料应用有防尘、防蝇设备的专用车，及时送往油脂加工车间迅速炼制。特别要注意给脂肪原料迅速降温，以防止脂肪原料堆积而腐败变质。在没有炼油设备的屠宰场，应将收集的生脂肪及时冷藏或盐腌保存。

**2. 动物油脂的提取**

动物油脂是由生脂肪所提炼出的固态或半固态脂类，即除去生脂肪中结缔组织及水分，获得的纯甘油酯。动物油脂粗提的方法有：直接加热熬制法、蒸煮法、溶剂法、酶解法、超临界流体萃取法、水溶法等。动物油脂提取工艺的发展过程在于不断地提高油脂的提取率，尽量地减少加工过程产生的杂质对环境的污染。

（1）熬制法　熬制工艺根据加水与否可分为干法熬制和湿法熬制。干法熬制是在加工过程中不加水或者水蒸气，可在常压、真空和压力下进行；而湿法熬制工艺中，脂肪组织是在水分存在的条件下被加热的，通常温度较干法低，得到的产品颜色较浅，风味柔和。目前，干法和湿法连续熬制工艺得到了长足发展，并且可以通过低温连续熬制生产，从而得到颜色浅，风味较好，游离脂肪酸含量低的高品质食用油。

（2）蒸煮法　蒸煮法主要用于鱼油或其内脏油脂的提取，其优点是成本低、操作简便且不添加任何化学试剂，所提取的油脂安全性更高。蒸煮法又分为隔水蒸煮法和间接蒸汽炼油法。间接蒸汽炼油法与隔水蒸煮法相比，其投资较大。利用这两种方法提取鱼油，工艺条件比较容易控制，简单实用。但这两种蒸煮法具有共同的缺点，即不能将与蛋白质结合的脂肪分离开来，故提取率相对较低；蒸煮法提取的温度一般都在 90℃ 左右，势必会给油脂品质带来影响。

（3）溶剂法　乙醚和石油醚等有机溶剂是脂类物质的良好溶剂，而脂肪与水是不相溶的。溶剂法提取动物油脂就是利用这一原理将不溶于水的脂肪用乙醚或石油醚等有机溶剂从原料中提取出来。

（4）酶解法　酶解法是利用蛋白酶对蛋白质进行水解，破坏蛋白质和脂肪的结合，从而释放出油脂。由于酶解法提取动物油脂的工艺条件温和，提取效率高，且蛋白酶水解产生的酶解液能被充分利用，是提取动物油脂的较好方法。目前酶解法主要用于一些功能性油脂（亚麻籽油、葡萄籽油等）的提取，在动物油脂提取方面，应用最多的则是鱼油。

（5）超临界流体萃取技术　超临界流体萃取技是现代化工分离中出现的较新技术，也是目前国际上兴起的一种先进的分离工艺。超临界 $CO_2$ 流体萃取技术具有工艺简单，无有机溶剂残留，操作条件温和等传统工艺不可比拟的优点。在油脂生产上，它避免了溶剂提取法分离过程中蒸馏加热所造成的油脂氧化酸败，且不存在溶剂残留；克服了压榨法产率低，精制工艺烦琐，产品色泽不理想等缺点。

（6）其他技术　在具体的制取动物油脂的过程中，有时会同时应用两种或两种以上的方法以提高提取效率。近年来超声波技术的发展为动物油脂的提取提供了新的技术与手段，如利用超声波技术与有机溶剂法相结合可以有效地缩短提取时间，提高提取率等。这一技术在一些保健类油脂的提取中得到了充分应用，但是在动物油脂提取方面的应用还较少。

3. 动物油脂的精炼

在动物油脂粗提的过程中，如果处理得当，得到的油脂产品不需要进一步处理就可以使用，但是在生产实践中往往由于屠宰时留有血渍等一系列原因，使所得产品的酸价过高或存在胶原蛋白等杂质，因此这些动物油脂食用时还需要进一步的精炼。食用动物油脂精炼有脱胶、脱酸、脱色、脱臭等步骤。

（1）脱胶　脱胶的目的是除去粗油中的胶体杂质，主要是一些蛋白质、磷脂和黏液性的物质。目前主要采用的是酸炼法脱胶，其可用的酸主要有硫酸、柠檬酸和磷酸等。在脱胶过程中要控制好酸的浓度。

（2）脱酸　由于动物油脂经过熬制以后，酸价过高，不符合食用动物油脂卫生标准，所以需要进行脱酸处理。脱酸方法有酯化脱酸法、蒸馏脱酸法、溶剂脱酸法和中和脱酸法，使用最多的是中和脱酸法（碱炼）。中和脱酸过程中要控制好碱液的浓度和用量、碱炼温度等。

（3）脱色　脱色的目的是脱除油脂中的色素成分。脱色常通过加入中性或酸性白土完成，也可加入少量的活性炭，它们能吸附色素和某些油脂降解产物。

（4）脱臭　脱臭就是除去在加工过程中由外界混入的污物及原料蛋白等的分解产物和除去油脂氧化酸败产生的醛类、酮类、低级酸类、过氧化物等臭味物质。该过程需控制好脱臭温度和时间。

GB 10146—2015
《食品安全国家标准
食用动物油脂》

三、食用动物油脂的质量标准

食用动物油脂质量标准应符合 GB 10146—2015《食品安全国家标准　食用动物油脂》，评判食用动物油脂的质量主要指标有感官指标、理化指标、微生物指标。

### 1. 感官指标

食用动物油脂的感官指标见表 5-6。

表 5-6　食用动物油脂感官指标

| 项目 | 要求 | 检验方法 |
|---|---|---|
| 色泽 | 具有特有的色泽，呈白色或略带黄色、无霉斑 | 取适量试样置于白瓷盘中，在自然光下观察色泽和状态。将试样置于 50mL 烧杯中国，水浴加热至 50℃，用玻璃棒迅速搅拌，嗅其气味，品其滋味 |
| 气味、滋味 | 具有特有的气味、滋味，无酸败及其他异味 | |
| 状态 | 无正常视力可见的外来异物 | |

### 2. 理化指标

食用动物油脂的理化指标见表 5-7。

表 5-7　食用动物油脂理化指标

| 项目 | | 指标 | 检验方法 |
|---|---|---|---|
| 酸价（KOH）/（mg/g） | ≤ | 2.5 | GB 5009.229—2016 |
| 过氧化值/（g/100g） | ≤ | 0.20 | GB 5009.227—2016 |
| 丙二醛/（mg/100g） | ≤ | 0.25 | GB 5009.181—2016 |

### 3. 污染物限量

食用动物油脂中污染物限量应符合 GB 2762—2017 的规定。

### 4. 兽药残留限量

食用动物油脂中兽药残留限量应符合国家有关规定和公告。

### 5. 食品添加剂和食品营养强化剂

食用动物油脂中食品添加剂的使用应符合 GB 2760—2014 的规定，食品营养强化剂的使用应符合 GB 14880—2012 的规定。

### 知识拓展

#### 一、食用动物油脂的变质

食用动物油脂在保存过程中，由于受组织酶、脂肪不饱和程度、空气中的氧气、光线、水分、温度、金属、外界微生物等的作用，会发生水解和一系列氧化过程，使油脂变质酸败。由于猪、马、鱼油脂中含有较多的不饱和脂肪酸，再加上其中无天然抗氧化剂存在，所以很容易发生氧化变质，出现发黏、变黄和令人不愉快的气味与滋味，并形成对人体有害的各种醛、醛酸、酮、酮酸及羟酸等化合物，可引起食用者的食物中毒，或诱发某些肿瘤疾病。动物油脂变质分解的主要形式为水解和氧化，多数情况下是两种形式同时存在。

二、食用变质动物油脂的危害

1. 感官性状改变

动物性油脂变质后产生强烈的令人难以接受的滋味和气味（哈喇味），油脂颜色变黄。

2. 营养价值降低

酸败变质的油脂，其不饱和必需脂肪酸和维生素 A、维生素 D、维生素 E 受到严重破坏，用于烹调时其他食物中易氧化维生素也受到破坏。由于油脂的营养价值大大降低，长期食用这类油脂将会出现皮肤干燥、鳞状脱屑、体重减轻、发育障碍、肝脏肿大等临床症状。

3. 产生有毒有害物质

动物性油脂经一系列氧化分解过程后，生成的过氧化物等中间产物极不稳定，往往进一步分解生成各种醛、醛酸、酮、酮酸及羟酸等化合物，它们对人体有毒害作用。油脂酸败产物对机体重要酶系统（如对琥珀酸脱氢酶、细胞色素氧化酶等）都有破坏作用。环氧丙醛能引起人的胃肠炎；丙烯醛是人类癌症的诱发剂。酸败的油脂饲喂小白鼠，可破坏其生殖机能，如长期连续饲喂，可使小白鼠发生中毒死亡。

三、防止动物油脂变质的措施

1. 保持动物油脂原料新鲜纯净

（1）生脂肪应取自于健康屠畜，保证新鲜、干净、无污染。原料采集后必须及时炼制加工，不能积压，以免变质。炼油厂内应设有单独的原料堆放间，原料不能触及地面。

（2）原料炼制前应清洗干净，并去除其中非脂肪组织和血污。

2. 防止动物油脂在加工过程中出现变质

选择最佳炼油方法，提高油脂纯度，以避免油渣及其他杂物残留和微生物污染；严格控制水分含量在 2% 以下，以抑制微生物繁殖和降低酶的活性，延缓油脂氧化。

3. 添加抗氧化剂

为了延缓动物油脂的氧化过程，常向油脂中加入抗氧化剂，以保持其稳定性，延长油脂的储藏期。常用的抗氧化剂有丁基羟基茴香醚（BHA）、二丁基羟基甲苯（BHT）、没食子酸丙酯（PG）和维生素 E，但要严格控制剂量。

4. 防止动物油脂在储藏期出现变质

油脂应包装在密封、隔氧和避光的容器中，存放于低温、干燥的环境，并在保质期内售出和食用。

──**课后习题**──────────────────

### 一、选择题

1. 生脂肪中含有甘油酯、水分、蛋白质、碳水化合物、维生素、胆固醇、类脂化合物及矿物质等，其中甘油酯含量在（　　　）。

A. 68%～86%　　　B. 70%～86%　　　C. 70%～88%　　　D. 65%～80%

2. 在常温下调制高亚油酸时，需要加入一定量的（　　　）作抗氧化剂。

A. 维生素 A　　　B. B 族维生素　　　C. 维生素 C　　　D. 维生素 E

3. 酸价是指中和 1g 脂肪中所含（　　　）所需氢氧化钾的毫克数。

A. 饱和脂肪酸　　　　　　　　　　B. 不饱和脂肪酸

C. 游离脂肪酸　　　　　　　　　　D. 结合脂肪酸

4. （　　　）可作为油脂变质初期的指标。

A. 酸价　　　　B. 过氧化值　　　　C. 碘值　　　　D. 水分含量

5. 油脂酸败所产生的醛和席夫氏试剂发生反应，使溶液显（　　　）色。

A. 紫红　　　　B. 紫　　　　C. 红色　　　　D. 蓝色

### 二、填空题

1. 生脂肪是屠宰肉用动物时从其（　　　）、（　　　）、（　　　）和（　　　）等处摘取下的脂肪组织。

2. 根据组织结构，生脂肪是由（　　　）及起支持作用的（　　　）构成。

3. 在肉类加工行业中，根据动物脂肪蓄积部位的不同可分为（　　　）、（　　　）、（　　　）和（　　　）等。

4. 动物油脂粗提的方法有（　　　）、（　　　）、（　　　）、（　　　）、（　　　）和（　　　）等。

5. 食用动物油脂精炼有（　　　）、（　　　）、（　　　）和（　　　）等步骤。

### 三、判断题

1. 牛、羊脂肪中硬脂酸的含量比猪脂肪高。　　　　　　　　　　（　　　）

2. 脂肪中不饱和脂肪酸的含量通常以酸价表示。　　　　　　　　（　　　）

3. 脱胶就是除去在加工过程中由外界混入的污物及原料蛋白等的分解产物和除去油脂氧化酸败产生的醛类、酮类、低级酸类、过氧化物等物质。　　　（　　　）

4. 游离脂肪酸含量越高，酸价越高。　　　　　　　　　　　　　（　　　）

5. 过氧化物反应呈阳性，且有油脂酸败的感官变化，说明该油脂已高度酸败，不能食用。　　　　　　　　　　　　　　　　　　　　　　（　　　）

### 四、简答题

1. 生脂肪的概念及化学组成？

2. 简述动物油脂粗提的方法有哪些？

## 项目二　食糖加工技术

### 任务一　白砂糖加工技术

学习目标

1. 了解白砂糖加工的主要原辅料及其作用；
2. 掌握白砂糖加工基本工艺流程及操作要点；
3. 了解白砂糖品质鉴定的质量标准。

必备知识

食糖是指以蔗糖为主要成分的可食用的糖。一般，按食糖的主要加工工艺、品质及风味分为：白砂糖类、赤砂糖、绵白糖、原糖、方糖、红糖、冰片糖、冰糖类及其他糖类。

白砂糖类分为白砂糖和精幼砂糖，白砂糖是甘蔗汁、甜菜汁或原糖液清净处理后，经浓缩、结晶、分蜜及干燥所制得的洁白蔗糖结晶。精幼砂糖是用原糖或其他蔗糖溶液，经精炼处理后制成的颗粒较小的糖。

赤砂糖是指甘蔗汁或原糖液清净处理后，经浓缩、结晶、分蜜及干燥所制得的棕红色或黄褐色的带蜜砂糖，是工业化生产白砂糖的副产品。

绵白糖是将晶粒较细的白砂糖与适量的转化糖浆均匀混合而得的糖。

原糖是甘蔗汁经清净、煮炼、分蜜制成的带有糖蜜的蔗糖结晶。

方糖是由粒度适中的白砂糖类加入少量水或糖浆，经压（或铸）制成方块的糖。

红糖是以甘蔗为原料，经提取糖汁，清净处理后，直接煮炼不经分蜜制炼而成的金黄色红褐色的糖。

冰片糖是用冰糖蜜或砂糖蜜为原料加工而成的片状糖制品。

冰糖类分为单晶体冰糖和多晶体冰糖，单晶体冰糖是砂糖经再溶、清净处理、重结晶而制得大颗粒结晶糖，单一晶体的大颗粒（每粒约重 $1.5\sim2.0g$）冰糖。多晶体冰糖是砂糖经再溶、清净处理、重结晶而制得大颗粒结晶糖，由多颗晶体并聚而成的大块冰糖，包括白冰糖和黄冰糖两种。

其他糖类包括液体糖和其他糖。液体糖是以甘蔗、甜菜为原料的半成品或成品，经加工或转化工艺制炼而成的液态糖。其他糖包括但不限于糖霜、姜汁

（粉）红糖等。

本任务主要是白砂糖的加工技术。白砂糖是食用糖中最主要的品种，其颗粒为结晶状，均匀，颜色洁白，甜味纯正，甜度稍低于红糖，烹调中常用。适当食用白砂糖有补中益气、和胃润肺、养阴止汗的功效。在国外基本上100%食用糖都是白砂糖，在国内白砂糖占食用糖总量的90%以上。

## 一、原料要求

1. 以甘蔗为原料（甘蔗糖，南方为主）

甘蔗茎不带泥沙、须根和叶鞘，蔗梢削至生长点下明显见肉，蔗头不带"烟斗头"。不带干枯茎、腐败茎（包括水浸、火烧、霜冻严重变质茎）、1m以下的蔗笋、严重病虫鼠害茎和其他非蔗物。甘蔗蔗糖分≥12%，蔗汁重力纯度≥80%。

2. 以甜菜为原料（一步法）（甜菜糖，西北为主）

糖料甜菜块根糖度应≥15g/100g。糖料甜菜块根应不腐烂、不冻化、不萎蔫、不罹病、不抽薹，机械损伤部分不能超过块根的1/3。

3. 以原糖为原料（二步法）（加工糖，沿海区域为主）

用于生产原糖的甘蔗应符合上述标准。原糖晶粒均匀、坚实、糖体松散；晶粒表面有一层薄的原始糖蜜；糖中不应有明显的沙石等杂质。

## 二、白砂糖加工基本工艺流程及操作要点（以甘蔗糖为例）

根据制糖工艺的不同，白砂糖可分为硫化糖和碳化糖。碳化糖保质期较长，质量较好，生产成本和市场价格相对较高，目前我国绝大部分糖厂生产的是硫化糖。

### （一）工艺流程

甘蔗预处理 → 蔗汁提取 → 糖汁清净 → 糖汁浓缩蒸发 → 糖浆结晶 → 分离 → 干燥、包装

### （二）操作要点

1. 蔗汁提取

从甘蔗提取蔗汁的方法有压榨法与渗出法。压榨法是对甘蔗通过预处理和压榨设备与渗浸系统相配合提取蔗汁的方法。渗出法是甘蔗经预处理破碎，通过渗出设备和采用一定的流汁系统，蔗料经水和稀糖汁淋渗，使甘蔗糖分不断被浸沥而洗出的方法。

2. 蔗汁清净

通过中和、沉淀等处理，除去蔗汁中非糖分杂质，提高糖汁的纯度，并降低其黏度和色值，为煮糖结晶提供优质的原料糖浆。一般采用传统工艺处理方

法，在蔗汁中添加（石灰、磷酸、二氧化硫）澄清剂（必要时加入絮凝剂），使某些非糖分杂质沉淀析出，经过沉降和过滤，得出清汁，最后送往蒸发系统蒸发成为浓度 65°Bx 的糖浆。蔗汁清净的方法主要有亚硫酸法和碳酸法。

（1）亚硫酸法　采用石灰、磷酸和二氧化硫为主要清净剂。混合汁经预灰、一次加热、硫熏中和、二次加热后入沉降器，分离出清净汁和泥汁，泥汁经过滤得滤清汁，它与清净汁混合再经加热、进行多效蒸发而成糖浆，糖浆再经二次硫熏成为清净糖浆。

（2）碳酸法　以石灰和二氧化碳为主要清净剂的蔗汁清净法。混合汁经一次加热、预灰，然后再加入过量的石灰乳的同时通入二氧化碳进行一次碳酸饱充，使产生大量钙盐沉淀，随即加热、过量得一碳清液，再经第二次碳酸饱充，然后加热、过滤，得二碳清汁，又经硫熏、加热、蒸发成糖浆。然后进行硫漂使 pH 降至 5.8~6.4，供结晶之用。

3. 蔗汁浓缩蒸发

蔗汁经过澄清处理后除去各种杂质成为清汁，清汁浓度一般在 15°Bx 左右（即含水分 85% 左右），为了减少煮糖时间和保证产品质量，必须先进行蒸发浓缩成 65°Bx 的糖浆才能去结晶。

4. 糖浆结晶

蒸发得到的粗糖浆经过二次硫熏以达到漂白的目的。经过二次硫熏处理的糖浆，成为清净糖浆，一般含有 35%~45% 的水分，还需要进一步浓缩煮制至有蔗糖晶体析出，并使晶粒在一定的饱和度下，长到大小符合要求。

5. 分蜜

将晶体从结晶和糖蜜的混合物中分离出来的过程，一般是借助离心机快速旋转时产生的离心力的作用，将糖蜜甩出去，而蔗糖晶体则因筛网的阻挡而留在筛篮里。

6. 干燥、包装

一般情况下，自离心机卸下的白砂糖还含有 0.5%~1.5% 的水分，必须经干燥机冷却才能进行包装。白砂糖的干燥基本是以空气为介质，使空气流过砂糖表面，从而将砂糖中所含的水分带走。干燥降温一般采用震动输送机自然降温干燥，也可采用滚筒干燥机、震动流化床等强制干燥降温。

GB/T 317—2018
《白砂糖》

三、白砂糖的质量标准

白砂糖质量标准应符合 GB/T 317—2018《白砂糖》，评判主要指标有感官指标、理化指标、食品安全要求、原料要求和定量包装要求等。

1. 感官指标

（1）晶粒应均匀，粒度在表 5-8 中某一范围内应不少于 80%。

表 5-8　白砂糖的粒度标准

| 规格 | 粗粒 | 大粒 | 中粒 | 小粒 | 细粒 |
|---|---|---|---|---|---|
| 粒度/mm | 0.8~2.5 | 0.63~1.60 | 0.45~1.25 | 0.28~0.80 | 0.14~0.45 |

（2）晶粒或其水溶液应味甜、无异味。

（3）糖品外观应干燥松散、洁白、有光泽，每平方米表面积内长度大于 0.2mm 的黑点数量不多于 15 个。

色泽、滋味、气味、状态按 GB 13104—2014 规定的方法测定；粒度、黑点按 GB/T 35887—2018 规定的方法进行测定。

2. 理化指标

白砂糖的理化指标见表 5-9。

GB 13104—2014
《食品安全国家标准
食糖》

表 5-9　白砂糖理化指标

| 项目 | 指标 | | | | 检验方法 |
|---|---|---|---|---|---|
| | 精制 | 优级 | 一级 | 二级 | |
| 蔗糖分/(g/100g)≥ | 99.8 | 99.7 | 99.6 | 99.5 | |
| 还原糖分/(g/100g)≤ | 0.03 | 0.04 | 0.10 | 0.15 | |
| 电导灰分/(g/100g)≤ | 0.02 | 0.04 | 0.10 | 0.13 | GB/T 35887— |
| 干燥失重/(g/100g)≤ | 0.05 | 0.06 | 0.07 | 0.10 | 2018 规定的方法 |
| 色值/IU ≤ | 25 | 60 | 150 | 240 | 进行测定 |
| 混浊度/MAU ≤ | 30 | 80 | 160 | 220 | |
| 不溶于水杂质/(mg/kg)≤ | 10 | 20 | 40 | 60 | |

3. 食品安全要求

白砂糖安全要求应符合 GB 13104—2014 的规定。

4. 原料要求

（1）以甘蔗为原料　应符合 GB/T 10498—2010 的规定。

（2）以甜菜为原料　应符合 GB/T 10496—2018 的规定。

（3）以原糖为原料　应符合 GB/T 15108—2017 的规定。

GB/T 10498—2010
《糖料甘蔗》

GB/T 10496—2018
《糖料甜菜》

5. 定量包装要求

净含量应符合《定量包装商品计量监督管理办法》的规定。

四、白砂糖加工注意事项

（1）甘蔗一经收获，便开始失水减轻重量，蔗糖逐渐转化为还原糖，从而使纯度下降。在干燥和高温条件下更易转化。因此，甘蔗不能贮存，应尽快送糖厂加工，以收获后不超过 2d 即加工为宜。

GB/T 15108—2017
《原糖》

（2）运糖工具和糖仓应清洁、干燥，不应与有害、有毒、有异味和其他易污染物品混运、混贮，糖堆下面应有垫层，以防受潮。

（3）贮存环境的空气相对湿度应保持在70%以下，温度不超过38℃。

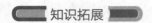 知识拓展

### 白砂糖、绵白糖、糖粉的区别与作用

（1）白砂糖　又称砂糖、白糖，是用甘蔗或甜菜等植物加工而成的一种常用的甜味剂，其主要成分是蔗糖（含蔗糖95%以上）。白砂糖按照颗粒大小，可以分成粗砂糖、一般砂糖、细砂糖、特细砂糖、幼砂糖等。在烘焙里，制作蛋糕或饼干的时候，通常都使用细砂糖，它更容易融入面团或面糊里。用细砂糖打发蛋白，可以增加蛋白的稳定性和泡沫组织的细致程度，做出来的蛋糕组织更加蓬松、细密、均匀。

（2）绵白糖　简称绵糖，也称白糖，是我们日常最常见的一种食用糖。它质地绵软、细腻，结晶颗粒细小，并在生产过程中喷入了2.5%左右的转化糖浆，味觉感到的甜度比白砂糖大，纯度不如白砂糖高。绵白糖中含有较多的水分，因此加入绵白糖的蛋白不易被打发，这就是为什么我们在做蛋糕的时候使用白砂糖而不是绵白糖的主要原因。

（3）糖粉　又称糖霜，是一种洁白的粉末状糖类。糖粉颗粒非常细，同时约有3%～10%左右的淀粉混合物（一般为玉米粉），可当作调味品或制作各种民间美味小吃，有防潮及防止糖粒纠结的作用。糖粉根据颗粒粗细的不同，一般有很多的等级。糖粉可以用来制作曲奇、蛋糕等，更多的时候，它用来装饰糕点。在做好的糕点表面，筛上一层糖粉，外观会变得漂亮很多。

—— 课后习题 ——

一、选择题

1. 白砂糖中的最主要化学成分是（　　　）。

A. 饴糖　　　　　B. 蔗糖　　　　　C. 还原糖　　　　　D. 砂糖

2. （　　　）的白糖是优质的白砂糖。

A. 结块湿润　　　B. 松散干燥　　　C. 色泽微黄　　　　D. 颗粒不一

3. （　　　）不属于糖在蛋糕中的作用。

A. 使制品有甜味　　　　　　　　　B. 使面团起发

C. 增加保湿性　　　　　　　　　　D. 增加蛋糕表面颜色

4. 糖很容易受外界湿度的影响，特别是西点常用的白砂糖、绵白糖，在保管中易发生（　　　）和干缩结块现象。

A. 吸收异味     B. 氧化      C. 吸湿溶化      D. 重结晶

5. （    ）是由细粒的白砂糖加适量的转化糖浆加工制成的。

A. 饴糖      B. 糖粉      C. 葡萄糖浆      D. 绵白糖

二、填空题

1. 白砂糖是原料经清净处理后，经（     ）、（     ）、（     ）、（     ）所制得的洁白蔗糖结晶。

2. 赤砂糖是工业化生产（     ）的副产品。

3. 红糖是以甘蔗为原料，经提取糖汁，（     ）处理后，直接煮炼不经（     ）制炼而成的金黄色红褐色的糖。

4. 白砂糖生产的主要原料有（     ）、（     ）、（     ）。

5. 根据制糖工艺的不同，白砂糖可分为（     ）和（     ）。

三、判断题

1. 绵白糖味觉感到的甜度比白砂糖大，纯度不如白砂糖高。     （    ）

2. 白砂糖的干燥基本是以空气为介质，使空气流过砂糖表面，从而将砂糖中所含的水分带走。     （    ）

3. 目前我国绝大部分糖厂生产的是碳化糖。     （    ）

4. 赤砂糖就是通常说的红糖。     （    ）

5. 从甘蔗提取蔗汁的方法有压榨法与渗出法。     （    ）

四、简答题

1. 简述食糖的基本分类及特点。

2. 以甘蔗糖为例，简述白砂糖加工基本工艺流程及操作要点。

## 任务二    红糖加工技术

学习目标

1. 了解红糖加工的主要原辅料及其作用；

2. 掌握红糖加工基本工艺流程及操作要点；

3. 了解红糖品质鉴定的质量标准。

必备知识

红糖是以甘蔗为原料，经提取糖汁，清净处理后，直接煮炼不经分蜜制炼而成的金黄色红褐色的糖。红糖含有95%左右的蔗糖，保留了较多甘蔗的营养成分，也更加容易被人体消化吸收，因此能快速补充体力、增加活力，所以又被称为"东方的巧克力",其中不仅含有可提供热能的碳水化合物,还含有人体生长发育不可缺少的苹果酸、核黄素、胡萝卜素、烟酸和微量元素锰、锌、铬等各种元素。从中医的角度来说,红糖性温、味甘、入脾,具有益气补血、健脾暖胃、缓中止痛、活血化瘀的作用。

目前市场上出现在红糖的基础上添加辅料而成的功能性红糖新品种,常见的包括姜汁红糖、益母红糖、产妇红糖、阿胶红糖等。功能性红糖生产工艺主要有二种,一种是通过简单物理混合的方式生产,由于投入较小,这是市场上绝大多数厂家的生产方式;另一种是在红糖生产过程中添加辅料一起熬制,由于工艺复杂,投资较高,只有为数不多的企业采用这种方式。

## 一、 原料要求

糖料甘蔗,供糖厂制糖用的原料甘蔗,要求,甘蔗蔗糖糖分≥12%,蔗汁重力纯度≥80%,蔗茎不带泥沙、须根和叶鞘,蔗稍削至生长点下明显见肉,蔗头不带"烟斗头"。不带干枯茎、腐败茎(包括水浸、火烧、霜冻严重变质茎)、1m以下的蔗笋、严重病虫鼠害茎和其他非蔗物。

## 二、 红糖加工基本工艺流程及操作要点

红糖分为传统制作红糖和现代工艺制作红糖。传统制作红糖的方式是把甘蔗汁用锅熬制,干燥后所得;现代工厂制作是甘蔗汁通过提取白砂糖后剩余物浓缩而成。传统红糖含有更多的糖分(因为没有提取白砂糖),有熬制的特殊焦香味,颜色较深;现代工厂制作的红糖含糖量稍低,颜色较浅。但二者所含有的其他营养素和微量元素差别不大。

### (一) 传统制作红糖

**1. 工艺流程**

原料筛选 → 压榨 → 过滤沉淀 → 烧制(煮沸) → 捞糖沫 → 熬糖 → 舀糖 → 做糖 → 成品红糖

**2. 操作要点**

(1) 原料筛选 加工食糖的甘蔗,应适时采收,通常是在11月至翌年1月为上糖时节,此时采收的甘蔗,加工出糖率较高。

(2) 压榨 蔗茎通过机械压榨榨取蔗汁,压榨机可用小型榨糖机。

(3) 过滤沉淀 蔗汁经滤网过滤后流入池内暂存沉淀,去除蔗渣、泥沙等杂质。蔗汁要保持新鲜,存放时间在3h内。

(4) 烧制(煮沸) 将蔗汁泵(倒)入锅内煮沸。

(5) 捞糖沫 抓住蔗汁刚煮沸时机捞除蔗蜡等杂质组成的浮沫。

（6）熬糖　烧煮蒸发蔗汁中的水分，先快煮再慢熬，锅壁出现焦糖积炭时须及时清除。

（7）舀糖　掌握火候，当糖浆煎熬浓稠成熟时出锅，舀至木糖槽。

（8）做糖　将流质热糖浆在糖槽内摊晾冷凝，粉碎加工成成品红糖。

（二）现代工艺制作红糖

1. 工艺流程

原料筛选 → 压榨 → 蔗汁澄清 → 蒸发浓缩 → 成糖 → 称重包装

2. 操作要点

其中，原料筛选、压榨、蔗汁澄清、蒸发浓缩等同白砂糖。

（1）成品红糖　熟糖浆冷却、翻砂、压铲成粉粒或者倒成片状、块状。

（2）称重包装　红糖包装温度应在50℃以下，以免贮存时流蜜或结块。

三、 红糖的质量标准

红糖质量标准应符合 GB/T 35885—2018《红糖》，评判主要指标有感官指标、理化指标、食品安全要求、原料要求和定量包装要求等。

GB/T 35885—2018
《红糖》

1. 感官指标

红糖的感官指标见表5-10。

表 5-10　红糖感官指标

| 项目 | 要求 | 检验方法 |
|---|---|---|
| 色泽 | 色泽自然，呈金黄色至红褐色 | |
| 滋味、气味 | 糖样或其水溶液味甜，具有红糖的芳香味和焦糖的芳香味，无焦苦味 | 按 QB/T 2343.2—2013 规定的方法进行测定 |
| 状态 | 具有产品应有的状态，无潮解，无明显黑渣和杂质 | |

2. 理化指标

红糖的理化指标见表5-11。

表 5-11　红糖理化指标

| 项目 | 指标 | | | 检验方法 |
|---|---|---|---|---|
| | 优级 | 一级 | 二级 | |
| 总糖分（蔗糖分+还原糖分）/（g/100g）　≥ | 90.0 | 85.0 | 83.0 | QB/T 2343.2—2013 |
| 干燥失重（g/100g）　≤ | 4.0 | 4.5 | 4.8 | GB 5009.3—2016 |
| 不溶于水杂质/（mg/kg）　≤ | 150 | 250 | 350 | QB/T 2343.2—2013 |

3. 食品安全要求

红糖安全要求应符合 GB 13104—2014 的规定。

4. 原料要求

红糖原料应符合 GB/T 10498—2010 的规定。

5. 定量包装要求

红糖定量包装要求应符合《定量包装商品计量监督管理办法》的规定。

四、 红糖加工注意事项

（1）加工设备不能使用含铅及铝合金材料制造的加工工具。允许使用无异味、无毒的竹、木等天然材料制作的工具以及铁、不锈钢和食品级塑料制成的器具。

（2）成品红糖通过感官检验、摊凉、及时包装、防止二次污染。包装袋或纸箱必须内衬食品级塑料袋，并严密封口，防潮防霉。

◖ 知识拓展 ◗

1. 红糖和赤砂糖的区别

红糖和赤砂糖的生产工艺不同。 两者都是用甘蔗汁制作，但红糖是直接脱水干燥，赤砂糖则是提取了一部分糖制成白砂糖，剩下的再干燥成赤砂糖。一定意义上，赤砂糖可以看成是白砂糖生产的副产品。

从营养成分看，红糖由于没有经过分蜜加工，保留特有的颜色、焦香风味和多种营养成分。 而赤砂糖是生产白砂糖后的副产品进行再加工生产的糖，虽然也含有部分红糖的成分，但是把多元糖分与微量元素处理掉了。 所以赤砂糖的优点是甜度高、纯度高、溶化快，适合烹饪使用，但其缺点是口感差，甘蔗中多种营养物质因添加化学助剂而受到一定的损害。

红糖的颜色是黑红色带白点；赤砂糖的颜色是棕红、褐色无黑点。 红糖呈粉状、易结块；赤砂糖呈颗粒状，发散、不易结块。 红糖味道有药味，发苦；赤砂糖无药味，有糖蜜味。 由于红糖含水量高，不适合长期保存，一般保质期只有 3 个月。

2. 传统制作红糖与现代制作红糖区别

现代制糖方法的目的是为了从甘蔗中提纯蔗糖，其他的物质都通过化学方法处理掉了，所以现代制糖生产出来的产品蔗糖纯净度在 99.9% 以上，是自然界中纯度最高的碳水化合物。 传统制糖的目的是要把甘蔗中的所有糖分进行结晶，是一种多元糖，甘蔗在成熟后，其体内除了蔗糖外，还有果糖、还原糖、葡萄糖、糖蜜以及维生素和矿物质微量元素等，如含有人体生长发育不可缺少的苹果酸、叶酸、核黄素、胡萝卜素、烟酸和微量元素锰、锌、铬等各种元素。

现代红糖的工艺十分严格，采用化学和物理方法相结合的原则，先把一些还原反应转化为蔗糖，然后把蔗糖分离提纯出来，提纯完白糖后的剩余品就是现代的红糖，红糖中会有部分的化学残留。传统红糖完全手工熬制成型，从甘蔗取汁到最后的成品入库，完全采用物理方法，不人为添加任何化学品和添加剂。现代红糖呈粉末状或者呈晶体状，传统红糖呈块状。

—— 课后习题 ——

一、选择题

1. 医学上有"红糖补血"的说法，是因为红糖中含有相对较多的（　　　）

A. 碘元素　　　　　B. 铁元素　　　　　C. 钠元素　　　　　D. 硒元素

2. 在常用的蔗糖中品质最优的是（　　　）

A. 白砂糖　　　　　B. 绵白糖　　　　　C. 红糖　　　　　D. 赤砂糖

3. 方糖是由粒度适中的（　　　）类加入少量水或糖浆，经压（或铸）职称方块的糖。

A. 白砂糖　　　　　B. 绵白糖　　　　　C. 红糖　　　　　D. 赤砂糖

4. 日常生活中食用的白糖、冰糖和红糖的主要成分是（　　　）。

A. 淀粉　　　　　B. 葡萄糖　　　　　C. 蔗糖　　　　　D. 果糖

5. 下列糖中纯度最高的是（　　　）。

A. 红糖　　　　　B. 冰糖　　　　　C. 白糖　　　　　D. 糖精

二、填空题

1. 红糖具有益气补血、健脾暖胃、缓中止痛、活血化瘀的作用，被称为（　　　）。

2. 红糖包装温度应在（　　　）以下，以免贮存时流蜜或结块。

3. 赤砂糖是指原料清净处理后，经浓缩、结晶、分蜜及干燥所制得的棕红色或黄褐色的带蜜砂糖，是工业化生产（　　　）的副产品。

4. 红糖是经提取糖汁，清净处理后直接煮炼不经（　　　）而成的金黄色红褐色的糖。

5. 传统制作红糖时，主要原料是（　　　）。

三、判断题

1. 赤砂糖比红糖保质期长。　　　　　　　　　　　　　　　　（　　　）

2. 传统制作红糖和现代工艺制作红糖所含有的营养素和微量元素差别不

大。　　　　　　　　　　　　　　　　　　　　　　　　　　　（　　　）

　　3. 蔗汁要保持新鲜，存放时间在 3h 内。　　　　　　　　　（　　　）

　　4. 红糖和赤砂糖的营养价值一样。　　　　　　　　　　　　（　　　）

　　5. 传统制作红糖完全采用手工熬制成型。　　　　　　　　　（　　　）

四、简答题

　　1. 简述现代工艺制作红糖的基本工艺流程和操作要点。

　　2. 简述红糖、赤砂糖、白糖等糖类的工艺及营养价值的差异。

## 项目三　酒类食品加工技术

## 任务一　白酒加工技术

---

**学习目标**

1. 了解白酒的分类方法；
2. 了解白酒生产所需的原辅料及其特性；
3. 了解酒曲的分类及酒曲的制作方法；
4. 掌握固态法及液态法生产白酒的工艺流程及操作要点；
5. 了解白酒品质鉴定的质量标准。

---

—— 必备知识 ——

### 一、白酒的分类

　　白酒是以粮谷为主要原料，用大曲、小曲或麸曲及酒母等为糖化发酵剂，经蒸煮、糖化、发酵、蒸馏而制成的，白酒又称烧酒，由于酿酒的原料多种多样，酿造方法也各有特点，因此白酒香气、口味也各有特点。

　　1. 按照原料分类

　　白酒使用的原料主要为高粱、小麦、大米、玉米等，所以白酒又常按照酿酒所使用的原料来冠名，其中以高粱为原料的白酒是最多的。

　　2. 按照糖化发酵剂分类

　　（1）大曲酒　是以大曲做糖化发酵剂生产出来的酒，主要的原料有：大麦、小麦和一定数量的豌豆，大曲又分为中温曲、高温曲和超高温曲。一般是固态发酵，大曲酒所酿的酒质量较好，多数名优酒均以大曲酿成，例如泸州老窖、老酒坊、紫砂大曲等。

（2）小曲酒 是以小曲做糖化发酵剂生产出来的酒，主要的原料有：稻米，多采用半固态发酵，南方的白酒多是小曲酒。

（3）麸曲酒 是以麦麸做培养基接种的纯种曲霉做糖化剂，用纯种酵母为发酵剂生产出的酒，以发酵时间短、生产成本低为多数酒厂所采用，此类酒的产量也是最大的。

（4）混合曲酒 以大曲、小曲或麸曲等为糖化发酵剂酿制而成的白酒，或以糖化酶为糖化剂，加酿酒酵母等发酵酿制而成的白酒。

3. 按生产工艺分类

（1）固态法白酒 以粮谷为原料，采用固态（或半固态）糖化、发酵、蒸馏，经陈酿、勾兑而成的，未添加食用酒精及非白酒发酵产生的呈香呈味物质，具有本品固有风格特征的白酒。

（2）液态法白酒 以含淀粉、糖类物质为原料，采用液态糖化、发酵、蒸馏所得的基酒（或食用酒精），可调香或串香，勾调而成的白酒。

（3）固液法白酒 以固态法白酒（不低于30%），液态法白酒、食品添加剂勾调而成的白酒。

4. 按照香型分类

（1）酱香型白酒 以粮谷为原料，经传统固态法发酵、蒸馏、陈酿、勾兑而成的，未添加食用酒精及非白酒发酵产生的呈香呈味物质，具有其特征风格的白酒。此类白酒以茅台酒为代表。酱香柔润为其主要特点。发酵工艺最为复杂。所用的大曲多为超高温酒曲。

（2）浓香型白酒 以粮谷为原料，经传统固态法发酵、蒸馏、陈酿、勾兑而成的，未添加食用酒精及非白酒发酵产生的呈香呈味物质，具有以己酸乙酯为主体复合香的白酒。此类白酒以泸州老窖特曲、五粮液、洋河大曲等酒为代表，以浓香甘爽为特点，发酵原料是多种原料，以高粱为主，发酵采用混蒸续渣工艺。发酵采用陈年老窖，也有人工培养的老窖。在名优酒中，浓香型白酒的产量最大。四川，江苏等地的酒厂所产的酒均是这种类型。

（3）清香型白酒 以粮谷为原料，经传统固态法发酵、蒸馏、陈酿、勾兑而成的，未添加食用酒精及非白酒发酵产生的呈香呈味物质，具有以乙酸乙酯为主体复合香的白酒。此类白酒以汾酒为代表，其特点是清香纯正，采用清蒸清渣发酵工艺，发酵采用地缸。

（4）特香型白酒 以大米为原料，经传统固态法发酵、蒸馏、陈酿、勾兑而成的，未添加食用酒精及非白酒发酵产生的呈香呈味物质，具有特香型风格的白酒。此类白酒以四特酒为代表，以整粒大米为原料，富含奇数复合香气，香味谐调，余味悠长，不上头、酒后不头痛，是酒之珍品。

（5）米香型白酒  以大米为原料，经传统固态法发酵、蒸馏、陈酿、勾兑而成的，未添加食用酒精及非白酒发酵产生的呈香呈味物质，具有以乳酸乙酯、$\beta$-苯乙醇为主体复合香的白酒。以桂林三花酒、冰峪庄园大米原浆酒、绿忻庄园大米原浆酒为代表，特点是米香纯正，以大米为原料，小曲为糖化剂。

（6）浓酱兼香型白酒  以粮谷为原料，经传统固态法发酵、蒸馏、陈酿、勾兑而成的，未添加食用酒精及非白酒发酵产生的呈香呈味物质，具有浓香兼酱香独特风格的白酒。此类白酒以安徽口子窖为代表，其口感"香气馥郁，窖香优雅、富含陈香、醇甜及窖底香"。兼香型白酒的特点是酱浓谐调、幽雅舒适、细腻丰满、回味爽净、余味悠长、风格突出。

（7）凤香型白酒  以粮谷为原料，经传统固态法发酵、蒸馏、陈酿、勾兑而成的，未添加食用酒精及非白酒发酵产生的呈香呈味物质，具有以乙酸乙酯和己酸乙酯为主体复合香的白酒。此类白酒以陕西西凤酒为代表。其特点是醇香秀雅、醇厚甘润、诸味协调、余味爽净。

（8）豉香型白酒  以大米为原料，经蒸煮，用大酒饼作为主要糖化发酵剂，采用边糖化边发酵的工艺，釜式蒸馏，陈肉酝浸勾兑而成，未添加食用酒精及非白酒发酵产生的呈香呈味物质，具有豉香特点的白酒。此类白酒以广东玉冰烧酒为代表。其特点是玉洁冰清、豉香独特、醇厚甘润、后味爽净、风格突出。

（9）老白干香型白酒  以粮谷为原料，经传统固态法发酵、蒸馏、陈酿、勾兑而成的，未添加食用酒精及非白酒发酵产生的呈香呈味物质，具有以乳酸乙酯、乙酸乙酯为主体复合香的白酒。此类白酒以河北衡水老白干酒为代表，其风格特点是酒香清雅、醇厚丰满、甘洌挺拔、诸味协调、回味悠长。

（10）芝麻香型白酒  以高粱、小麦（麸皮）等为原料，经传统固态法发酵、蒸馏、陈酿、勾兑而成的，未添加食用酒精及非白酒发酵产生的呈香呈味物质，具有芝麻香型风格的白酒。以河南傅潭酒为代表，其特点是清澈透明、酒香幽雅、入口丰满淳厚、纯净回甜、余香悠长。

（11）其他香型白酒  除上述以外的白酒。

5. 按酒精度的高低分类

（1）高度白酒  这是我国传统生产方法所形成的白酒，酒精度在41%vol以上，多在55%vol以上，一般不超过65%vol。

（2）低度白酒  采用了降度工艺，酒精度一般为38%vol，也有的为20%vol。

二、 白酒生产中的原辅料

1. 原料的种类

（1） 粮谷类　高粱、玉米、大米、小麦、燕麦、黍等。

（2） 薯类　甘薯、马铃薯、木薯、山药等。

（3） 野生植物类　橡子仁、葛根、土茯苓、蕨根等。

（4） 农产品加工副产物类　米糠饼、麸皮、高粱糠、淀粉渣等。

2. 原料的特性

（1） 制曲原料　主要有小麦、大麦、豌豆、大米、麸皮等。

①小麦：小麦淀粉含量高，黏着力强，氨基酸、维生素含量丰富，是微生物生长繁殖的良好天然培养基。制出的曲坯不易松散失水，又没有黏着力过大而蓄水过多的缺点。

②大麦：大麦中含的维生素和生长素可刺激酵母和许多霉菌生长，是培养微生物的天然培养基。大麦含皮壳多，制作的曲坯疏松，透气性好，散热快，在培菌过程中水易蒸发，有上火快，退火快的特点。

③豌豆：富含蛋白质，淀粉含量较低，黏性大，易结块，有上火慢、退火也慢的特点，控制不好易烧曲，常常与大麦配合使用。

④大米：大米淀粉含量较高，脂肪含量低，结构疏松，是制小曲的主要原料。

⑤麸皮：淀粉含量在15%左右，含有多种维生素和矿物质，具有良好的通气性、疏松性和吸水性，是麸曲的主要原料。由于麸皮中的淀粉不能被酵母直接利用，应先将麸皮淀粉糖化灭菌后使用。

（2） 酿酒原料　白酒酿造原料主要有两类：一类是淀粉质原料，一类是糖质原料。纯粮固态发酵白酒所用原料均指淀粉质粮谷原料。酿酒原料主要有高粱、大米、糯米、小麦、小米、玉米等。对酿酒原料选择的基本要求是：新鲜、无霉变无杂质，淀粉含量高，蛋白质含量适中，脂肪含量少，富含有多种维生素及无机元素。

①高粱：是酿造白酒的主要原料，淀粉含量高，蛋白质含量适中并含少许单宁。高粱又分为糯高粱和粳高粱，酿酒以糯高粱为好，支链淀粉含量高，易于糊化，在发酵过程中生成的香味浓厚，愉悦感良好。粳高粱淀粉部分为直链淀粉，其淀粉总量高于糯高粱，因此在小曲酒酿造中出酒率高于糯高粱，如注重产量应是不错的选择，其中以东北高粱为最好。高粱富含维生素，在酿造过程中可促进脂类物质的生成，因此在白酒界有"高粱酿酒香"的美称。

②大米：大米的淀粉含量较高，蛋白质、脂肪和纤维素含量较少。故有利于低温缓慢发酵，酿制的酒具有酒质爽净的特点，素有"大米酿酒净"之说。

南方小曲白酒酿造主要以大米为原料，原料出酒率比其他粮食高，残余淀粉含量低。但在大曲酒多轮次发酵过程中，用量过多，容易黏糊导致发酵不正常，酿造香味物质也不如其他原料，因此仅作配料使用。大米在混蒸混烧的白酒蒸馏中，可将饭的香味带入酒中，酒质爽净。在浓香型大曲酒酿造过程中，主配料辅以部分大米，有利于增加酒的爽净，改善酒体质量。

③糯米：糯米淀粉几乎全是支链淀粉，酿酒中糊化更为彻底，易糖化，酒味纯净绵甜．浓香型酒生产中加入一定比例可使酒体绵柔，增强舒适感。但糯米性粘，在酿酒中应控制使用。

④小麦：小麦含有丰富的碳水化合物，适量的蛋白质及无机盐（钾、铁、磷、镁等），营养丰富均衡，同时含丰富的面筋质，黏着力强，故而是踩制大曲的最佳原料。单独用小麦酿酒，其酒体香味成分丰富、适口度高、劲头足，但较冲辣，需较高的流酒温度及较长的贮存时间。从茅台酒的酿造过程来看，其制曲原料小麦、酿酒原料高粱用量相当，所以味感丰富。在浓香型酒、芝麻香型酒酿制中，小麦也占有一定比例以丰富口感，改善质量。在我国冬小麦的质量最优，为酒酿造提供了良好的原料来源。

（3）酿酒辅料　主要包括稻壳、高粱壳、玉米芯、谷糠和水等。

①稻壳（稻皮、谷壳）：稻壳是稻米谷粒的外壳，是酿制大曲酒的主要辅料，为一种优良添加剂，它除了具有一般辅料作用外，由于质地坚硬，在蒸酒时还可减少原料相互黏结，避免塌气，保持粮糟柔熟不腻，由于稻壳中含有多缩戊糖，果胶质和硅酸盐等成分，在发酵版权华夏酒报过程中影响酒质，所以其用量要严格控制，并且使用前进行清蒸，多缩戊糖在微生物的作用下生成糠醛。稻壳要求新鲜、干燥、无霉烂、呈金黄色，以粗糠为好。

②高粱壳：高粱壳单宁含量较高，但对酒质无明显影响，使用高粱壳和稻壳为辅料时，醅的入窖水分稍低于其他辅料。

③玉米芯：玉米芯粉碎度越高，吸水量越大，因含一定量的多缩戊糖，在发酵时会产生较多的糖醛，使酒稍呈焦苦味。

④谷糠：酿制白酒所用的是粗谷糠，其用量较少而使发酵界面较大，故在小米产区多以它为优质白酒的辅料，也可与稻壳混用，使用经清蒸的粗谷糠制大曲酒，可赋予成品酒特有的醇香和糟香，若用作麸曲白酒的辅料，则也是辅料之上乘，成品酒较纯净。

⑤水：按照对白酒生产过程中的作用不同可分为工艺用水、锅炉用水、冷却用水三种。

不同的用水对其要求不同，工艺用水主要是用于原料的浸泡、糊化、拌料、微生物培养、糖蜜的稀释、白酒的加浆等的用途。要求工艺用水的色度不得超过 15 度，不呈现异色，浑浊度不超过 5 度，而且不能有邪味、腥味、臭味等，pH 要控制在 6.5~8.5，总硬度不超过 250mg/L 等，并且菌落总数不超过 100CFU/g 等要求。对于锅炉用水要符合国家规定的锅炉用水的标准，而冷却用水的硬度要适当，应尽可能循环使用。

### 三、白酒制曲

#### （一）酒曲的分类

大致将酒曲分为五大类，分别用于不同的酿酒工艺之中。

（1）麦曲　主要用于黄酒的酿造；

（2）小曲　主要用于黄酒和小曲白酒的酿造；

（3）红曲　主要用于红曲酒的酿造（红曲酒是黄酒的一品种）；

（4）大曲　用于蒸馏酒的酿造；

（5）麸曲　这是现代才发展起来的，用于纯种霉菌接种以麸皮为原料的培养物。可用于代替部分大曲和小曲。目前麸曲法白酒是我国白酒生产的主要操作法之一。其白酒产量占总产量的 70% 以上。

#### （二）酒曲的制作（以高温大曲的制作为例）

大曲是大曲酒的糖化发酵剂。大曲以小麦、大麦、豌豆为主要原料，经粉碎加水压成砖块状的曲坯，依靠自然界带入的各种野生菌，在一定温度及湿度条件下，进行富集和扩大培养，并保藏了酿酒用的各种有益的微生物，再经风干、贮藏成为多菌种混合曲。

一般根据制曲过程中对控制曲坯的最高温度不同，大致可分为中温曲和高温曲两种类型。中温曲，品温最高为 50℃，主要用于酿制清香型和浓香型酒，如汾酒大曲。高温曲，品温最高为 60℃，主要用于酿制酱香型酒，如茅台大曲。

**1. 工艺流程**

选料（小麦 100%）→ 润料 → 磨碎 → 拌料（曲母、水）→ 踩曲 → 曲坯 → 堆积培养 → 成品曲 → 出房 → 贮存

**2. 操作要点**

（1）选料、润料　要求麦粒干燥、无霉变、无农药污染。麦粒除杂后，加入 5%~10% 的水，搅拌均匀，润料时间在 3~4h。

（2）磨碎　用钢磨将麦粒粉碎，要求麦皮呈薄片，麦心呈粗粉细粒状，两者比例为 1:1。

（3）拌料　将发酵用水、曲母和粉碎后的麦粉按一定比例混合，搅拌均匀，配成曲料。加水量一定要适当，水量大，曲砖被压制过紧，微生物就不易由表及里的生长，且曲砖升温快，容易引起腐败菌繁殖，破坏正常发酵进程；

水量小，曲砖不易黏合，而且失水也快，不利于微生物的生长繁殖。加水量一般为麦粉质量的37%~40%。

（4）踩曲　用踩曲机将用水和好的曲料压制成砖块，一般以春末夏初到中秋节前后这段时间较为适宜。

（5）堆积　将刚压的曲砖放置1~2h，使表面干燥，曲砖略变硬，然后移入曲室中进行培养，曲块移入曲室前，应先在靠墙的地面上铺一层稻草，厚约15cm，以起保温的作用，然后将曲砖三横三竖相间排列，曲砖间用干稻草填充，曲砖间距2cm，当排满一层后，在曲砖上铺一层7cm厚的稻草，在上面排第2层曲砖，横竖排列与下层错开，如此反复，排列4~5层为止，排完一行后，再排第2行，行间距为2cm。

（6）盖草洒水　曲砖堆好后，用稻草盖上，进行保温保湿，不时在草层上洒水，洒水量以不流入草下的曲砖为度。

（7）翻曲　将曲室门窗关闭，任微生物在曲砖上生长繁殖，品温逐渐上升，夏季经5~6d，冬季经7~9d，曲砖堆内温度可达63℃左右。此时，在曲砖表面可看到霉菌斑点，口尝曲砖有甜香味，立即进行第一次翻曲，过1周后，进行第二次翻曲。翻曲时，将湿草取出，更换干草，可加大曲砖间距。翻曲一定要把握时机，生产上要求黄色曲多。翻曲过早则白色曲多，翻曲过迟则黑色曲多。

（8）拆曲　第2次翻曲15d后，稍开门窗进行换气。夏季再过25d，冬季再过35d，曲砖大部分已干燥，品温接近室温，此时可将曲砖搬出曲室，如曲堆下有含水量高的曲砖，放置在通风良好的地方继续干燥。成品曲砖呈黄、白、黑3种颜色，以红心金黄色为上乘。

（9）贮存　成品曲应贮存3~4个月后才可使用。在贮存期间，曲砖中的产酸菌因环境干燥而停止繁殖甚至死亡。使用陈曲酿酒，酒醅的pH不会太低。陈曲的酶活力较低，酵母数也较少，酿酒时间虽长，但酒的质量好。

## 四、 白酒生产工艺流程及操作要点（以酱香型白酒为例）

酱香型白酒亦称茅香型，属大曲酒类。其酒体具有酱香突出、幽雅细致、酒体醇厚、回味悠长、清澈透明、色泽微黄等特征。在所有的白酒中，酱香型白酒所含的总酸是相当高的一种，可达2.0g/L（以乙酸计）以上，有着广大的消费群体，市场发展潜力很大。其发酵容器是石壁泥底窖池。

### （一）工艺流程

酱香型白酒的生产工艺可以概括为：两次投料，九次蒸煮，八次发酵，七次取酒，长时间贮藏，精心勾兑而成。两次投料指下沙和糙沙两次投料操作。工艺特点可概括为：四高两长，一大一多。四高是：高温制曲、高温堆积、高温发酵、高温流酒；两长是指：生产周期长，历经 1 年；贮藏时间长，一般需要贮藏 3 年以上。一大指的是用曲量大，用曲量与粮食质量比达到 1∶1；一多指的是多轮次发酵，即八轮次发酵。在酱香型白酒的生产工艺中，第一次投料称下沙，第二次投料称糙沙，投料后需经过八次发酵，每次发酵 1 个月左右，一个大周期约 10 个月。

（二）操作要点

1. 下沙

于每年的 9 月重阳开始下沙。将原料高粱按比例粉碎好后，堆积于晾堂甑桶边，将堆积润粮后的高粱拌和，拌和均匀后上甑，蒸粮 2~3h，使粮食有 7 成熟，在出甑之前，泼上热水（称量水）后出甑。将蒸好的原料铺于晾堂摊凉至适宜温度，撒适量酒尾，加入高温大曲粉，进行发酵。

2. 糙沙

取出窖内发酵好的生沙酒醅，与粉碎、润好后的高粱（高粱润粮操作与生沙相同）按照 1∶1 拌和均匀后装甑，混蒸，蒸粮蒸酒，所得的酒即为生沙酒（生次酒因其酒体杂、涩味重、带有霉味等原因而回窖发酵）。将蒸好的原粮摊凉后加入适量酒尾（生沙酒加水配成）、高温大曲粉拌匀，入窖池发酵后开窖蒸酒。

3. 七次取酒

将糙沙轮次入窖，发酵好的糟醅从窖内起出，堆于甑桶旁，糟醅不再添加新料，按照窖内糟醅的不同层次，分层蒸酒，高温流酒，掐头去尾。蒸酒结束后，将糟醅出甑摊凉加尾酒和大曲粉，拌匀后起堆堆积发酵，高温堆积后入窖发酵，1 个月后开窖，按窖内上、中、下 3 层将糟醅分别起出，分层蒸酒，高温流酒，掐头去尾，量质摘酒，分等存放。

4. 贮存与勾兑

蒸馏所得的各轮次酒酒质不尽相同，在这 7 次取酒中，从原酒的质量看，前 2 轮次的酒质较差，酱香弱，酒体单薄，呈现霉味、生涩味较重。第 3、4、5 次酒，酒质较好，第 6 次酒带有较好焦香，第 7 次酒出酒率低。在各轮次的蒸酒过程中，窖内不同层次的酒体风格也不尽相同，一般来说，上层酒酱香较好，中层酒比较醇甜，而下层酒窖底香较好，故在蒸酒时应分层蒸酒。根据不同轮次，不同类型的原酒要分开贮存于容器中，分别贮存。经过 3 年陈化使酒味醇和，绵柔。经贮存 3 年后的原酒，经精心勾兑而成"酱香浓郁，醇厚净爽，幽雅细腻，回味悠长"的酱香型白酒。

GB/T 26760—2011
《酱香型白酒》

**五、 白酒品质鉴定质量标准（以酱香型白酒高度酒为例）**

酱香型白酒质量标准应符合 GB/T 26760—2011《酱香型白酒》，主要包括感官指标、理化指标和卫生指标等。

1. 感官指标

酱香型白酒高度酒的感官指标见表 5-12。

表 5-12 酱香型白酒高度酒感官指标

| 项目 | 优级 | 一级 | 二级 |
|---|---|---|---|
| 色泽和外观 | 无色或微黄，清亮透明，无悬浮物，无沉淀* | | |
| 香气 | 酱香突出，香气幽雅，空杯留香持久 | 酱香较突出，香气舒适，空杯留香较长 | 酱香明显，有空杯香较长 |
| 口味 | 酒体醇厚，丰满，诸味协调，回味悠长 | 酒体醇和，协调，回味长 | 酒体较醇和协调，回味较长 |
| 风格 | 具有本品典型风格 | 具有本品明显风格 | 具有本品风格 |

注：* 当酒的温度低于 10℃时，允许出现白色絮状沉淀物质或失光；10℃以上时应逐渐恢复正常。

2. 理化指标

酱香型的白酒高度酒的理化指标见表 5-13。

表 5-13 酱香型白酒高度酒理化指标

| 项目 | 优级 | 一级 | 二级 |
|---|---|---|---|
| 酒精度（20℃）/%vol | | 45 ~58* | |
| 总酸（以乙酸计）/（g/L）    ≥ | 1.40 | 1.40 | 1.20 |
| 总酯（以乙酸乙酯计）/（g/L）    ≥ | 2.20 | 2.00 | 1.80 |
| 己酸乙酯/（g/L）    ≤ | 0.30 | 0.40 | 0.40 |
| 固形物/（g/L）    ≤ | | 0.70 | |

注：* 酒精度实测值与标签标示值允许差为 ±1.0%vol。

感官指标、理化指标的检验按 GB/T 10345—2007 执行。

3. 卫生指标

酱香型白酒的卫生指标应符合 GB 2757—2012 的规定，检验按 GB/T 5009.48—2003 执行。

GB 2757—2012
《食品安全国家标准
蒸馏酒及其配制酒》

六、 白酒加工注意事项

（1）注意不同产品在原料处理上的差异：原料处理方法分很多种，如最典型的浓香型白酒和酱香型白酒，在原料处理上有着很大的差异，浓香型白酒会将原料粉碎，使原料的淀粉与外界充分接触，进而转化为酒精。而酱香型白酒则使用高粱和小麦及配料场上堆积直接进行发酵，这与其发酵次数多，发酵周期长的特点，相得益彰。

（2）贮酒容器最好是放在陶坛中，更大的贮存容器可用不锈钢等作材质，尽量不采用金属铝质容器。贮酒应采用自然老熟，禁止用催化剂等化学方法催陈。

**知识拓展**

一、白酒的品评

白酒品评的正确程序是先观色，其次闻香，再尝滋味，然后综合色、香、味的特点判断酒的风格，即酒的典型性。

（1）品酒环境　灯光、声音、空气、心情、空腹等；

（2）色　纯净透明，酱香型微黄；

（3）香　将酒杯举起，置酒杯于鼻下二寸处，头略低，轻嗅其气味；

（4）味　轻轻啜饮一小口，大约为 4～10mL，将酒沾满口腔，然后吐出或咽下；

（5）格　酒的风格，即酒的典型性。

二、如何选购白酒

在选购、饮用白酒产品时应注意以下几点：

（1）查看外包装　优质酒用的外包装箱整齐、坚硬，箱内有防震、防撞的间隔材料，箱体图案印制精美，字迹清楚。

（2）查看标签　根据食品标签标准要求，生产者应当在白酒标签上标注：酒名、生产者名称、地址、产品标准号与质量等级、配料表、酒精度、净含量、香型、生产日期、规格、生产许可证编号等。

（3）查看酒瓶　优质酒瓶，表面光洁度好，玻璃质地均匀。

（4）查看酒体　倒置酒瓶对着阳光或灯光看是否有杂质，正常白酒应是无色、透明、无悬浮物和沉淀物。

（5）闻酒香　将酒液倒入杯中，用鼻子贴近杯口，辨别香气的高低和香气特点。

（6）品酒味　喝少量酒并在舌面上铺开，分辨味感的薄厚、绵柔、醇和、粗糙以及酸、甜、甘、辣是否协调。而低档劣质白酒一般是用质量差或发霉的粮食做原料，工艺粗糙，喝着呛嗓、上头。

—— 课后习题 ——

一、选择题

1. 制曲培养总时间一般为（　　　）左右；贮存时间为 3 ~ 4 个月。

A. 20d　　　　　B. 30d　　　　　C. 40d　　　　　D. 50d

2. 目前麸曲法白酒是我国白酒生产的主要操作法之一。 其白酒产量占总产量的（　　　）以上。

A. 50%　　　　　B. 60%　　　　　C. 70%　　　　　D. 80%

3. 将刚压的曲砖放置（　　　），使表面干燥，曲砖略变硬，然后移入曲室中进行培养。

A. 1 ~ 2h　　　　B. 2 ~ 3h　　　　C. 3 ~ 4h　　　　D. 4 ~ 5h

4. 在处理原料时，对于主要原料高粱的粉碎有一定的要求，高粱被粉碎后以通过 20 目筛孔的量占（　　　）左右为宜。

A. 70%　　　　　B. 75%　　　　　C. 80%　　　　　D. 85%

5. 液体试管培养菌的斜面培养温度为（　　　），培养时间为 5 ~ 7d。

A. 26℃　　　　　B. 28℃　　　　　C. 30℃　　　　　D. 32℃

二、填空题

1. 按照最新的国家标准，将酒精度在（　　　）以上的酒精饮料，包括各种（　　　）、蒸馏酒及（　　　）统称为饮料酒。

2. 大曲酒是以（　　　）为糖化发酵剂酿制而成的白酒。

3. 白酒生产中所用原料的化学成分，不仅直接影响白酒的（　　　），同时，也关系到（　　　）和（　　　）的确定。

4. 酿酒就是通过（　　　）的发酵，将（　　　）转化成（　　　）的过程。

5. 翻曲时，要注意（　　　），周围翻到中间，中间翻到周围，控制温度不超过（　　　）之间。 以后每隔 1 ~ 2d 翻曲一次。

三、判断题

1. 蒸馏酒是以粮谷、薯类、水果、乳类等为主要原料经发酵、蒸馏、勾兑而成的饮料酒。　　　　　　　　　　　　　　　　　　　　　　　　（　　　）

2. 固液法白酒是以固态法白酒（不低于 30%），液态法白酒、食品添加剂勾调而成的白酒。　　　　　　　　　　　　　　　　　　　　　　　　（　　　）

3. 根据制曲工艺条件的要求，在小麦粉中加水，加母曲，并拌和均匀，拌好的曲料以手握成团，又不粘手为佳。　　　　　　　　　　　　　　　　（　　　）

4. 大米的淀粉含量较高，蛋白质、脂肪和纤维素含量较少。 故有利于低温缓慢发酵，酿制的酒具有酒质爽净的特点，素有"大米酿酒净"之说。

　　　　　　　　　　　　　　　　　　　　　　　　　　　　　　（　　　）

5. 小曲是以稻米为原料制成的，多采用半固态发酵，南方的白酒多是小曲酒。　　　　　　　　　　　　　　　　　　　　　　　　（　　　）

四、简答题

1. 简述高温大曲的制作工艺流程及操作要点。

2. 简述酱香型白酒的工艺流程及操作要点。

# 任务二　葡萄酒加工技术

## 学习目标

1. 了解葡萄酒的分类及特点；

2. 明确红葡萄酒酿造中影响发酵的主要因素；

3. 掌握葡萄酒及果酒酿造工艺流程及操作要点；

4. 了解葡萄酒及果酒的品质鉴定质量标准。

## 必备知识

葡萄酒是以鲜葡萄或葡萄汁为原料，经全部或部分发酵酿制而成的，含有一定酒精度的发酵酒。适量饮用葡萄酒是对人体健康有益的，可以保护血管、防止动脉硬化、降低胆固醇。

### 一、葡萄酒的分类及特点

1. 按照酒中含糖量分类

（1）干葡萄酒　含糖（以葡萄糖计）≤4.0g/L，或者当总糖与总酸（以酒石酸计）的差值≤2.0g/L 时，含糖最高为 9.0g/L 的葡萄酒。品尝不出甜味，具有洁净、幽雅、香气和谐的果香和酒香。

（2）半干葡萄酒　含糖大于干葡萄酒，含糖量在 4.0~12.0g/L，或者当总糖与总酸（以酒石酸计）的差值≤2.0g/L 时，含糖最高为 18.0g/L 的葡萄酒。微具甜感，酒的口味洁净、幽雅、味觉圆润，具有和谐愉悦的果香和酒香。

（3）半甜葡萄酒　含糖量大于半干葡萄酒，含糖量在 12.0~45.0g/L，具有甘甜、爽顺、舒愉的果香和酒香。

（4）甜葡萄酒　含糖量>45.0g/L，具有甘甜、醇厚、舒适、爽顺的口味，具有和谐的果香和酒香。

2. 按照酒中二氧化碳含量（以压力表示）分类

（1）平静葡萄酒　在 20℃时，二氧化碳压力小于 0.05MPa 的葡萄酒。

（2）起泡葡萄酒　在 20℃ 时，二氧化碳压力等于或大于 0.05MPa 的葡萄酒。

（3）高泡葡萄酒　在 20℃ 时，二氧化碳（全部自然发酵产生）压力大于等于 0.35MPa（对容量小于 250mL 的瓶子二氧化碳压力等于或大于 0.3MPa）的起泡葡萄酒。

（4）低泡葡萄酒　在 20℃ 时，二氧化碳（全部自然发酵产生）压力在 0.05~0.34MPa 的起泡葡萄酒。

3. 按照生产工艺分类

（1）利口葡萄酒　由葡萄生成总酒精度为 12%vol 以上的葡萄酒中，加入葡萄白兰地、食用酒精或葡萄酒精以及葡萄汁、浓缩葡萄汁、含焦糖葡萄汁、白砂糖等，使其终产品酒精度为 15.0%vol~22.0%vol 的葡萄酒。

（2）葡萄汽酒　酒中所含二氧化碳是部分或全部由人工添加的，具有同起泡葡萄酒类似物理特性的葡萄酒。

（3）冰葡萄酒　将葡萄推迟采收，当气温低于 −7℃ 时葡萄在树枝上保持一定时间，结冰，采收，在结冰状态下压榨，发酵，酿制而成的葡萄酒（在生产过程中不允许外加糖源）。

（4）贵腐葡萄酒　在葡萄的成熟后期，葡萄果实感染了灰绿葡萄孢，使果实的成分发生了明显的变化，用这种葡萄酿制而成的葡萄酒。

（5）产膜葡萄酒　葡萄汁经过全部酒精发酵，在酒的自由表面产生一层典型的酵母膜后，加入葡萄白兰地、葡萄酒精或食用酒精，所含酒精度大于或等于 15.0%vol 的葡萄酒。

（6）加香葡萄酒　以葡萄酒为酒基，经浸泡芳香植物或加入芳香植物的浸出液（或馏出液）而制成的葡萄酒。

（7）低醇葡萄酒　采用鲜葡萄或葡萄汁经全部或部分发酵，采用特种工艺加工而成的，酒精度为 1.0%vol~7.0%vol 的葡萄酒。

（8）脱醇葡萄酒　采用鲜葡萄或葡萄汁经全部或部分发酵，采用特种工艺加工而成的，酒精度为 0.5%vol~1.0%vol 的葡萄酒。

（9）山葡萄酒　采用鲜山葡萄（包括毛葡萄、刺葡萄、球葡萄等野生葡萄）或山葡萄汁经过全部或部分发酵而制成的葡萄酒。

## 二、葡萄酒加工工艺流程及操作要点（以冰葡萄为例）

（一）工艺流程

葡萄冰冻采摘 → 压榨取汁 → 回温处理 → 澄清处理 → 接种 → 发酵 → 终止发酵 → 低温贮藏 → 下胶 → 过滤 → 冷处理 → 过滤 → 灌装

（二）操作要点

1. 原料采收

冰葡萄的采摘受气候条件影响很大，恰当的采摘温度（时间）对冰葡萄酒品质至关重要。最理想的采摘温度为-13～-7℃，冰葡萄在此温度下可获得最理想的糖度和风味。当葡萄达到此采摘温度（时间）时，必须用手工小心仔细地采摘。选择无生青、病腐果立即压榨。

2. 压榨取汁

在压榨过程中，外界温度必须保持在7℃以下。同时，按80mg/L计算添加亚硫酸。压榨出冰葡萄酒的黏稠汁液需要施加较大压力，榨出来的葡萄汁只相当于正常收获葡萄的1/5，却浓缩了很高的糖、酸和各种风味成分。浓缩葡萄汁含糖量为320～360g/L（以葡萄汁计），总酸8.0～12.0g/L（以酒石酸计）。

3. 冰葡萄汁澄清

主要采取酶处理、硅藻土过滤和膜过滤等方式。膜过滤对果汁主要营养素、香气、色泽影响较少，而且可以高效除去果汁中的杂菌，更有利于后续接种的酵母菌发酵。

4. 发酵

综合考虑，冰葡萄酒发酵温度控制在15～20℃为宜。将冰葡萄汁升温至15℃左右，按1.5%vol～2.0%vol接入酵母培养液进行控温发酵数周。

5. 终止发酵

发酵后期，当酒精度达到9%vol～13%vol时，及时终止发酵，获得不同口感和风味的冰葡萄酒。终止发酵的方法包括低温、添加二氧化硫和除菌过滤等方式。

6. 低温贮藏

终止发酵后进行冷却降温至5℃以下，转入冷藏罐，在低温下贮藏一段时间，目的是使酒中的悬浮物、酵母等低温析出，达到自然澄清的目的，或转入橡木桶中进行陈酿。

7. 下胶澄清

下胶就是在葡萄酒中加入亲水胶体，使之与葡萄酒中的胶体物质和单宁、蛋白质以及金属复合物、某些色素、果胶质等发生絮凝反应，并将这些物质除去，使葡萄酒澄清、稳定。一般采用添加皂土、明胶、蛋清粉、酪蛋白等澄清剂。

8. 过滤

主要有纸板过滤、硅藻土过滤、膜过滤等，一般为了获得、保持冰葡萄酒良好的品质，在过滤澄清中通常采用膜过滤技术，最大限度保持冰葡萄酒的香气、色泽和口感。

9. 冷处理

过滤后的冰葡萄酒需要进行冷处理，即降温至-4℃，并维持15d左右，之后回温至 15℃ 下保藏，直至灌装。

10. 过滤、 灌装

灌装前还需进行最后一次过滤，一般采用 0.2μm 孔径的滤芯进行过滤。灌装后成品需要在 15℃ 以下环境贮藏，流通和销售环境也应尽量保持在 15℃ 以下，以保持冰葡萄酒的良好品质。

### 三、 葡萄酒品质鉴定质量标准 （以冰葡萄为例）

GB/T 25504—2010
《冰葡萄酒》

冰葡萄酒质量标准应符合 GB/T 25504—2010《冰葡萄酒》，主要包括感官指标、理化指标和卫生指标等。

1. 感官指标

冰葡萄酒的感官指标见表 5-14。

表 5-14　冰葡萄酒感官指标

| 项目 | 要求 | |
| --- | --- | --- |
| | 白冰葡萄酒 | 红冰葡萄酒 |
| 色泽 | 浅黄色或金黄色 | 棕红色或宝石红色 |
| 澄清度 | 澄清， 有光泽， 无明显悬浮物 （使用软木塞封口的酒允许有少许软木渣， 装瓶超过 1 年的葡萄酒允许有少量沉淀） | |
| 香气 | 具有纯正、 丰富、 优雅、 怡悦、 和谐的干果香、 蜜香与酒香， 品种香气突出， 陈酿型的冰葡萄酒还应具有陈酿香或橡木香 | |
| 口味 | 圆润丰满、 酸甜适口、 柔和协调 | |
| 风格 | 典型性突出、 明确 | |

注： 按 GB/T 15038—2006 检验。

2. 理化指标

冰葡萄酒的理化指标见表 5-15。

表 5-15　冰葡萄酒理化指标

| 项目 | | 要求 | 检验方法 |
| --- | --- | --- | --- |
| 酒精度/（%vol） | | 9.0 ~14.0 | |
| 总糖（以葡萄糖计）/（g/L）　≥ | | 125.0 | |
| 干浸出物/（g/L）　≥ | | 30 | |
| 蔗糖/（g/L）　≤ | | 10 | |
| 挥发酸（以乙酸计）/（g/L）　≤ | | 2.1 | GB/T 15038—2006 |
| 铁/（mg/L） | | | |
| 铜/（mg/L） | | 应符合 GB 1503—2006 的规定 | |
| 甲醇 | 白冰葡萄酒/（mg/L） | | |
| | 红冰葡萄酒/（mg/L） | | |

3. 卫生指标

冰葡萄酒的卫生指标应符合 GB 2758—2012 的规定。

GB 2758—2012
《食品安全国家标准
发酵酒及其配制酒》

### 四、葡萄酒加工注意事项

（1）各类容器一定要清洗干净,葡萄在酿制过程中,不能碰到油污、铁器、铜器、锡器,但可以接触干净的不锈钢制品。

（2）葡萄汁发酵过程会产生大量的二氧化碳,所以不要将发酵罐密封,同时应注意发酵场所的通风条件。

### 知识拓展

#### 一、红葡萄酒与白葡萄酒的区别

主要从葡萄酒的酿造工艺上、颜色上、营养价值上、饮时温度上、鉴赏方法上等方面区分。

1. 酿造工艺上

简而言之,红葡萄酒是用皮红肉白或皮肉皆红的葡萄带皮发酵而成,采用皮、汁混合发酵,然后进行分离陈酿而成;白葡萄酒是选择用白葡萄或浅色果皮的酿酒葡萄。经过皮汁分离,取其果汁进行发酵酿制而成。

2. 颜色上

由于"干红"用皮红肉白或皮肉皆红的葡萄带皮发酵而成,酒液中含有果皮或果肉中的有色物质,使"干红"以红色调为主,颜色一般呈深宝石红色、宝石红色、紫红色、深红色、棕红色等;"干白"因是白皮白肉或红皮白肉的葡萄经去皮发酵而成,它的颜色以黄色调为主,主要有近似无色、微黄带绿、浅黄色、禾秆黄色、金黄色等。

3. 营养价值上

"干红"所蕴含的 B 族维生素、核黄素、烟酸、泛酸和本多生酸的比例都要高出"干白"。从赏味期上,由于"干白"只用汁液酿造,其单宁的含量相对较低,而"干红"是用果皮、果肉和汁液一起酿造,其单宁含量相对较高,所以一般情况下,"干红"比"干白"的酒性更稳定,赏味期也更长。

4. 饮时温度上

"干红"更具有可操作性。专业人士做出这样一个实验,在 16～18℃ 时进行品尝红葡萄酒,就可取得最好的结果;而"干白"则以清凉状态,即为 8～10℃ 品尝为最佳,此时可以更好地尝出其风味来。

总体上,"干红"是用红色或紫色葡萄为原料,采用皮、汁混合发酵而成。 葡萄皮中的色素与丹宁在发酵过程中溶于酒中，因此酒色呈暗红或红色，酒液澄清透明，含糖量较多，酸度适中，口味甘美，微酸带涩。 而"干白"是用葡萄皮红汁白或皮汁皆白的葡萄为原料，将葡萄先拧压成汁，再将汁单独发酵制成。 由于葡萄的皮与汁分离，而且色素大部分存在于果皮中，故白葡萄酒色泽淡黄，酒液澄清，透明，含糖量高于红葡萄酒，酸度稍高，口味纯正，甜酸爽口。

二、葡萄酒的功效与作用

1. 保护心肌、预防心脏病

葡萄酒内含有多种无机盐。 其中，钾能保护心肌，维持心脏跳动；钙能镇定神经；镁是心血管病的保护因子，缺镁易引起冠状动脉硬化。 这三种元素是构成人体骨骼、肌肉的重要组成部分。

2. 软化血管

葡萄酒有治疗贫血、软化血管、改善循环、防病养容的作用。 纽约克里博士研究发现，葡萄酒中含有一种非酒精成分"白藜芦醇"，具有降低胆固醇和甘油三酯的作用。

3. 预防糖尿病

适度饮酒对糖尿病的预防效果需要满足两大条件：一是必须坚持健康的生活方式，包括均衡的饮食、正常的体重、适度锻炼、拒绝吸烟；二是严格控制饮酒量，最好是低酒精、低甜度的葡萄酒，女性每天最多喝一杯，男性每天最多两杯。

4. 养肺护肺

近年来，人们已开始逐渐认识到红葡萄酒有益于心脏的功效，红葡萄酒对于养肺和保肺也有着积极的作用。 研究人员发现，红葡萄酒里含有一种自然化合物，能够帮助治疗慢性支气管炎和肺气肿。 这种称作刃藜芦醇的化合物存在于红葡萄皮中，能够抑制造成肺部疾病的有害化学物质的产生。

5. 能抗氧化，延缓衰老

葡萄酒中的原花青素（OPC），是目前国际上公认的、目前为止所发现的、清除人体内自由基最有效的天然抗氧化剂。 抗自由基氧化能力是维生素 E 的 50 倍，维生素 C 的 20 倍，并吸收迅速完全。 葡萄酒中的白藜芦醇，是一种天然的抗氧化剂，可以延缓衰老。

三、品酒的步骤

1. 看酒（视觉）

摇晃酒杯，观察其缓缓流下的酒脚；再将杯子倾斜 45°，观察酒的颜色及液面边缘（以在自然光线的状态下最理想），这个步骤可判断出酒的成熟度。一般而言，白葡萄酒在它年轻时是无色的，但随着陈年时间的增长，颜色会逐渐由浅黄并略带绿色反光；到成熟的麦秆色、金黄色，最后变成金铜色。 若变成金铜色时，则表示已经太老不适合饮用了。

红酒则相反，它的颜色会随着时间而逐渐变淡，年轻时是深红带紫，然后会渐渐转为正红或樱桃红，再转为红色偏橙红或砖红色，最后呈红褐色

### 2. 闻酒（嗅觉）

将酒摇晃过后，再将鼻子深深置入杯中深吸至少 2s，重复此动作可分辨多种气味，尽可能从 3 方面来分析酒的香味。 强度：弱、适中、明显、强、特强；质地：简单，复杂或愉悦，反感；特征：果味、骚味、植物味、矿物味、香料味。 在葡萄酒的生命周期里，不同时期所呈现出来的香味也不同，初期的香味是酒本身具有的味道；第二期来自酿制过程中产生的香味，如：木味、烟熏味等；第三期则是成熟后产生的香味。 整体而言，其香味和葡萄品种、酿制法、酒龄甚至土壤都有关系。

### 3. 品酒（味觉）

小酌一口，并以半漱口的方式，让酒在嘴中充分与空气混合且接触到口中的所有部位；此时可归纳、分析出单宁、甜度、酸度、圆润度、成熟度。

---

#### 课后习题

**一、选择题**

1. 冰葡萄最理想的采摘温度为（　　　），在此温度下可获得最理想的糖度和风味。

A. −13 ~ −7℃　　　　B. −4 ~ 0℃　　　　C. 0 ~ 4℃　　　　D. 0 ~ 25℃

2. 过滤后的冰葡萄酒需要进行冷处理，之后回温至（　　　）下保藏，直至灌装。

A. 10℃　　　　　　B. 15℃　　　　　　C. 20℃　　　　　　D. 25℃

3. 冰葡萄酒发酵时需按（　　　）接入酵母培养液进行控温发酵数周。

A. 1.5% ~2.0%　　　　　　　　　　B. 2.5% ~3.0%

C. 3.5% ~4.0%　　　　　　　　　　D. 4.5% ~5.0%

4. 起泡葡萄酒是在 20℃时，二氧化碳压力（　　　）的葡萄酒。

A. <0.05MPa　　　　　　　　　　B. ≥0.05MPa

C. ≥0.35MPa　　　　　　　　　　D. 0.05 ~0.34MPa

5. 含糖量在（　　　）属于干型葡萄酒。

A. 4g/L（含以下）　　　　　　　　B. 4 ~12g/L

C. 12 ~50g/L　　　　　　　　　　D. 50g/L（含以上）

**二、填空题**

1. 原料加工前，对原料进行分析，掌握原料的（　　　），并对原料的

（　　　）、含糖量进行测定，以确定最佳的生产工艺。

2. 白葡萄酒和红葡萄酒在酿造工艺过程中的根本区别在于（　　　）。

3. 品尝葡萄酒的三个步骤依次为（　　　）、（　　　）、（　　　）。

4. 葡萄酒通常有比较特殊的适饮温度，白葡萄酒应为（　　　）℃，红葡萄酒应为（　　　）℃。

5. 葡萄酒的质量主要取决于产地、树龄、（　　　）、采摘、（　　　）和（　　　）。

三、判断题

1. 意大利是欧洲最早得到葡萄酒种植技术的国家之一。　　　　（　　　）

2. 白葡萄酒可以用来调配酿制红葡萄酒。　　　　　　　　　　（　　　）

3. 多数酵母可以分离于富含糖类的环境中，比如一些水果（葡萄、苹果、桃等）或者植物分泌物（如仙人掌的汁）。　　　　　　　　　（　　　）

4. 在发酵时，葡萄汁加入量占发酵容器有效容器的95%为宜。　（　　　）

5. 按工艺要求量加入硫酸钾，以抑制杂菌，防止苹果酒氧化。　（　　　）

四、简答题

1. 简述冰葡萄酒的工艺流程及操作要点。

2. 简述红葡萄酒与白葡萄酒的区别。

# 任务三　啤酒加工技术

**学习目标**

1. 了解啤酒的发展历史；

2. 了解并掌握啤酒的分类及制造啤酒的原料；

3. 了解并掌握啤酒加工技术的工艺流程，并能熟练操作。

**必备知识**

啤酒是以麦芽、水为主要原料，加啤酒花（包括酒花制品），经酵母发酵酿制而成的、含有二氧化碳的、起泡的，低酒精度的发酵酒。它含有丰富的营养物质，如：蛋白质、氨基酸、维生素（尤其是B族维生素）、矿物质，抗氧化物。啤酒中的低分子糖和氨基酸很易被消化吸收，在体内产生大量热能，因此往往啤酒被人们称为"液体面包"。

### 一、 啤酒的分类

1. 按色泽分类

（1） 淡色啤酒　是各类啤酒中产量最多的一种，色度 2~14EBC 的啤酒，按色泽的深浅，淡色啤酒又可分为以下三种。

①淡黄色啤酒：此种啤酒大多采用色泽极浅、溶解度不高的麦芽为原料、糖化周期短、因此啤酒色泽浅。其口味多属淡爽型，酒花香味浓郁。是原麦汁浓度 10%（质量分数）以下的啤酒；

②金黄色啤酒：此种啤酒所采用的麦芽，溶解度较淡黄色啤酒略高，因此色泽呈金黄色，其产品商标上通常标注 Gold 一词，以便消费者辨认。口味醇和，酒花香味突出。原麦汁浓度 10%~13%（质量分数）的啤酒。

③棕黄色啤酒：此类酒采用溶解度高的麦芽、烘焙麦芽温度较高、因此麦芽色泽深，酒液黄中带棕色，实际上已接近浓色啤酒。其口味较粗重、浓稠。原麦汁浓度 13%（质量分数）以上的啤酒。

（2） 浓色啤酒　色度 15~40EBC 的啤酒，色泽呈红棕色或红褐色，浓色啤酒麦芽香味突出、口味醇厚、酒花口味较轻。

（3） 黑色啤酒　色度大于等于 41EBC 的啤酒，色泽呈深红褐色乃至黑褐色。黑色啤酒麦芽香味突出、口味浓醇、泡沫细腻，苦味根据产品类型而有较大差异。

2. 按杀菌情况分类

（1） 鲜啤酒　不经巴氏灭菌或瞬时高温灭菌，成品中允许含有一定量活酵母菌，达到一定稳定性的啤酒。这种啤酒味道鲜美，但保质时间较短。

（2） 生啤酒　不经巴氏灭菌或瞬时高温灭菌，而采用其他物理方法除菌，达到一定生物稳定性的啤酒。

（3） 熟啤酒　经过巴氏灭菌或瞬时高温灭菌的啤酒。可以存放较长时间，可用于外地销售，保质时间较长。

3. 按生产工艺分类

（1） 纯生啤酒　采用特殊的酿造工艺，严格控制微生物指标，使用包括 0.45 微米微孔过滤的三级过滤，不进行热杀菌让啤酒保持较高的生物、非生物、风味稳定性。这种啤酒非常新鲜、可口，保质期达半年以上。

（2） 干啤酒　该啤酒的发酵度高，实际发酵度不低于 72%，残糖低，二氧化碳含量高。故具有口味干爽、杀口力强的特点。由于糖的含量低，属于低热量啤酒。

（3） 全麦芽啤酒　酿造中遵循德国的纯酿法，原料全部采用麦芽，不添加任何辅料，生产出的啤酒成本较高，但麦芽香味突出。

（4）头道麦汁啤酒　即利用过滤所得的麦汁直接进行发酵，而不掺入冲洗残糖的二道麦汁，具有口味醇爽、后味干净的特点。

（5）低（无）醇啤酒　基于消费者对健康的追求，减少酒精的摄入量所推出的新品种。其生产方法与普通啤酒的生产方法一样，但最后经过脱醇方法，将酒精分离。无醇啤酒的酒精含量少于应为0.5%vol。

（6）冰啤酒　将啤酒冷却至冰点，使啤酒出现微小冰晶，然后经过过滤，将大冰晶过滤掉。解决了啤酒冷浑浊和氧化浑浊问题。冰啤色泽特别清亮，酒精含量较一般啤酒高，口味柔和、醇厚、爽口，尤其适合年轻人饮用。

（7）果味啤酒　发酵中加入果汁提取物，酒精度低。本品即有啤酒特有的清爽口感，又有水果的香甜味道，适于妇女、老年人饮用。

（8）小麦啤酒　以添加小麦芽生产的啤酒，生产工艺要求较高，酒液清亮透明，酒的储藏期较短。此种酒的特点为色泽较浅，口感淡爽，苦味轻。

（9）浑浊啤酒　在成品中含有一定量的酵母菌或显示特殊风味的胶体物质，浊度大于等于2.0 EBC的啤酒。除特征性外，其他要求应符合相应类型啤酒的规定。

（10）果蔬汁型啤酒　添加一定量的果蔬汁，具有其特征性理化指标和风味，并保持啤酒基本口味。除特征性外，其他要求应符合相应啤酒的规定。

（11）果蔬味型啤酒　在保持啤酒基本口味的基础上，添加少量食用香精，具有相应的果蔬风味。除特征性外，其他应要求符合相应啤酒的规定。

4. 按酵母分类

（1）上面发酵啤酒　使用该酵母发酵的啤酒在发酵过程中，液体表面大量聚集泡沫发酵。这种方式发酵的啤酒适合温度高的环境16~24℃，啤酒的香味突出。

（2）下面发酵啤酒　该啤酒酵母在底部发酵，发酵温度要求较低，酒精含量较低，一般发酵温度为8~12℃，啤酒的香味柔和。世界上绝大部分国家采用下面发酵啤酒。

## 二、啤酒酿造所需原辅料及其作用

### 1. 大麦

适于啤酒酿造用的大麦为二棱或六棱大麦。二棱大麦的浸出率高，溶解度较好，六棱大麦的农业单产较高，活力强，但浸出率较低，麦芽溶解度不太稳定。啤酒用大麦的品质要求为：壳皮成分少，淀粉含量高，蛋白质含量适中（9%~12%），淡黄色，有光泽，水分含量低于13%，发芽率在95%以上。

### 2. 酿造用水

水是啤酒的主要成分，啤酒的85%~90%是水，水质对酒的质量有直接影响，特别是糖化用水时，水质要求最高。通常，软水适于酿造淡色啤酒，碳酸盐含量高的硬水适于酿制浓色啤酒。

3. 酒花

酒花又称啤酒花，它的作用是赋予啤酒香味和爽口的苦味；提高啤酒泡沫的持久性；促进蛋白质沉淀，有利于啤酒澄清；抑菌作用，能增强麦芽汁和啤酒的防腐能力。成熟的新鲜酒花经干燥压榨，以整酒花使用，或粉碎压制颗粒后密封包装，也可制成酒花浸膏，然后在低温仓库中保存。其有效成分为酒花树脂和酒花油。

4. 酵母

啤酒酵母又分上面发酵酵母和下面发酵酵母。啤酒工厂为了确保酵母的纯度，进行以单细胞培养法为起点的纯粹培养。为了避免野生酵母和细菌的污染，必须严格要求啤酒工厂的清洗灭菌工作。

5. 小麦

德国的白啤酒以小麦芽为主原料，比利时的兰比克啤酒是用大麦芽配以小麦为辅料酿造具有地方特色的上面发酵啤酒。小麦品种有硬质小麦和软质小麦，啤酒工业宜采用软质小麦。

6. 大米

大米作为辅料，主要为啤酒酿造提供淀粉来源，一般大米用量为 25% ~ 45%，用大米替代部分麦芽既可提高出酒率，又对改善啤酒风味有利。但大米用量不宜过多，否则将造成酵母繁殖力差、发酵迟缓的后果。

7. 玉米

玉米淀粉的性质与大麦淀粉大致相同。但玉米胚芽含油质较多，影响啤酒的泡持性和风味。除去胚芽，就能除去大部分的玉米油。脱胚玉米的脂肪含量不应超过 1%。以玉米为辅助原料酿造的啤酒，口味醇厚。玉米为国际上用量最多的辅助原料。

## 三、 啤酒加工工艺流程及操作要点

### （一）工艺流程

啤酒生产大致可分为麦芽制备、啤酒酿造、啤酒灌装 3 个主要过程：

麦芽制备（大麦→浸麦→发芽→干燥→除麦根→贮存→成品麦芽）　→　啤酒酿造（原料粉碎→糖化→发酵→过滤）→啤酒灌装

### （二）操作要点

1. 麦芽制备

（1）大麦贮存　刚收获的大麦有休眠期，发芽力低，要进行贮存后熟。

（2）大麦精选　用风力、筛机除去杂物，按麦粒大小分级。

（3）浸麦　在浸麦槽中用水浸泡 2~3d，同时进行洗净，除去浮麦，使大麦的水分浸麦度达到 42%~48%。

（4）发芽　浸水后的大麦在控温通风条件下进行发芽，形成各种酶使麦粒内容物质进行溶解。发芽适宜温度为 13~18℃，发芽周期为 4~6d，根芽的伸长为粒长的 1~1.5 倍。长成的湿麦芽称绿麦芽。

（5）干燥　目的是降低水分，终止绿麦芽的生长和分解作用，以便长期贮存；使麦芽形成赋予啤酒色、香、味的物质；易于除去根芽，干燥后的麦芽水分为 3%~5%。

（6）贮存　焙燥后的麦芽，在除去麦根，精选、冷却之后放入混凝土或金属贮仓中贮存。

2. 啤酒酿造

（1）原料粉碎　将麦芽、大米分别由粉碎机粉碎至适于糖化操作的粉碎度。

（2）糖化　将粉碎的麦芽和淀粉质辅料用温水分别在糊化锅、糖化锅中混合，调节温度。糖化锅先维持在适于蛋白质分解作用的温度（45~52℃）（蛋白休止）。将糊化锅中液化完全的醪液兑入糖化锅后，维持在适于糖化（$\beta$-淀粉和 $\alpha$-淀粉）作用的温度（62~70℃）（糖化休止），以制造麦醪。麦醪温度的上升方法有浸出法和煮出法两种。蛋白、糖化休止时间及温度上升方法，根据啤酒的性质、使用的原料、设备等决定。用过滤槽或过滤机滤出麦汁后，在煮沸锅中煮沸，添加酒花，调整成适当的麦汁浓度后，进入回旋沉淀槽中分离出热凝固物，澄清的麦汁进入冷却器中冷却到 5~8℃。

（3）发酵　冷却后的麦汁添加酵母送入发酵池或圆柱锥底发酵罐中进行发酵，用蛇管或夹套冷却并控制温度。进行下面发酵时，最高温度控制在 8~13℃，发酵过程分为起泡期、高泡期、低泡期，一般发酵 5~10d。发酵成的啤酒称为嫩啤酒，苦味重，口味粗糙，$CO_2$ 含量低，不宜饮用。

（4）后发酵　为了使嫩啤酒后熟，将其送入贮酒罐中或继续在圆柱锥底发酵罐中冷却至 0℃左右，调节罐内压力，使 $CO_2$ 溶入啤酒中。贮酒期需 1~2 月，在此期间残存的酵母、冷凝固物等逐渐沉淀，啤酒逐渐澄清，$CO_2$ 在酒内饱和，口味醇和，适于饮用。

（5）过滤　为了使啤酒澄清透明成为商品，啤酒在 -1℃下进行澄清过滤。对过滤的要求为：过滤能力大、质量好，酒和 $CO_2$ 的损失少，不影响酒的风味。过滤方式有硅藻土过滤、纸板过滤、微孔薄膜过滤等。

3. 啤酒灌装

灌装是啤酒生产的最后一道工序，对保持啤酒的质量，赋予啤酒的商品外观形象有直接影响。灌装后的啤酒应符合卫生标准，尽量减少 $CO_2$ 损失和减少封入容器内的空气含量。

（1）桶装 桶的材质为铝或不锈钢，容量为 15，20，25，30，50L。其中30L 为常用规格。桶装啤酒一般是未经巴氏杀菌的鲜啤酒。鲜啤酒口味好，成本低，但保存期不长，适于当地销售。

（2）罐装 罐装啤酒体轻，运输携带和开启饮用方便，因此很受消费者欢迎，发展很快。PET 塑料瓶装，自 1980 年后投放市场，数量逐年增加。其优点为高度透明，重量轻，启封后可再次密封，价格合理。主要缺点为保气性差，在存放过程中，$CO_2$ 逐渐减少。增添涂层能改善保气性，但贮存时间也不能太长。PET 瓶不能预先抽空或巴氏杀菌，需采用特殊的灌装程序，以避免摄入空气和污染杂菌。

（3）瓶装 为了保持啤酒质量，减少紫外线的影响，一般采用棕色或深绿色的玻璃瓶。空瓶经浸瓶槽（碱液 2%～5%，40～70℃）浸泡，然后通过洗瓶机洗净，再经灌装机灌入啤酒，压盖机压上瓶盖。经杀菌机巴氏杀菌后，检查合格即可装箱出厂。

四、 啤酒品质鉴定质量标准 （以淡色啤酒为例）

啤酒质量标准应符合 GB 4927—2008《啤酒》，主要包括感官指标、理化指标和卫生要求等。

1. 感官指标

淡色啤酒的感官指标见表 5-16。

表 5-16 淡色啤酒感官指标

GB 4927—2008
《啤酒》

| 项目 | | 优级 | 一级 |
|---|---|---|---|
| 外观[①] | 透明度 | 清亮， 允许有肉眼可见的微细悬浮物和沉淀物 （非外来异物） | |
| | 浊度/EBC ≤ | 0.9 | 1.2 |
| 泡沫 | 形态 | 泡沫洁白细腻，持久挂杯 | 泡沫较洁白细腻，较持久挂杯 |
| | 泡持性[②] 瓶装 | 180 | 130 |
| | $S \geqslant$ 听装 | 150 | 110 |
| | 香气和口味 | 有明显的酒花香气，口味纯正，爽口，酒体协调，柔和，无异香、异味 | 有较明显的酒花香气，口味纯正，较爽口，协调，无异香、异味 |

注：①对非瓶装的"鲜啤酒"无要求。

②对桶装（鲜、生、熟）啤酒无要求。

**2. 理化指标**

淡色啤酒的理化指标见表5-17。

表5-17 淡色啤酒理化指标

| 项目 | | 优级 | 一级 |
|---|---|---|---|
| 酒精度①/（%vol） | ≥ | ≥14.1°P | 5.2 |
| | | 12.1~14.0°P | 4.5 |
| | | 11.1~12.0°P | 4.1 |
| | | 10.1~11.0°P | 3.7 |
| | | 8.1~10.0°P | 3.3 |
| | | ≤8.0°P | 2.5 |
| 原麦汁浓度②/°P | | X | |
| 总酸/（mL/100mL） | ≤ | ≥14.1°P | 3.0 |
| | | 10.1~14.0°P | 2.6 |
| | | ≤10.0°P | 2.2 |
| 二氧化碳③/%（质量分数） | | 0.35~0.65 | |
| 双乙酰/（mg/L） | ≤ | 0.10 | 0.15 |
| 蔗糖转化酶活性④ | | 呈阳性 | |

注：①不包括低醇啤酒、无醇啤酒。

②"X"为标签上标注的原麦汁浓度，≥10.0°P允许的负偏差为"-0.3"；<10°P允许的负偏差为"-0.2"。

③桶装（鲜、生、熟）啤酒二氧化碳不得小于0.25%（质量分数）。

④仅对"生啤酒"和"鲜啤酒"有要求。

感官要求、理化指标要求按GB/T 4928—2008检验。

**3. 卫生要求**

淡色啤酒的卫生指标应符合GB 2758—2012的规定。

**五、啤酒酿造注意事项**

（1）糖化设备及其生产麦汁过程中，在高温条件下进行操作时应避免烫伤，电加热式糖化设备须有接地保护，注意避免触电。

（2）由于原料不洁，会带入一部分杂菌，麦汁煮沸后，杂菌基本被杀死，但由于杂菌的代谢物尚在，会给啤酒的质量造成危害。如大麦在收割时污染了镰刀菌、根霉和匍柄菌，能产生一种引起啤酒喷涌的肽类物质。如果麦芽、大米在贮运过程中受潮染菌，也同样会引起啤酒喷涌。与麦汁、酵母和啤酒接触的设备和管道，如不及时清洗，或清洗不到位，也会带来污染。生产工人个人卫生不好，操作不慎，卫生管理不严，也会造成染菌等，这些都是需要注意的地方。

## 精酿啤酒与普通啤酒的区别

精酿啤酒一般是区别于一般的工业啤酒比如常见的青岛、雪花、百威等啤酒，精酿啤酒属于更加高端一点的啤酒，其只采用了麦芽、啤酒花、酵母和水等材料进行的酿造，而且不添加任何的人工添加剂，所以其麦芽的含量会比较多，而且在酿造的过程中采用的都是非常上等的原料酿造而成的，也可以说精酿啤酒是人们对于啤酒的更高一层的追求。所以精酿啤酒的价格会比普通的啤酒价格偏高很多，但是精酿啤酒还是非常受到市场的认可和消费者的喜爱。

1. 原料不同

精酿啤酒使用的原料主要有麦芽和啤酒花、酵母、水进行酿造，而且也不会添加添加剂，属于比较纯天然的酿造，所以和一般的工业啤酒来比较就是麦芽的成分和啤酒花的成分会更多一些，酿造出来的啤酒其含有的麦芽汁的浓度也会比一般的啤酒高很多，当然这种高端的精酿啤酒选择的酿造材料都是比较上乘的。而工业啤酒在酿造的时候为了减少酿造的成本会在麦芽、啤酒花、酵母和水以外还添加比较多的大米、玉米、淀粉等来取代其中一部分的麦芽。所以这样酿造出来的啤酒成本没有那么高，而且麦芽汁的浓度也会低一些，口感喝起来就会淡一点。

2. 发酵工艺不同

精酿啤酒采用的酿造工艺被称为艾尔工艺，采用的是将酵母放在发酵罐的顶端来进行发酵，所以酵母会浮在啤酒液的上面，对于发酵的温度控制也比较严格，需要严格控制在 10～20℃，而且精酿啤酒采用的发酵罐会比较小一点，发酵完成以后也不会进行过滤和杀菌等步骤，而工业啤酒采用的是拉格工艺酿造，和精酿啤酒相反的是，其酵母是在发酵罐的底部进行工作的。而且温度控制是在 10℃以下，发酵完成以后还会进行必要的过滤和杀菌，这样主要是为了增加啤酒的保鲜时间。

3. 发酵时间不同

精酿啤酒与普通的工业啤酒的很大一个分别就是其发酵的时间不同，因为精酿啤酒是属于比较高端的啤酒，其发酵的时候是不需要去计算成本的，所以对于发酵的时间不会过多地去重视，也就是不需要去考虑时间的成本问题，所以就算一般的精酿啤酒最少也要发酵够两个多月才行，这样的精酿啤酒发酵十分的充分，而且让其含有的麦芽汁浓度也就更高了，口味也就更加的浓郁，相反、工业啤酒需要考虑大量的成分和时间成本等，所以为了批量生产更多的啤酒是不会花费那么多的时间去发酵啤酒的。

—— 课后习题 ——

一、选择题

1. 啤酒按产品浓度分类，其中生产啤酒原麦汁浓度为 8% ~16% 为（　　）。

A. 高浓度啤酒　　　B. 中浓度啤酒　　　C. 低浓度啤酒　　　D. 生啤酒

2. 下列酒中，酒度表示方法与其他不一样的是（　　）。

A. 白酒　　　　　　B. 啤酒　　　　　　C. 黄酒　　　　　　D. 葡萄酒

3. 啤酒发酵过程主要物质变化，叙述错误的是（　　）

A. 在啤酒发酵过程中，可发酵糖约有 96% 发酵为乙醇和 $CO_2$，是代谢的主产物

B. 在正常的发酵过程中，麦汁中含氮物约下降 1/3，主要是约 50% 的氨基酸和低分子肽为酵母所同化

C. 啤酒中的所有高级醇是在主发酵期间酵母繁殖过程中形成的

D. 啤酒中的酯含量很少，但对啤酒风味影响很大，且酯类大都在主发酵期间形成

4. 糖化后麦汁中的可溶性淀粉分解产物中，（　　）不能被酵母发酵。

A. 麦芽糖　　　　　B. 糊精　　　　　　C. 葡萄糖　　　　　D. 麦芽三糖

5. 发酵过程中最先被酵母利用的糖是（　　）。

A. 麦芽糖　　　　　B. 葡萄糖　　　　　C. 麦芽三糖　　　　D. 果糖

二、填空题

1. 麦芽粉碎按加水或不加水可分为（　　）和湿粉碎 。

2. 啤酒花主要成分包括（　　）、酒花油、多酚物质等。

3. 糖化方法通常可分煮出糖化法、（　　）、双醪煮出糖化法。

4. 称啤酒为"液体面包"的主要因素是啤酒的（　　）高。

5. 糖化设备主要有：糊化锅、（　　）、过滤槽、煮沸锅、旋涡沉淀槽等。

三、判断题

1. 在糖化操作中，减少麦汁与氧的接触、适当调酸降低 pH，以利于提高啤酒的非生物稳定性。　　　　　　　　　　　　　　　　　　　　　　（　　）

2. 圆柱锥底发酵罐便于生产过程中随时排放沉积于罐底的酵母。

（　　）

3. 使用小麦作辅料，啤酒泡沫性能好，花色苷含量低，有利于啤酒非生物稳定性。　　　　　　　　　　　　　　　　　　　　　　　　　　　　（　　）

4. 大部分酒花油在麦汁煮沸或热、冷凝固物分离过程中被分离出去。

（　　）

5. 糖化温度一般为 65 ~80℃。　　　　　　　　　　　　　　　　（　　）

四、简答题

1. 简述啤酒酿造所需原辅料及其作用。

2. 简述啤酒酿造工艺流程及操作要点。

## 项目四　食用淀粉及淀粉制品加工技术

## 任务一　食用淀粉加工技术

**学习目标**

1. 了解食用淀粉加工的主要原辅料及其作用；

2. 掌握食用淀粉加工基本工艺流程及绿豆淀粉加工操作要点；

3. 了解食用淀粉品质鉴定的质量标准。

----- 必备知识 -----

　　食用淀粉是以谷类、薯类、豆类以及各种可食用植物为原料，通过物理方法提取且未经改性的淀粉，或者在淀粉分子上未引入新化学基团且未改变淀粉分子中的糖苷键类型的变性淀粉（包括预糊化淀粉、湿热处理淀粉、多孔淀粉和可溶性淀粉等）。

### 一、　食用淀粉的主要分类

1. 谷类淀粉

以大米、玉米、高粱、小麦、荞麦等谷物为原料加工成的淀粉。

2. 薯类淀粉

以木薯、甘薯、马铃薯等薯类为原料加工成的淀粉。

3. 豆类淀粉

以绿豆、蚕豆、豌豆等豆类为原料加工成的淀粉。

4. 其他类淀粉

以菱、藕、荸荠等为原料加工成的淀粉。

### 二、　食用淀粉加工常用的主要原辅料及其作用

1. 谷类淀粉原料

这类原料主要包括玉米、大米、大麦、小麦、燕麦、荞麦、高粱和黑麦

等。淀粉主要存在于种子的胚乳细胞中，另外糊粉层、细胞尖端即伸入胚乳细胞之间的部分，也含有极少量的淀粉，其他部分一般不含淀粉。但有例外，玉米胚中含有大约25%的淀粉。谷类淀粉主要以玉米淀粉为主，针对玉米的特殊用途，人们开发了特用型玉米新品种，如高含油玉米、高含淀粉玉米、蜡质玉米等，以适应工业发展的需要。

**2. 薯类淀粉原料**

薯类是适应性很强的高产作物，在我国以甘薯、马铃薯和木薯等为主，主要来自于植物的块根（如甘薯、葛根、木薯等）、块茎（如马铃薯、山药等）。薯类淀粉工业主要以木薯、马铃薯淀粉为主。

**3. 豆类淀粉原料**

这类原料主要有蚕豆、绿豆、豌豆和赤豆等，淀粉主要集中在种子的子叶中。这类淀粉直链淀粉含量高，一般用于制作粉丝。

**4. 其他类淀粉原料**

除菱、藕、荸荠外，其他植物的果实（如香蕉、芭蕉、白果等）、基髓（如西米、豆苗、菠萝等）中也含有淀粉，但还未用于工业淀粉加工。另外，一些细菌、藻类中也有淀粉或糖原，一些细菌的储藏性多糖与动物肝脏中发现的糖原相似。

### 三、 食用淀粉加工基本工艺流程及操作要点

**（一）食用淀粉加工基本工艺流程**

**1. 玉米淀粉加工工艺**

水+$SO_2$→亚硫酸水溶液　　　　　　　　　　　纤维→ 脱水 →饲料

↓　　　　　　　　　　　　　　↑

玉米→ 清理 → 浸泡 → 粗破碎 → 胚芽分离 → 细磨 → 纤维分离 → 麸质分离 →

洗涤 → 脱水 → 干燥 →玉米淀粉　　↓　　　　　　　　　↓

玉米油、饼粕←玉米浆、胚芽←浓缩　　　　　麸质粉← 干燥 ← 浓缩

**2. 马铃薯淀粉加工工艺**

马铃薯→ 清洗 → 粉碎 → 分离 → 精制 → 脱水 → 干燥 → 粉碎 → 包装 →马铃薯淀粉

**3. 绿豆淀粉加工工艺**

绿豆→ 浸泡 → 水洗 → 磨制 → 过滤 → 二次磨制 → 二次过滤 → 三次过滤 →

淀粉分离 → 淀粉沉淀 → 淀粉脱水 →绿豆淀粉

**（二）操作要点（以绿豆淀粉为例）**

**1. 浸泡**

浸泡的目的是将绿豆颗粒软化，使蛋白质网膜疏松，易于破碎和提取淀

粉，也为淀粉提取时产酸菌生长提供天然培养基。绿豆开始浸泡时，豆粒的表皮形成一种水化膜，水开始向豆内渗透。如果浸泡水温过高，会加速渗透，水渗入豆内后开始溶解糖分、戊聚糖、含氮物质及矿物质，豆子开始进行生化反应，汲取营养，产气、产酸、繁殖等。

原料浸泡有热水和凉水两种方法。热水浸泡是在容器内按一定比例加入热水，使水温保持在 30~35℃。水温与季节有一定关系，夏季凉水的温度高，可以少加热水；冬季凉水温度低，就需要多加一些热水。在浸泡过程中，要换 2~3 次泡豆水，浸泡开始按 1：2 加水。第一次换水一般在 7h 以后。换水时如豆已超过水面过多，说明豆吸水快、水温较高，换水时适当降低水温。如果豆没有超过水面，且水很清凉，说明水温较低，换水时要把水温调高。热水浸泡比凉水浸泡要缩短一半的时间。一般绿豆浸泡需要 21~23h。用凉水浸泡与用热水浸泡相比较，有节约能源的优点，但是浸泡时间较长，占用容器多，设备的利用率低。凉水浸泡每 24h 换一次水，水量要逐渐增加，以保证豆子充分吸水。凉水浸泡一般需要 65~70h。

2. 水洗

浸泡后的原料，要经过水洗。水洗的目的是除去原料中的并肩石和没浸泡开的死豆；洗净原料，有利于提高产品质量。一般原料在浸泡前都经过干料清杂，去除沙子、大石块、杂草等与原料豆相对密度不一样的杂质。对于和绿豆相对密度或大小一样的杂质，只有水洗效果最好。经水洗干净的原料，为磨制工序创造了良好的条件。

3. 磨制

磨制的质量直接影响到淀粉的提取率。绿豆淀粉磨制细度比豆制品加工中黄豆的磨制要细。第一次磨碎后进行分离，分离出的渣子，再第二次磨碎，使绿豆所含淀粉得到充分的提取。磨制要求定量进料、定量给水。其目的是使磨制粗细适当，磨糊稀稠适度，保证磨制质量。一般绿豆磨制过程加水 14 倍，二次磨制加水 6 倍，加上泡料时吸水，前后共加水 22 倍。

4. 过滤

过滤是把磨好豆糊中的淀粉乳与渣子分离开。过滤过程一般为 3 次，这样可以把淀粉乳充分提取干净，提高淀粉的出粉率。第一次磨制后的豆糊送入第一次分离机分离，分离出的渣子加水进行第二次磨制。第二次磨制后的豆糊送入第二次分离机分离，分离出的渣子加水送入第三次分离机分离。三次分离出的淀粉乳都进入淀粉分离罐。

5. 淀粉分离

经过滤的淀粉乳，是淀粉和蛋白质的混合物。淀粉分离的目的就是把淀粉与蛋白质分开。分离淀粉的方法有机械法、流槽法、酸浆法。一般淀粉分离要经过三级分离。

一级分离：淀粉乳过滤后，每 100kg 加入 8~10kg 酸浆，搅拌均匀后，静置分离淀粉 9~10min，淀粉便分离沉于容器底部。这时开始放废液，然后再加入配好酸浆的淀粉液，搅拌均匀，静置沉淀分离后排掉废液。如此循环，直至容器满后，准备第二级分离。在排放废液时要尽量少吸出淀粉，因此要掌握好沉淀的时间和吸水最低限度，同时吸水时操作要轻，防止把淀粉搅起。

二级分离：是将容器内的淀粉进一步净化，把剩余的蛋白质及其他水溶性物质分离出来。二级分离采用的方法是洗涤法，行业上称为"冲二合"。操作时在淀粉液中加入 1/8 的清水搅拌均匀，然后静置 10min 后，撇除上层的豆汁。当距淀粉层 5cm 时停止撇豆汁，立即冲少量的清水继续搅拌，搅拌后进行三级分离。

三级分离：是将二级分离后的淀粉液，过细筛滤去杂物后，输送到沉淀容器内沉淀。12h 后即可取出淀粉进行脱水。三级分离又称为"上盆"。

6. 脱水

目的是将淀粉中多余的水滤掉，便于淀粉的运输、使用等。一般脱水采用较细的豆包布四角吊起，把淀粉液倒入，经过 10 多个小时后，使淀粉含水量到 44% 时取出，此时淀粉成为硬块状。在容器中取出淀粉液进行脱水时，要先把上层的酸浆吸走，存放在酸浆罐里，然后取出中层的黑粉液，最下层才是白淀粉。淀粉沉淀后上、中、下三层非常分明，只要取时注意，最后就可取出洁白的淀粉。

GB 31637—2016
《食品安全国家标准
食用淀粉》

### 四、食用淀粉的质量标准

食用淀粉质量标准应符合 GB 31637—2016《食品安全国家标准 食用淀粉》，评判食用淀粉的质量主要指标有感官指标、理化指标、微生物指标和其他指标。

1. 感官指标

食用淀粉的感官指标见表 5-18。

表 5-18 食用淀粉感官指标

| 项目 | 要求 | 检测方法 |
|------|------|----------|
| 色泽 | 白色或类白色，无异色 | 取适量样品置于洁净、干燥的白色盘（瓷盘或同类容器）中，在自然光线下，观察其色泽和状态，闻其气味 |
| 气味 | 具有产品应有的气味，无异嗅 | |
| 状态 | 粉状或颗粒状，无正常视力可见外来异物 | |

2. 理化指标

食用淀粉的理化指标见表 5-19。

表 5-19　食用淀粉理化指标

| 项目 | 指标 | 检验方法 |
|---|---|---|
| 水分/（g/100g） | | |
| 谷类淀粉 ≤ | 14.0 | |
| 薯类、豆类和其他类淀粉（不含马铃薯淀粉）　≤ | 18.0 | GB 5009.3—2016 |
| 马铃薯淀粉≤ | 20.0 | |

注：　不适用于变性淀粉。

3. 微生物指标

食用淀粉的微生物指标见表 5-20。

表 5-20　食用淀粉微生物指标

| 项目 | 采样方案* 及限量 | | | | 检验方法 |
|---|---|---|---|---|---|
| | $n$ | $c$ | $m$ | $M$ | |
| 菌落总数/（CFU/g） | 5 | 2 | $10^4$ | $10^5$ | GB 4789.2—2016 |
| 大肠菌群/（CFU/g） | 5 | 2 | $10^2$ | $10^3$ | GB 4789.3—2016 |
| 霉菌和酵母/（CFU/g）　≤ | | | $10^3$ | | GB 4789.15—2016 |

注：　* 样品的采集及处理按 GB 4789.1—2016 执行。

4. 其他指标

食用淀粉中污染物限量应符合 GB 2762—2017 的规定。

食用淀粉中食品添加剂的使用应符合 GB 2760—2014 的规定。

食用淀粉中食品营养强化剂的使用应符合 GB 14880—2012 的规定。

五、　淀粉加工注意事项（以绿豆淀粉为例）

（1）浸泡时间太短，吸水不足，豆内各种物质没有很好的分离，就不可能分离出优质淀粉。但浸泡过度会破坏本身的生理状态，提取出的淀粉质量也不好。

（2）特别是使用砂轮磨磨制原料，必须经过水洗，以保证磨片的使用寿命和磨制质量。

知识拓展

**变性淀粉简介**

变性淀粉（也称改性淀粉）是指在天然淀粉具有的固有特性的基础上，利用物理、化学或酶的方法对其进行修饰改性，改变淀粉原有的水溶解特性、黏

度、口感、流动性以及糊化温度、糊化时间等性能，增强某些机能或引进新的特性的二次加工淀粉产品。

天然淀粉作为一种填充原料和工艺助剂广泛应用于食品、化工、医药等各工业领域，这种天然高分子材料的应用是基于它的增稠、胶凝、聚合和成膜性及价廉、易得、质量容易控制等特点，但天然淀粉在应用时尚不能满足各种生产上的特殊需要。天然淀粉在原有性质的基础上，经过特定处理，改良原有性能，增加新功能，便可得到变性淀粉。变性淀粉在一定程度上弥补了天然淀粉水溶性差、乳化能力和胶凝能力低、稳定性不足等缺点，从而使其更广泛地应用于各种工业生产中。近几年，变性淀粉逐渐向各种功能性材料方面发展，如利用其优良的乳化稳定功能来代替价格昂贵、功能相似的其他添加剂等。

我国原淀粉品种繁多，其中玉米淀粉产量最大，约占 80.9%，其次是木薯淀粉，占 14.0%。我国变性淀粉尚处于起步阶段，产量低、品种少，与国外的差距很大。淀粉变性的主要产品有：淀粉的各种分解产物（如各种糊精、氧化淀粉等）、交联淀粉、淀粉衍生物（如淀粉脂、淀粉醚）等。变性淀粉的品种繁多，分类方法各异。依其变性方法的不同，可分为物理变性、化学变性、酶法变性及复合变性，其中又以化学变性为主。

（1）物理变性　如预糊化淀粉、机械研磨处理淀粉、湿热处理淀粉等。

（2）化学变性　如酸处理淀粉、氧化淀粉、热解糊精以及交联淀粉、酯化淀粉、醚化淀粉、接枝淀粉等。

（3）酶法变性　如环状糊精、麦芽糊精等。

（4）复合变性　如氧化交联淀粉、交联酯化淀粉等。

经过不同方法处理的变性淀粉，可用于食品工业的各方面，如酱料、方便面、乳制品、糖果、乳化香精等，以影响和控制食品的结构，保持产品质量稳定。

—— 课后习题 ——

一、单选题

1. 成品谷类淀粉中水分含量小于等于（　　）g/100g。

A. 14.0　　　　　B. 16.0　　　　　C. 18.0　　　　　D. 20.0

2. 成品薯类、豆类和其他类淀粉（不含马铃薯淀粉）中水分含量小于等于（　　）g/100g。

A. 14.0　　　　　B. 16.0　　　　　C. 18.0　　　　　D. 20.0

3. 成品马铃薯淀粉中水分含量小于等于（　　）g/100g。

A. 14.0　　　　　B. 16.0　　　　　C. 18.0　　　　　D. 20.0

4. 变性淀粉依其变性方法的不同分为四种，其中又以（　　）为主。

A. 物理变性　　　　B. 化学变性　　　　C. 酶法变性　　　　D. 复合变性

5. （　　　　）胚中含有大约 25% 的淀粉。

A. 大米　　　　　　B. 高粱　　　　　　C. 玉米　　　　　　D. 小麦

二、填空题

1. 食用淀粉的主要分类为（　　　）、（　　　）、（　　　）、（　　　）等。

2. 分离淀粉的方法有（　　　）、（　　　）、（　　　）。

3. 变性淀粉在一定程度上弥补了天然淀粉（　　　）、（　　　）、（　　　）等缺点，从而使其更广泛地应用于各种工业生产中。

4. 淀粉变性的主要产品有（　　　）、（　　　）、（　　　）等。

5. 变性淀粉依其变性方法的不同，可分为（　　　）、（　　　）、（　　　）、（　　　）。

三、判断题

1. 食用淀粉包括在淀粉分子上未引入新化学基团且未改变淀粉分子中的糖苷键类型的变性淀粉。　　　　　　　　　　　　　　　　　　　（　　　）

2. 豆类淀粉支链淀粉含量高，一般用于制作粉丝。　　　　　　（　　　）

3. 绿豆浸泡的目的是将绿豆颗粒软化，使蛋白质网膜疏松，易于破碎和提取淀粉，也为淀粉提取时产酸菌生长提供天然培养基。　　　　　（　　　）

4. 绿豆水洗的目的是除去原料中的并肩石和没浸泡开的死豆；洗净原料，有利于提高淀粉产品质量。　　　　　　　　　　　　　　　　　（　　　）

5. 淀粉分离的目的就是把淀粉与纤维分开。　　　　　　　　　（　　　）

四、简答题

1. 食用淀粉的定义是什么？

2. 变性淀粉的定义是什么？

# 任务二　淀粉制品加工技术

学习目标

1. 了解淀粉制品加工的主要原辅料及其作用；

2. 掌握淀粉制品加工基本工艺流程及甘薯粉皮、粉丝加工操作要点；

3. 了解淀粉制品品质鉴定的质量标准。

必备知识

淀粉制品是以以薯类、豆类、谷类等植物中的一种或几种制成的食用淀粉为原料，经和浆、成型、干燥（或不干燥）等工艺加工制成的产品，如粉条、粉丝、粉皮、凉粉等。

## 一、淀粉制品的分类

淀粉制品主要是按原料分类，可分为谷类淀粉制品、薯类淀粉制品、豆类淀粉制品、其他类淀粉制品。干制淀粉制品按外形大小分，依次有粉皮、粉条（宽粉丝）、粉丝。

## 二、淀粉制品加工常用的主要原辅料及其作用

以食用淀粉为主要原料，分为谷类淀粉、薯类淀粉、豆类淀粉、其他类淀粉等，详见本项目任务一介绍。

## 三、淀粉制品加工基本工艺流程及操作要点

（一）淀粉制品加工基本工艺流程

1. 绿豆粉丝加工工艺

绿豆→ 浸泡 → 锉粉 → 打糊 → 搅面 → 揣面 → 漏丝 → 拉锅 → 理粉 → 晾晒 →成品

2. 甘薯粉皮、粉丝加工工艺

甘薯→ 调糊 → 蒸煮 → 晾晒 →粉皮→ 成丝 → 贮藏包装 →粉丝

（二）操作要点（以甘薯粉皮、粉丝为例）

1. 调糊

取干薯粉用磨磨细，然后用 2~3 倍水加入薯粉缸里，并不断搅拌均匀。调糊不要太稠，稠了流淌不均匀，影响粉皮蒸煮；太稀也会影响粉丝质量。

2. 蒸煮

在竹筛上铺上青细布（布应大于竹筛 10cm 左右），然后将调糊的薯粉倒入布上淌漾，直到整个布面全部铺盖住薯粉糊为止，但不要铺得太厚。再放入蒸锅内蒸煮，蒸煮时要加木盖将竹筛盖严，火要加旺，一般 5~7min 即可蒸熟。熟的粉皮要立即挂到竹竿上去晾晒或送入烘房干燥，直到粉皮不黏手，折叠不开裂为止。

3. 成丝

将晾晒好的粉皮立即进行切丝加工，可将粉皮卷成圆筒，卷实卷紧，用锋利的刀切成丝。如果遇到阳光强烈，粉皮晒得干，松脆不易切丝时，可用少量菜油或菜油掺水，喷洒在粉皮上，双手轻轻搓卷，粉皮很快回潮变软，有利于切成细丝。加工好的粉丝折成 15~20cm 长的椭圆形丝把，装到竹垫里放在太

阳下晒或送入烘房再干燥，直到用手把丝能折成两段为止。

4. 贮藏包装

晒干的粉丝可以包装，或平整地装到瓷缸里，缸口放适当大小的塑料薄膜，再加木盖盖严，防止受潮变质发霉，保持新鲜，食用可口。

### 四、 淀粉制品的质量标准

淀粉制品质量标准应符合 GB 2713—2015《食品安全国家标准　淀粉制品》，评判淀粉制品的质量主要指标有感官指标、微生物指标和其他指标。

GB 2713—2015
《食品安全国家标准
淀粉制品》

1. 感官指标

淀粉制品的感官指标见表 5-21。

表 5-21　淀粉制品感官指标

| 项目 | 要求 | 检验方法 |
| --- | --- | --- |
| 色泽 | 具有产品应有的色泽 | 在自然光线下观察其色泽和状态，闻其气味，用温开水漱口后品其滋味 |
| 滋味、气味 | 无异味、不酸 | |
| 状态 | 具有产品应有的形态，不发黏、无发霉、无变质，无正常视力可见外来异物，口尝无砂质 | |

2. 微生物指标

淀粉制品的致病菌限量应符合 GB 29921—2013 中粮食制品类的规定。

淀粉制品的微生物限量还应符合表 5-22 的规定。

表 5-22　淀粉制品微生物指标

| 项目 | 采样方案* 及限量 | | | | 检验方法 |
| --- | --- | --- | --- | --- | --- |
| | $n$ | $c$ | $m$ | $M$ | |
| 菌落总数/（CFU/g） | 5 | 2 | $10^5$ | $10^6$ | GB 4789.2—2016 |
| 大肠菌群/（CFU/g） | 5 | 2 | 20 | $10^2$ | GB 4789.3—2016 平板计数法 |

注：　* 样品的采集及处理按 GB 4789.1—2016 执行。

3. 其他指标

淀粉制品中污染物限量应符合 GB 2762—2017 的规定。

淀粉制品中食品添加剂的使用应符合 GB 2760—2014 的规定。

淀粉制品中食品营养强化剂的使用应符合 GB 14880—2012 的规定。

### 五、 淀粉制品加工注意事项

（1）豆类淀粉制品中，以绿豆淀粉制品质量最好，制的细粉丝，色白、有光泽、韧性强。

（2）由于薯类淀粉、大米淀粉，尤其是黏玉米、糯米淀粉中支链淀粉含量较高，生产出的淀粉制品韧性较差。若能搭配一些含直链淀粉较高的豆类淀粉，则能生产出韧性较好的淀粉制品。

（3）豆类粉丝成型是将揣好的淀粉面团，通过漏瓢拉成细丝，漏入热水锅中，受热便成韧而透明的水粉丝，最后拉锅、理粉、晾干成型。

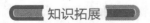 知识拓展

### 甘薯的营养价值

以 2.5kg 鲜甘薯折成 0.5kg 粮食计算，其营养成分除脂肪外，其他比大米和面粉都高，发热量也超过许多粮食作物。甘薯中蛋白质的氨基酸组成与大米相似，其中必需氨基酸的含量高，特别是大米、面粉中比较稀缺的赖氨酸的含量丰富。维生素 A、维生素 $B_1$、维生素 $B_2$、维生素 C 和烟酸的含量都比其他粮食高，钙、磷、铁等无机物较多。甘薯中尤其以胡萝卜素（红色薯肉）和维生素 C 的含量丰富，这是其他粮食作物含量极少或几乎不含的营养素。所以甘薯若与米、面混食，可提高主食的营养价值。此外，甘薯也是一种生理碱性食品，可以中和肉、蛋、米、面代谢所产生的酸性物质，有利于人体的膳食营养均衡。

甘薯不但营养价值高，还具有很高的药用价值。中医认为，甘薯性甘、平、无毒。功效：补脾胃、养心神、益气力、通乳汁、消疮肿。甘薯中维生素 A 原丰富，可治夜盲。李时珍所著《本草纲目》中记载：甘薯补虚乏、益气力、健脾胃、强肾阴。而清代赵学敏的《本草纲目拾遗》中记载：甘薯能补中、和血、暖胃、肥五脏、去宿淤脏毒、舒筋络，产妇最宜。白皮白肉者，益肺气，生津。煮时加生姜一片，调中与姜枣同功，红花煮食，可理脾血。在日本，营养学家发现甘薯中含有丰富的黏液蛋白（一种多糖和蛋白质的混合物），对人体有着特殊的保护作用，能保持人体心血管壁弹性，阻止动脉粥样硬化，使皮下脂肪减少，防止肝肾中结缔组织萎缩，预防胶原病的发生，还可以提高肌体的免疫能力。同时美国科学家发现，甘薯中含有一种脱氢表雄酮的化学物质，可以防止结肠癌和乳腺癌，并含有一种雌性激素，对保护皮肤、延缓衰老有很好的作用。另外，甘薯中纤维素的含量较高，可预防便秘。同时，这些纤维素还易与不饱和脂肪酸结合，有助于防止血液中胆固醇的形成，预防冠心病的发生。

—— 课后习题 ——

一、单选题

1. 熟的粉皮要立即挂到竹竿上去晾晒或送入烘房干燥，直到粉皮（　　）为止。

A. 折叠不开裂　　　　　　　　B. 不黏手

C. 不黏手，折叠不开裂　　　　D. 表面光滑不黏手

2. 成品淀粉制品感官指标中色泽的要求是（　　　）。

A. 具有白色或灰白色　　　　　B. 具有产品应有的色泽

C. 具有白色　　　　　　　　　D. 具有灰白色

3. 甘薯中尤其以（　　　）的含量丰富，这是其他粮食作物含量极少或几乎不含的营养素。

A. 脂肪　　　　　　　　　　　B. 维生素 C

C. 胡萝卜素(红色薯肉)　　　　D. 胡萝卜素(红色薯肉)和维生素 C

4. 豆类淀粉制品中，以（　　　）淀粉制品质量最好，制的细粉丝，色白、有光泽、韧性强。

A. 绿豆　　　　B. 大豆　　　　C. 蚕豆　　　　D. 豌豆

5. 甘薯中蛋白质的氨基酸组成与大米相似，特别是大米、面粉中比较稀缺的（　　　）的含量丰富。

A. 赖氨酸　　　　B. 缬氨酸　　　　C. 甲硫氨酸　　　　D. 亮氨酸

二、填空题

1. 干制淀粉制品按外形大小分，依次有（　　　）、（　　　）、（　　　）。

2. 淀粉制品主要是按原料分类有（　　　）、（　　　）、（　　　）、（　　　）。

3. 淀粉制品是以薯类、豆类、谷类等植物中的一种或几种制成的食用淀粉为原料，经（　　　）、（　　　）、（　　　）等工艺加工制成的产品。

4. 成品淀粉制品感官指标中滋味、气味的要求是（　　　）、（　　　）。

5. 成品淀粉制品感官指标中状态的要求是具有产品应有的形态，（　　　）、（　　　）、（　　　），无正常视力可见外来异物，口尝无砂质。

三、判断题

1. 甘薯若与米、面混食，可提高主食的营养价值。　　　　　　（　　　）

2. 甘薯中含有一种脱氢表雄酮的化学物质，可以防止结肠癌和乳腺癌。

（　　　）

3. 甘薯中纤维素的含量较高，可预防便秘。　　　　　　　　　（　　　）

4. 甘薯中纤维素还易与饱和脂肪酸结合，有助于防止血液中胆固醇的形成，预防冠心病的发生。　　　　　　　　　　　　　　　　　　　（　　　）

5. 豆类淀粉制品中，以绿豆淀粉制品质量最好。　　　　　　　（　　）

四、简答题

1. 淀粉制品的定义是什么？

2. 甘薯粉皮、粉丝加工中调糊需注意什么？

# 任务三　淀粉糖加工技术

**学习目标**

1. 了解淀粉糖加工的主要原辅料及其作用；

2. 掌握淀粉糖加工基本工艺流程及麦芽糖浆加工操作要点；

3. 了解淀粉糖品质鉴定的质量标准。

**——必备知识——**

淀粉糖是以淀粉或淀粉质为原料，经酶法、酸法或酸酶法加工制成的液（固）态产品，包括食用葡萄糖、低聚异麦芽糖、果葡糖浆、麦芽糖、麦芽糊精、葡萄糖浆等。

## 一、淀粉糖的主要分类

1. 按组成成分分类

（1）葡萄糖（主要产品为液体葡萄糖或称葡麦糖浆）　以淀粉或淀粉质为原料，经液化、糖化制得的葡萄糖液，并经过精制而成的，含葡萄糖成分的产品。

（2）麦芽糖（主要产品为麦芽糖浆、饴糖）　以淀粉或淀粉质为原料，经液化、糖化制得的麦芽糖液，并经过精制而成的，含麦芽糖成分的产品。

（3）果糖（主要产品为果葡糖浆）　以淀粉或淀粉质为原料，经液化、糖化、异构、精制所得的含果糖成分的产品。

（4）麦芽糊精　以淀粉或淀粉质为原料，经液化、精制、浓缩（或喷雾干燥）制成的不含游离淀粉的产品。

（5）低聚糖　又称寡糖，分子结构由10个（含）以下单糖分子以糖苷键相连接而形成的产品。

（6）糖醇　以淀粉或淀粉质或淀粉以外的碳水化合物为原料，经过水解得到的产物，再经氢化、或发酵、或酶催法精制而成的含有两个以上羟基的产品。

（7）复合糖（醇）　两种或两种以上淀粉糖或添加其他成分混合而成的产品。

（8）其他类　以上各类未包括的产品。

2. 按物理形态分类

（1）液体淀粉糖　以淀粉或淀粉质为原料，经酶法、酸法或酸酶法加工制成的液态糖类产品。

（2）固体淀粉糖　以淀粉或淀粉质为原料，经酶法、酸法或酸酶法加工，再经浓缩、干燥等处理制成的固态糖类产品。

3. 按产品用途分类

食品工业用淀粉糖、医药工业用淀粉糖、饲料工业用淀粉糖、其他工业用淀粉糖。

## 二、　淀粉糖加工常用的主要原辅料及其作用

1. 食用淀粉

详见本项目任务一介绍。

2. 酶制剂

淀粉糖加工主要应用的是淀粉酶。淀粉酶广泛存在于生物界，其功能是水解淀粉、糖原及其衍生物的 $\alpha$-1，4-葡萄糖苷键。根据水解情况不同，淀粉酶可分为三类：$\alpha$-淀粉酶、$\beta$-淀粉酶和糖化酶（葡萄糖淀粉酶）。果葡糖浆加工还要应用葡萄糖异构酶。

## 三、　淀粉糖加工基本工艺流程及操作要点

### （一）淀粉糖加工基本工艺流程

1. 全酶法液体葡萄糖（葡麦糖浆）加工工艺

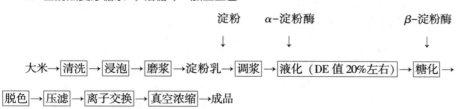

### 3. 全酶法果葡糖浆加工工艺

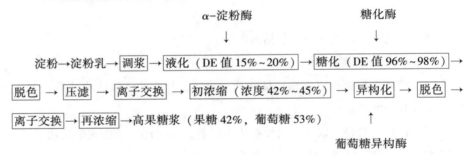

淀粉→淀粉乳→ 调浆 → 液化（DE 值 15%~20%）→ 糖化（DE 值 96%~98%）→

脱色 → 压滤 → 离子交换 → 初浓缩（浓度 42%~45%）→ 异构化 → 脱色 →

离子交换 → 再浓缩 →高果糖浆（果糖 42%，葡萄糖 53%）

葡萄糖异构酶

### （二）操作要点（以麦芽糖浆为例）

#### 1. 原料处理

麦芽糖浆生产可以用粮食直接作为原料，也可以用食用淀粉作为原料。如以粮食（一般采用籼米为主）直接为原料，则必须经过原料预处理工序，主要包括筛选、洗米、浸泡、磨浆、调浆等步骤。

#### 2. 液化

全酶法生产麦芽糖浆可采用喷淋液化或喷射液化，DE 值控制在 20% 左右。喷淋液化可采用中温 α-淀粉酶，喷射液化可采用耐高温 α-淀粉酶。

#### 3. 糖化

全酶法生产麦芽糖浆一般采用 β-淀粉酶或真菌淀粉酶作糖化剂。将液化糖液冷却至 55~60℃，根据不同种类 β-淀粉酶选择合适的 pH，一般为 pH 5.0~5.5 左右。糖化时间一般为 6~24h。

#### 4. 糖液精制

糖化结束后将糖化液升温过滤，调节 pH 为 4.0~4.5，加 1% 的糖用活性炭，加热至 80℃，定时搅拌 30min，压滤。脱色后的糖液冷却至 50℃，送入离子交换柱进行离子交换，以彻底除去糖液中残留的蛋白质、氨基酸、色素和无机盐。

#### 5. 真空浓缩

对精制后的糖液用真空浓缩罐进行浓缩，真空度应保持在 -0.9~-0.8MPa，当糖浆固形物达 75%~80% 时即可放罐，作为成品包装。

GB 15203—2014
《食品安全国家标准
淀粉糖》

### 四、淀粉糖的质量标准

淀粉糖质量标准应符合 GB 15203—2014《食品安全国家标准　淀粉糖》，评判淀粉糖的质量主要指标有感官指标和其他指标。

#### 1. 感官指标

淀粉糖的感官指标见表 5-23。

表 5-23　淀粉糖感官指标

| 项目 | 要求 | | 检验方法 |
| --- | --- | --- | --- |
| | 液体淀粉糖 | 固体淀粉糖 | |
| 色泽 | 无色、微黄色或棕黄色 | 白色或略带浅黄色 | 液体样品取适量试样置于 50mL 烧杯中，固体样品取适量试样置于白瓷盘中摊开，在自然光下观察色泽和状态，闻其气味，用温开水漱口，品其滋味 |
| 滋味*、气味 | 甜味温和、纯正，无异味 | 甜味温和、纯正，无异味 | |
| 状态 | 黏稠状透明液体，无正常视力可见外来异物 | 粉末或结晶状态，无正常视力可见外来异物 | |

注：　* 麦芽糊精滋味为不甜或微甜。

2. 其他指标

淀粉糖中污染物限量应符合 GB 2762—2017 的规定。

淀粉糖中食品添加剂的使用应符合 GB 2760—2014 的规定。

五、　淀粉糖加工注意事项

（1）液体葡萄糖常用的生产工艺包括酸法、酸酶法和全酶法。全酶法是大多数淀粉糖生产厂家普遍采用的生产工艺。全酶法生产糖浆的最主要优点是液化、糖化都采用酶法水解，反应条件较为温和，对设备几乎无腐蚀；可直接采用原粮如大米（碎米）作为原料，有利于降低生产成本，糖液纯度高，得率也高。

（2）果葡糖浆加工中的异构化应采用酶活力单位高、稳定性好的葡萄糖异构酶，经戊二醛交联成固定化酶，将固定化酶装于连续生产的保温反应塔中，葡萄糖浆流经酶柱，发生异构化反应。具体要求：柱温保持在 55～60℃；进柱葡萄糖浆 pH 为 7.5 左右，出柱异构糖浆 pH 为 6.5～7.0。

 知识拓展

**常见淀粉糖在食品工业中的应用**

工业上用 DE 值(dextrose equivalent value，也称葡萄糖值)表示淀粉糖的含糖量，液化液或糖化液中的还原糖含量(所测得的糖以葡萄糖计算)占干物质的百分率为 DE 值。

$$DE\ 值 = \frac{还原糖含量（\%）}{干物质含量（\%）} \times 100\%$$

葡萄糖根据生产工艺的差异，所得葡萄糖产品的纯度也不同，葡萄糖产品一般可分为液体葡萄糖、结晶葡萄糖和全糖等。结晶葡萄糖纯度较高，主要用于医药、试剂、食品等行业。全糖一般由糖化液喷雾干燥成颗粒状或浓缩后凝结为块状，也可制成粉状，其质量虽逊色于结晶葡萄糖，但工艺简单、成本较低。液体葡萄糖(葡麦糖浆)是我国目前淀粉糖工业中最主要的产品，广泛应用于各种食品中，它还可作为医药、化工、发酵等行业的重要原料。液体葡萄糖按转化程度可分为高、中、低三大类。工业上产量最大、应用最广的是DE值为30%～50%的中等转化糖浆，而DE值为42%左右的称为标准葡萄糖浆，DE值为50%～70%的称为高转化糖浆，DE值在30%以下的为低转化糖浆。

麦芽糖浆中的饴糖目前主要用于对热温要求不高的传统中式糖果、糕点等食品中。麦芽糖浆甜味纯正，甜度为蔗糖的50%，可替代蔗糖、葡萄糖浆用于多种食品加工。麦芽糖浆中葡萄糖含量较低(一般在10%以下)，而麦芽糖含量较高(一般在40%~90%)。按制法和麦芽糖含量不同，可将其分为饴糖、高麦芽糖浆、超高麦芽糖浆等。

果葡糖浆是淀粉糖中甜度最高的糖品，除可代替蔗糖用于各种食品加工外，还具备许多优良特性。如甜味纯正，可用来配制饮料；渗透压高，可更好地抑制微生物生长，用于水果罐头、果脯、果酱中能延长商品保质期；吸湿性强，因此具有保鲜性能；发酵性好，热稳定性低，尤其适用于面包、蛋糕等发酵和焙烤类食品等。商品化的果葡糖浆主要有三种规格：果葡糖浆中果糖含量为42%的，称为果葡糖浆，简称F42；果糖含量为55%的称为高果糖浆，简称F55；果糖含量达90%以上的，称为纯果糖浆，简称F90。目前已有更高程度的结晶果糖问世，但应用最广泛的仍为F42和F55。

---

—— 课后习题 ——

一、单选题

1. DE值为（    ）的液体葡萄糖称为标准葡萄糖浆。

A. 30%～50%　　　　B. 42%左右　　　　C. 50%～70%　　　　D. 30%以下

2. DE值为（    ）的液体葡萄糖称为中等转化糖浆。

A. 30%～50%　　　　B. 42%左右　　　　C. 50%～70%　　　　D. 30%以下

3. 麦芽糖浆甜味纯正，甜度为蔗糖的（    ），可替代蔗糖、葡萄糖浆用于多种食品加工。

A. 30%　　　　　　　B. 40%　　　　　　　C. 50%　　　　　　　D. 60%

4. 商品化的果葡糖浆是指果糖含量为（    ）的糖浆。

A. 40%　　　　　　　B. 42%　　　　　　　C. 50%　　　　　　　D. 55%

5. 脱色后的糖液冷却至（    ），送入离子交换柱进行离子交换，以彻底除去糖液中残留的蛋白质、氨基酸、色素和无机盐。

  A. 25℃      B. 40℃      C. 50℃      D. 60℃

  二、填空题

  1. 淀粉糖是以淀粉或淀粉质为原料，经（　　　）、（　　　）或（　　　）加工制成的液（固）态产品。

  2. 淀粉糖按组成成分分类有（　　　）、（　　　）、（　　　）、（　　　）、（　　　）、（　　　）、（　　　）、（　　　）。

  3. 淀粉糖按物理形态分类有（　　　）、（　　　）。

  4. 根据水解情况不同，淀粉酶可分为（　　　）、（　　　）、（　　　）。

  5. 葡萄糖产品一般可分为（　　　）、（　　　）、（　　　）等。

  三、判断题

  1. 果葡糖浆加工要应用葡萄糖异构酶。       （　　　）

  2. 麦芽糖浆生产可以用粮食直接作为原料，也可以用食用淀粉作为原料。

                       （　　　）

  3. 全酶法是少数淀粉糖生产厂家采用的生产工艺。    （　　　）

  4. 工业上产量最大、应用最广的是 DE 值为 50%~70% 的高转化糖浆。

                       （　　　）

  5. 麦芽糖浆中的饴糖目前主要用于对熬温要求不高的传统中式糖果、糕点等食品中。              （　　　）

  四、简答题

  1. 全酶法生产糖浆的最主要优点有哪些？

  2. 果葡糖浆加工中的异构化需注意什么？

参考文献

［1］徐凌．发酵食品生产技术．北京：中国农业大学出版社，2016.

［2］陆启玉．粮油食品加工工艺学．北京：中国轻工业出版社，2010.

［3］王传荣．发酵食品生产技术．2版．北京：科学出版社，2014.

［4］王颉，何俊萍．食品加工工艺学．北京：中国农业科学技术出版社，2006.

［5］浓建福．粮油食品工艺学．北京：中国轻工业出版社，2002.

［6］刘延奇．粮食食品加工技术．北京：化学工业出版社，2007.

［7］李国平．粮油食品加工技术．重庆：重庆大学出版社，2017.

［8］尚丽娟．发酵食品生产技术．北京：中国轻工业出版社，2012.

［9］樊明涛，张文学．发酵食品工艺学．北京：科学出版社，2014.

［10］袁惠新，陆振曦，吕季章．食品加工与保藏技术．北京：化学工业出版社，2000.

［11］吴云辉．水产品加工技术．北京：化学工业出版社，2016.

［12］李桂芬．水产品加工．浙江：浙江科学技术出版社，2008.

［13］张雁，黄水品．肉类与水产食品加工技术．北京：中国轻工业出版社，2009.

［14］孙玉清．粮油加工与质量监控．北京：北京师范大学出版社，2014.

［15］王丽琼．粮油加工技术．北京：化学工业出版社，2007.

［16］孟宏昌，李慧东，华景清．粮油食品加工技术．北京：化学工业出版社，2010.

［17］刘延奇．粮油食品加工技术．北京：化学工业出版社，2017.

［18］周裔彬．粮油加工工艺学．北京：化学工业出版社，2015.

［19］张佰帅，王宏维．动物油脂提取及加工技术研究［J］．油脂加工，2010，35（12）:8-11.

［20］吴祖兴. 乳制品加工技术. 北京：化学工业出版社，2007.

［21］詹现璞. 乳制品加工技术. 北京：中国轻工业出版社，2011.

［22］李秀娟. 食品加工技术. 北京：化学工业出版社，2008.

［23］陈月英. 食品加工技术. 北京：中国农业大学出版社，2009.